人性

HUMAN NATURE

（美）戴尔·卡耐基◎著
达夫◎编译

北京联合出版公司
Beijing United Publishing Co.,Ltd.

图书在版编目（CIP）数据

人性 /（美）戴尔·卡耐基著 ; 达夫编译 .—北京 : 北京联合出版公司 ,2017.2
ISBN 978-7-5502-8998-7

Ⅰ . ①人… Ⅱ . ①戴…②达… Ⅲ . ①成功心理—通俗读物Ⅳ . ① B848.4-49

中国版本图书馆 CIP 数据核字（2016）第 263233 号

人性

著　　者：（美）戴尔·卡耐基

编　　译：达　夫

责任编辑：徐秀琴

封面设计：李艾红

责任校对：彭泽心　胡宝林

美术编辑：杨玉萍

北京联合出版公司出版

（北京市西城区德外大街 83 号楼 9 层　100088）

北京华平博印刷有限公司印刷　新华书店经销

字数 650 千字　　720 毫米 ×1020 毫米　1/16　28 印张

2017 年 2 月第 1 版　2017 年 2 月第 1 次印刷

ISBN 978-7-5502-8998-7

定价：29.80 元

戴尔·卡耐基（1888～1955 年），被誉为是 20 世纪最伟大的心灵导师和成功学大师，美国现代成人教育之父。20 世纪早期，卡耐基独辟蹊径地开创了一套融演讲、推销、为人处世、智能开发于一体的教育方式，他运用社会学和心理学知识，对人性进行了深刻的探讨和分析，激励了无数陷入迷茫和困境的人，帮助他们重新找到了自我，改变了千百万人的命运。

戴尔·卡耐基创办的美国卡耐基成人教育机构、国际卡耐基成人教育机构和它遍布世界的分支机构，多达 1700 余个。接受这种教育的，不仅有普通民众，还有明星、巨商、军政要人等，甚至还有几位总统，人数多达几千万，影响了 20 世纪的几代人，而且还将继续影响着世界各国人民。

卡耐基并没有发现宇宙的所有深奥的秘密，但他源于常理的教育理念和教育实践，却施惠于千百万人。在帮助人们学习如何处世上，在帮助人们获得自尊、自重、勇敢和自信上，在帮助人们克服人性的弱点、发挥人性的优点、开发人类的潜能，从而获得事业成功和人生快乐上，卡耐基应该比同时代的其他所有哲人做得都多。

卡耐基一生中写了不少文章，登载于报章和杂志上，他还开播了自己的无线电广播节目，在节目中，他讲述了很多著名人物鲜为人知的一面。更为重要的是，他还写作了《人性的弱点》、《人性的优点》等七部书，它们不仅是卡耐基成人教育机构的教科书，也是趣味无穷、使人受益匪浅的最优秀读物。如今，世界各国几乎都有这些作品的译本。

1937 年出版的《人性的弱点》一夜轰动，在世界各地至少已译成 58 种文字，全球总销售量已达 9000 余万册，拥有 4 亿读者，除《圣经》之外，无出其右者，稳居成功励志类图书榜首。此书之所以畅销不衰，就在于卡耐基先生对人性的深刻认识，以及他为根除人性的弱点所开出的有效处方。正如卡耐基所言："一个人的成功，只有15％归结于他的专业知识，而85％归于他表达思想、领导他人及唤起他人热情的能力。"只要你不断反复研读此书和付诸行动，它必将助你获得成功所必备的那85％的能力。《人性的弱点》是卡耐基思想的精华，不论你是什么职业、性别、年龄，这部充满力量、充满智慧的书，在生活中一定会给你启迪，使你勇敢地克服自己的弱点，成为人际交往的高手。

作为《人性的弱点》的姊妹篇，《人性的优点》问世于1948年，是一本关于人类如何征服忧虑的书，是卡耐基成人教育培训机构的主要教材之一。它是卡耐基一生中最重要、最生动的人生经验的汇集，也是一本记录成千上万人如何摆脱心理问题而走向成功的实例汇集。《人性的优点》一经出版，便在全球畅销不衰，改变了千百万人的生活和命运，被誉为"克服忧虑获得成功的必读书"、"世界励志圣经"。这本充满智慧和力量的书能让你了解自己，相信自己，充分开发蕴藏在身心里而尚未利用的财富，发挥人性的优点，去开拓成功幸福的新生活之路。

本书是《人性的弱点》和《人性的优点》两部著作最精彩部分的合集，命名为《人性》，主题更加鲜明，可以方便读者更快更好地汲取卡耐基的思想精华。自从卡耐基的著作问世以来，就改变了千千万万人的命运。发明之王爱迪生、相对论鼻祖爱因斯坦、印度圣雄甘地、建筑业奇迹的创造者里维父子、旅馆业巨子希尔顿、麦当劳的创始人雷·克洛克等等，都深受卡耐基思想和观点的影响。卡耐基的思想具有极强的实用性和指导性，以及对社会各类人群和各个时代的适应性，随着时间的流逝，卡耐基的思想和见解并没有被时代所抛弃；相反，在今天这个竞争激烈的社会，他的思想和洞见更加深刻和实用，对于人们更具有指导意义。阅读本书，将改变你的命运，让你拥有美好、快乐、成功的人生。

目录

Contents

第一章

CHAPTER 1

把别人吸引到身边来 /1

仪表是你的门面 /1

一见面就喊出对方的名字 /5

练就一流口才 /7

微笑常挂嘴角 /9

甜美而有韵律的声音 /12

练就关照他人而不造作的功夫 /13

第二章

CHAPTER 2

把握人际交往的关键 /15

了解鱼的需求 /15

我要喜欢你 /20

管住自己的舌头 /23

如要采蜜，不可弄翻蜂巢 /25

抓住每一个机会 /29

扩大交际范围 /31

自己制造交往的机会 /32

让对方有备受重视的感觉 /34

第三章

CHAPTER 3

完美交际的法则 /39

结识良友 /39

微笑沟通 /43

常用赞美 /48

勿忘倾听 /51

学会"纠错" /57

掌握话题 /61

尊重对方 /63

牢记名字 /67

换位思考 /71

第四章　**不露痕迹，改变他人 /74**
CHAPTER 4

用赞誉作开场白 /74

批人之前先批自己 /76

不要把意见硬塞给别人 /78

"旁敲侧击"更使人信服 /82

"高帽子"的妙用 /84

保全对方的面子 /86

第五章　**如何使交谈更愉快 /89**
CHAPTER 5

十之八九，你赢不了争论 /89

假如我是他 /91

牵着他人的舌头走 /94

争取让对方说"是" /96

鼓励对方多说 /99

无声胜有声 /101

第六章　**与金钱和睦相处 /104**
CHAPTER 6

聪明地运用金钱才能使人感到快乐 /104

不要总是为金钱发愁 /107

提升财商 /111

节俭意味着明智 /114

节俭的别名不叫吝啬 /116

减少消费，你也做得到 /119

第七章
CHAPTER 7

学会"享受"工作 /122

工作是生活的第一要义 /122

树立正确的工作态度 /127

伟大的事业因工作的热忱而获得成功 /130

别让激情之火熄灭 /134

工作给予你的报酬要比薪水更宝贵 /136

别把工作当苦役 /140

第八章
CHAPTER 8

用智慧"撬起"工作的重量 /142

工作 + 思考 = 智慧 /142

目标明确，态度坚决 /144

运用"简单"的威力 /146

将自信注入工作 /149

挣取你的"脑力薪" /151

正确地做事与做正确的事 /153

第九章
CHAPTER 9

保持充沛的精力 /156

把握休息的时机 /156

像只旧袜子一样松弛 /159

压力源于何处 /162

高质量的睡眠 /164

对抑郁负责 /166

精神百倍的秘密 /168

第十章
CHAPTER 10

擦拭心灵，来一场忧虑的革命 /170

科学对待：平均率帮你战胜忧虑 /170

平衡心理：平静让忧虑止步 /174

正视现实：不要试图改变不可避免的事 /179

忠于自我：这才是快乐的人生 /184

活在今天：今天比昨天和明天更宝贵 /188

杞人无忧：别让小事妨碍了你的大事 /195

第十一章　停止忧虑，盛装出发　/200
CHAPTER 11

让自己忙起来 /200

让烦恼迅速"过期" /205

准备迎接最坏的情况 /209

说出你的忧虑 /213

冲破孤独，别让自己成为孤岛 /217

每一天都是新的生命 /220

第十二章　做自己情绪的主人　/223
CHAPTER 12

愤怒意味着无知 /223

学会控制你的愤怒 /227

别让悲伤挡住了你的阳光 /230

学会喜欢自己 /231

用行为控制情感 /234

在失败时为自己打气 /239

第十三章　将快乐随身携带　/243
CHAPTER 13

快乐是一种能力 /243

忧虑是自我的"杰作" /245

心理暗示的魔力 /250

寻找快乐的"发源地" /253

从生活中捡拾情趣 /255

假装快乐，你真的就会快乐 /259

第十四章
CHAPTER 14

**笑对讥讽批评，
从别人的镜子中打量自己 /263**

这是我的错 /263

争论之中没有赢家 /268

没有人会踢一只死狗 /272

给对方一个台阶下 /274

让批评随风而去 /277

用幽默化解危机 /280

第十五章
CHAPTER 15

逆风飞扬，舞出生命精彩 /283

有悲伤的地方才会有圣地 /283

学会赢在失败 /285

化劣势为优势 /289

不要认为自己一无所有 /292

当太阳升起时再度充满精神 /294

第十六章
CHAPTER 16

迈向活力的巅峰 /298

你为什么会疲劳 /298

每日多清醒一小时 /301

一张抗疲劳的良方 /304

4 个工作的好习惯 /307

远离亚健康 /310

掌握生活平衡 /313

第十七章
CHAPTER 17

合理规划生活，跳出盲目的陷阱 /316

生命中的重要决定 /316

不要为工作和金钱烦恼 /321

男佐女佑：如何处理家庭职业冲突 /328

不要入不敷出 /333

克制自己，驾驭金钱 /340

第十八章　拥有美好家庭生活 /344
CHAPTER 18

为什么婚姻会出现问题 /344

婚姻是幸福的温床 /345

认识爱情，结识幸福 /350

每天增进爱情的深度 /352

第十九章　有了梦想，你才伟大 /356
CHAPTER 19

人生因为梦想而伟大 /356

人生的精彩来自于目标的精彩 /360

每次只走一英里 /365

专心致志，直到成功 /368

带上你的职业地图 /375

第二十章　做好一生的规划 /379
CHAPTER 20

目标是人生的灯塔 /379

确立人生的起跑点 /381

描绘生命的蓝图 /382

改变你一生的决定 /384

拥有自己的计划 /387

对自己进行"盘点" /390

第二十一章　踏上轻松快乐之旅 /392
CHAPTER 21

演奏你自己的乐器 /392

顺应生命的节奏 /397

放掉包袱 /399

让心平静 /403

拿自己开开玩笑 /404

拿开捂住眼睛的双手 /408

第二十二章　**逐步迈向成功　/410**

CHAPTER 22

跌倒不算失败 /410

从做愚人开始 /412

不行动，只会让事情更糟 /414

英雄总是谦卑的 /416

对不公正的批评——报之一笑 /418

走出失败者的阴影 /420

第二十三章　**成就完美与和谐　/423**

CHAPTER 22

最高形式的美 /423

学会调适自己 /424

善于比较 /426

将逆境变成一种祝福 /427

厄运的芳香 /429

不要重复老路 /431

第一章

把别人吸引到身边来

仪表是你的门面

◇有意识地尽量拿出最好的仪表，注意干净整洁，竭力保持自尊和真诚，这样才能帮助你渡过重重难关，带给你尊严、力量和魅力，使你赢得别人的尊敬和钦佩。

◇人的确不是由衣装造就的，但衣装给我们的生活带来的影响远远出乎我们的意料。

我们的身体是最重要的自我表现方式。身体的外表被认为是内在的反映。如果一个人的外表可憎，我们完全有理由认为他的思想也是这样的。通常，这种结论也是成立的。高尚的理想、活泼健康的生活和工作本身与个人卫生的不整洁都是势不两立的。

我会把清洁的位置摆放得很高，因为我相信绝对的清洁就是神性。灵与肉的清洁或纯洁能把人升华到最高境界。一个不洁净的人只是头野兽而已。

要保持良好的仪表，最重要的一点就是要经常洗澡。每天洗一个澡能保证皮肤的清洁与健康，否则身体是不可能健康的。对头发、手和牙齿的护理也相当重要，一定要细致周到，不能马虎草率。

修剪指甲的用具很便宜，人人都买得到，如果你买不起一整套用具，你可以只买一把指甲刀，把指甲修剪得光滑干净。

护理牙齿是件简单的事，然而，人们在牙齿卫生上犯的错误可能要比在其他方面犯的错误更多。我认识一些年轻人，他们衣着考究，对自己的仪表非常得意，但他们却忽视了自己的牙齿。他们没有意识到，人的仪表中没有比脏牙、蛀牙，或是缺了一两颗门牙更糟糕的缺陷了。呼吸当中的恶臭更令人无法忍受，如果知道有这种后果，就没有人会忽视他的牙齿了。没有哪个老板会要一个缺了一两颗门牙的职员或速记员；许多应聘者就因为牙齿不好而被拒绝。

对于那些在社会上谋生的人来说，关于衣着的最佳建议可以概括为一句话："让你的衣着得体，但不需要昂贵。"衣着朴素具有最大的魅力，现在市面上有大量物美价廉的衣物可供选择，大部分人能买到好衣服穿。但是如果条件所限，不能买到更好的衣物，也不必为一套寒酸的衣服害羞。穿一件花钱买的旧外套比穿一件不花钱的新外套更能赢得别人的尊敬。

不可避免的寒酸不会让人产生反感，但是邋遢却使人一见之下顿生厌恶。只要你量入为出地打扮自己，不管多穷，你都可以穿得很得体。应该有意识地尽量拿出最好的仪表，注意干净整洁，竭力保持自尊和真诚，这样才能帮助你渡过重重难关，带给你尊严、力量和魅力，使你赢得别人的尊敬和钦佩。

赫伯特·乌里兰很快就从长岛铁路一个普通路段工人提升为纽约市铁路局的董事。在一次关于如何获取成功的演说中，他说："衣服不能造就一个人，但好衣服能使人找到一份好工作。如果你有 25 美元，又需要一份工作的话，最好花 20 美元买一套衣服，花 4 美元买双鞋，剩下的钱买一个刮胡刀、一个发剪、一个干净的领圈，然后去找工作。千万不要带着钱，穿着一身破旧西装去应聘。"

多数大公司都规定不雇用衣衫褴褛、邋里邋遢，或是应聘时衣冠不整的人。芝加哥最大一家零售商店的招聘主管说："招聘的原则必须严格遵守，对于一个应聘者来说，经受住考验的最重要条件就是他的仪表。"

一个应聘者具备多少优点和能力没有关系，但他必须重视自己的仪表。璞玉浑金的价值不知要比抛光的玻璃高出多少倍，但是有时候就是明珠投暗。有些应聘者凭借良好的仪表获得了一份工作，虽然很多被拒之门外的人要比他们深刻得多。他们的能力可能还不及那些被拒之门外的人的一半，但是既然有了工作，他们就会设法保住这个饭碗。

这条通行全美的招聘原则在英国同样适用，《伦敦布商》杂志就可以作证，它这样说道："越是注意个人清洁卫生和衣着整洁的人，就越能仔细地完成工作。个人生活邋遢的工人工作也会马马虎虎。而关注仪表的人也同样地注意工作的效果。"

柜台后面是什么样，车间里很可能也就是什么样。时髦的女售货员一定很讲究穿着，她会厌恶肮脏的衣领、磨破的袖口和皱巴巴的领带，难道不是这样吗？事实上，关注个人习惯和整体仪表，就会对邋遢散漫的习惯产生警觉。

（1）三点一线：一个衣冠楚楚的男人，他的衬衫领口、皮带袢和裤子前开口外侧应该在一条线上。

（2）说到皮带袢，如果你系领带的话，领带尖可千万不要触到皮带袢上哟！

（3）除非你是在解领带，否则无论何时何地松开领带结都是很不礼貌的。

（4）一身漂亮的西服和领带会使一个男人看上去非常时髦，而一套好西装却不系领带，会使他看着更时髦。

（5）如果你穿西装，但不系领带，就可以穿那种便鞋，如果你系了领带，就绝对不可以了。

（6）新买的衬衫，如果你能在脖子和领子之间插进两个手指，就说明这件衬衫洗过之后仍然会很适合。

（7）透过男人的衬衫能隐隐约约看到穿在里面的 T 恤，就有如女人穿着能透出里面内裤的裤子一样尴尬。

（8）如果不是专业的手洗，一件 300 多元的衬衫很快就会只值 25 元。

（9）精神的发型、一双好鞋，胜过一套昂贵的西装。

（10）一双 90 元的鞋的寿命应该是 180 元一双的鞋的一半，而 1000 元一双的鞋将伴你一生。

（11）如果你穿的是三粒扣西装，可以只系第一颗纽扣，也可以系上面两颗纽扣，就是不能只系最下面一颗，而将上面两颗扣子敞开着。

（12）穿双排扣西装所有的扣子一个也不能不扣，特别是领口的扣子。

（13）如果你去某个场合拿不准穿什么服装，那么隆重点儿远比随便点儿强得多，人们会认为你随后还要去一个更重要的场合呢！

（14）一件便宜的羊绒衫实际上远远没有一件好一点儿的羊毛衫更柔软、舒服。

（15）除非你是橄榄球运动员，否则就不要把任何与名字有关的字母或号码穿在身上。

（16）45 岁以下的你请不要过早地叼上烟斗，也不要戴那种浅圆的小帽。

（17）比穿没盖过踝骨的袜子更糟糕的是穿没盖过踝骨的格子袜子。

（18）配正装一定不要穿白色的袜子。

（19）无论如何，你不必有太多卡其布休闲装、白色的纯棉 T 恤或厚棉布网球鞋，毕竟一周只有一个星期六。

（20）穿衣服的第一常规就是打破一切常规——包括我们上面所说的一切。

我强调衣着的重要性，但并不是要你像英国花花公子博·布鲁梅尔那样，一年仅做衣服就花 4000 美元，扎一个领结也要花上几个小时。过分注重穿着甚至比完全忽视还要糟糕。那些像博·布鲁梅尔那样的人太讲究穿着了，他们一门心思地扑在对衣着的研究上，而忽略了内心修养和神圣的责任。在我看来，穿衣应该量入为出，与身份相称，这既是一种责任，也是最实际的节俭。

许多年轻人误以为"穿着得体"就一定是指要穿贵重的衣服。这种观点与完全忽视穿着同样是错误的。他们把本该花在头脑和心灵修养上的时间用在了梳妆打扮上。他们老是在盘算该怎样用微薄的收入来买昂贵的帽子、领带或是大衣。如果他们买不起渴望得到的东西，就会买便宜的赝品来代替，结果他们的穿着会显得很可笑。这类年轻人戴廉价戒指、打猩红色领带、穿大格纹衣服。他们肯定是职位低下者。卡莱尔这样形容这类花花公子——"一个花里胡哨的人——他的职业和生活就是穿衣——他的精神、灵魂和钱包都无畏地献给了这一目的。"他们就为了穿衣而活着，他们没有时间学习文化，没有时间努力工作。

莎士比亚说："衣装是人的门面。"这一说法得到了全世界的认同。许多人经常因为他们不得体的穿着而备受指责。初看起来，仅凭衣着去判断一个人似乎肤浅轻率了些，但经验一再证明：衣着的确是衡量穿衣人的品位和自尊感的一个标准。渴望成功的有志者应该像选择伴侣一样谨慎地选择衣装。古谚云："我根据你的伴侣就能判断你是什么样的人。"某个哲学家也说过一句精妙的话："让我看看一个妇女一生所穿的所有衣服，我就能写出一部关于她的传记。"

西德尼·史密斯说："教育一个女孩说漂亮无关紧要，衣装一无是处，这真是荒谬透顶！漂亮非常重要。她一生中所有的希望和幸福或许就依赖于一件新裙子或是一顶合适的女帽。如果她稍有点常识，她就会明白这点。应该教她知道衣装的价值所在。"人的确不是由衣装造就的，但衣装给我们的生活带来的影响远远出乎我们的意料。普林提斯·穆尔福德说，衣装能影响人类的精神面貌。这并非言过其实，只要想想衣装对你自己的影响程度有多大就够了。

假设让一个女人穿着一件破旧肮脏的衬衣，那么它就会影响到她，使她对自己的头发是肮脏还是扭结都漠不关心。她的脸和手干净与否，穿的鞋子多么破烂，都无关紧要，因为在她看来，"穿着这件旧衬衣没有什么不好"。她的步态、风度、情感倾向，都将潜移默化地受到这件旧衬衣的影响。如果她能改变一下——换上一件漂亮的棉裙，那么她的模样和举止将会多么地不同啊！她的头发一定会梳理得宜，会与她的穿着相得益彰。她的脸庞、手和指甲一定会干干净净。破旧肮脏的鞋也会换成了合脚的便鞋。她的思想也会焕然一新。她会更加尊敬衣冠整洁的人士，会远离穿着邋遢的人。"你想改变你的意识吗？那么就改变你的穿着吧。你马上就会感觉到效果。"

一见面就喊出对方的名字

◇让人喜欢的最简单、最容易理解的方法，就是记住对方的名字，让对方有种被重视的感觉。

◇我们可以看到名字所能包含的奇迹，名字能使人出众，它能使他在许多人中显得独立。

人们对自己的名字如此重视，不惜以任何代价使自己的名字永垂不朽。盛气凌人、脾气暴躁的美国马戏团创始人P.T.巴纳姆，因为自己的儿子没有继承"巴纳姆"这个姓氏而感到失望，他承诺，如果他的孙子愿意继承"巴纳姆"姓氏的话，他将赠给孙子2.5万美金。几个世纪以来，贵族和企业家都资助着艺术家、音乐家和作家，以求他们的作品能够献给自己。图书馆和博物馆最有价值的收藏品，都来自于那些一心一意担心他们的名字会从历史上消失的人。纽约公共图书馆拥有爱斯德和李诺克斯的藏书。大都会博物馆保存了爱德门和马根的名字。几乎每一座教堂，都装上了彩色玻璃窗，以纪念捐赠者的名字。

而现实生活中多数人不记得别人的名字，而真正的原因是，他们为自己造出借口：太忙了。

他们不可能比富兰克林·罗斯福更忙，罗斯福为了记住一个只见过一面的机械工的名字而不惜花费一些时间。克雷斯勒汽车公司为罗斯福总统订做了一辆特别的汽车，由张伯伦和一个机械工把这辆车送到总统官邸。张伯伦对当时的情况做了如下叙述：

"我拜访官邸时，总统的心情非常好。他直接唤我的名字，而且跟我聊天，所以我的心情也变得相当愉快。许多人都来围观这辆新车。总统在这些围观者面前，对我说：'张伯伦先生，制造这辆珍贵的车时，每天一定是很辛苦的，实在令人敬佩！'然后他对散热器、后视镜、车内装潢、驾驶座位以及行李箱中附有标记的手提箱等等，一一检视过后，频频表示敬佩。当驾驶练习完毕之后，总统就对我说：'张伯伦先生，我已经让联邦储备银行的人等了30多分钟，我想该去办公了！'

"那时我是带着一名机械工一块儿去的。到达官邸时我就把他介绍给总统。总统只听过一次他的名字。但是当我们辞行的时候，总统找到这名机械工，亲切地呼唤他的名字，握着手表示谢意。

"回到纽约几天后，我收到总统亲笔签名的照片和感谢函。到底总统是如何挤出这些时间干这些事的，我实在不知道。"

确实有的人的名字是相当难记的，发音不方便的尤其如此。这些难记的名字大部分人很快就忘了，于是要以绰号来弥补。大部分的人称尼古德姆斯·巴巴托洛斯为"尼克"，而尼克却喜欢人家以正式的名字称他。席德·雷温记住了尼克那复杂的名字。雷温说：

"见面那天，我于出门前反复练习这个名字：'午安，尼克德姆斯·巴巴托洛斯先生！'当我用全名跟他打招呼时，他一时愣住了，半晌才泪流满面地说：'雷温先生，我到这个国家已有15年了，在这之前，还没有一个人能用这样的名字称呼我！'"

让人喜欢的最简单、最容易理解的方法，就是记住对方的名字，让对方有种被重视的感觉。

在著名推销员吉姆为一家石膏公司做推销员四处游说的好些年中，吉姆能记住5万人的名字，他发明了一种记忆姓名的方法。

最初，方法极为简单。无论什么时候遇见一个陌生人，他就要问清那人的姓名，家中人口，职业特征。当他下次再遇见到那人时，尽管那是在一年以后，他也能拍拍他的肩膀，问候他的妻子儿女，问他后院的花草。难怪他得到了别人的追随！

他一天写数百封信，发给西部及西北部各州的人。然后他跳上火车，在19天中，用轻便马车、火车、汽车、快艇游经20个州，行程12000里。每进入一个城镇，就同人们倾心交谈，然后再驰往下段旅程。

回到东部以后，他立刻给他所拜访过的城镇中的某个人写信，请他们将他所谈过话的客人名单寄给他。到了最后，那些名单的名字多得数不清，但单中每个人都得到吉姆一封私函。这些信都用"亲爱的比尔"或"亲爱的杰"开头，而它们总是签着"吉姆"的大名。

吉姆发觉，普通人对自己的名字最感兴趣。记住他人的姓名并能十分容易地呼出，便是对他人的一种巧妙而很有效的恭维。但如果忘了或记错了他人的姓名，你就会置你自己于极为不利的地位。

记住别人的名字，在政治上一样重要。

拿破仑三世不论政务多么繁忙，总要记住所有遇见过的人的名字。他所用的方法非常简单。当他没有听清楚对方的名字时，他就说："对不起，请再说一次！"要是听到奇怪的名字，他就请对方书写下来。和对方谈话的时候，他就一再反复使用对方的名字，然后很努力地把对方的容貌、表情、姿态等等一起记入脑海中。

要是对方是位重要的人物，他就特别下苦心。回到宫里，他就马上写下对方的名字，然后集中精神凝视着这便条，待完全记牢后再把这便条撕碎丢掉。可谓眼耳并用。

这是相当费时的方法，但借用爱默生的话："良好的习惯是需要一些牺牲完成的。"

我们可以看到名字所能包含的奇迹，名字能使人出众，它能使他在许多人中显得独立。我们的要求和我们要传递的信息，只要由名字这里着手，就会显得特别的重要。不管是女侍或是总经理，在我们与别人交往时，名字都会显示它神奇的作用。

练就一流口才

◇如果你想使自己成为一个令人愉悦的人，你就必须想方设法地了解与你对话者的生活，并且用他们最感兴趣的内容来打动他们。

◇要想成为一个优秀的谈话者，你必须是自然而不造作，活泼而不轻浮，富于同情心而不惺惺作态，你必须从你的心底流露出一种善良的意愿。

有这样一个聪明的女士，她尽管说得很少，但却享有盛名，被公认为一个优秀的交谈者。她在交谈时的态度非常热诚且善解人意，因此，在她面前即便是最羞怯最胆小的人，也会在她的鼓励下谈论自己身上最美的闪光点，并感到自己能轻松自如地和她谈话。她解除和驱逐了别人的担忧和疑虑，使得他们能够畅所欲言，向她诉说无法向其他人诉说的东西。人们认为她是一个有趣的、成功的谈话者，因为她能够挖掘别人身上最优秀的内涵。

如果你想使自己成为一个令人愉悦的人，你就必须想方设法地了解与你对话者的生活，并且用他们最感兴趣的内容来打动他们。不管你对一个话题是多么地了解，如果它不能令你的谈话对象产生兴趣，那么你的努力大半都是徒劳的。

高明的谈话者总是机智得体——他在逗趣的同时不会冒犯和得罪他人。如果你想令他人感到诙谐有趣，你就不能戳伤他们的痛处，或者是对他们的家庭琐事喋喋不休。一些人有那种特殊的品质，他们能够准确地挖掘我们身上最美的闪光点。

林肯就是这样一位非凡的艺术大师，他使得自己在任何人面前都能做到诙谐风趣。他用生动有趣的故事和玩笑使人们彻底放松紧张的心情，所以，很多人在林肯面前都感到非常轻松自如，以至于愿意毫无保留地向林肯倾诉心底的秘密。陌生人总是乐于和他谈话，因为他是如此地热诚和风趣，和他谈话时简直感到如沐春风，并且受益良多。

像林肯所具备的这种幽默感当然是增强谈话感染力的重要因素，但是，并不是每个人都能如此幽默风趣；如果你缺少幽默的天赋，而又企图牵强地制造幽默时，结果往往是适得其反，令你自己显得滑稽可笑。

然而，一个高明的谈话者必须不能过于严肃或不苟言笑。他不过多地列举一些枯燥的事实，不管这些事实是多么重要。因为枯燥的事实和单调乏味的统计数据只能令人感到沉闷和厌烦。生动活泼是高明的谈话所不可缺少的。沉重的谈话惹人厌烦，而过于轻浮的谈话同样令人反感。

因此，要想成为一个优秀的谈话者，你必须是自然而不造作，活泼而不轻浮，富于同情心而不惺惺作态，你必须从你的心底流露出一种善良的意愿。你必须真正感觉到那种乐于帮助他人的热诚，并且全身心地投入到那些令他人感兴趣的事物之中去。你必须吸引人们的注意力，并且通过打动他们的内心来牢牢地抓住他们的注意力，而这只有借助于一种令人感到温暖的同情和共鸣，一种真正友善的同情和共鸣——才能做到。如果你是冷漠的、缺乏同情心的、拒人于千里之外的，你根本不能抓住他们的注意力。

你必须胸怀开阔，宽容他人。一个胸襟狭小、吝啬小气的人永远都不能成为高明的谈话者。如果某人总是对你的个人爱好、你的判断力、你的鉴赏力横加干涉，那么你永远都不会对他感兴趣。如果你紧紧地封锁了任何一条可以靠近你的心灵的途径，所有沟通和交流的渠道都对别人关闭了，那么，你的魅力和热诚就由此被切断了，你们之间的谈话只能是漫不经心的、马马虎虎的和机械单调的，不会带有任何活力或感情。

你必须使你的听众靠近你，必须开放你的心灵，并以一种最自然的状态去拥抱对方。你必须先作出响应，然后他人才会毫无保留地向你展示自己，使得你自由地进入他的内心最深处。如果一个人在任何地方都是成功者，那么其奥秘只能在于他的个性，在于他拥有一种能够以强有力的、生动有趣的语言有效地表达自己思想的能力。他没有必要通过罗列财富清单的形式向人展示自己有多成功，事实上，只要他一开口说话，财富就会源源而来，他的表达能力就是他最大的财富。

微笑常挂嘴角

◇在交际中，微笑的魅力是无穷的。它就像巨大的磁铁吸片一样，吸引着你周围的人们。

◇一个面带微笑的人将永远受欢迎。

微笑作为一种表情，它不仅是形象的外在表现，而且也往往反映着人的内在精神状态。一个奋发进取、乐观向上的人，一个对本职工作充满热情的人，总是微笑着走向生活、走向社会的。

在交际中，微笑的魅力是无穷的。它就像巨大的磁铁吸片一样，吸引着你周围的人们。

关于微笑艺术，我们应该了解的是：

首先，应具备正确的心理态度，要对这个世界和世人关切。要想取得巨大的成功，就必须如此。但是即使是例行公事般的微笑仍是有益的，因为那会在别人心中产生快乐，并且会等价地回报你。在别人心中创造快乐的感觉，会使你自己心中也感到快乐。久而久之，你就学会真心地微笑了。

而且，在微笑时，任何的不愉快或不自然的感觉都在你心中趋向静止和平衡。向别人微笑时，你是在以一种巧妙而高尚的方式向别人袒露你喜欢他的心迹，他会理解你的意思而去加倍喜欢你；微笑的习惯，带给你的是完美的个人形象和愉快的生活环境。

最近我在纽约参加了一个宴会，其中一位宾客是一个刚获得遗产的妇女。她急于给每一个人留下良好的印象，于是在黑貂皮大衣、钻石和珍珠上面浪费了好多金钱。但是她对自己的表情却没下什么工夫，表情冷漠。她没有发现，事实上每一个男子注意一个女子面部的表情要比她身上所穿戴的衣饰更主要。

你喜欢接触性情乖戾、忧郁、不快乐的人，还是喜欢接触快乐而热力四射的人？这些神情和态度在人群中是有感染性的。因此，你应该用灿烂的笑来影响你周围的人。

微笑的力量是巨大的，孩子们天真的微笑使我们想起了天使；父母的微笑让我们感到温情；祖父的微笑让我们感到慈爱。拿最常见的事情来说，小狗见到主人时，那副欣喜若狂的样子就让人觉得小狗是最忠实的伙伴了。

加利福尼亚大学心理学教授詹姆斯·麦克尔教授表达了他对微笑的看法：微笑永远有魅力。当你在微笑时，你的精神状态最为轻松，全身的肌肉处于松弛状态，而且，你的心理状态也就相对稳定，当你那充满笑意的眼光与别人的目光相遇时，你的笑意会通过这道"无形的眼桥"传递给他，他会被你的快乐情绪所感染。自然而然地，你们之间的气氛会变得和谐。你们相处得融洽，交流起来也容易多了。反过来如果你老是皱着眉头，挂着一副苦瓜脸，那没有人会欢迎你的；想获得交往的乐趣，首先就必须使对方和自己快乐才行。

我曾提议许多实业家每天展现他们的笑脸，这样持续一个星期，再把结果拿到训练班上发表。有一个学员是纽约股票场外经纪人瓦利安·史达哈德。他说：

"我结婚已18年，以前在家中，从没有对妻子展露笑容，可说是世上最难伺候的丈夫了。为了完成关于笑的试验，我就试着笑一个星期看看。就在隔天的早上，我边整理头发，边对镜中板着脸孔的自己说：'比尔，今天收起这种不愉快的表情吧，让我看看笑容，赶快去笑吧！'早餐的时候，我就一面对太太说早安，一面对她微微一笑。我太太非常吃惊。事实上，不但如此，她简直是深受震撼。从此我每天都那样做。到目前为止，已经持续了两个月。态度改变以来的这两个月，前所未有的那种幸福感，使我们的家庭生活十分愉快。

"现在，每天走入电梯我会对服务生微笑道早安，对守卫先生也以微笑招呼，在地铁窗口找零钱也是这么做的。即使在交易所，对那些没看过我笑脸的人，也都报以微笑。不久我发现，大家也都还我一笑，而对于那些有所不满、烦忧的人，我也以愉快的态度与其相处。在带着微笑倾听他们的牢骚后，问题的解决也变得容易多了。而且笑容也能使人增加很多财富。我也不再责备人，相反地，懂得去褒扬别人；绝口不提自己所要的，而时时站在别人的立场体贴人。正因为如此，生活上也整个发生了变化。现在的我和以前的我完全不同，是一个收入增加、交友顺利的人了。我想，作为一个人，没有比这更幸福的了。"

爱伦巴特·哈巴德的话同样能给人以启发：

"出门时抬头挺胸，然后做个深呼吸，呼吸一下新鲜空气。笑脸迎人，诚心和人握手，即使被误会也别担心，且不要浪费时间去设想你的敌人，认真决定想做的事情，然后向目标勇往直前。并且把心放在那些伟大光明的工作上。心理的活动是微妙的。而正确的精神状态就是经常保持勇气、率直和明朗。正确的精神状态也具有优越的创造力。一切的事物都是由愿望所产生，而祈求者的愿望会得到回应。正确的思想就是创造，所有事情都来自欲望。昂起你的头，露出你的笑容吧！"

查尔斯·哈里布曾说过，他的微笑可以值 100 万美元。一点微笑怎么会有这么高的价值呢？因为他掌握了微笑的秘诀，把它恰当地运用于商场交际中，就凭这，他使他的公司周旋于一些实力很强的大公司之间，赚取了大量的钱，而且还获得了好名声。

如果你不善于微笑，那么，强迫自己露出微笑。如果你是单独一个人，强迫自己吹口哨，或哼一支小曲，表现出你似乎很愉快，这就容易使你愉快。按照已故的哈佛大学威廉·詹姆斯教授的说法——

"行动似乎是跟随在感觉后面，但实际上行动和感觉是几乎平行的。而控制行动就能控制感觉。因此，如果我们不愉快的话，要使自己愉快起来的积极方式是：愉快地行动起来，而且言行都好像是已经愉快起来……"

目前是全美最成功的推销保险人士之一的富兰克林·贝特格说，他好多年前就发觉，一个面带微笑的人将永远受欢迎。因此，在进入别人的办公室之前，他总会先停留片刻仔细想想必须感激这人的事，然后带着一个真诚的微笑走进去。他相信，这种简单的微笑技巧跟他推销保险的巨大成功有很大关系。

说到微笑在商业中的价值，弗莱奇在他的奥本海默和卡林公司的一则圣诞节广告中，为我们提供了一点实用的哲学。下面是这则广告的全文：

微笑在圣诞节的价值

它不花什么，但创造了很多成果。它使接受它的人满足，而又不会使给予它的人贫乏。它在一刹那间发生，却会给人永远的记忆。没有人富得不需要它，也没有人穷得不拥有它。它为家庭创造了快乐，在商业界建立了好感，并使朋友间感到了亲切问候。它使疲劳者得到休息，使沮丧者看到光明，给悲伤的人带来希望。但它却无处可买，无处可求，无处可偷，因为在你给予别人之前，它没有实用价值。

假如在圣诞节最后一分钟的匆忙购物中，我们的店员累得无法给予你一个微笑时，我们能请你留下一个微笑吗？

因为，不能给予别人微笑的人，最需要别人的微笑了。

甜美而有韵律的声音

◇纯洁、生气勃勃的声音象征着内在的修养和雅致，每一个音节、每一个字符、每一个句子都得到了如此清晰圆润的表达，它们是那样地抑扬顿挫、那样地高低有致，就像一串抖动在春风中的银铃，有着多么神奇美妙的节奏啊！

一个人讲话时的声音是否优美动人，跟他受欢迎的程度及社交上的成功密切相关。事实上，没有任何一样东西可以像甜美而有韵律的声音一样，如此真实地反映出一个人良好的教养和高雅的品性。

"如果把我与一大群人关在一间黑暗的屋子里，"托马斯·希金森说，"我可以根据人们的声音分辨出其中的温文尔雅者。"

据说在古埃及的早期历史中，只有那些写在书面上的辩护词才允许在法庭出示，之所以如此，目的就是要防止坐在长椅上的法官因为听到滔滔不绝、蛊惑人心的声音而受到影响或蒙蔽，从而失去其应有的公正。在宣告判决时，主持审判的大法官作为真理女神的化身，只是以相当寡言少语的方式来判决。

当想到人类的声音所能产生的巨大而神奇的力量时，再回过头来看看，现实生活中我们的孩子们并没有受到任何良好的有关声音的训练，这难道不是一种耻辱甚至是一种犯罪吗？当我们看到一个个童稚活泼的、朝气蓬勃的孩子一边接受着最优秀的教育，一边却发着毫无变化、平板呆滞、暗哑嘈杂的声音时，我们难道不感到痛心和遗憾吗？毫无疑问，那些扭曲的、只是从喉际榨出来的干涩声音将极大地影响他们未来的事业和职业前途。想一想看，如果是一个女孩子，这是一种多大的障碍啊！她们原本应该是有着如露水般未沾一点尘泥、如春风般飘扬无羁、如清泉般畅流激奔的声音的！

然而我们在美国，随处可以发现那些从大学或学院毕业的男女青年们，他们在这样一些重要的教育机构里学习着呆板的死气沉沉的语言，学习着数学、自然科学、艺术和文学，而唯独没有学习如何发出优美动听的声音，他们的声音往往是那样地刺耳嘈杂。

相反，当人类的声音经过适当的训练，并得到适当的调控之后，又是多么地富于感染力，多么地动听迷人！当我们听到一个声音清晰地从喉咙中发出，每一个字都是如此地清澈、简洁、富于韵律，就像从一把圣洁的乐器上弹奏出来的最动听的音符一样，难道我们不感到那是一种真正的愉悦与享受吗？

我认识一位女士，她的声音非常清脆圆润，所以，不管她到任何地方，只要她一开口说话，所有的人便都洗耳恭听，因为他们无法抗拒这如此富于魅力的声音。那种真纯、爽朗、充满生命活力的声音就像从干裂的地面喷出的一股清泉，就像从静寂的山谷涌上的一股细流，在每个人的心头涓涓流淌，恰似生命中最美的音乐。事实上，这位女士的相貌相当普通，甚至可以说是有些丑陋，然而她的声音却是那样的圣洁甜美；它所带来的魅力是不可阻挡的，并且也从某个层面象征着她高雅的素养和迷人的个性。

我在社交场合中不止一次地听到那种尖声尖气或是粗声大气的女人声音，有时我甚至感到自己的神经受到了很大的压迫，情绪也会变得无端地烦躁，因而我不得一次又一次地从她们的身边逃离。

纯洁、生气勃勃的声音象征着内在的修养和雅致，每一个音节、每一个字符、每一个句子都得到了如此清晰圆润的表达，它们是那样地抑扬顿挫、那样地高低有致，就像一串抖动在春风中的银铃，有着多么神奇美妙的节奏啊！而且，对绝大多数人来说，只要你愿意，你就可以拥有上帝馈赠给人类的这一神奇礼物。

练就关照他人而不造作的功夫

◇在你的记忆中是否有过因他人对你细致的照料而欣喜异常的体验？要记住，这种行为，能使人类特有的虚荣获得相当程度的满足感。

◇谁都希望别人认为自己比实际来得聪明、美丽，这种想法并不会伤害任何人。

人们更喜好被取悦，而不是被激怒；喜欢听到褒奖，而不是被对方恶言相向；更乐意被喜爱，而不是被憎恨。因此，仔细地加以观察，就能投其所好，避其所恶。

举个浅显的例子来说，告诉对方你特意为他准备了他所喜爱的酒，或者是说，知道你不喜欢那个人，所以今天没叫他来。如此若无其事的呵护，必能打动对方的心，他一定深为你能注意其生活细节，而感激不尽。反之，若是明知是让对方讨厌的事物，却又在不经意间触犯了禁忌，结果，对方必然会认为你当他是傻瓜，故意藐视他，以至于永远耿耿于怀。尽管是件小事，但却有可能从此中断你与他的关系。因此，如果连细枝末节都能特别地加以留意，必能让对方愈发对你感激不尽。

在你的记忆中是否有过因他人对你细致的照料而欣喜异常的体验？要记住，这种行为，能使人类特有的虚荣心获得相当程度的满足感。由于有人如此取悦于你，从此，你有可能会倒向此人，无论此人对自己做了些什么，都认为对方乃是出于好意。人类便是如此。

为此，我给你以下几点提示：

1. 称赞对方希望被称赞的事物

如果特别喜欢某人，或者特别想成为某人的知交，可以探查此人的优缺点，称赞此人希望被称赞的地方。人类都有真正优秀的部分，以及希望被他人认定为优秀的部分。一个人的优秀的部分被赞赏，着实能让人高兴，但是，若称赞他希望被称赞的部分，必然更能令他高兴。这才是真正地搔到痒处。

任何人都有渴望他人褒奖的欲望。要想发现此一部分，观察乃是最好的方法。仔细注意，观察此人喜爱的话题。通常，自己想要被称赞，希望被认定为优秀的部分，往往会出现在最常见的话题里。这里便是要害。只要突破其防线，就能一举制胜。

2. 偶尔的佯装，实属必要

请别误会，我并非教你使用卑鄙谄媚的手段来操纵他人。你当然不必连人们的缺点、坏事都加以称赞，而且也不应该称赞。我认为，这些是我们应该憎厌，能断言不好的事。不过，请想想，如果我们不能对人类的缺点及肤浅幼稚的虚荣心佯装不知的话，又如何能在这个世界上立足呢？

谁都希望别人认为自己比实际来得聪明、美丽，这种想法，并不会伤害任何人。如果你告诉这些人这种想法太幼稚、太不正确了，对方必然与你疏离，视你为仇敌。若是我，宁愿采取取悦对方的手段，尽量恭维对方，使其成为朋友。若是对方有优点，你就该迅速地赠与赞词。然而，有时也不得不面对自己并不十分赞同、但却为社会所认同的事，此时只好睁一眼、闭一眼了。

如果你还不太善于赞扬别人，这是因为你还不甚了解人们是多么希望自己的想法及喜好能获得支持，特别是期望明明是错误的想法，及自己的小缺点，能得到他人的谅解与认同。

3. 背地里称赞，最令人高兴

为了使对方高兴，你可以在褒奖办法上略施技巧，那就是在背地里夸赞对方。当然，若你只是在暗地里称赞对方而他却一无所知，那就一点意义也没有了，你要想办法将你的夸赞通过巧妙的方式确实地传达到对方的耳里。这里，慎选传达讯息的人选最重要。你所挑选的人最好是通过因为传递此一讯息也能获益的人。如果你选有此企图的人做信使，他不仅会确实地传达你的讯息，还有可能添油加醋，更增效果。对他人的称赞，以此种方法最具功效。

第二章

把握人际交往的关键

了解鱼的需求

◇成功的人际关系在于你能捕捉对方观点的能力；还有，看一件事须兼顾你和对方的不同角度。

◇天底下只有一种方法可以影响他人，那就是指出他们的需要，并让他们知道怎样去获得。

◇能设身处地地为他人着想、了解别人心里想些什么的人，永远不用担心未来。

每年夏天，我都会去梅恩钓鱼。我喜欢吃杨梅和奶油，然而基于某些特殊原因，我发现水里的鱼爱吃水虫。所以在钓鱼的时候，我就不作其他想法，而专心一致地想着鱼儿们所需要的。

我也可以用杨梅或奶油作钓饵，和一条小虫或一只蚱蜢同时放入水里，然后征询鱼儿的意见——"嘿，你要吃哪一种呢？"

为什么我们不用同样的方法来"钓"一个人呢？

有人问到路易特·乔琪，何以那些战时的领袖们，退休后都不问政事，唯独他还身居要职呢？

他告诉人们说："如果说我手掌大权有要诀的话，那得归功于我的心里明白，当我钓鱼的时候，必须放对鱼饵。"

我们怎么会扯到这上面来，那是无知的、不近情理的？世上唯一能够影响别人的方法，就是谈论人们所要的，同时告诉他，该如何才能获得。

明天你希望别人为你做些什么，你就得把这件事记住，我们可以这样比喻：如果你不让你的孩子吸烟，你无须训斥他，只要告诉孩子，吸烟不能参加棒球队，或者不能在百码竞赛中夺标。不管你要应付小孩，或是一头小牛、一只猿猴，这都是值得你注意的一件事。

有一次，爱默生和他儿子想使一头小牛进入牛棚，他们就犯了一般人常有的错误，只想到自己所需要的，却没有顾虑到那头小牛的立场……爱默生推，他儿子拉。而那头小牛也跟他们一样，只坚持自己的想法，于是就挺起它的腿，强硬地拒绝离开那块草地。

这时，旁边的爱尔兰女佣人看到了这种情形，她虽然不会写文章，可是她颇知道牛马牲畜的感受和习性，她马上想到这头小牛所要的是什么。女佣人把她的拇指放进小牛的嘴里，让小牛吸吮着她的拇指，然后再温和地引它进入牛棚。

从我们来到这个世界上的第一天开始，我们的每一个举动，每一个出发点，都是为了自己，都是为我们的需要而做。

哈雷·欧佛斯托教授，在他一部颇具影响力的书中谈到："行动是由人类的基本欲望中产生的……对于想要说服别人的人，最好的建议是无论是在商业上、家庭里、学校中、政治上，在别人心念中，激起某种迫切的需要，如果能把这点做成功，那么整个世界都是属于他的，再也不会碰钉子，走上穷途末路了。"

明天当你要向某人劝说，让他去做某件事时，未开口前你不妨先自问："我怎样使他要做这件事？"

这样可以阻止我们，不要在匆忙之下去面对别人，最后导致多说无益，徒劳而无功。

在纽约银行工作的芭芭拉·安德森，因为儿子身体的缘故，想要迁居到亚利桑那州的凤凰城去。于是，她写信给凤凰城的12家银行。她的信是这么写的：

敬启者：

我在银行界的十多年经验，也许会使你们快速增长中的银行对我感兴趣。

本人曾在纽约的金融业者信托公司，担任过许多不同的业务处理工作，现在则是一家分行的经理。我对许多银行工作，诸如：与存款客户的关系、借贷问题或行政管理等，皆能胜任愉快。

今年 5 月，我将迁居至凤凰城，故极愿意能为你们的银行贡献一己之长。我将在 4 月 3 日的那个星期到凤凰城去，如能有机会做进一步深谈，看能否对你们银行的目标有所助益，则不胜感谢。

芭芭拉·安德森谨上

你认为安德森太太会得到任何回音吗？11 家银行表示愿意面谈。所以，她还可以从中选择待遇较好的一家呢！为什么会这样呢？安德森太太并没有陈述自己需要什么，只是说明她可以对银行有什么帮助。她把焦点集中在银行的需要，而非自己。

但是仍然有许多销售人员，终其一生不知由顾客的角度去看事情。曾有过这样一个故事：几年前，我住在纽约一处名叫"森林山庄"的小社区内。一天，我匆匆忙忙跑到车站，碰巧遇见一位房地产经纪人。他经营附近一带的房地产生意已有多年，对森林山庄也很熟悉。我问他知不知道我那栋灰泥墙的房子是钢筋还是空心砖，他答说不知道，然后给了张名片要我打电话给他。第二天，我接到这位房地产经纪人的来信。他在信中回答我的问题了吗？这问题只要一分钟便可以在电话里解决，可是他却没有。他仍然在信中要我打电话给他，并且说明他愿意帮我处理房屋保险事项。

他并不想帮我的忙，他心里想的是帮他自己的忙。

亚拉巴马州伯明翰市的霍华德·卢卡斯告诉我，有两位同在一家公司工作的推销员，如何处理同样一件事务：

"好几年前，我和几个朋友共同经营了一家小公司。就在我们公司附近，有家大保险公司的服务处。这家保险公司的经纪人都分配好辖区，负责我们这一区的有两个人，姑且称他们作卡尔和约翰吧！

"有天早上，卡尔路经我的公司，提到他们一项专为公司主管人员新设立的人寿保险。他想我或许会感兴趣，所以先告诉我一声，等他收集更多资料后再过来详细说明。

"同一天，在休息时间用完咖啡后，约翰看见我们走在人行道上，便叫道：'嗨，卢克，有件大消息要告诉你们。'他跑过来，很兴奋地谈到公司新创了一项专为主管人员设立的人寿保险（正是卡尔提到的那种），他给了一些重要资料，并且说：'这项保险是最新的，我要请总公司明天派人来详细说明。请你们先在申请单上签名，我送上去，好让他们赶紧办理。'他的热心引起我们的兴趣，虽然都对这个新办法的详细情形还不甚明了，却都不觉上了钩，而且因为木已成舟，更相信约翰必定对这项保险有最基本的了解。约翰不仅把保险卖给我们，卖的项目还多了两倍。

"这生意本是卡尔的，但他表现得还不足以引起我们的关注，以致被约翰捷足先登了。"

在这个世界上，一些表现得不自私、愿意帮助别人的人，能得到极大益处，因为很少人会在这方面跟他竞争。欧文·杨是个著名律师，也是美国有名的商业领袖。他说过："能设身处地地为他人着想、了解别人心里想些什么的人，永远不用担心未来。"

许多推销人员，每天踏破铁鞋，疲累沮丧，所获却并不多。为什么呢？因为他们心里想的都是自己的需要。他们不知道你我并不想买什么东西，如果想的话，也一定会自己出门。顾客总喜欢主动采买——而非被动购买。

"注意别人的观点，引起别人的渴望"，这并不能解释为"操纵别人，使他去做对你有益，而对他却有害"的事。而应该是说"双方都能因为此事而获利"。在安德森太太发给凤凰城 12 家银行的信里，在约翰向卢卡斯推销人寿保险的交易行为当中，双方都因处理事务的方式得当而彼此获利。

我曾为一些大学毕业生开讲《有效谈话》的课程。这些毕业生刚进入开利公司工作，其中一名学生想利用休息时间打打篮球，于是他便这样去说服其他人："我要你们出来打篮球。我喜欢打篮球。但是，前几回我到体育馆的时候，人数总是不够。我们当中的两三人，一直把球传来传去——我还被球打得鼻青眼肿。希望你们明天晚上都过来打，我喜欢打篮球。"

这名学生谈到别人的需要了吗？我想，假如别人都不愿去体育馆的话，你也不一定会去的。你不会在意那名学生想要什么，你也不想被打得鼻青眼肿。这名学生有没有办法让你们觉得，假如你们到体育馆去，可以得到许多东西，像更有活力、会更有胃口、脑筋更清醒、得到许多乐趣等等。

我们再重复一遍欧佛斯托教授充满智慧的忠言："要首先引起别人的渴望，凡能这么做的人，世人必与他在一起。这种人永不寂寞。"

训练班有名学生，一直为自己的小儿子操心不已。他的小男孩体重过轻，而且不肯好好吃东西。这对父母用的是大家最常用的方法——责备和唠叨。"妈妈要你吃这个和那个。""爸爸要你以后长得高大强壮。"这个小男孩听得进多少这类的要求？这就好像把一撮沙子丢到海滨沙地一样。

只要你对动物还有一点认识，你就不会要求一名 3 岁小孩对他 30 多岁父亲的看法会有什么反应，更不要说完全依照父亲所期待的去做，那是荒谬无理的。这名学员后来也发现错误，便告诉自己："我的儿子想要什么？我如何能把自己的需要和他的需要联结起来？"只要这位父亲一开始想，问题就变得容易多了。小男孩有一部三轮车，他最喜欢在自家门口附近骑着到处跑。但是街的另一头住了一个喜欢欺负弱小的大男孩，常常把小男孩从车上拉下来，然后把车子骑走。自然，小男孩会哭叫着跑回家去，然后妈妈便会跑出来，先把大男孩从三轮车上赶开，再让小男孩骑着车子回家。这事几乎每天发生。所以小男孩想要什么，这并不需要侦探福尔摩斯来回答。小男孩的自尊、愤怒和渴望具有重要性——所有他性格中最强烈的情绪——都促使他采取报复行动，最好能一拳把那大男孩的鼻子打扁：这时，这位父亲就趁机向小男孩解释，假如他能把妈妈所给的食物吃下去，终有一天能足够强壮得把大男孩痛揍一顿。此法果然奏效，小男孩从此不再有饮食方面的问题。他肯吃菠菜、泡菜、腌鲭鱼——凡是可以让他快快长大的食物都吃。因为他实在太渴望早日把那个大男孩狠揍一顿，好一解长久以来所受的怨气。

解决了这个问题之后，这对父母又得处理另一个问题：原来小男孩一直有尿床的坏习惯。小男孩与祖母同睡，每天早上，祖母醒过来发现被单是湿的，便会说："强尼，看，你昨晚又尿床了！"小男孩就会回答："不是我，是你自己尿床。"

责备、处罚、取笑或一再警告，所有能用的方法都用遍了，就是无法让他改掉这个坏习惯。那么，如何才能让孩子自己想要不尿床？

小男孩调皮地回答，他想要一套像爸爸一样的睡衣，而不是现在所穿的睡袍，那看起来像祖母穿的。老祖母早已受够小男孩尿床的坏习惯，所以很乐意买一套那样的睡衣送给他。他还想要一张自己的床。祖母也不反对。

小男孩的母亲带他到家具店去。她先对店里的女店员眨眼示意，然后说道："这位小男士想要买些东西。"

"年轻人，我可以帮什么忙吗？你想要什么东西？"

这话使小男孩深觉自己的重要。他尽量站得使自己看起来高些，然后回答："我要给自己买张床。"

女店员便带小男孩看了好几张床。等男孩的母亲示意哪一张比较合适，女店员便说服小男孩把它买下来。

第二天，床送来了。当天晚上，父亲回家的时候，小男孩就赶紧拉着爸爸到楼上看他的床。

父亲看了那张新床，然后真诚而慷慨地发出赞美之言："你不会把这张床尿湿吧，会吗？"

"哦，不会的，不会的，我不会再把床尿湿了。"小男孩果然遵守诺言，因为这里面有他的尊严，而且，这是他自己买的床。他现在穿着和父亲一样的睡衣，完全像个小大人了，所以他也要举止行为像个小大人一样。

另一个电话工程师，他无法叫3岁大的女儿吃早餐，无论怎么责备、哄骗或要求，都无济于事。这个小女孩喜欢模仿母亲，喜欢觉得自己已长大成人。所以，有天早上，这对父母就把小女孩放在椅子上，让她自己准备早餐。果然小女孩弄得十分起劲，一看见父亲进到厨房便叫道："爸爸，看，今天早上我自己调麦片！"她吃了两份麦片，完全不用哄骗，因为这不但使她兴趣盎然，更使她觉得"深具重要性"。她完全在调制麦片的过程当中，找到了自我表现的途径。

自我表现是人类天性中最主要的需求。我们也可以把这项心理需求适用在商业交易上。当我们想出一个好主意的时候，别让其他人以为那是我们的专利。不妨让他们自己去调制那些观念，他们会认为那是自己的主意，也会因特别喜爱而多摄取了好些的分量。

我们应记住：要首先引起别人的渴望。凡能这么做的人，世人必与他在一起。这种人永不寂寞。

我要喜欢你

◇外交的秘诀仅在5个字：我要喜欢你。

◇只是我们把次序弄错了——我们是希望别人先来喜欢我们，却不曾想到如何才能让人喜欢。

当然，为了要得到友谊和情爱，我们必须先认清"施比受更有福"，然后把这种认知用实际行为表现出来。我们不能只是把金矿藏在内心，黄金必须使用才能显示其价值，像《圣经》所说的："由所结的果子，便可认出他们来。"

我常听到许多人埋怨："我性情过于羞怯，很难引起别人注意"，"没有人会对我感兴趣"，或是"别人并不想认识我"等。

不错，别人为什么要喜欢你呢？这世界并没有义务非要喜欢你或我，或任何一个人。有什么特别理由别人会特别选中你（无论是工作或社交的理由）？除非我们具有他们所要的特质，否则，他们没有必要特别注意到你。

玛丽安·安德逊曾经很生动地描述她早期的生活——她那时事业失败，整个人很不得志，几乎就要放弃歌唱生涯。后来，凭借祷告和心灵的追求，她才逐渐恢复勇气和信心，准备继续为自己的事业奋斗下去。有一天她兴致勃勃地向母亲说道："我要再唱下去！我要每个人都喜欢我！我要继续追求完美！"

母亲回答道："很好啊！这是很好的志向——但是，要知道，耶稣以完美的形象到这世界上来，却还是有人不喜欢他。人在成就伟大的事业之前，必须先学会谦卑。"玛丽安听了深受感动，因此决心在音乐造诣上"力求"完美，而不是"想要"完美。"谦卑先于伟大"，这是母亲给她的最好赠言。

名作家荷马·克洛伊是我的好朋友，十分懂得交友之道。凡是碰到他的人，无论是清道夫、百万富翁、妇孺老幼——都会在与他相处 15 分钟之内对他产生好感。为什么呢？他既不年轻，又不英俊，更不是百万富翁，他有什么魅力可以吸引人呢？很简单，因为他一点也不矫揉造作，并且能让别人感觉到他真的喜欢、关心他们。

小孩会爬到他的膝上，朋友家的仆人会特别用心为他准备餐点，而且，假如有人宣布："今晚荷马·克洛伊会到这里来！"则当天的宴会一定没有人缺席。除朋友间深厚的感情之外，荷马·克洛伊的家人也都十分敬爱他。他的妻子、女儿，还有好几个孙儿，全都对他称赞不已。

究竟这位作家是如何赢得这种幸福的？说来也很简单——就是待人诚恳、热爱人类而已。对他来说，对方是什么人，或做什么事，他都不会在意。只要是身为一个人，对他便意义重大，值得付出关爱。每次他遇见陌生人，很快就能像老朋友一样交谈起来——并不是专谈自己的事，而是尽量谈对方的事。他借由问一些问题，可以知道对方是从哪里来，做什么事，有没有什么家人，等等。他也不会唠叨个不停，只是向对方表示自己的兴趣和关心，借以建立起友谊。

这种方法，连最爱嘲笑人生的人，都会像阳光下的花朵一样吐露芬芳。正像约瑟夫·格鲁大使所说的："外交的秘诀仅在 5 个字：我要喜欢你。"

得到友谊的最佳方法，是必须注重施予，而不是获得——但应该是亲自赢取得来的，而不是靠一时的吸引或哄骗。所谓赢取友谊的能力，并不是指勾肩搭背、与人攀谈、动作滑稽或讲些逗趣的笑话等。那应该指的是一种心境、一种处世的态度或是一种愿意把自己的爱、兴趣、注意力及服务精神献给他人的愿望。

一个有经验的推销员懂得对自己能否成功推销产品的担心会给心理造成障碍，这样会影响他适当地介绍他的产品。通用制造公司的董事长哈瑞·布利斯在大学期间靠推销缝纫机为生，他总结说：要想在推销员这个岗位上取得成功，就要忽略自己渴望销售出去的数量，而应该集中心思向客户介绍自己能提供什么样的服务。

如果一个人将精力用在为他人服务上，内心就会充满难以抗拒的力量。你怎么会拒绝一个企图帮你解决问题的人呢？

"我对推销员们说，"布利斯先生说，"如果他们一天到晚想的都是'我今天要尽力多帮助一些人'而不是'我今天要尽力多卖出一些产品'的话，就会发现接近买主不是那么困难了，然后销售业绩会出奇地好。能够帮助同胞获取快乐、轻松生活的人，是最高级的推销员。"

打高尔夫球时，会有人叮嘱我们不要让眼睛离开球；向成年人传授说话技巧时，我们告诫学生要把精力集中心思在他想要传达的信息上。紧张、害怕都是担心结果的表现，这是不可取的。

我自己就是从吃过的苦头中学到这一点的。我曾经是一个害羞的人，天生不善于公开讲话，要我面对一群听众就好比要一个普通人面对国会调查委员会一样费力。

好几年前，我准备发表演讲，当时的听众据说相当难缠。我事前与一位好朋友共餐，免不了流露出紧张的情绪。"假如听众不同意我讲的话，那怎么办？"我神经兮兮地问那位朋友，"假如他们不喜欢我，该怎么办？"

"不错，"朋友回答道，"他们为什么要喜欢你呢？你能给他们干什么？你认为自己要讲的话很重要吗？"

我承认那些东西对我来说的确意义十分重大。

"很好，"她继续说道，"我倒不觉得听众喜不喜欢你有什么重要。重要的是你有没有把想讲的信息传达出去。至于他们喜欢或讨厌你，又有什么关系呢？至少，你已完成了任务。"

朋友的这番话，改变了我对演讲的整个看法。现在，每当我准备发表演讲的时候，都会在事前先静心祷告："神啊，求你帮助我传达出对这些听众有益的信息来，让他们有所收获，满心欢喜地回家。"这样的祷告对我十分有用，而我也的确希望能对听众有帮助。这样的祷告使我谦卑地体会到自己只不过是个传达某些信息的演讲员，而不是要显露自己的学问或风采。我的目的是要带给听众一些鼓舞性的思想，以期对他们的生活有助益。

好莱坞的J.艾伦·布恩是著名的喜剧片《狗明星"强心"》的主演，他在观察"强心"表演的过程中学到了不少东西，因而他又为此写了一本名叫《给"强心"的信》的畅销书。据布恩先生介绍，这是一只很了不起的狗，总是欣然地执行他的命令，在电影中表演为剧情所需的各种动作。难得的是它这么做，从来不是为了得到报酬，而是出于爱和享受把事情做好而带来的快乐。有好几次，"强心"都纯粹是为了自身的乐趣而表演。这也许正是它能成为电影明星的原因。

布恩先生还曾谈到有一次他面对一个跳舞的年轻女孩。她第一次试跳的时候，紧张得像新娘出嫁，怕自己会失败！于是他安慰：："不要在乎结果，只当是纯粹为了享受跳舞的乐趣而跳，为了上帝而跳吧。"

很快地，她的心态来了个彻底的转变。

同理，获得友谊的全部秘诀也在于不要担心结果，不要在意别人是否会喜欢我们，现在就着手去做所有能激发爱和友情的事。在这方面，威廉·奥斯勒爵士的话很值得我们思索，他说："我们应该做的不是张望缥缈的未来，而是脚踏实地做好眼前的事。"

现实的情形是：

当我们还是处在做梦年龄的时候，常常梦想有朝一日要写出最伟大的小说来。想象别人是如何欣赏那本书，如何听到掌声，如何得到那永远的荣耀。

想象自己要穿什么样的衣服，所到之处，别人是如何赞美、追求、不断引用自己讲过的话。我们想了许许多多，就是从来不曾想过可能会遭到的困难，或是那些沉闷辛苦的工作，那些在创作过程中所要流出的泪和汗。我们想的都是有关荣耀的报偿，而不是如何努力去赢得这份荣耀。

像这种幼年时期的稚气行为，可说是典型的"一颗寂寞的心灵想要得到友谊"，或是"想要与他人建立良好关系"的心理表现。只是，我们把次序弄错了——我们是希望别人先来喜欢我们，却不曾想到要如何才能让人喜欢。

管住自己的舌头

◇你如果没有好话可说，那就什么也别说。

◇要记住，不愉快的时刻迟早会过去，如果我们的舌头没有闯祸，就不会留下需要医治的创伤。

大卫的父母离婚后，协议规定他和母亲一起生活。由于手头拮据，母子二人只好搬到另一个城市去。大卫于是也要到一所新的学校去上课，结交新的朋友。这种种变化叫他伤透了心。他开始对那些父母没有离婚的孩子感到反感，而且经常因为很小的缘故或无缘无故跟人打架。在这种痛苦的生活中，他养成了对人过分苛求的习惯。他几乎对谁都没有一句好话。

一天，有个对大卫的情况十分了解的同学走到他身边。"我父母也离婚啦。"他轻声地说，"我知道你心里难受。不过，你得抛弃你的怒气和痛苦。你跟别人过不去，这只能伤害你自己。要是你没法说点儿什么好话，那你最好什么也别说。"

由于痛苦，大卫最初的确很难接受这位同学的建议，但既然情况似乎变得越来越糟，他就对自己的谈吐变得比较谨慎了。他经常把马上就要冲口而出的话咽回去；若是在以前，他的这些伤害人、挖苦人的话简直是没遮没拦的。他开始意识到他从前对身边同学的关心是多么不够。随着理解的扩大，他开始明白，像他一样遭受家庭变故的不只他一个人，许多其他孩子也经历过令人难堪的家庭解体。大卫开始想办法去鼓励他们，帮助他们处理好自己的痛苦与茫然。到学期结束时，大卫的态度产生了180度的根本转变，并获得了那些当初由于他管不住自己的脾气而与他疏远了的同学的好感。

我们无论是谁，在家里、学校里或工作中，都可能经历过精神上受到压抑的情形。当事情进展不顺利时，我们就往往忍不住责怪别人，我们或许认为，找别人的错，能使我们对自己所处的状况觉得好受点儿。但也可能是这样想的：我不好过，你也别想好过。

在我们每个人都曾经历过的"沮丧"时刻里，如果我们不能对人说有益的好话，那我们最好还是什么也别说。破坏性的语言，往往会产生破坏性的结果。除了会给周围的人造成不必要的痛苦之外，从我们口中说出的那些消极性的话语往往只会使问题变得复杂起来。

在生活中遇到了难于应付的挑战，我们就可能认为，说些粗野和伤人的话是有道理的。上文提到的那个父母离了婚的孩子，受着许许多多他无法理解、无法解决的感情和情绪的折磨。但他终于还是发现，贬低和伤害他人并不是解决问题的办法。通过客气和富于理解的言词，或干脆怀着同情听别人说话，他终于学会了帮助他人；反过来，他又受到了周遭人们的帮助，而他终于在自己身上找回了生活的勇气。

当我们遇到灾难或烦心的事儿，倘若我们还记着应与面前的事物保持一定距离，直至能够看清与之相联系的背景为止；倘若我们学会了"管住自己的舌头"，那么，我们也许就能避免说出许多具有破坏性的话。在生活的各个方面，倘若人们背着沉重的思想包袱，这对他们自己和其他人，都会产生致命的影响，因为这些思想问题所强调的是否定的而不是积极的方面。因此，重要的是我们要懂得，创造性的思想产生于不断寻找答案的过程之中。

有句久经时间考验的名言："你如果没有好话可说，那就什么也别说。"这实在是你在一天之中该说些什么话的座右铭。倘若你出于某种原因而感到沮丧，如有必要，可以找朋友或师长谈谈。每个人都有不顺心的时候。当你感到情绪有些不对头时，千万别发作，以免伤害别人，因为别人也同样需要听到些表示理解和支持的话。对自己要说出的话，要时刻保持警惕。要记住，不愉快的时刻迟早会过去，如果我们的舌头没有闯祸，就不会留下需要医治的创伤。

如要采蜜，不可弄翻蜂巢

◇人就是这样，做错事的时候只会怨天尤人，就是不去责怪自己。

◇善解人意和宽恕他人，需要修养和自制。

美国鼎鼎有名的黑社会头子，后来在芝加哥被处决的阿尔·卡庞说："我把一生当中最好的岁月用来为别人带来快乐，让大家有个好时光。可是我得到的却只是辱骂，这就是我变成亡命之徒的原因。"卡庞不曾自责过。事实上他自认为造福人民——只是社会误解他，不接受他而已。达奇·舒兹的情形也是一样，他是恶名昭彰的"纽约之鼠"，后来因江湖恩怨被歹徒杀死。他生前接受报社记者访问时，也自认为造福群众。

我曾和在纽约辛辛监狱担任过好几年典狱长的路易·罗斯就关于罪犯不曾自责的问题通过几次信，他表示：牢里的犯人很少自认为是坏蛋。他们和你一样，都是人，都会为自己辩解。他们告诉你，为什么要打破保险箱，为什么要开枪杀人。大多数人都能为自己的动机提出理由，不管有理无理，总要为自己破坏社会的行为辩解一番。因此，他们的结论是：他们根本不应该被关进牢里。

假如阿尔·卡庞这帮歹徒，以及许多关在监狱里的亡命男女，他们从不为自己的行为自责过，我们又如何强求日常所见的一般人？

心理学家史金诺经通过动物实验证明：因好行为受到奖赏的动物，其学习速度快，持续力也更久；因坏行为而受处罚的动物，则不论速度或持续力都比较差。研究显示，这个原则用在人身上也有同样的结果。批评不但不会改变事实，反而只有招致愤恨。

另一位心理学家汉斯·希尔也说："更多的证据显示，我们都害怕受人指责。"

因批评而引起的羞愤，常常使雇员、亲人和朋友的情绪大为低落，并且对应该矫正的事实状况一点也没有好处。

西奥多·罗斯福和塔夫脱总统之间有段广为人知的争论——他们的不和睦导致共和党的分裂，而将伍德洛·威尔逊送进了白宫。让我们简单地回忆一下这段历史：1908年，罗斯福搬出白宫，共和党的塔夫脱当选为总统，然后，罗斯福到非洲去猎狮子。当他回到美国后，看到塔夫脱的保守作风，很是震怒。罗斯福除了公然抨击塔夫脱，还准备再度出来竞选总统，并打算另组"进步党"，这几乎导致老共和党的瓦解。果然，紧接而来的那次选举，塔夫脱和共和党只赢得了两个区的选票——佛蒙特州和犹他州，这是共和党有史以来遭受的最大失败。

罗斯福谴责塔夫脱，但是塔夫脱承认自己有错吗？他曾含着眼泪说道："我不知道所做的一切有什么不对。"

俄克拉荷马州的乔治·约翰逊是一家营建公司的安全检查员，检查工地上的工人有没有戴上安全帽是约翰逊的职责之一。据他报告，每当发现工人在工作时不戴安全帽，他便用职位上的权威要求工人改正，其结果是：受指正的工人常显得不悦，而且等他一离开，便又常常把帽子拿掉。

后来约翰逊决定改变方式。第二回他看见有工人不戴安全帽时，便问是否帽子戴起来不舒服，或是帽子尺寸不合适，并且用愉快的声调提醒工人戴安全帽的重要性，然后要求他们在工作时最好戴上。这样的效果果然比以前好得多，也没有工人显得不高兴了。

人就是这样，做错事的时候只会怨天尤人，就是不去责怪自己。明天你若是想责怪某人，请记住阿尔·卡庞等人的例子。让我们认清：批评就像家鸽，最后总会飞回家里。也让我们认清：我们想指责或纠正的对象，他们会为自己辩解，甚至反过来攻击我们，或是像塔夫脱所说："我不知道所做的一切有什么不对。"

当林肯咽下最后一口气时，陆军部长史丹顿说道："这里躺着的是人类有史以来最完美的统治者。"

为什么这么说呢！因为林肯找到了与人相处的秘诀——不为任何事指责任何人。而且，这个秘诀是林肯在差点丢了性命后获得的。

年轻时的林肯特别喜欢批评他人。林肯喜欢批评人吗？不错。他住在印第安纳州湾谷的时候，年纪尚轻，不仅喜欢评论是非，还写信写诗讽刺别人。他常把写好的信丢在乡间路上，使当事人很容易发现。

1842年秋天，林肯写文章讽刺一位自视甚高的政客詹姆斯·席尔斯，并在《春田日报》上发表了一封匿名信嘲弄席尔斯，全镇哄然引为笑料。自负而敏感的席尔斯当然愤怒不已，终于查出写信的人，他跃马追踪林肯，下战书要求决斗，林肯本不喜欢决斗，但迫于情势和为了维持荣誉，只好接受挑战。他有选择武器的权利，由于手臂长，他选择了骑兵的腰刀，并且向一位西点军校毕业生学习了剑术。到了约定日期，林肯和席尔斯在密西西比河岸碰面，准备一决生死。幸好在最后一刻有人阻止他们，才终止了决斗。

这是林肯终生最惊心动魄的一桩事，也让他懂得了如何与人相处的艺术。从此以后，他不再写信骂人，也不再任意嘲弄人了。也正是从那时起，他不再为任何事指责任何人。

1863 年 7 月 1 日，"盖茨堡战役"展开，到了 7 月 4 日晚上，李将军开始向南方撤退。当时乌云密布，随即暴雨倾盆而至。李将军带着败兵逃到波多马克河边，只见前方是高涨的河水，后方是乘胜追击的政府军，李将军进退无据，真是陷入了绝境。林肯见了，知道是天降的大好良机，只要打败李将军的军队，战争很快就可以结束。于是，他满怀希望地下了一道命令给米地将军，要米地立刻出击李将军，不用召开"紧急军事会议"。林肯不但用电报下令，并且另派专差传讯，要米地马上行动。

米地将军有没有马上行动呢？正好相反。他完全违背林肯的命令，先行通知"紧急军事会议"。他迟疑不决，故意拖延时间，用尽了各种借口，拒绝攻打李将军。最后，水退了，李将军和军队越过波多马克河，顺利南逃。

林肯勃然大怒。"这是怎么一回事？"林肯对着儿子罗伯特咆哮，"老天，这究竟是怎么回事？他们就在触手可及的地方，只要我们伸出手，他们必定跑不掉的。难道我说的话不能让军队移动半步？像这种情况，什么人都可以打败李将军，就是我也可以让李将军俯首就擒。"

极端失望之余，林肯坐下来给米地写了一封信。记住，这时的林肯，言论措辞都比前以保守自制。所以，这封写于 1863 年的信，已相当表达了林肯内心的极端不满。

亲爱的将军：

我不相信你对李将军逃走一事会深感不幸。他就在我们伸手可及之处，而且，只要他一就擒，加上我们最近获得的胜利，战争即可结束。现在，战争势必延续下去，由于上星期一你不能顺利擒得李将军，如今他逃到波多马克河之南，你又如何能保证成功呢？期盼你会成功是不智的，而我也并不期盼你现在会做得更好。良机一去不再，我实在深感遗憾。

亚伯拉罕·林肯

你以为米地将军读了这封信之后，会有什么表示？

米地将军从没有见过这封信，因为林肯并没有把这封信寄出去。这封信是他死去后，别人在一堆文件中发现的。

我们的猜测是，林肯在写完这封信之后，望着窗外，左思右想，把信搁到一边。惨痛的经验告诉他：尖锐的批评和攻击，所得到的效果都是零。

泰德·罗斯福说，在他当总统的时候，凡是遭遇到难解的问题，就会望着挂在墙上的林肯像自问："如果林肯处于我的现况，会如何解决这个问题？"

我年轻时，总喜欢让别人留下深刻的印象，所以写了一封可笑的信给理查·哈定·戴维斯。他当时方出现美国文坛，颇引人注意。那时，我正好帮一家杂志社撰文介绍作家，便写信给戴维斯，请他谈谈他的工作方式。在这之前，我收到某人寄来的信，信后附注："此信乃口授，并未过目。"这话留给我极深印象，显示此人忙碌又具重要性。于是，我在给戴维斯的信后也加了这么一个附注："此信乃口授，并未过目。"虽然，我当时一点也不忙，只是想给戴维斯留下较深刻的印象。

他根本不劳心费力写信给我，只把我寄给他的信退回来，并在信后潦草地写了一行字："你恶劣的风格，只有更增添原本就恶劣的风格。"的确，我是弄巧成拙了，受这样的指责并没有错。但是，身为一个人，我觉得很恼羞成怒，甚至10年后我获悉戴维斯去世的消息时，第一个念头仍然是——"我实在羞于承认——我受到的伤害"。

假如你想引起一场令人至死难忘的怨恨，只要发表一点刻薄的批评即可。

让我们记住：我们所相处的对象，并不是绝对理性的动物，而是充满了情绪变化、成见、自负和虚荣的人。

本杰明·富兰克林年轻的时候并不圆滑，但后来却变得富有外交手腕，善与人应对，因而成了美国驻法大使。他的成功秘诀是："我不说别人的坏话，只说大家的好处。"

只有不够聪明的人才批评、指责和抱怨别人——的确，很多愚蠢的人都这么做。

但是，善解人意和宽恕他人，需要修养和自制的功夫。

卡莱尔说过："伟人是从对待小人物的行为中显示其伟大。"

鲍伯·胡佛是个有名的试飞驾驶员，时常表演空中特技。有一次，他从圣地亚哥表演完后，准备飞回洛杉矶。根据《飞行作业杂志》所描述，胡佛在300英尺高的地方时，刚好有两个引擎同时出故障。幸亏他反应灵敏，控制得当，飞机才得以降落。虽然无人伤亡，飞机却已面目全非。

胡佛在紧急降落之后，第一个工作是检查飞机用油。正如所料，那架第二次世界大战的螺旋桨飞机，装的是喷射机用油。

回到机场，胡佛要见那位负责保养的机械工。年轻的机械工早为自己犯下的错误痛苦不堪，一见到胡佛，眼泪便沿着面颊流下。他不但毁了一架昂贵的飞机，甚至差点造成 3 人死亡。

你可以想象出胡佛的愤怒。这位自负、严格的飞行员，显然要对不慎的维护工大发雷霆，痛责一番。但是，胡佛并没有责备那个机械工人，只是伸出手臂，围住工人的肩膀说道："为了证明你不会再犯错，我要你明天帮我的 F-51 飞机做修护工作。"

记住："如要采蜜，不可弄翻蜂巢。"让我们尽量去了解别人，而不要用责骂的方式吧！让我们尽量设身处地去想——他们为什么要这样做。这比起批评责怪还要有益、有趣得多，而且让人心生同情、忍耐和仁慈。

约翰博士也说过："上帝本身也不愿论断人，直到末日审判的来临。"

抓住每一个机会

◇只要他愿意探取，凡与他结交的每一个人，都能告诉他若干个秘密，若干闻所未闻却足以辅助他的前程、加强他的生命的东西。没有人能孤独地发现他自己，别人总是他的发现者！

◇错过与一个胜过我们自己的人相交往的机会，实在是一个很大的不幸，因为我们常能从这个人身上得到许多益处。

一个人从别人那里所吸收的能量愈大、质量愈好、种类愈多，则其个人的力量愈大。假使他在社交上、精神上、道德上同他的同辈有多方面的接触，那么他一定是个有力量的人。反之，假使他在人我之间断绝关系，那么他一定会成为弱者。

人类需要各种精神食粮，而这各种精神食粮，只有在同各种各样的人们相处相交中得来。这就像枝头上葡萄累累，其汁液的甜蜜，其色香的醇美，都是从葡萄藤的主藤上来的一样。树枝本身不能生存，把树枝从树干上砍掉，树枝定会萎黄枯死。个人的力量也是从"人类树干"中得来的。

在同一个人格坚强伟大的人相面对、相接触的时候，常常能觉得自己的力量会突然增加几倍，自己的智慧会突然提高几倍，自己的各部分机能会突然锐利了几分，仿佛自己以前所梦想不到的隐藏在生命中的力量，都被他解放了出来，以至于自己可以说出、做出在一人独处时、在没有同他接触时，所决不能说出、不能做出的事情。

演说家的演讲词可以唤起听众的同情，因而发出伟大的力量。但是假使他在"没有人"或者和个别人的情况下讲话，则决不能生出这种大力量来；正像化学家决不能使分贮在各只瓶中的药品发生化学作用一样。新的力量、新的影响、新的创造，只有在"接触"和"联系"中才能得来。

常能同他人相处相交的人，仿佛永远在他的"发现航程"中能发现自己生命中的新的"力量岛屿"，而若是他不常同别人接触，这种"力量岛屿"是会永远埋没无闻的。

只要他愿意探取，凡他结交的每一个人，都能告诉他若干的秘密，若干闻所未闻却足以辅助他的前程、加强他的生命的东西。没有人能孤独地发现他自己，别人总是他的发现者！

我们大部分的成就总是蒙受他人之赐。他人常在无形之中把希望、鼓励、辅助投入我们的生命中，在精神上振奋我们，使我们的各种能力趋于锐利。

我们生命的生长，都依靠我们的心灵从四处吸收营养，而这种营养，我们的感觉是不能觉察、测量的。从表面上看，我们是从耳目中吸收进"力量"的，但在事实上，这种力量的吸收绝不是取道于官能的视觉、听觉神经的。

一幅名画中最伟大的东西，不在于画布上的色彩、影子或格式上，而是在这一切背后的画家的人格中——那黏着在他的生命中，那为他所传袭、所经历的一切的总和所构成的一种伟大力量！

大学教育的大部分价值，都是从师生同学间感情的交流、人格的陶冶中所得来的。他们的心相摩擦，刺激起各人的志向，提高各人的理想，启示新的希望、新的光明，并将各人的各种机能琢磨成器。书本上的知识是有价的，然而从心灵的沟通中所得来的知识是无价的。

假使你不能同别人的生活发生密切的关系，不能培养起你的丰富的同情心，不能在别人的事上发生兴趣，不能辅助别人，不能分担别人的痛苦、共享别人的快乐，则不管你学问怎样好、成就怎样大，你的生命仍是冷酷的、无友的、孤独的、不受欢迎的。

试着常同比你优越的人交往。这并不是说，你应当和比你更有钱的人交往，而是说你应当同人格、品行、学问、道德都胜过你的人交往，因为这样你就能尽量吸收到种种对你的生命有益的东西，就可以提高你自己的理想，可以鼓励你趋向高尚的事情，可以使你对事业激起更大的努力来。

脑海与脑海之间，心灵与心灵之间，有着一种伟大的"感应"力量。这种"感应"力量，虽无法测量，然而它的刺激力、它的破坏及建设力是十分巨大的。假使你常同比你低下的人混在一起，则他们一定会把你拖陷下去，一定会降低你的志愿和理想。

错过与一个胜过我们自己的人相交往的机会，实在是一个很大的不幸，因为我们常能从这个人身上得到许多益处。只有在"交往"中，生命中粗糙的部分才可以擦去，我们才可以琢磨成器。同一个能够启发我们生命中的最美善的部分的人相交的机会，其价值远过于发财获利的机会，它能使我们的力量增加百倍。

扩大交际范围

◇善于交际的人，总是在不停地扩大自己的交际范围。

◇定期举办的各种活动可为其成员提供充分的交往机会，所以，不要放弃你感兴趣的任何团体。

善于交际的人，总是在不停地扩大自己的交际范围，认识一个新的朋友，等于进入他的社交圈，从而又认识一批人，不断地产生倍数效应。我经常鼓励我的学员这样做，并给了他们相应的一些建议：

1.广泛参加各种团体活动

对于参加联谊会、集训、研讨会或志趣相同者的夏令营、冬令营等活动，都是许多人在一起的集体活动，即便你兴趣不浓也还是积极参加为好。

因为，此类活动所创造的交际机会是非常多的。比如，有些不喝酒的人，稍微喝了一点，就把心里话全都倒了出来，从此与这些人结成了好朋友。如果你总是说"乱哄哄的有什么意思"之类的拒绝之辞，那么以后就不会有人再邀请你了。

各类社团组织、学术团体聚集着各种人才，大家志趣、爱好相投，有共同语言，可以相互切磋技艺，研究学问。定期举办的各种活动可为其成员提供充分的交往机会，所以，不要放弃你感兴趣的任何团体。

2.好好利用与人合作的机遇

与人合作的过程也是交友的过程，为扩大交际范围提供了良好的机遇，因为共同的事业是寻觅知心朋友的前提条件。

不可错过与人合作的项目，而且还要积极寻找共同完成的事业，才可广交朋友。

3. 培养自己的好奇心

爱好、兴趣广泛的人，易于同各种人交朋友。一个人如果会打桥牌、跳舞、游泳、滑冰、打球、下棋等，爱好一多，与大家"凑趣"的机会就多，结交朋友的机会也就多了。

即使自己并不擅长某一方面，但若表现出浓厚的兴趣，博得对方的欢心，肯定了他的特点，也能引发共鸣。

抱有好奇心，集体活动时，不管谁邀请都一起活动。自己感兴趣的要去，不感兴趣的也要去，不管男性和女性都要兴致勃勃地活动。只有这样才能让人感受你的魅力，并让人感受快乐的气氛。当大家聚到一起时，不要忘了这一点。

此外，要关心各种问题。常关心大家所关心的事，特别是关心你结交的人们所感兴趣的事情。

4. 不要让性格差异成为障碍

常言说，物以类聚，人以群分。志趣相投的人容易接近，反之，则容易疏远。但要记住，社交与选择朋友不完全是一回事。社交圈中，更多的不是朋友，或者只是普普通通的朋友。因此，在社交过程中，不要用选择朋友甚至是知心朋友的条件来作标准，凡是志趣不符、性格不合的人一概拒之门外。

在社交圈中认识的新朋友应是与你有较大差别的人才好。朋友之间在知识结构、兴趣爱好、生活经历、气质性格等方面存在差别，有助于双方广泛地了解形形色色的社会生活层面。新朋友的见解即使与你大相径庭、迥然不同，也是一大幸事，这可以补充、丰富你的思想。

5. 积极参加集体活动

有些人不喜欢参加集体活动，这些人老埋怨自己没有朋友，实际就是缺少热情。无论大家做什么，需要多少时间，就知道做自己喜欢的事情，绝不与大家一起干。什么都是自己决定，自己能领会的才想做，像这样的个性很强的人是很难交到朋友的。

自己制造交往的机会

◇你需时时鞭策自己，设法找机会展现自己的能力，多让人了解自己，进而建立互相尊敬、信赖的关系。这是交朋友的理想步骤。

关于个人交际，我想说的是："不要以为漫无目的地出外寻找，就可以找到对自己有益的朋友。交际通常是发生在存有某种目的的时候。当你向自己的目标前进时，所走的路与旁人的交错，才会产生交际，也才会交到有实际助益的朋友，于是成功的机会才会显现。"

你需时时鞭策自己，设法找机会展现自己的能力，多让人了解自己，进而建立互相尊敬、信赖的关系。这是交朋友的理想步骤。

交际对于任何人来说都一样重要。伊丽莎白十分了解这个道理。她是德拉威州唯一的女性眼科医生，在该州是相当有名望的人物。

这位女医生是如何建立自己的声望的呢？一名知识上班族若想建立声望，除了积极参与社会活动外，别无他法。伊丽莎白就是如此获得既有活力又有爱心的评价的，而这种评价使她成为极受信赖的眼科医生。

她知道由于工作之故，无法借报纸、广播作自我推销，于是，她便选择了为公众服务的方式来提高自己的声望。果然，这种方法使她深得人心，也将她的事业推向成功。

伊丽莎白23岁时在德拉威州的乔治城开业。开业后，她的第一件工作就是整理出所有曾经交往过的朋友名单，同时参加该城的妇女团体。不久，她便当上妇女会会长，并且连任两届。稍后，她又当上职业妇女组织州联合会会长。

她曾一度在主妇学校及业余剧团中十分活跃。她还经常参加宗教、妇女及其他各类聚会。她抽空把到国外旅游时的所见所闻制作成幻灯片展示给大家看，这个举动使她与大家的心更接近。

她的社会生活多彩而忙碌，但她仍然能抽出时间扩大自己的交际范围。她曾出任视力鉴定协会会长，另外，她还被州长两次任命为德拉威州的视力鉴定考试委员。目前，她是德拉威州残疾人协会干事，并且也是州长直属高速公路委员会中的三名女性之一。

那么，她对于参与社交活动的看法又如何呢？她说："能多参与社会性的工作，被人们信赖的机会就较高，随时有可能把自己推销出去。"

就是这样，伊丽莎白在极短的时间内得到了大众的尊敬与信赖，不但生活更为丰富，也为工作带来了便利。她的声望可以说，就是不断扩大交际范围的结果。

另外，在企业界，愈成功的人愈受重视。人们想加入"成功者俱乐部"很难，但一旦加入，以后便是坦荡的大道。因为若活跃于其间，能轻易获得同类的成功意识，同时，对方的知识与经验，都能使你的脚步更稳健、更扎实。

这里，我建议所有有雄心、有抱负的年轻人，多与前辈、有成就者接触是非常重要的。他们丰富的生活经验是年轻人创业的最好范本。对于他们来说，看到对未来充满雄心、憧憬的年轻人就好像看到当年的自己，他们通常会特别有好感。所以，相信他们很乐意为年轻人提供自己的见解与经验。

让对方有备受重视的感觉

◇人类行为有个极重要的法则，如果我们遵从这个法则，大概不会惹来什么麻烦；事实上，如果我们遵守这个原则，便可以得到许多友谊和永恒的欢乐。但是如果我们破坏了这个法则，就难免后患无穷。这个法则就是：时时让别人感到重要。

现实生活中有些人之所以会出现交际的障碍，就是因为他们不懂得或者忘记了一个重要原则——让他人感到自己重要。他们喜欢自我表现，夸大吹嘘自己。一旦事情成功，他们首先表现出的就是自己有多大的功劳，做出了多大贡献。这样其实就相当于向他人表明：你们确实不太重要。无形之中，他们伤害了别人。

有一天，我在纽约第32街和第8道交口处的邮局里排队等候寄一封挂号信。那位柜台后面的营业员显然对工作感到不耐烦——称重、拿邮票、找零钱、写收据，一年复一年都是同样单调的工作。所以我对自己说："我要让那位办事员喜欢我。而要让他喜欢，我显然必须说些好话——不是关于我自己，而是有关他的。"我又自问："他又有什么值得让我称赞一番的呢？"有时，这实在是个难题，尤其是对方是一个陌生人时。但是，称赞眼前的这位职员似乎并不让我感到困难，我马上找出可以称赞的地方了。

当他为我的信件称重时，我热切地对他说："我真希望能有你这样的头发。"

他抬起头，半惊讶地看着我，脸上泛出微笑："啊，它已经不像以前那么好啦！"他谦虚地应答。我告诉他，虽然它可能已没有原来的美观，但仍然状况极佳。他十分高兴，和我谈了一会儿，最后说道："许多人都称赞我的头发。"

我敢打赌这位先生出去吃午饭的时候，一定步履生风，晚上回家的时候，一定会将此事告诉太太，也一定会照着镜子对自己说："这头发是多么漂亮！"

有次我演讲的时候提起这件事，事后有人问我："你想从那人身上得到什么？"

我想从那人身上得到什么？我想从那人身上得到什么！

如果我们真是这么自私，一旦没有从他人身上得到好处，就不对他人表示一点赞赏或表达一点真诚的感谢——如果我们的灵魂比野生的酸苹果大不了多少，我们的心灵会变得多么贫乏。

不错，我是希望从那位先生身上得到一点东西。但那东西是无价的，而且我已经得到了。我得到了助人的快乐，这种感觉会在事过境迁之后，永存在我的记忆里。

人类行为有个极重要的法则，如果我们遵从这个法则，大概不会惹来什么麻烦；事实上，如果我们遵守这个原则，便可以得到许多友谊和永恒的快乐。但是，如果我们破坏了这个法则，就难免后患无穷。这个法则就是：时时让别人感到重要。我们前面提过约翰·杜威所说的："人类本质里最深远的驱策力就是：希望具有重要性。"还有威廉·詹姆斯说的："人类本质中最殷切的需求是：渴望被肯定。"我也曾指出，就是这种需求，使人类有别于其他动物；也就是这种需求，使人类产生了文化。

几千年来，许多哲学家都曾就这个问题深刻思量过。而他们产生的结论只有一个，这法则并不新颖，可以说和历史一样陈旧了。用一句话做总结——这大概是世上最重要的法则："你要别人怎么待你，就得先怎么待别人。"

你需要朋友的认同，需要别人知道你的价值；你希望在自己的小世界里，有种深具重要性的感觉。你不喜欢廉价、言不由衷的恭维，而热望出自真诚的赞美。你喜欢友人正像查理·夏布所说的"真诚、慷慨地赞美"。我们都喜欢那样。

所以，让我们衷心服膺这永恒的金律：我们希望别人怎么待我们，我们就怎么待别人。

怎么做？什么时候？什么地方？答案是：随时，随地。

住在威斯康星州的大卫·史密斯，也告诉我们他如何处理一个尴尬场面。故事发生在一个慈善音乐会的点心摊上。

"音乐会那天晚上，我到达公园的时候，发现有两名上了年纪的女士，站在点心摊旁边，都显得不怎么高兴的样子。很显然的，她们两人都认为自己才是那个点心摊的负责人。我站在那里，正思索着该如何是好，有名赞助委员会的成员走过来，交给我一个募款箱，并感谢我的帮忙。她也介绍那两位上了年纪的女士——萝丝和珍——与我认识，然后便匆匆离开了。紧接而来的，是段令人尴尬的静默。我知道那个募款箱可算是一种'权威的标记'，便把它交给萝丝，向她说明自己恐怕不能管理好，希望她能帮忙料理。我又建议珍负责照顾另两名少年助手，并教他们如何操纵汽水贩卖机。于是，整个晚上，萝丝都很高兴地清点募款，珍也很尽责地照料两名助手。我则很轻松地坐在椅子上，欣赏整个音乐晚会。"

你不用等到当上了驻法大使，或是宿舍里的"聚餐委员会"主席以后，才来运用这个法则，你几乎每天都可以使用这奇妙无比的魔力。

举例来说，如果你在餐馆里点了一份炸薯条，而女侍者却在端给你马铃薯的时候，让我们说："对不起，麻烦你了，但我比较喜欢炸薯条。"女侍者可能会这么回答："不，一点也不麻烦。"而且她还会高高兴兴地把马铃薯换走。因为我们已经对她示以了敬意。

另外，我们还可以使用许多日常用语来解除每天生活的单调与忙碌，如"对不起，麻烦你……"、"可否请你……"、"请问你愿不愿意……"、"你介不介意……"、"谢谢"等。

下面让我们再看一个例子。

罗纳尔德·罗兰是我们在加州开课时的讲师，也教美工课。他曾提起初级手工艺班里的学生克里斯的故事。

"克里斯是个安静、害羞、缺乏自信心的男孩，平常在课堂上很少引人注意。一天，我见他正在伏案用功，便走过去与他搭话。他的内心深处似乎有一股看不到的火焰，当我问他喜不喜欢所上的课时，这个年仅 14 岁的害羞的男孩脸上的表情起了极大变化。我可以看出他的情绪波动很大，想极力忍住泪水。'你是说，我表现得不够好吗，罗兰先生？''啊，不！克里斯，你表现得很好。'

"那天，上完课走出教室的时候，克里斯用那对明亮的蓝眼睛看着我，并且肯定、有力地说：'谢谢你，罗兰先生！'克里斯教了我永远难忘的一课——我们内心深处的自尊。为了使自己不致忘记，我在教室前方挂了一个标语：'你是重要的。'这样不但每个学生可以看到，也随时提醒我：每一个我所面对的学生，都同等重要。"

这是一个未加任何渲染的事实：差不多你所遇见的每一个人都自以为在某些地方比你优秀。所以，要打动他们内心的最好方法，就是巧妙地表现出你衷心地认为他们很重要。

唐纳德·麦克马亨是纽约一家园艺设计与保养公司的管理人。他向我讲述了这样一件事情：

"有一次，我替一位著名的鉴赏家做庭园设计，这位屋主走出来作了一些交代，告诉我他想在哪里种一片石楠和杜鹃花。我说道：'先生，我知道你有个癖好，就是养了许多漂亮的好狗。听说每年在麦迪逊广场花园的展览里，你都能拿到好几个蓝带奖。'

"这一小小的称赞所引起的效果却不小。鉴赏家回答我：'是的，我从养狗中得到了很多乐趣。你想不想看看它们？'他花了差不多一个钟头的时间，带我参观各类的狗和所得的奖品，甚至向我说明血统如何影响狗的外貌和智慧。后来，他转身问我：'你有没有小孩？''有的。'我回答，'我有个儿子。''啊，他想不想要只小狗呢？'他问道。'当然哪，他一定会很高兴的。''那么，我要送一只给他。'鉴赏家宣称。

"他告诉我怎么养小狗，讲了一半却又停下来。'你大概不容易记下来，我写一份说明给你。'于是他走进屋里，打了一份血统谱系和饲养说明给我。他不但送我一只价值好几百元的小狗，还在百忙中拨给我 1 小时又 15 分钟的时间。这完全是因为我衷心赞美他的嗜好和成就的缘故。"

柯达公司的乔治·伊斯曼因发明了透明胶片而大发其财，成为举世闻名的富豪。像他这么有成就的人，渴望被肯定的心理却是和你我没有什么两样。

事情是这样的：伊斯曼在兴建伊斯曼音乐学校和基尔本厅的时候，纽约一家专做椅子的公司经理詹姆斯·亚当森很想包下剧院座椅的生意，便打电话给建筑设计师，希望能通过他安排时间，到罗契斯特去会见伊斯曼先生。

到了见面那天，建筑设计师对亚当森说道："我知道你很想做成这笔生意。但我先告诉你，伊斯曼是个纪律严格的人，十分忙碌，所以你最好长话短说，把来意在 5 分钟内解说完毕。"亚当森也正准备那么做。

进了办公室，亚当森见到伊斯曼先生正埋头在一堆文件之中。伊斯曼先生抬起头，取下眼镜，然后走过来向亚当森和建筑设计师招呼道："早安，两位先生，请问有何指教？"

建筑设计师为两人介绍过后，亚当森便说道："这是间很好的办公室。虽然我是从事室内木工艺品的生意，却从没见过这么漂亮的办公室。"

乔治·伊斯曼回答道："你使我回想起某些往事。是的，这是间很漂亮的办公室。刚建好的时候，我真喜欢极了。可是后来事情一忙，也就不再有那份感觉，有时甚至好几个星期也不曾来一趟。"

亚当森移动脚步，用手指抚过窗格的镶板。"这是英国橡木，是吗？这跟意大利橡木稍有不同。"

"不错。"伊斯曼答道，"这是从英国进口的橡木，是我一位木料专家的朋友特别为我选来的。"

伊斯曼便逐一介绍室内的一些建材，不时对结构的比例、材料的色泽和制作的手工等提出批评，并说明当初他如何参与计划和施行。

后来他们停在一扇窗户前面，伊斯曼以他特有的缓和声调，指出他未来的好几项计划：罗契斯特大学、综合医院、友谊之家、儿童医院等。亚当森对他的人道精神又大大赞赏一番。接着，伊斯曼打开一个玻璃箱，取出一个照相机来——那是他的第一部照相机，由一个英国人手中买来的。

亚当森又询问他从事生意以来的种种奋斗情形。伊斯曼提到自己童年的贫困和寡母的辛劳，由于对贫穷的恐惧，他因此特别努力工作。亚当森凝神细听，并不时发出一些问题，如干性感光盘的实验等，伊斯曼也都很详细地回答。

亚当森被引进办公室的时候，是 10 点 15 分。建筑设计师曾警告他，面谈最好不超过5 分钟。但现在一个小时过去了。接着两个小时，他们还是谈个不停。

最后，伊斯曼对亚当森说道："上次我在日本买回几张椅子，放在阳台上，结果油漆都被阳光晒剥落了。前几天，我到市区买来一些颜料，自己动手油漆一遍。你想过来看我漆得如何吗？要不你等一下可以到我家来用点午餐，我可以让你看看那些椅子。"

用完午餐之后，伊斯曼带亚当森去看那张椅子。那不过是普通的日本座椅，只因经由大富豪亲手油漆过，便备受珍惜。

剧院座椅的订单高达 90000 元，你猜谁会做成这笔生意呢？

第三章

完美交际的法则

结识良友

◇一个人不论有多少学识，不论有多大成就，假如不能同别人一起生活、一起互相往来，不能培养对他人的丰富的同情心，不能对别人的事情产生一点兴趣，不能辅助别人，也不能与他人分担痛苦、分享快乐，那他的生命必将孤独、冷酷，毫无人生的乐趣。

◇那些不管在何种环境下都能与任何人交上朋友，建立起真挚友谊的人，朋友对他生存竞争的帮助、对事业发展的巨大价值往往是无可估量的。

◇结交卓越的人士，便能见贤思齐；反之，若结交程度远逊于自己的朋友，则难免同流合污。

世界上没有人能够完全离群而独居，人总是要过群体生活的。在人类社会中，每一个人都像葡萄藤上的一根权枝，其生命完全依赖在主藤上。权枝什么时候脱离它的主枝，什么时候就要萎缩枯干。一簇葡萄之所以能味美色艳，完全是因为依在葡萄的主枝上，单单靠分枝是无能为力的。假如要把分枝从主枝上剪下来，那么分枝上的葡萄就要枯萎。

我们社会中有许多依靠朋友力量而成功的人，假如能把他们的成功过程一一进行研究，是一件很有意义的事情。一位作家说过这样的话："现代社会人们完全靠一个规模庞大的信用组织在维持着，而这个信用组织的基础却是建立在对人格的互相尊重之上，任谁也无法单枪匹马在社会的竞技场上赢得胜利，获得成功。"为什么我们喜欢结交朋友呢？有些心理学家认为：朋友间能互相取长补短，因为朋友之间能互相照顾，即使像帮对方从头发里拨出一只虫子这种小举动，也是互相关心与体贴的表现。确实，复杂、微妙却美好的人群关系是很难以简单数语解释清楚的，但千万不要忽略了其中一个因素：满足。为什么别人能吸引你呢？因为他们可供给你快乐的源头。如果想在二人所形成的人群关系中发觉每样事物都尽合心意是不太可能的，但一个成功的相处关系必定存在着某种程度的互相满意。朋友扩大了你的生活圈与见闻，并且协助你探索这世界，引领你接近更多的想法及大自然的源头。就像一位朋友邀请你到他的私人的俱乐部打网球，或是将全套的露营用具慷慨借给你，或是告诉你一些好玩的游戏，介绍你读些好书，或是带你到能以低价买到好酒及漂亮衣服的地方——也许他有些你能利用的技能或知识，也许他能教你一些做生意的窍门或是帮助你替孩子选择一所优秀的学校。

朋友之间本来就是以这种方式来互相教导与学习的，但归根究底友情的要素仍是感情的分享。有些有趣的朋友使我们无论在何时何地都开心不已，有些朋友则比较接近"同伴"型，我们和他们共同分享一些特别的活动——打球、工作或是参加研究会。与其他人共同分享感情诚然是一件有趣的事，但也有一些感情是必须通过合作才能具有的。如同一位总统候选人必须搭配另一位副总统候选人，彼此联手才可能赢得大选。恋爱也必须由二人共同分享才能称为恋爱。除了分享彼此能力之外，朋友还能鼓励你上进，支持你自我发展的决心，所有的益处都一点一滴地回馈于你的身上，并且制造更多的快乐。

关于友谊，爱默生说过一句最经典的话："一个真挚的朋友胜于无数个狐朋狗友。"确实，除了自己的力量之外，再也没有别的力量能像真挚的朋友一样，帮助你去实现成功了。一个思想与我接近、理解我的志趣、了解我的优势和弱点、能鼓励我全力以赴地干每一件正当的事、能消除我做任何坏事的不良意念的好友，不知道会增加我多少的能量、多少的勇气，他们常常能使我禁不住下更大的决心——不达成功决不罢休。

那些不管在何种环境下都能与任何人交上朋友、建立起真挚友谊的人，朋友对他生存竞争的帮助、对他事业发展的巨大价值往往是无可估量的。

好的朋友在精神上可以慰藉我们，让我们的身心得到更大的快乐，勉励我们道德上的提高。如果除去这些不谈，而单单从经营事业的角度考虑，好的朋友对一个人帮助的价值也是巨大的。

有一次，英国伦敦的一家报社悬赏征文对"朋友"一词的诠释，其中一个参赛者送去的解释是："当所有人都离我而去时，仍然在我身边的那个人。"这个解释虽然不够典雅和严格，可谁还能说出一个更好的呢？

当一个商人经济上遇到困难，或遇到出人意料的重大变故，或遇到别的不幸，正当万分焦急、手足无措时，突然有位朋友过来帮助他、支持他，从而力挽狂澜，让那位商人有了喘息之机，得以重新振作，这样的朋友是多么感人、多么宝贵啊！

有些刚跨入社会的人，因为结交了很多朋友，而在工作和事业上得到了极大的帮助。但可惜的是，当今的人际关系好像完全陷于交易和金钱方式，结果使得真正的友谊越来越难以找到。

结交朋友是一件非常重要的事情，绝不是随便玩玩就可以了，可大多数人并没有认识到这一点。

有很多人，老的朋友常常任意失去，新朋友却又不去交结，那朋友就越来越少了。

我看见过不少冷酷无情的人。一次，有一个人带着满腔热忱和喜悦去看望他一个多年不见的老同学，不想那同学正忙着做他的生意，只不过冷冷淡淡地和他敷衍了10分钟。原来，那人有一条坚定不移的原则："生意第一，友谊第二。"这种人也许可以发一点小财，可是以牺牲友谊为代价，未免太不值得了。

一个见识过人、能力很强、很聪明，比他现在的朋友发展得更快的人，假如交不到什么新朋友，那么他不管目前有多高的收入，也不能说有真正的进步，因为"一个人是否成功，很大的程度上取决于他择友是否成功"。

那么，我们怎样才能赢得让自己受益终生的友谊呢？

首先，应尽可能结交优于自己的人，并朝这一目标而努力。结交卓越的人士，便能见贤思齐；反之，若结交程度远逊于自己的朋友，自己难免同流合污。一如前面所述，人类往往是近朱者赤、近墨者黑。

当然，我这里所谓的"卓越的人士"，并非是指家世显赫、地位超绝的人，而是指有内涵、让世人所称道的人物。

"卓越的人士"大体上可区分为以下两大类型：一为立身于社会主导地位的人们；其次则是指那些有着特殊才华的人们，例如对社会有着杰出的贡献，才能突出，或是学识渊博的学者，才华洋溢的艺术家等等。此种杰出绝非凭一个人的喜好所界定，而需经由社会上的认同方可获得。当然，其间或许有些例外。总之希望你能结识这些人才。

至于怎样与这些人结交，没有固定不变的办法，也许是厚着脸皮毛遂自荐，或是经由知名人士的大力引荐，当然也可以加入群英聚会的团体里去寻觅朋友。居于其间，仔细去观察拥有不同人格、不同道德观的人们，不仅是件赏心悦目的乐事，更对你有所助益。

身份地位高的人们所聚集的团体，并不见得便是人们所称道、喜爱的。因为，即使身份高高在上的人群里，也有脑袋不灵光、不懂得人情世故、一无可取的人。这些人虽然已经获得人们衷心的尊敬，但却称不上是交往的绝佳对象。这些人往往只是一味地埋头于学问的钻研中。若是你参加此种团体，就必须不时地警惕自己，经常性地探出头来看看圈外的世界。如此一来，你的判断能力就能日渐提高。然而，一旦你紧密地参与其间，成为不知世事的学者，那在你重新踏入鲜活的社会时，就很难步履轻快了！

其次，切莫仓促地一头栽进，使自己深陷其间，此为重要的交友之道。

几乎所有的年轻人，均渴望能和才华横溢的人物成为知交。总认为假使自己也小有才气，那更是如鱼得水。即使达不到此目的，也能满足自己与其共荣的心理。然而，即使是和这些才气纵横、魅力十足的人物交往，也不可不顾一切地全身心投入。不丧失判断力，才是最适当的交往方法。

并非每个人均能心悦诚服地接受才智这种东西。相反，它往往会令人产生恐惧的心理。一般说来，在众目睽睽之下，人们每每对锋锐的才智感到惧怕。这就似妇人女子一见着枪炮便会害怕的道理一样。恐惧对方会突然扣动扳机，子弹便"咻"的一声朝自己飞了过来。但是，认识这些人，继而亲近、了解这些人，确实是件有意义、令人欢欣的事。只是，不论对方多么有魅力，如果自己就此终止和其他人的交往，单和这群人往来，那将会得不偿失。

再次，别亲近赞扬缺点的人们。

但是，我之所以要求你避免与程度低的人交往，乃是由于我觉得这些全是必须具备的观念。因为，我看过太多具有判断力、而且社会地位牢固的人们，在结识了这种人后，信用扫地，沉沦堕落，最后身败名裂。

最叫人头痛的问题，莫过于虚荣心的作祟。由于虚荣心的蒙蔽，人类往往铤而走险、作奸犯科。因此，无论从何种角度来看，结交程度不如自己的朋友，便是虚荣心作祟的一种表现。人们总希望自己能独占鳌头于群体之中，急盼能获得同僚的称许、受人尊敬、领导群众。

为了求取这种名实不符的赞扬，他们甚至不惜与不如自己的人们结交。如此将导致何种结果呢？是的，不久你就将变得与他们层次相当，从此再也不愿结交出色的朋友了。我愿不厌其烦地提醒你，人们往往会遭伙伴同化，不管这样做是使自己的层次提高了，或是降低了，其结果必然一样。你应该对交往的对象，仔细加以判断。

微笑沟通

◇微笑胜于言论，对人微笑就是向人表明："我喜欢你，你让我快乐，我喜欢见你。"

◇微笑可以解决问题，这是一个真理，任何有经验的成功商人都会明白。

◇微笑是疲倦者的港湾，失望者的信心，悲哀者的阳光，又是大自然解除患难的妙方。

我在一次宴会上遇到一位宾客，这是一位继承了一大笔遗产的妇女。她急于要使自己给他人留一个良好的印象，为此她浪费了很多金钱买貂皮、珍珠、钻石，但她的表情却是刻薄和自私的，足以使人望而生畏。她也许至今还不明白每个男人都懂得，一个女人的动人微笑比她身上所穿的衣服是否华丽要重要得多（别忘了，下次当你妻子要买皮大衣的时候，这句话可以派上用场）。查尔斯·史考伯告诉我说，他的微笑价值百万美金。他大概是在暗示这一真理。因为查尔斯·史考伯的性格、他的魅力、他善于讨人喜欢的能力，几乎完全是他卓有成就的原因。而其人格中一种最可爱的因素，就是那人见人爱的微笑。

微笑胜于言论，对人微笑就是向人表明："我喜欢你，你让我快乐，我喜欢见你。"如此别人当然就会喜欢你。

是不是要求我们见人张嘴就笑？哪怕是一种造假的微笑？不是，你要记住：微笑是不能用来欺骗他人的。如果被看出那是一种做作的微笑，人们就会从内心里表示反感。我们所指的微笑是一种真诚的微笑，发自于内心的微笑。

纽约一家大百货商店的人事部主管对我说，他宁愿招用一个小学未毕业却能时常保持微笑的女职员，而不会聘用一位面孔冷漠的哲学博士。

俄亥俄州的辛辛那提市一家电脑公司的经理曾告诉我，他是如何为一个不可或缺的工作岗位物色了一个难得的人才。他说："我为了给公司找一个电脑专家几乎费尽心思。最后我找到一个非常好的人选，他刚从波渡大学毕业。几次电话交谈后，我知道还有其他几家公司也希望他去，而且都比我们的公司大而且有名。

"当他表示接受这份工作时，我真的是非常高兴。他开始上班时，我问他，为什么放弃其他的机会而选择我们公司。他停了一下，然后说：'我想是因为其他公司的经理在电话里都是冷冰冰的，连话语都显现了极浓的商业味，那使我觉得好像只是另一次的生意上的往来而已。但你的声音，听起来似乎你真的希望我能够成为你们公司一员。'你知道，我在听电话时是笑着的。"

美国一家大型橡胶公司的董事长对我说，根据他的观察，一个人除非对自己的事业很感兴趣，否则他很难取得成功。这位实业界的领袖，对那句"十年寒窗就可成名"的古语，并不表示十分的赞同。"我认识一些人，"他说，"他们创业的时候斗志激昂，结果，他们成功了。后来，我看到这些人变成了工作的奴隶。他们变得一点激情也没有，因此很快就失败了。"

你见到别人的时候，一定要很愉快，如果你也期望他们很愉快地见到你的话。你的笑容就是你好意的信差。

我曾鼓励过成千上万名商界人士，告诉他们一天中每一小时都要对身边每一个人微笑，微笑可以解决问题，这是一个真理，任何有经验的成功商人都会明白。

所有的人都希望别人用微笑去迎接他，而不是横眉竖眼，横眉竖眼阻碍了心灵的沟通和思想的交流。

很多公司，在招聘职员时，以面带微笑为第一条件，他们希望自己的职员脸上挂着笑容，把自己的公司推销出去。

用微笑先把自己推销出去，最好的例子是美国联合航空公司。

联合航空公司宣称，他们的天空是一个友善的天空，微笑的天空。的确如此，他们的微笑不仅仅在天上，在地面便已开始了。

有一位叫詹妮的小姐去参加联合航空公司的招聘，当然她没有关系，也没有熟人，也没有先去打点，完全是凭着自己的本领去争取。她被聘取了，你知道原因是什么吗？那就是因为詹妮小姐脸上总带着微笑。

令詹妮惊讶的是，面试的时候，主试者在讲话时总是故意把身体转过去背着她，你不要误会这位主试者不懂礼貌，而是他在体会詹妮的微笑，感觉詹妮的微笑，因为詹妮的工作是通过电话工作的，是有关预约、取消、更换或确定飞机航行班次的事情。

那位主试者微笑着对詹妮说："小姐，你被录取了，你最大的资本是你脸上的微笑，你要在将来的工作中充分运作它，让每一位顾客都能从电话中体会出你的微笑。"

虽然可能没有太多的人会看见她的微笑，但他们透过电话，可以知道詹妮的微笑一直伴随着他们。

肯迪是一位意大利人，他是伦敦著名的沙威旅馆的总经理，这家旅馆有 100 年的历史了。他每天都需要做很多事，如房间预约、床位安排、床单更换、食物供应等问题，但他却能安排得很好，没有一点错误。

当我们问他有什么秘诀——作为一个总经理，每天要管理一大堆职员，从侍者到厨师，女仆到乐队，而且还要把其他问题解决得有条有理——他说他的办法很简单：

"我在问题还没有发生以前，便用微笑把它笑走了，至少可以避免将小问题变成大问题。微笑，是我性格的一部分，我就用微笑来避免遭遇问题。"

或许你会有疑问，有些事儿是不能用微笑来办理的。所以，你要解决问题，最好是一开始便避免事情的发生。也就是说，在问题发生以前，你就把它打败了，而一个真心的微笑，不管是从眼睛看到的或从声音里听到的，都是一个很好的开端。

在一个适当的时候、恰当的场合，一个简单的微笑可以创造奇迹。一个简单的微笑可以使陷入僵局的事情豁然开朗。

一两年以前，底特律的哥堡大厅举行了一次巨大的汽艇展览，在这次展览中，人们蜂拥而来参观，在展览会上人们可以选购各种船只，从小帆船到豪华的巡洋舰都可以买到。

在汽艇展览期间，有一宗巨大的生意差点跑掉了，但第二家汽艇厂用微笑又把顾客拉了回来。

在这次展览中，一位来自中东某一产油国的富翁，他站在一艘展览的大船面前，对站在他面前的推销员说："我想买只价值 2000 万美元的汽船。"我们都可以想象，这对推销员来说，是求之不得的好事。可是，那位推销员，只是直直地看着这位顾客，以为他是疯子，没加理睬，他认为这位富翁是在浪费他的宝贵时间，所以，脸上冷冰冰的，没有笑容。

这位富翁看看这位推销员，看着他那没有笑容的脸，然后走开了。

他继续参观，到了下一艘陈列的船前，这次他受到了一个年轻的推销员的热情招待。这位推销员脸上挂满了欢迎的微笑，那微笑就跟太阳一样灿烂。由于这位推销员的脸上有了最可贵的微笑，使这位富翁有宾至如归的感觉，所以，他又一次说："我想买只价值 2000 万美元的汽船。"

"没问题!"这位推销员说,他的脸上挂着微笑,"我会为你介绍我们的系列汽船。"他只这样简单地附和说,便推销了他自己。而且,他在推销任何东西以前,先把世界上最伟大的东西推销出去了。

所以,这位富翁留了下来,签了一张 500 万美元的支票作为定金,并且他又对这位推销员说:"我喜欢人们表现出一种他们非常喜欢我的样子,你现在已经用微笑向我推销了你自己。在这次展览会上,你是唯一让我感到我是受欢迎的人的人。明天我会带一张 2000 万美元的保付支票回来。"

这位富翁很讲信用,第二天他果真带了一张保付支票回来,购下了价值 2000 万美元的汽船。

这位推销员用微笑把他自己推销出去了,并且连带着推销了汽船。听人说,在那笔生意中,他可以得到 20% 的利润,这或许已经够他一生的生活,但我们可以打赌他不会这样懒散地过日子,他会继续推销自己,并且用微笑去达到他远大的目标。

而那位脸上没有微笑的推销员,我们就不知他在哪儿了。

你不喜欢笑?这有什么关系?两个方法:第一,强迫自己微笑。在你独处的时候,强迫自己吹吹口哨、哼个曲子或唱个歌,表现得好像真的很快乐的样子。如此一来,你也真的会变得高兴起来。心理学家威廉·詹姆斯这么说道:

"行动往往跟随感觉而来。但实际上,行动与感觉是一体的。由于意志通常控制着行动,故调整行动往往也能间接引导感觉。

"假如我们感觉不快乐,则通往欢愉的有效途径便是:高兴地坐起来,表现得好像自己本来就很快乐的样子……"

每一个人都在寻求快乐,而有一个方法保证你寻找得到,那就是控制你的思想。快乐并不决定于外在的条件,而是决定于内在的情况。

使你快乐或不快乐的原因,并不在于你是什么人,住在哪里,或做什么事。举个例来说:有两个人,处在相同地点,做同样的事,而且有差不多相同的财富和地位——在这种情况下,很可能其中一人很快乐而另一个人却不。为什么呢?因为他们的精神状况并不一样。在物质条件极差的贫民窟里,我一样看见许多快乐的面孔,就像在许多大城市的豪华办公室里一样。

"事情本无好坏之分。"莎士比亚说过,"是思想制造了好坏之分。"

一天,我在纽约的长岛铁路车站,看见有三四十名撑着拐杖的男孩,正奋力要步上一道阶梯,有个男孩甚至要人抱着走上去。虽然如此,这群男孩仍然彼此嬉笑,充满欢乐之情。我为此惊讶不已,便与带领他们的一名男士攀谈起来。那位男士说道："不错，这些男孩最初听到自己将终身与拐杖为伍的时候，都十分受打击。但过了一阵子，也许体认到这就是命运，便又像一般正常孩子一样快乐了。"

我几乎要向这些男孩脱帽致敬。他们让我上了一课，但愿我永志不忘。

在封闭的办公室里独自工作，不仅孤单，而且失去与人交友的机会。墨西哥的赛娜拉·玛丽亚·冈萨雷兹，其工作性质便是如此。她对公司里其他同僚之间能彼此交谈欢笑，感到十分羡慕。在她刚上班的第一个星期，每次走过大厅通道，总是羞怯地不敢正视其他的人。

几个星期过后，她对自己说道："玛丽亚，你不能老是等着别人来找你，你得出去和大家打招呼。"等下一次她走到饮水机旁边的时候，便向碰到的每一个人打招呼，并且露出最灿烂的笑容。此法马上收效，所有同事也都报以微笑和致意。顿时，整个通道显得明亮起来，工作也不再那么枯燥了。同事间由陌生而熟识，有的更发展成为友谊，玛丽亚的整个生活形态也变得更富生趣了。

以下是一位散文家爱伯特·赫伯的一段名言，请熟读并牢记。更重要的，是要真的去实践。

"每次出门的时候，记得把下巴缩进去，把头抬高，并且把胸部抬起来。迎着灿烂的阳光，向朋友微笑问好，与人握手的时候要诚心诚意。别害怕被误解，也别浪费时间想敌人的事。先在心里打算好自己要做什么，然后，别再三心二意，就一直朝着目标一直前进。把精神用在有价值的大事上面，如此，日复一日，你便发现在不知不觉当中，你已逐渐在实现自己的心愿。在想象中描绘理想中的自己，并且认定自己每时每刻在朝那个形象改变……思想的力量伟大无比，故要维持一种好的心态——勇敢、坦白、明朗、愉快等。能正确地思考即是一种创造力。所有事物可经由意愿而完成，每一个真诚的祷告都会得到应允。只要心里坚持，事情就会如我们所愿。记得把下巴缩进去，把头抬起来，我们都像孕育在蚕蛹内准备再生的神之子。"

古老的中国充满了许多处世的智慧。他们有句格言很值得你我铭记在心："笑脸通神，恶脸不开店。"

对那些时时愁眉苦脸、闷闷不乐的人来说，你的笑容就如阳光穿过云层。因为笑容是一个人善意的使者，可以使见到的人，生命都因之变得有希望。那些处于压力下的人，不论他们的压力是来自上司、顾客、师长、双亲或小孩，一个亲切的微笑可以使他们觉得一切并非完全无望——这世界仍然有欢乐存在。

好几年前，纽约一家百货公司，深感他们的销售员在圣诞节旺季期间所受到的压力，特别刊载了一则如下充满温馨的广告：

微笑是最好的圣诞礼物。

它价值不菲，却不费一文钱。

它不会使赠送的人变得拮据，却使收受的人变得富有。

它发生于分秒之间，却能被永志不忘。

没有人因富足而不需要它，也没有人因贫穷而不受它的好处。

它为家庭带来欢乐，为事业培育关爱，也在朋友间互通情谊。

它使劳累者获得休息，使沮丧者重获光明，使哀伤的人得到抚慰，也使陷入忧烦的人得到解脱。

你买不到、求不到、借不到甚至偷不到它。它只能给予，否则便没什么好处。

在这圣诞节即将来临的时刻，也许我们的售货员因过度忙碌而忘了面露笑容，那么，您是否能把笑容带给我们呢？

因为，愈是没有人能够给予，愈是有人会迫切需要啊！

常用赞美

◇赞美就像浇在玫瑰上的水；赞美的话并不费力，却能成大事。我们要下决心对自己的亲人、朋友甚至每一个人加以赞美，并把它变成一种习惯。

◇说句好话轻而易举，只需要几秒钟，但它的功效却是巨大的，有些甚至能够让一个人受益终生。

◇爱、称赞、感谢都应该说出来，让对方知道。如果你认为只放在心里就行了，那就大错特错了。

我一直在想，为什么当我们要改变别人时，不用嘉许来代替斥责？即使是最小的进步，也让我们来赞美吧！这样会激励人们不断进步。

在《孩子，我并不完美，我只是真实的我》这本书里，著名的心理学家杰丝·雷尔评论说："称赞对温暖人类的灵魂而言，就像阳光一样，没有它，我们就无法成长开花。但是我们大多数的人，只是敏于躲避别的冷言冷语，而我们自己却吝于把赞许的温暖阳光给予别人。"

有个故事是这么说的：

社区内新开设的店都装上自动门，可是附近有一家超级市场却没有装设。

在每天早晨和下午太太们纷纷去买东西的时候，有个小男孩常站在超级市场玻璃门外，看到手里大包小包拿了好多东西的太太，就替她们拉开大门，让她们从容地走出来。

有一次，有位太太问那小男孩："你看门看了这么多日子，一定得到了许多小费，你拿来做什么用？"

那小孩有点诧异地回答："什么？她们都没有给我钱，可是她们都对我说：'你好棒！''谢谢你！'"

你也能在自己的能力之内，轻易地增加这个世界里的快乐。怎么做呢？就是对寂寞失意的人说几句真诚赞赏的话。或许，你明天就忘了今天所说的好话，但是听者却可能一生都珍惜着。

爱默生说："让我们不再去想自己的成就和自己的需求。让我们试着去想别人的优点。然后忘却恭维，发出诚实、真心的赞赏。称许要真诚，赞美要慷慨，这样人们就会珍惜你的话，把它们视为珍宝，并且一辈子都重复它们——即使你已经遗忘以后，人们还重复着它们。"

每一个人都有他值得赞扬的地方。吉斯菲尔伯爵说："各人有各人优越的地方，至少也有他们自以为优越的地方。在其自知优越的地方，他们固然喜爱得到他人公正的评价。但在那些希望出人头地而不敢自信的地方，他们更喜欢得到别人的恭维。"

有一位非常精明能干的人叫沃普尔，吉斯菲尔对他评价道："他的才干是不容别人恭维的，因为对于这一点，他自己知道得很清楚。但他常常自恐在对待女人方面是一个浮滑之徒，而愿意别人谈他温存文雅。因此，他在这一点上是极易被人恭维奉承的，这也是他喜欢并经常与人交谈的话题。由此可以证明，这是他的弱点所在。"

吉斯菲尔进一步指出："你若想轻易地发现各人身上最普遍的弱点，只要你观察他们最爱谈的话题便可。因为言为心声，他们心中最希望的，也是他们嘴里谈得最多的。你就在这些地方去搔他，一定能搔到他的痒处。"

凯雷的经验告诉我们，几句恰到好处的恭维，之所以起到金石为开的作用，皆因他能找到各种典型人物不同的虚荣表现。

凯雷还举了一个例子："有不少人，他们喜欢听相反的话；更有许多的人，喜欢别人把他们当作有思想、有理智的思想家。有一回，我与一个人讨论一件颇有争议的社会问题，我对他说：'因为你是这样的冷静、敏锐，因此我想知道，我们究竟应该站在什么立场？'他听了我的话，立刻现出满面春风的样子，并详细对我说了他对此事的立场态度。原来此人是愿意人家看他是敏锐、冷静的。"

有个客人在一家餐厅吃饭，他觉得菜做得很好，吃得津津有味，赞不绝口。

抬起头来，正好看见厨师经过，就顺口对厨师说："你这菜做得真好吃！"本来愁眉苦脸的厨师，听了这些话，顿时变得容光焕发、神采飞扬。

他说："哦！先生，听你这么说，我真的太高兴了！已经很久没有人称赞我的菜做得好了，谢谢您！"从此，那厨师就比以前更卖力。

由此我们可以发现，赞美和鼓励是引发一个人体内潜能的最佳方法。肯·布兰查德是《一分钟管理》的作者，他推荐大家使用"一分钟赞美"，"抓住人们恰好做对了事的一刹那"。你经常这么做，他们会觉得自己称职，工作有效率，以后他们很可能不断重复这些来博得赞美。

在19世纪的初期，伦敦有位年轻人想当一名作家。他好像什么事都不顺利。他几乎有4年的时间没有上学。他的父亲银铛入狱，只因无法偿还债务。而这位年轻人还时常受饥饿之苦。最后，他找到一个工作，在一个老鼠横行的货仓里贴鞋油纸的标签，晚上在一间阴森静谧的房子里，和另外两个男孩一起睡，他们两个人是从伦敦的贫民窟来的。他们对他的作品毫无信心，所以他趁深夜溜出去，把他的第一篇稿子寄了出去，免得遭人笑话。一个接一个的故事都被退稿，但最后他终于被人接受了。虽然他一先令都没等到，但编辑夸奖了他。有一位编辑承认了他的价值。他的心情太激动了，他漫无目的在街上乱逛，眼泪流下了他的双颊。

因为一个故事的付梓，他所获得的嘉许，改变了他的一生。假如不是这些夸奖，他可能一辈子都在老鼠横行的工厂做工。你也许听过这个男孩，他的名字叫查尔斯·狄更斯。

另外一个男孩在一家干货店工作维生。5点他就得起床，打扫店面。一天做14小时的奴隶。那真是单调又辛苦的工作，他也轻视这份工作。两年后，他无法忍耐了，有一天起床后，还没吃早餐，就跋涉了15公里的路，去投奔他做管家的母亲。

他变得狂暴起来。他向她恳求，而且哭了，他发誓假如他继续做那份工作，他会毁了自己。于是他写了一封悲惨的长信给他的老校长，说他心已死，不想再活下去了。他的老校长给了他一些安慰，并说他确实很聪明，应该得到好一点的事，于是请他当一名老师。

这份称赞改变了这位青年的一生，也为英国文学史留下了不朽的一页。这位男孩持续地写了无数本畅销书，并赚了好几百万。你也许也听说过，他叫韦尔斯。

人不分男女，无论贵贱，都喜欢听合其心意的赞誉。同时，这种赞誉，能给他们加倍的成就和自信的感觉，这的确是感化人的有效方法。

要使颂扬能够奏效，只要我们心中掌握各人性情的不同之处，区别对待，有的放矢，就能达到目的，把事情办好。

吉斯菲尔也告诉我们："几乎所有女人都是很质朴的，但对仪容仪表，她们是癖爱至深、孜孜以求的。这是她们最大的虚荣，并且常常希望别人赞美这一点。但是对那些有沉鱼落雁之容、闭月羞花之貌的倾国倾城的绝代佳人，那就要避免对她容貌的过分赞誉，因为她对于这一点已有绝对的自信。如果，你转而去称赞她的智慧、仁慈，恰巧她的智力不及他人时，那么你的称赞，一定会令她芳心大悦，春风满面的。"

使用赞美词和讲吉利话，必须在适当的交际环境和交际氛围中使用，而且要分清对象、场合和时间。如使用不当，不但无法收到预期的效果，还会让人觉得你圆滑、俗气。那么，在赞美时应注意什么呢？

对女性的赞美，重点可放在她的容貌、身姿和服饰方面，语言应健康、活泼、清新、高雅，委婉而不失真，华丽而不俗气。

服饰是女性关心的重要方面，总是希望别人对她们的服装、打扮做出评价。你尽管大胆地对女人的服装质地、款式及色彩进行赞美，如使用"新颖"、"适中"、"合身"、"鲜艳"、"明快"、"清新"、"大方"、"高雅"等词句去赞扬，是绝不会"出格"的。这会使女性在心理上得到满足，从而创造出一种良好的交往气氛。

对男性的赞美应侧重于体魄、意志、风采及知识上。因为具有事业心和雄才大略是男子汉吸引人们注意的主要方面，赞扬一般不超出这个范围。如果说女人的身材、皮肤、头发、五官、手指、声音及动作，都可以赞扬的话，那么对男性就不宜去注意这些细小的局部，而应把重点放在学识、技能、志向、思想及作风上。

在宴会的酒桌上，话题总离不开食物，可以多讲些吉利话来增添宴席的欢乐气氛，提高大家的兴致，不要只讲"请吃……"，令人感到冷清、沉闷和乏味。如果到别人家中做客吃饭，一定要赞扬女主人的烹调技术，称赞饭菜味道好，如果食后既不称赞又不致谢，那是十分失礼的，会使女主人感到失望。

勿忘倾听

◇如果你希望成为一个善于谈话的人，先要做一个善于倾听的人，如李夫人说的："要使人对你感兴趣，你要先对人感兴趣。"

◇就人性的本质来看，我们每个人当然最为关心的是自己。我们喜欢讲述自己的事情，喜欢听到与己有关的东西。你要使人喜欢你，那就做一个善于静听的人，鼓励别人多谈他们自己。

◇成功商业谈判的秘诀是什么？学者依利亚说："关于成功的商业交往，没什么秘诀……专心注意对你讲话的人极其重要，没有别的东西比那样更使人开心。"

最近我应邀参加一场纸牌会。我不会打纸牌，另有一位美丽的女子也不会打。我们正好坐下来聊聊天。我在去汤姆士从事无线电事业之前，曾一度做过她的私人经理，她知道当时我曾到欧洲各地去旅行，可以帮助她预备她要播发的讲解旅行的资料，所以她说："啊，卡耐基先生，我想请你告诉我所有你到过的名胜及所见过的奇景。"

在谈话中，她提到她同丈夫最近刚从非洲旅行回来。"非洲！"我说，"多么有趣！我总想去看看非洲，但除在爱尔裘士停过 24 小时外，其他地方还没到过。告诉我，你曾游历过野兽的乡间，是吗？多么幸运！我羡慕你！告诉我关于非洲的情形吧。"

那次谈话谈了 45 分钟。她不再问我到过什么地方，看见过什么东西了，也不要听我谈论我的旅行，她所需要的不过是一个专注的静听者，以使她能扩大她的自我，而讲述她所到过的地方。

在现实生活中，类似这位女子的人罕见吗？不，许多人也是如此。

例如，我最近在纽约的一位出版商格利伯的宴会上遇见一位著名的植物学家。我从未同植物学家谈过话，我觉得他极有诱惑力。我坐在椅子上，静听他讲大麻、室内花园，以及关于卑贱的马铃薯的惊人事实，并且他还非常热情地解答了我的几种问题。

我已经说过，我们是在宴会中。当时还有十几位别的客人在那里。但我违反了所有礼节的定例，忽略了其他人，与这位植物学家谈了数小时之久。

到了午夜，与其他客人道别时，这位植物学家转向主人，极力恭维我，说我是"最富刺激性的"等等好话，最后他还说我是一个"最有趣的谈话家"。一个有趣的谈话家？我？啊，我差不多没有说什么话。如果不改题目，即使要说，也没的说，因为我对于植物学所知道的不会比对企鹅的解剖知识多。但我做到了一点：注意静听，因为我真正地对此发生了兴趣。他也觉察到了这一点，那自然使他欢喜。静听是我们对任何人的一种最好的恭维。

一次成功的商业会谈的秘诀是什么？注重实际的学者以利亚说："关于成功的商业交往，没有什么神秘——把注意力集中到讲话的人身上。没有别的东西会如此使人开心。"其中的道理很明显，是不是？你无需在哈佛读上 4 年书才发觉这一点。但你我也知道，有的商人租用豪华的店面，陈设动人的橱窗，为广告花费成千上万元钱，然后却雇用一些不会静听他人讲话的店员，中止顾客谈话、反驳他们、激怒他们，甚至几乎要将客人驱出店门。

A 先生的经历可作一例。他在我的班里讲述这个故事：他在近海的新泽西城里的一家百货商店买了一套衣服。这套衣服穿了一天后令人失望——上衣掉色，把他的衬衫领子也弄黑了。

他把这套衣服带回该店，他找到卖给他衣服的店员，告诉他关于事情的经过。他想诉说他的经过，但他的诉说被打断了。

"我们已经卖出了几千套这种衣服，"售货员反驳说，"这是第一次有人挑刺。"

那是他说的原话，但他的声调比他的话还要恶劣。他的好斗的声调给人的意思是："你在说谎，你想你可以欺骗我们，是不是？好，我要给你点颜色看看。"

双方正在激烈辩论的时候，另一个售货员加了进来。"所有黑色衣服起初都要褪一点颜色，"他说，"那是没有办法的，那种价钱的衣服，不能不那样，是颜料的原因。"

"到这时候，我气得简直像着了火，"A 先生讲述他的经过时说，"第一个售货员质疑我的诚实，第二个暗示我买了一件次等货。我恼怒起来，正要骂他们，突然他们的部长跑了过来——他懂得他应该做什么。他使我的态度完全改变了，他将一个恼怒的人，变成了一位满意的顾客。

"他是如何做的呢？他分三个步骤：

"第一，他倾听我讲我的经过，从头至尾不说一个字。

"第二，当我说完的时候，售货员们又开始插入他们的意见，这位部长以我的观点与他们辩论。他不但指出我的领子，明显是被衣服玷污，而且他坚持说，不能使人满意的东西，不应由这商店出售。

"第三，他承认他不知道毛病的原因，他直接对我说：'你要我如何处理这套衣服呢？你尽管说，我可以照办。'

"只是在几分钟以前，我还准备告诉他们留下那套可恶的衣服。但我现在回答说：'我只要你的建议，我想知道这种情况是否是暂时的，或是能有什么改善的办法。'

"他建议我再试穿这套衣服一个星期。'如果到那时仍不满意，'他答应说，'拿来换一套满意的。让你不方便，我们非常抱歉。'

"我满意地走出了这家商店。一星期后这件衣服没再出现毛病。我对于那家商店的信任也就完全恢复了。"

怪不得那位管理员是他们的部长；至于他的下属，他们要停留——我想说他们将终身停留在店员的职位上，不，他们大概要被降至包装部，永远不能与顾客接触，甚至可能被辞退。

嗜好挑剔别人毛病的人，甚至一位正处于盛怒的批评者也常会在一个具有包容心与忍耐力的倾听者面前软化、妥协，即便那位气愤的寻衅者像一条大毒蛇正在张开嘴巴吐出毒信的时候，你也要克制自己保持倾听。

多年前，纽约电话公司成功感化过一个曾恶意咒骂接线员的客户。他甚至扬言要拆除电话，他拒绝支付他认为不合理的费用，他写信给报社，还向消费监督委员会屡屡投诉，致使电话公司引起数起诉讼。

公司中的一位经验丰富的"调解员"被派去访问这位暴躁的顾客。这位"调解员"静静地听着，并不时对其表示同情，他只是想让这位好争论的老先生发泄他的满腹怨言。

"我在他那儿静听了几乎有 3 小时，"这位"调解员"讲述道，"以后我再到他那里，仍然耐心地听他发牢骚。我一共访问了他 4 次，在第四次访问结束以前，我已成为他正在创办的一个团体的会员，但据我所知，除这位老先生之外，我是这个团体地球上唯一的会员。

"在这几次访问中，我耐心倾听，并且同情他所说的每一点，我从未像电话公司其他人那样同他谈话。他的态度慢慢变得和善了。我要见他的真实目的，在每一次访问时都没有提到，在随后的两次也没有提到，但在第四次，我圆满地解决了这一事件，他终于把所有的欠账都付清了，同时他也撤销了向消费监督委员会提出的申诉。"

毫无疑问，这位先生自认为为正义而战，保障公众权利，不受无端的侵害。但实际上他需要的是自重感。他先经由挑剔抱怨别人或事物得到这种自重感，但在他从那位聪明的"调解员"那里得到自重感后，他的所谓的冤屈就销声匿迹了。

好几年前的一个早上，有位怒气冲冲的顾客，冲向朱利安·戴莫的办公室去。朱利安·戴莫是戴莫毛料公司的创始人，后来成为全世界最大的毛料供销商。

戴莫先生向我解释道："这位先生欠了我们一笔款项，但他拒绝承认。我们知道他的确欠了钱，所以信用部门坚持他必须偿付欠款。在收到好几封催缴信之后，这位先生终于收拾行囊，只身跑到芝加哥来。他冲进我的办公室，扬言不但拒绝付款，并且不再向戴莫毛料公司买任何货物。

"我耐心听完他讲话。好几次我想打断他的话，但知道那并非良策。我让他把所有怒气发泄完毕，等他逐渐把情绪平息下来之后，才安静地说道：'非常谢谢你特别到芝加哥来告诉我这些话，可说是帮了我极大的忙。因为，我们的信用部门既然会冒犯你，想必也会冒犯到其他的顾客，这就太糟糕了。相信我，实在很感谢你告诉我这些事。'

"他完全没有料到我会这么说，所以似乎显得有点失望。他原本想我会与他大闹一场，却没想到会反过来感谢他。我向他保证会把欠账的资料除去，因为我知道他是个小心的人，而且只须料理一个账目，不像我们的信用部门，必须料理成千上万的账户。因此之故，我相信他一般不可能犯错。

"我告诉他，我完全理解他的感觉，换了我，无疑也会有相同的反应。既然他不愿再购买戴莫毛料公司的货品，我便向他推荐另几家毛料公司。

"以前，他每次来芝加哥的时候，常与我共进午餐，所以这天我又邀请他一道用餐。他本不太愿意，但后来还是接受了。午餐过后，我们回到办公室，他下了一份订单，订了比以前还多的货品。回家之后，他把账单重新检查一遍，发现其中有几张弄错了，便寄来一张支票，并且附了一封道歉的信。

"后来，他的妻子生了一个小男孩，他便把戴莫作为儿子的中间名。自此以后，他一直是公司的好朋友与好顾客。"

好几年前，有个贫穷的荷兰男孩，每天放学后都得到面包店去洗窗子，以贴补家用。他们新移民至此，家境十分困苦。所以除了洗窗子之外，男孩还得每天提一个篮子到大街小巷去，捡取由货车上掉下来的煤屑，以拿回家当作燃料。男孩名叫爱德华·拔克，仅上过6年学，后来却成为美国有史以来最成功的杂志编辑之一。他怎么做到这点呢？说来话长，但简单地说，就是运用了我们现在所说的这些原则。

他13岁便离开学校，到西部联合公司去当小弟，并且一面自我教育。每天，他省下午餐费和车钱，步行到公司上班，等存够了钱之后，便买了一套《传记百科全书》。他熟读那些名人的生平，并且写信给他们，向他们询问一些问题或谈谈童年时期的事。他写信给加费尔德将军，问他童年时期是否在运河当过拖船工人，加费尔德将军也回答了他的问题。他又写信给葛兰特将军，问他有关一场战役的事，葛兰特将军不但画了一张地图给他，还邀请这个14岁的男孩到家里进餐，并足足谈了一个晚上。

没多久，这个西部联合公司的小弟，和愈来愈多的名人通了信。其中包括：拉尔伏·华尔多·爱默森、奥利弗·温戴尔·何姆斯、朗费罗、林肯夫人等等。他不仅和这些名人通信，并且一旦有空，还特地去拜访这些杰出人物。这些经验对他的影响极大，使他对自己充满信心。因为，这些杰出男女不但扩大了他的视野，更激发了他求上进的企图心。而他能够做到这点，完全是因为我们在这里提到的这些原则。

另一新闻从业人员以撒克·马可森，每天要与上百个名人见面。他宣称，许多人不能让对方留下深刻印象，是因为自己没有专心听对方讲话。他说："他们只想一会儿自己要讲什么，因而根本没注意听对方在讲什么……许多名人表示，好的听众比好的演讲者重要，但具有这种能力的人显然并不多。"

不仅名人喜欢好听众，一般人也是一样。根据《读者文摘》表示："许多人打电话给医师，其实，他真正需要的，也是听众而已。"

在内战最黑暗的时刻，林肯写信给伊利诺州春田镇的一个老朋友，请他到华盛顿共商大计。这位老邻居于是来到白宫，林肯同他谈了好几个钟头，都是有关宣告解放黑奴的可行性。林肯仔细检查了所有反对或赞成此举的议论，然后又阅读信件、报纸等。有人为不解放黑奴而攻击他，有人则怕他要解放黑奴。如此谈了好几个钟头之后，林肯向这位老邻居握手道晚安，然后送他回伊利诺州。这位老邻居根本不用提供什么意见，林肯本人自始至终是谈话的中心。因为借着谈话，他的思路变得清晰了。这位老邻居说："谈过话之后，他似乎显得轻松多了。"林肯要的不是什么忠言，他需要的只是一个友善的、会表示同情的听众来分担压力而已。这也是我们在碰到难题时的普遍心态，也是所有顾客、雇员或朋友们的需要。

当今最有名的听众之一，便是西格蒙德·弗洛伊德。有人这么描述他："他给我的印象极深，真使我终身难忘。他具有一般人所没有的特别品质，从没有一个人像他那么全神贯注。他的眼神并不锐利，不是那种'威慑他人心弦'的眼光，而是柔和可亲的。他的声音低沉亲切，也很少用手势。但他凝神听我讲话的态度，真使我难忘。"

倾听者虽然不开口说话，但聪明的倾听者往往积极地参与对话，当然这不容易做到。要做到善于倾听别人的谈话很重要的一点，就是要全心全意，而且要真心投入，其间还要能不时地问一些问题，鼓励对方展开话题。机智、周到、不离题、简洁等是善于插话、引题者的特点。

其实，积极参与谈话的方式很多，绝不需要动不动就插嘴，以打断别人的讲话。方式虽然很多，但我们用不着招招纯熟。善于倾听的人经常应用的是几种自然轻松的方式，而其良好效果关键是要实际有用。

这些方式包括偶尔点点头，偶尔附和一两声。有些可以换个姿势或俯身向前，有时候微笑一下或挪一下手。目光的交流往往能显示出你是一位友好的人，因为这表示："我在非常认真地听你说自己喜欢的事情。"

谈话中途停顿时，可以提出相关的问题，继续让他表现下去，让他有话可说、能说、想说。

最为关键的，并不是你到底应该采取哪一种倾听技巧，因为这绝不是一件机械化或一成不变的事。这些只是当你感觉很好时可以用的几个方式，它们会使跟你谈话的人变得更有兴致。当然，你完全可以根据自己的情况、具体的环境，采取更为有效的方法。

下次当你开始谈话的时候，就想着这一点：如果你要使人喜欢你，那就记住：善于倾听，会让你处处受人欢迎。

学会"纠错"

◇当面指责别人，这只会造成对方顽强的反抗；而巧妙地暗示对方注意自己的错误，则会受到爱戴。

乔治·史特尔有一次经过他的一家钢铁厂。当时是中午，他看到几个工人正在抽烟。而在他们头上正好有一块大告示牌，上面写着"禁止吸烟"。乔治·史特尔是否指着那块牌子说："你们不识字吗？"哦，不，他才不会那么做。他朝那些人走过去，递给每人一根雪茄，说："诸位，如果你们能到外面去抽这些雪茄，那我真是感激不尽。"他们立刻知道自己违犯了一项规则，而且他们很敬重他，因为他对这件事不说一句话，反而给他们每人一件小礼物，并使他们自觉很重要。很难不喜欢像他这样的人，你说是不是？

布莱恩·华纳梅克也使用了同一技巧。他每天都到费城他的大商店去巡视一遍。有一次他看见一名顾客站在台前等待，没有一人对她稍加注意。那些售货员呢？哦，他们在柜台远处的另一头挤成一堆，彼此又说又笑。华纳梅克不说一句话，他默默站到柜台后面，亲自招呼那位女顾客，然后把货品交给售货员包装，接着他就走开。

官员们常被批评不接待民众。他们非常忙碌，但有时候，是由于助理们过度保护他的主管，为了不使主管见太多的访客，造成负担。卡尔·兰福特在狄斯耐世界所在地——佛罗里达州奥兰多市，当了许多年的市长。他时常告诫他的部属，要让民众来见他。他宣称施行"开门政策"。然而社区的民众来拜访他时，都被他的秘书和行政官员挡在门外了。

最后，这位市长找到了解决的办法。他把办公室的大门给拆了。他的助手们知道了这件事，于是从此之后，这位市长真正做到了"行政公开"。

若要不惹火人而改变他，只要换两个字，就会产生不同的结果。

很多人在开始批评之前，都先真诚地赞美对方，然后一定接一句"但是"，再开始批评。例如，要改变一个孩子不专心的态度，我们可能会这么说："约翰，我们真以你为荣，你这学期成绩进步了。'但是'假如你代数再努力点的话，就更好了。"

在这个例子里，约翰可能在听到"但是"之前，感觉很高兴；而听到"但是"之后，马上，他会怀疑这个赞许的可信度。对他而言，这个赞许只是批评他失败的一条设计好的引线而已。可信度遭受到曲解，我们也许无法达到我们要改变他学习态度的目标。

这个问题只要把"但是"改为"而且"，就能轻易地解决了。"我们真的以你为荣，约翰，这学期你的成绩进步了，而且只要你下学期继续用功，你的代数成绩就会比别人高了。"

这下子，约翰就会接受这份赞许，因为没有什么失败的推论在后面跟着。我们已经间接地让他知道我们要他改的行为，更有希望的是，他会尽力地去达到我们的期望。

对那些对直接的批评会非常愤怒的人，间接地让他们去面对自己的错误会有非常神奇的效果。罗得岛上温沙克的玛姬·雅格在我们的课程中提到，她如何使得一群懒惰的建筑工人，在帮她盖房子之后清理干净现场。

最初几天，当雅格太太下班回家之后，发现满院子都是锯木屑子。她不想去跟工人们抗议，因为他们工程做得很好。所以等工人走了之后，她跟孩子们把这些碎木块捡起来，并整整齐齐地堆放在屋角。次日早晨，她把领班叫到旁边说："我很高兴昨天晚上草地上这么干净，又没有冒犯到邻居。"从那天起，工人每天都把木屑捡起来堆好放在一边，领班也每天都来，看看草地的状况。

在后备军和正规军训练人员之间，最大不同的地方就是理发，后备军人认为他们是老百姓，因此非常痛恨把他们的头发剪短。

陆军第542分校的士官长哈雷·凯塞，当他带了一群后备军官时，他要求自己解决这个问题，跟以前正规军的士官长一样。他可以向他的部队吼几声或威胁他们，但他不想直接说出他要说的话。

他开始说了："各位先生们，你们都是领导者。当你以身教来领导时，那再有效也没有了。你必须为遵循你的人做个榜样。你们该了解军队对理发的规定。我现在也要去理发，而它却比某些人的头发要短得多了。你们可以对着镜子看看，你要做个榜样的话，是不是需要理发了，我们会帮你安排时间到营区理发部理发。"

成果是可以预料的。有几个人志愿到镜子前看了看，然后下午就到理发部去按规定理了发。次晨，凯塞士官长讲评时说，他已经看到，在队伍中有些人已具备了领导者的气质。

我有一个光棍朋友，年约40余岁，最近刚订婚。他的未婚妻一直怂恿他去学跳舞。这位朋友说道："天知道我为什么应该去学跳舞。20年前，我第一次跳舞。当时的技术和现在一直都没什么两样。我的第一位老师讲的或许不假，她说，我的舞步全错了，必须从头学起。此话颇伤我的心，以致学舞的兴致完全消失无踪，我的学舞生涯也至此宣告结束。

"现在这位老师不知是不是哄我，但她讲的话我听了真喜欢。她说，我的舞步或许有点老式，但基本上都还不错，所以学些新舞步绝对没有问题。比较起来，第一位老师由于强调的是我不对的地方，以致让我失去学习的兴趣；第二位老师则正好相反，她一直称赞我的长处，对我的短处则尽量不提。她曾对我说：'你具有天生的节拍感，可说是天生的舞蹈家呢！'虽然，直到现在，我仍然感觉到自己并没有什么跳舞细胞，技术也一直没什么进步。但在内心深处，我还是希望这位新老师所说的话'或许'没错，所以便继续付钱让她讲这些话。

"我知道，假如这位老师没有告诉我具有天生的节拍感，我可能会跳得更差劲。因为她的话鼓舞了我，也带给我希望，使我愿意尽力去求进步。"

告诉你的孩子、配偶或雇员，说他们在某些地方看起来很蠢、很笨、没有什么能力、完全做不好等等，这马上可以完全打消他们求进步的念头。但假如你采用相反的方法——让他们自由自在，让事情看起来容易做，让他们知道你对他们具有信心，让他们觉得自己的潜力还没有完全发挥出来——那么，他们便会全力以赴，力图超越。

杜威·汤玛士是个人际关系方面的超级艺术家，他便常常使用这个技巧。举个例子：我曾有机会和汤玛士夫妇共度周末。在那个星期六晚上，他们有个桥牌聚会，我也受邀前往参加。什么，桥牌？不，不，别找我，我可一点也不懂得桥牌。这玩意儿对我犹如难测的神秘故事。不，我不可能参加的。

杜威说道："哦，戴尔，这没什么困难。除了记忆和判断，桥牌一点也没什么大学问。你已写过一篇有关记忆的文章，桥牌正合你所长呢！"

于是，还没搞清楚是怎么一回事，我发现自己已端坐在牌桌上了。这都是由于杜威告诉我的那席话，使我觉得打桥牌并不困难。

谈到桥牌，不禁使我想起罗伯特·维克森。他写的许多有关桥牌的书籍，被译成好几国的文字，销路也超过百万本。他告诉我，要不是有位女士说他具有天分，他也不可能走上这一行。

他是 1922 年移民来美的，想要找份有关哲学或社会学方面的教职，但一直都没有成功。

然后他又想办法卖煤矿，但也失败了。

后来他又想卖咖啡，也没有成功。

他也玩过几次桥牌，但从没想过要以此谋生。何况他的牌也玩得并不怎么好，人又固执，不知变通，常常在打牌的时候问太多问题或过于仔细，以致没有人愿意同他搭档。

后来，他碰见一位美丽的桥牌老师约瑟芬·艾伦，不但坠入爱河，并与她结了婚。约瑟芬注意到维克森分析牌路的时候十分小心、仔细，便预测他是牌桌上的天才。据维克森告诉我，就是这一点鼓舞了他，使他终于成为职业桥牌手。

住在得克萨斯州的克劳伦斯·琼丝，是我们训练班的讲师之一。他告诉我们，这个原则如何改变了他儿子的一生。

"有一年，我 15 岁大的儿子大卫来到辛辛那提与我同住。他童年的境遇相当不幸。先是由于车祸致使他的头部受伤，而且留下一道很明显的伤痕。后来，我和太太离婚后，大卫便随同母亲搬到得州的达拉斯去。从那时起，他在学校都是上的特殊班，就是为学习能力不足的学生专设的班级。由于他的头部有道明显的伤痕，学校方面便认为他脑部受到伤害而不能正常学习。他比一般正常学童落后两个年级，而且到了七年级的时候，还不懂得九九乘法表。他只能用手指算简单的加法，阅读的情况也很差。

"他对收音机、电视机的零件和组合十分感兴趣，很想在将来当一名电器技术人员。我便乘机鼓励他在这方面发展，并且指出这方面的训练必须有某些数学上的基础。我决定帮他好好学习数学。首先我们找来四组闪视卡片（一种教学卡。教师将卡片作短暂展示，以引起学生的迅速反应）：加、减、乘、除的运算。在我们练习的时候，每答对一题，我都极力称赞他、鼓励他，尤其是那些原先做错的题目。每个晚上，我们都重复练习，直到没有做错的题目剩下为止。每次练习，我们都用马表计时，看看完成整个练习需费多少时间。我答应大卫，只要我们能在 8 分钟内完成练习，就不用再练了。这看起来似乎很困难，因为第一次练习的时候，我们总共费时 52 分钟；第二天 48 分，然后 45 分、41 分……每次时间减少了，我们便大大庆祝一番。一个月之后，大卫已能在 8 分钟之内，完美无缺地答对所有卡片上的问题。每次若进步不多，他会要求再重做一次。他已不再对数学感到害怕了，已发现学习本身是多么容易又有趣。

"他的代数程度也大大提高。的确，一旦你懂得乘法，代数就变得容易多了。那个学期，他的数学成绩是'乙'。他自己也觉得十分惊讶，因为这在以前是不可能发生的。除数学，其他学科也有急速的发展。他的阅读情形大有改进，画图也画得很好。最近，他们的自然科学老师选他参加科学展览，并要他自选题目。大卫选了一个有关杠杆原理方面的题目。这题目不但需要绘图表现杠杆的几种模式，更需应用到数学原理。结果大卫表现得很好。他在校内的展览得到第一名，更在整个辛辛那提市的科学比赛中获得第三名。

"这便是整个事情发展的经过。一个留级了两年的小孩，被人认为'脑部受损'，被同学戏称为'僵尸怪物'，更有人说他的大脑在受伤时，从伤口'漏光了'。现在，大卫发现自己真的有学习能力，而且能圆满地把事情做好。结果呢？从第八年级的最后一季到整个高中，他都一直在荣誉班级。在高中的时候，更获选参加全国性的'荣誉协会'。我们可以这么说，一旦他发现学习是件容易的事，整个生命便因此改变了。"

掌握话题

◇打动人心的最佳方式就是，跟他谈论他最珍视的事物。当你这么做时，不但受到欢迎，也会使生命获得扩展。

打动 W 人心的最佳方式是，跟他谈论他最珍视的事物。当你这么做时，不但会受到欢迎，也会使生命获得扩展。

在耶鲁大学任教的威廉·费尔浦斯教授，是个有名的散文家。他在散文集《人类的天性》当中写道：

"在我 8 岁的时候，有次到莉比姑妈家度周末。傍晚时分，有个中年人来访。他跟姑妈热络地寒暄过一阵之后，便把注意力转向我。那时，我正对船只很感兴趣，这位访客便滔滔不绝讲了许多有关船只的事，而且讲得十分生动有趣。等他离开之后，我仍意犹未尽，一直向姑妈提起他。姑妈告诉我，他在纽约当律师，根本不可能对船只感兴趣。'但是，他为什么一直跟我谈船只的事呢？'我问道。

"因为他是个有风度的绅士。他看你对船只感兴趣，为了让你高兴并赢取你的好感，他当然要这么说了。"

威廉·费尔浦斯最后说道："我永远也不会忘记姑妈所说的话。"

以下还有另一个例子。

爱德华·夏立甫先生在童子军活动中十分活跃。他写了一封信给我，其中提到一段有趣的经历：

"有个盛大的童子军大会在欧洲举行，我很希望美国的一些大公司，能赞助我们的男孩前往参加。

"很幸运的，就在打算去拜访这位公司负责人之前，我听说这位先生曾开过一张 100 万元的支票，后来这张支票被注销，这位先生便把支票用镜框框起来。

"所以我见到这位先生之后，首先要求是否能看看那张支票——100 万元的支票，我说我从没想过有人会开出 100 万元的支票，等我见过之后，一定要告诉孩子们我真的见过这样的一张支票。他很高兴地带我去看，我一面啧啧称赏，一面要求他把所有经过告诉我。

"没多久，这位先生突然问我：'咦，你今天来见我的目的是什么？'我便把来意说清楚。

"让我惊奇的是，这位先生不仅很爽快地答应了，还比我预期的支付更多。我本想只要求赞助一名男孩到欧洲去，他却答应赞助 5 个男孩和我一同去参加童子军大会。他给了我可以领取 1000 元信用金的信件，要我们在欧洲停留 7 个星期。他还写信给欧洲分公司的经理，要他们好好招待我们。最后并答应要在巴黎与我们会合，好带我们遍游那个美丽的城市。

"自此以后，他还提供了好几个工作机会给童子军的父母亲，并且一直热心参与童子军活动！

"所以我知道，要不是我发现了他的兴趣所在，抓住他的心，便不会那么简单就达到目的啊！"

这个方法是不是也适用于商场上呢？让我们看看纽约一家西点批发商的例子：

杜佛诺先生想将面包卖给纽约某旅馆。

4 年来，每个星期他都去拜访经理，他甚至还在这家旅馆开了房，住在那里，以得到生意，但他失败了。

"后来，"杜佛诺先生说，"在研究人际关系之后，我决定改变策略。我决定找出这个人感兴趣的是什么，什么会引起他的热心。"

"我发觉他是美国旅馆服务员协会的会员。他不但是会员，由于他的热心，他现在是该会的会长和国际服务员协会的会长。不论在什么地方举行大会，他都会飞过崇山峻岭，越过沙漠、大海，参加大会。

"所以第二天见到他的时候，我首先开始谈论关于服务员协会的事。我得到非常好的反应——他对我讲了半小时关于服务员协会的事，他的声音有力、高亢，我可以清楚地看出这确实是他的业余嗜好，是他生活中的热情所在。在我离开他的办公室以前，他劝我加入该协会。

"这个时候，我仍然没有提任何关于面包的事。但几天后，他旅馆的主管打电话召我带着货样和价目单去。

"'我不知道你对那位老先生做了些什么，'主管对我说，'但他真的被你搔到痒处了。'

"试想一想我对这人紧追了 4 年——费力想得到他的生意，我如果没有最后费劲儿去找出他感兴趣的，他喜欢谈的，我还要死追，不知道追多少年才能成功。"

尊重对方

◇与人相处有个极为重要的法则：时时让别人感到重要。遵从这一法则，至少不会为我们带来什么麻烦，还可以同时得到许多快乐和永恒的友谊。

◇假使我们真是这么自私，这么功利，向来都吝啬于给别人带去一点快乐，一旦没有从他人身上得到好处，就不会对他人表示一点赞赏或表达一点真诚的感谢；假设我们的灵魂比野生的酸苹果大不了多少，则我们的心灵会变得多么贫乏。

人类行为有一项重要的法则，如果你承认并遵循它，就能给自己带来快乐；如果你否认并背弃它，就会使自己因此陷入无止境的挫折中。这条法则就是："尊重他人，满足对方的自我成就感。"诚如杜威教授所说：人们都希望自己能受到别人的重视。我也曾一再强调，就是这股力量促使人类创造了自己的文明。

如果，你希望满足自己被人喜欢的愿望，那么就让我们自己首先来信守这条箴言：你希望别人怎么待你，你先怎么对待别人。

有一次，我在纽约的一个邮局里排队等候寄一封挂号信。那位负责收寄邮件的办事员显然对这份单调而机械的工作感到不耐烦，他们日复一日地称重、撕邮票、找零钱、写收据，这种单调、机械的工作有时的确会让人情绪失调。我对自己说：我可以让那位办事员喜欢我。而要让他喜欢，我显然必须说些关于他的好话。称赞眼前的这位职员似乎并不让我感到困难，我马上就找出了可以称赞的话题。

在他称我的信的重量时，我真诚地对他说："我真希望能有你这样的好头发。"他抬起头，吃惊地但马上脸上溢出了微笑："哦，它早已不像以前那么好啦！"他谦虚地回答。我告诉他，虽然它可能已没有原来的好，但仍然非常漂亮。他十分高兴，和我谈了一会儿，最后说道："许多人都说我的头发好看。"

我敢保证这位先生出去吃午饭的时候，一定满面春风，晚上回家的时候，一定会将此事告诉他的妻子，他会照着镜子对自己说："这头发多么好看！"

我在一次演讲的时候提起这件事，有人问我："你想从那人身上得到什么？"我想从那人身上得到什么？假使我们真是这么自私，这么功利，向来都吝啬于给别人带去一点快乐，一旦不能从他人身上得到好处，就不对他人表示一点赞赏或表达一点真诚的感谢，如此我们的灵魂比野生的酸苹果好像大不了多少，我们的心灵会变得日益枯竭。

是的，我确实想从那个营业员身上得到一点东西。但那东西是无价的，而且我已经在真诚赞美的同时得到了。我得到了助人的快乐，这种感觉在多年之后，会永远闪烁在我记忆的天空。

与人相处有个极为重要的法则，这一法则就是：时时让别人感到重要。我们遵从这一法则，至少不会为我们惹来什么麻烦，还可以同时得到许多的快乐和永恒的友谊。如果我们无视这项法则，就难免在人际交往中出现障碍。哈佛著名心理学家威廉·詹姆斯说："人类本质中最殷切的需求是：渴望得到他人的重视。"我也曾一再指出，就是这种渴望使得人类和其他动物有了实质的区别。也正是因为有了这种渴望，才产生了丰富的人类文化。

所以，让我们诚实地遵循这一永恒的定律：你希望别人怎么对待自己，那你就应该怎么对待别人。如果你要问，我们应该什么时候去做？在什么地方去做？很简单，不论什么时候，不论什么地方。

比方说吧，如果你在餐馆里点了一份炸薯条，而女服务员却给你端上一盘马铃薯的时候，让我们说："对不起，麻烦你了，但我还是比较喜欢我点的炸薯条。"女服务员可能会回答："别客气，一点也不麻烦。"而且她还会愉快地把马铃薯换走。因为我们已经对她表示了敬意，让她感到自己的重要。

让我们来看一位康涅狄克州律师的故事，因为他亲属的关系，他不愿意让人知道他的名字，我们称他为 K 先生。

在参加我的培训课程以后不久，他同他的妻子驾车到长岛拜访她的几位亲属，她留下他同她的一位老姑母谈话，而独自跑开去拜访她的几位比她年轻的亲属。因为他要作一个演讲，讲述他如何实际运用欣赏的原则，他想，他就从这位老太太开始，所以他向房子的四周观看，看看有什么他可以真诚赞赏的。

"这间房子建造在 1890 年前后，是不是？"他问道。

"是的，"她回答道，"正是那年造的。"

"它让我想起我出生的那间房子，"他说，"非常美丽，建筑质量非常好，很宽敞。你知道，现在，人们不再建造这样的房子了。"

"你说得对，"老太太附和说，"如今的年轻人不在乎美丽的房子了，他们要的，不过是一所小公寓和一台电冰箱，然后外出，在汽车中闲游。"

"这是一所充满理想的房子，"她用颤抖的、温柔的声音回忆说，"这间房子是用爱情建造起来的，我的丈夫和我，在建造房子以前，梦想了许多年。我们没有请建筑设计师，都是我们自己亲手设计的。"

然后她引导他参观这间房子，他对她在旅行时搜集的、终身爱护的宝藏，表示真诚的赞赏：派斯莱披巾、一套古式英国茶具、凡其胡瓷器、法式床椅、意大利油画和曾一度悬于法国封建时代宫堡内的一件丝帷。

在引导他参观房子后，她带他到汽车间。那里摆放着一辆别克汽车，几乎是全新的。

"在我丈夫去世前不久，他买了这部车，"她轻轻地说，"在他死后，我从未坐过……你会欣赏好的东西，我要把这部车送给你。"

"啊，姑母，"他说，"你让我不知如何是好了。我当然感激你的盛意，但我不能接受，我又不是你的直系亲属。我有一辆新车，而你的许多亲属都喜欢那辆别克汽车。"

"亲属！"她大喊着说，"是的，我有亲属正等着我死，以便他们可以得到那辆汽车，但他们永远得不到！"

"如果你不愿意把它送给他们，你可以把它卖给一个二手车商，这很容易。"他告诉她。

"卖出去？"她嚷了起来，"你以为我愿意卖这部汽车吗？你以为我能忍受生人坐在那辆汽车里，在我丈夫为我买的汽车中在街上来往吗？我做梦也不会想卖。我要送给你，你会欣赏美好的东西。"

他竭力避免接受这辆汽车，但他不能不接受，为了不伤她的感情。

这位老太太同她的派斯莱披巾、法国古董，及她的回忆独自留在一间大房子中，正在渴求着一点他人的赏识。她曾一度年轻、貌美且被人追求；她曾建造了一所漂亮房子，充满爱情的温暖，而且从欧洲各国搜集了珍品使之美观；如今在老年的孤独和冷漠中，她渴望一点点人情的温暖，一点点真诚的欣赏——却没有人给她。当她找到时，就如同在沙漠中找到了甘泉，如果用比一辆别克汽车更少的礼物，她的感激无法完全表达出来。

我们再来看一个例子。

麦克马亨公司的总监，一位园艺师，讲述了这样一件事：

"在我听了《如何交友及影响他人》的演讲以后不久，我为一位著名法官的别墅布置园艺。这位主人出来给我提了几个要求，如在什么地方他要栽植什么等。

"我说：'法官，你的业余爱好很好，我正在欣赏你别墅的美丽景色。我听说你在麦迪生公园每年举行的大规模宠物狗展览会上得到许多奖状。'

"这点小小欣赏的表示，效果极其惊人。

"'是的。'法官回答说，'对于狗，我的确很感兴趣，你要不要看看我的狗呢？'

"他费了差不多一个小时的工夫，给我看他的狗，和它们得的奖品。他甚至拿出它们的系谱，讲解漂亮和聪敏的血统原因。

"最后他转向我问道：'你有没有小男孩？'

"'是的，我有。'我回答说。

"'好，他喜欢小狗吗？'法官问道。

"'嗨，是的，他非常喜欢。'

"'很好，我要送他一只。'法官宣布说。

"他开始告诉我如何喂养小狗，然后他停下来。'我这样口头告诉你，你会忘记的，我要写下来。'接着这位法官走进室内，将系谱和喂养方法，用打字机打好，给了我一只价值100元的小狗和他1小时又15分钟的宝贵时间。这其中大部分要归功于我对他的爱好和成就表示真诚的赞美。"

你我应从何处开始实行这种欣赏的奇妙试验？为什么不从家庭里开始？我不知道还有别的地方更需要的。你的夫人一定有些优点，至少你曾认为她有，不然你不会娶她。但从上次你对她的优点表示欣赏到现在已有多久了呢？

几年前，我曾在纽勃伦斯维克的蜜莱河上游钓鱼，我被暴风雨封锁在加拿大森林里的帐篷里，无法外出，我能找到的唯一读物就是一张乡间报纸。我把报纸上所有内容都读过了，连广告和狄克斯的婚姻指导在内，狄克斯的文章写得很好，所以我剪下保存起来。她对人们屡屡在婚前教导新娘有点不耐烦了，她宣称，应该有人把新郎拉过一边而给他以下建议：

不会甜言蜜语，不要结婚。在结婚前称赞女人是一件势在必须的事情，但在结婚后称赞她，更是必须的事情——为了你自己的安全。

婚姻不是愚昧的诚实场合，而是灵巧的外交场所。

如果你要每天生活安适，永远不要指责你夫人的治家水平，或将她与你的母亲作比较。但是，反过来，永远称赞她的治家能力。公开地恭贺你自己娶了唯一兼有维纳斯美貌和美国"第一夫人"治家水平的女子。就连肉片烧焦，变成了皮革，面包变成了渣烬，也不要抱怨。只要说饭菜没有达到她平日完美的标准，她一定尽力达到你对她的理想要求。

不要无缘无故地突然开始赞美，否则她会疑心。

但今晚或明晚，给她买些鲜花或糖果。不要只说：是的，我应当那样。实际去做！再给她一个微笑和温暖的情话。

如果有更多的夫妻这样做，我想我们不致有那么多人离婚——据说每 6 个婚姻即有一个要离婚。

牢记名字

◇人们极重视自己的名字，因而竭力使自己的名字被传播远扬，有时候即使牺牲也在所不惜。

◇ 200 年前，富人经常付给作家金钱，让作家将书献给他们。

◇图书馆、博物馆的丰富收藏，很多是不愿意让他们的名字日后被遗忘的人捐献的。

普通人总是对自己的名字倍感兴趣。记住他人的姓名并十分自然地喊出来，便是你对那个人巧妙而非常有效的恭维。但如果忘了或记错了他人的姓名，这会置你自己于很被动的地位。别人会认为你不够重视他，他甚至会因此而疏远你。

我曾在巴黎组织一次演讲，之前我给城中所有的美国居民发出过一封印刷信。但是那位法国打字员英文水平实在不高，填打姓名时经常犯错。为此，巴黎一家美国大银行的经理，写给我一封措辞激烈的责备信，因为他的名字被拼错了。可见，记住人家的名字对对方是何等重要！

钢铁大王安德鲁·卡内基成功的原因是什么？

虽然他被称为钢铁大王，但他自己并不是钢铁制造方面懂得很多的专家。然而，他手下却有几千人为他工作，他们懂得的钢铁技术显然要比他多得多。

他致富的真正原因是他知道如何与人相处。在早年，他就表现出出色的组织才能与领导天赋。10岁的时候，他便意识到人们对于名字的惊人重视。他于是开始利用这一发现去获得与人合作的机会。当他是苏格兰的一个小孩童时，他曾收养过一对兔子。不久他就又多了一窝小兔，可是他却没有东西喂它们。不过他有一个聪明的主意，他告诉邻家的孩子们说，如果他们愿意出去采集充足的苜蓿草喂兔子，他便用他们的名字给兔子命名，以此来感激他们。结果，大家开始愉快地行动了。

这种"冠名"方法功效果真神奇，卡内基从此铭记于心。

许多年后，卡内基在商业上应用同样的心理学原理，并帮助他获得了事业上的巨大成功。有一次，他打算将钢铁路轨售给宾夕法尼亚铁路局。当时任宾夕法尼亚铁路局局长的是汤姆森。为此，卡内基在匹兹堡建造了一所大钢铁厂，命名"汤姆森钢铁厂"。当宾夕法尼亚铁路局需要钢轨的时候，汤姆森还会向别处去买吗？

在卡内基与伏尔曼互相竞争卧车经营权时，这位钢铁大王又想起了给兔子命名的经历。

当时，卡内基掌控的中央运输公司与伏尔曼所经营的公司都非常想赢得联合太平洋铁路卧车的经营权。为此，他们互相排挤、压价，以致即使胜利一方也很难有获利的机会。一天晚上，卡内基在圣尼古拉宾馆遇见了伏尔曼，他说："晚安，伏尔曼先生，我们两个难道不是在玩'两虎相斗'的游戏吗？"

"你这是什么意思？"伏尔曼问道。

卡内基接下来便试图说服伏尔曼将他们双方的力量合并起来，采取联合经营的方式。他用鲜明的语气，向伏尔曼叙述双方合作而非恶性竞争的双赢战略。伏尔曼认真倾听，但并未表示完全赞同。最后他问道："这新公司你将如何命名？"卡内基立刻回答说："当然是伏尔曼皇宫卧车公司。"

伏尔曼立即表现出极大的好感。"快到我房间里来！"他说，"我们有必要详细谈谈这件事。"的确，那次谈话创造了实业界的经典神话。

卡内基成为商界领袖的一大秘诀就是他惊人的记忆力与牢记并重视他人及同事名字的策略。他甚至能叫出许多工人的名字，这是他引以自豪的事。难怪他自夸说，在他亲自参与管理的时候，从未发生过工人罢工事件。

德州商业股份有限公司的董事长班朵兰夫认为：公司愈大，就愈使人感觉缺乏温情，从而显得有些冷漠。他认为能使它温暖一点的唯一办法，就是记住员工的名字。假如有个经理告诉我，他无法记住别人的名字，这就等于告诉我，他无法履行一份很重要的工作。这会使他缺乏成功做事的坚实基础，他无异于在流沙上做着他的工作。

著名演奏家贝德斯基，做事也有异曲同工之妙——他让他专车上的黑人厨师感到自己重要，因为贝德斯基永远称他为"考泊先生"。

贝德斯基经常旅行美国，对全国广大热烈的听众演奏。每次他在专车上旅行，都是同一位厨师为他准备夜餐，以便音乐会结束后吃。在那些年里，贝德斯基从未用美国的普通称呼，叫他"乔治"。贝德斯基永远用老式称呼，称他为"考泊先生"——考泊先生确实喜欢这样称呼他。

人们非常重视他们的名字，因此他们竭力设法使之延续，甚至牺牲一切在所不惜。就连矜夸而且老于世故的老巴纳姆，一个所谓的贵族，也因为没有儿子继续他的名字而沮丧，他情愿给他的孙子西雷 2.5 万元——如果他愿意把自己称为"西雷·巴纳姆"。

200 年前，富人们经常付给作家金钱，让作家将书献给他们。

图书馆、博物馆的丰富收藏，很多是不愿让他们的名字日后被遗忘的人捐献的。

纽约公共图书馆有爱斯德和李诺克斯捐献的收藏品。京都博物馆永远留着爱德门和马根的名字。几乎每个教堂都缀有彩色玻璃窗，纪念着捐赠人的姓名。

很多人说无法记住大量的姓名，其实他们是不愿意花时间和精力去记罢了。确实，他们会说，太忙了。

但我相信罗斯福总统比他们还忙。罗斯福总统总是花时间去记一个人的名字，哪怕是只见过一次面的机械师。

克莱斯勒公司曾经为罗斯福总统特别制作了一辆汽车。张伯伦和机械师把车子送去白宫。张伯伦在多年后说起这件事：

"我教总统先生怎样使用一部带有复杂零件的汽车；总统先生则教给我宝贵的处理人的关系的方法。

"总统非常愉悦地叫我的名字，而且对于我讲给他听的那些汽车知识，他也非常感兴趣。

"那辆车子经过非常特别的处理和设计，可以完全地用手来控制。我们旁边围了很多人。

"罗斯福总统显得异常兴奋，他说，这个车子真是太棒了，我从未见过这么好的车子，只需要按一个钮，车子就能开出去了。这是什么道理呢，看来改天我要拆开看看到底是怎么回事。并且，罗斯福总统还当着所有人的面称赞我，感激我为他造了这么棒的一辆汽车，冷却器、前灯、后灯、座位，一切都太棒了，他还把每一个细节都指给他的太太和白宫的官员看，还把他年老的黑人司机叫过来嘱咐，要好好照顾行李箱。然后我们的驾驶课结束的时候他说，张伯伦先生，我最好还是回办公室吧，我已经让联邦储备委员会等了半个小时了。

"和我一起去白宫的那个机械师是个害羞的人，不怎么抛头露面，罗斯福总统只听别人说过一次他的名字，但是总统在离开之前就走过去，叫他的名字，感谢他到白宫。总统的声音一点都不做作，是发自肺腑的。

"回到纽约后，我很快就收到了罗斯福总统的签名照片，还有一段致谢辞，再次谢谢我的帮助。我一直弄不明白，他是怎么挤出时间来做这些事情的。"

罗斯福知道获得好感的最简单、最直接、最重要的方法，就是记住别人的姓名。但是我们之中有多少人真心地认真地记过别人的姓名呢？

对一个政治人物来说，记住一个选民的姓名是最基本的政治才能，反之则是心不在焉或在心底根本就不懂得尊重别人。

拿破仑三世对自己能记得每一个见过的人的名字而感到自豪。他询问每一个见过的人的名字，如果没听清楚，就再问一遍；如果名字有点复杂，他就请教写法。他喜欢把别人的名字和表情、特征联系起来印在脑海里。如果对方是个很重要的人物，他就偷偷用纸和笔记下对方的名字，默念几遍，然后把那张纸悄悄撕掉。

这些都要花时间，但这是值得的，爱默生说："礼貌就是由一些小小的牺牲达成的。"

是小小的，不是大大的。

牢记别人的姓名并不是只有政界或商界的人必须修为的，每一个人都应该觉得这很重要。

诺丁汉是印度通用汽车公司的员工，他几乎天天都要去餐厅吃午餐，也天天都要看见柜台后的小姐板着脸做三明治，似乎周围的人也是三明治。诺丁汉要了一些吃的，小姐就百无聊赖地搞了几片火腿，加了一片莴苣，几片土豆。

"过几天，我在排队的时候特地看了一下她胸前的名牌，然后我笑着喊她的名字，嗨，艾丽斯。然后和她说我想要什么，结果她似乎忘了数量，给我装了一大盘子火腿、莴苣和马铃薯片。"

我们应该相信一个人的姓名里面包含着奇迹。名字使一个人变得唯一，使一个人区别于其他人。对一个人来说，他或她的名字是世界上最动听的词汇，所以，在你传递信息之前，别忘了别人的名字。

换位思考

◇我们要对那些可怜的人表示惋惜，可怜他，同情他。要像高约翰看见街上摇摇晃晃、将要摔倒的醉汉时所常说的话："如果不是靠上帝的恩典，我也同他一样走在街上。"

◇赢得友谊的关键就在于：从交往一开始你就说："我一点也不怪你有这样的看法。如果我是你，无疑也会和你一样。"如果你坚持这样说，就可以停止辩论，消除反感，创造出好感。

你有时会发现：对方可能完全错了，但他仍然不同意你正确的说法。在此情况下，不要一味指责他人，因为这是愚人的做法。你应该站在他的角度试着去了解他，而只有聪明、宽容的人才会以这样的明智态度这样做。

为什么对方会有那样的思想和行为？其中必有其内在原因。探寻出其中原因，你就等于得到了一把了解他人行动或人格的钥匙。而你要找到这把钥匙，就必须诚实地将自己放在他的地位上。在处理人际关系时，假如你常对自己说："如果我处在他当时的情景中，我将有什么感受，有什么反应？"这样你就可省去许多时间与烦恼。

多年来，作为消遣，我常常在距家不远的公园散步、骑马，像古代高尔人的传教士一样。我很喜欢橡树，所以每当我看见小橡树和灌木被不小心引起的火烧死，就非常痛心，这些火不是粗心的吸烟者引起，它们大多是那些到公园里体验土著人生活的游人引起的，他们在树下烹饪而烧着了树。火势有时候很猛，需要消防队才能扑灭。

在公园边上有一个布告牌警告说：凡引起火灾的人会受到罚款甚至拘禁。

但是这个布告竖在一个人迹罕至的地方，儿童很少能看到它。有一位骑马的警察负责保护公园，但他很不尽职，火仍然常常蔓延。

有一次，我跑到一个警察那里，告诉他有一处着火了，而且蔓延很快，我要求他通知消防队，他却冷淡地回答说，那不是他的事，因为不在他的管辖区域内。我急了，所以从那以后，当我骑马出去的时候，我担任自己委任的"单人委员会"的委员，保护公共场所。当我看见树下着火，我非常不高兴，经常急着做正义的事情却做错了事。最初，我警告那些小孩子，引火可能被拘禁，我用权威的口气，命令他们把火扑灭。如果他们拒绝，我就恫吓他们，要将他们送去警察局——我在发泄我的反感。

结果呢？儿童们当面服从了，满怀反感地服从了。在我消失在山后边时，他们重新点火、让火烧得更旺——希望把全部树木烧光。

很多年过去了，我希望自己多掌握一点人际关系的知识，用一点手段，一点从对方立场看事情的方法。

于是我不再下命令，我骑马到火堆前，开始这样说：

"孩子们，很高兴吧？你们在做什么晚餐？……当我是一个小孩子时，我也喜欢生火玩，我现在也还喜欢。但你们知道在这个公园里，火是很危险的，我知道你们没有恶意，但别的孩子们就不同了，他们看见你们生火，他们也会生一大堆火，回家的时候也不扑灭，让火在干叶中蔓延，伤害了树木。如果我们再不小心，我们这儿就没有树了。因为生火，你们可能被拘下狱，我当然不愿意干涉你们的快乐，我喜欢看你们玩耍。请你们马上将树叶耙得离火远些，好不好？在你们离开以前，请你们小心用土将火盖起来，好不好？下次你们再玩时，请你们在那边沙堆上生火，好不好？那里不会有危险……多谢，孩子们，祝你们快乐！"

这种说法产生的效果有多大！

它让儿童们乐意合作，没有怨恨，没有反感。他们没有被强制服从命令，他们保全了面子。他们觉得好，我也觉得好。因为我考虑了他们的观点——他们要的是生火玩，而我达到了我的目的——不发生火灾，不毁坏树木。

"我情愿在与人会谈以前，一个人在办公室外的人行道上踱上两个小时，而不愿走进他的办公室，"哈佛大学商学院院长彼德说，"如果对于我说的，和他的回答（基于我对他的兴趣、动机的认识而想象到的）不是十分清楚的话。"

这样一句神奇的妙语，可以软化所有刁钻而老奸巨猾者，你完全可以真诚地说出这句话，因为假如你是对方，你也会产生同他一样的感觉。

——要记住，出现在你面前的那些充满烦躁、固执、缺乏理智的人，他之所以成为这样的人，其实他们也没有很大的过错。要对他们表示怜惜、体恤与同情。要像高约翰那样，当他看见街上摇摇欲跌的醉汉时，他常会说："如果不是上帝的恩赐，我也会走在那边。"

伍勒先生可以说是领会了这句妙语的神奇魅力，他是美国第一位音乐经理人，他与世界上一些著名的艺术家打了 22 年的交道，如却利亚宾、邓肯和潘洛佛。伍勒先生告诉我，在他与那些性情无常的艺术家交往时，所得的第一个教训就是同情——对他们可笑而古怪的脾气表现出更多的同情。

3 年时间里，他都作为却利亚宾音乐会的经纪人——却利亚宾是最能打动首都大戏院高贵观众的一个最伟大的低音歌唱家。但却利亚宾行事像一个宠坏了的孩子。用伍勒先生自己独特的语句来说："他各方面都糟糕得很。"

最糟糕的一次是在一次演唱会上，却利亚宾在他将要演唱的那一天的中午前后打电话给伍勒先生说："沙尔，我觉得很不舒服，我的喉咙破得不像样了，今晚我不能歌唱。"伍勒先生同他辩论？不，他知道艺术经理人不能那样处理。所以他跑到却利亚宾的旅馆，表示同情。"多么不幸，"他惋惜地说，"多么不幸！我可怜的朋友，当然，你不能唱了。我将立即取消这约定。那只费你两三千元钱，但与你的名誉相比，那算不得什么。"

然后却利亚宾说："也许你最好下午再来，5 点钟来，看那时我觉得怎样。"

到了 5 点多钟，伍勒先生就再跑到他的旅馆，表示同情。他再坚持取消约定，却利亚宾却叹息地说："好吧，你再晚一点来看我，我到那时或许会好一点儿。"

到 7 点半，这位伟大的低音歌唱家答应唱了，唯有一个条件，就是伍勒先生要跑上首都大戏院的戏台上报告说，却利亚宾患重感冒嗓子不好。伍勒先生答应他会如此的，因为他知道那是能使这位低音歌唱家出台演唱的唯一方法。

洛慈博士有段经典的语言："人类普遍地追求同情。儿童迫切地显示他的伤痛，甚至故意割伤或打伤自己，以博取大人的同情。出于同样的目的，成人也会显示他们的伤痛，叙述他们的意外、疾病，特别是动手术开刀受苦的细节，为真实的或想象的不幸而感到'自怜'，实际上，这差不多是人性的一个重要方面。"

所以，如果你要赢得别人的赞同，就要真诚地站在对方的角度看事情。

第四章 ～
CHAPTER 4

不露痕迹，改变他人

用赞誉作开场白

◇通常，在我们听到别人对我们的某些长处进行赞扬之后，再去听一些比较令人不痛快的批评，总是好受得多。

◇用赞扬的方式作为批评的开始，就好像牙医用麻醉剂一样，病人仍然要受钻牙之苦，但麻醉却能消除苦痛。

在柯立芝总统执政期间，他的一位朋友接受邀请，到白宫去度个周末。他偶然走进总统的私人办公室，听见柯立芝对他的一位秘书说："你今天早上穿的这件衣服很漂亮，你真是一位迷人的年轻小姐。"

这可能是沉默寡言的柯立芝一生当中对一位秘书的最佳赞赏了。这来得太不寻常，太出乎意料之外了，因此那位女孩子满脸通红，不知所措。接着，柯立芝又说："现在，不要太高兴了。我这么说，只是为了让你觉得舒服一点。从现在起，我希望你对标点符号能稍加小心一些。"

他的方法可能有点太过明显，但其心理策略则很高明。通常，在我们听到别人对我们的某些长处赞扬之后，再去听听一些比较令人不痛快的事，总是好受得多。

而麦金利远在1896年竞选总统时，就曾采用了这种方法。当时，共和党一位重要人士写了一篇竞选演说，以为写得比任何人都高明。于是，这位仁兄把他那篇不朽演说大声念给麦金利听。那篇演说有一些很不错的观点，但就是不行，很可能会惹起一阵批评狂潮。麦金利不愿使这人伤心。他不想抹杀这人的无比热诚，然而他却又必须说"不"。请注意，他把这件事处理得多巧妙。

"我的朋友，这是一篇很精彩而有力的演说，"麦金利说，"没有人能写得比你更好。在许多场合中，这些话说得完全正确，但在目前这特殊场合中，是否相当合适呢？从你的观点来看，这篇演说十分有力而切题，但我必须从党的观点来考虑它所带来的影响。现在你回家去，根据我的提示写一篇演说稿，并且送我一份副本。"

他真的照办了。麦金利替他改稿，并帮他重写了第二篇演说稿。他后来终于成为竞选活动中最有力的一名演说者。

这种哲学在日常的生意来往上，也能奏效。我们以费城华克公司的高先生为例。

高先生在某次上课之前的演讲会上，讲述了下面这一则故事。

华克公司承包了一项建筑工程，预定于一个特定日期之前，在费城建立一幢庞大的办公大厦。一切都照原定计划进行得很顺利，大厦接近完成阶段，突然，负责供应大厦内部装饰用的铜器的承包商宣称，他无法如期交货。什么！整幢大厦耽搁了！巨额罚金！重大损失！全因为一个人。长途电话、争执、不愉快的会谈，全都没效果。于是高先生奉命前往纽约，到狮穴去"擒"他的铜狮子。

"你知道吗？在布鲁克林区，有你这个姓氏的，只有你一个人。"高先生走进那家公司董事长的办公室之后，立刻就这么说。

董事长很吃惊："不，我并不知道。"

"哦，"高先生说，"今天早上，我下了火车之后，就查阅电话簿找你的地址，在布鲁克林的电话簿上，有你这个姓的，只有你一人。"

"我一直不知道。"董事长说。他很有兴趣地查阅电话簿。"嗯，这是一个很不平常的姓，"他骄傲地说，"我这个家族从荷兰移居纽约，几乎有200年了。"一连好几分钟，他继续说到他的家族及祖先。

当他说完之后，高先生就恭维他拥有一家很大的工厂，高先生说他以前也拜访过许多同一性质的工厂，但跟他这家工厂比起来就差得太多了。"我从未见过这么干净整洁的铜器工厂。"高先生如此说。

"我花了一生的心血建立这个事业，"董事长说，"我对它感到十分骄傲。你愿不愿意到工厂各处去参观一下？"

在这段参观活动中，高先生恭维他的组织制度健全，并告诉他为什么他的工厂看起来比其他的竞争者高级，以及好处在什么地方。高先生对一些不寻常的机器表示赞赏，这位董事长就宣称是他发明的。他花了不少时间，向高先生说明那些机器如何操作，以及他们的工作效率多么良好。他坚持请高先生吃中饭。到这时为止，你一定注意到，一句话也没有提到高先生此次访问的真正目的。

吃完中饭后，董事长说："现在，我们谈谈正事吧。自然，我知道你这次来的目的。我没有想到我们的相会竟是如此愉快。你可以带着我的保证回到费城去，我保证你们所有的材料都将如期运到，即使其他的生意都会因此延误也不在乎。"

高先生甚至未开口，就得到了他想要的所有的东西。那些器材及时运到，大厦就在契约期限届满的那一天完工了。

如果高先生使用大多数人在这种情况下所使用的那种大吵大闹的方法，这种美满的结果会发生吗？

用赞扬的方式作为批评的开始，就好象牙医用麻醉剂一样，病人仍然要受钻牙之苦，但麻醉却能消除苦痛。

批人之前先批自己

◇如果批评的人开始先谦逊地承认，自己也不是无可指责的，然后再让被批评者听他自己的错误，似乎就不十分困难了。

几年以前，我的侄女约瑟芬·卡耐基，离开她在堪萨斯市的老家，到纽约来担任我的秘书。她那时 19 岁，高中毕业已经 3 年，做事经验几乎等于零。而今天，她已是西半球最完美的秘书之一。

但是，在刚刚开始的时候，她——嗯，尚可改进。有一天，我正想开始批评她，但转念又想："等一等，戴尔·卡耐基，等一等。你的年纪比约瑟芬大了一倍。你的生活经验几乎有她的一万倍多。你怎么可能希望她有你的观点、你的判断力、你的冲劲——虽然这些都是很平凡的？还有，等一等，戴尔，你 19 岁时又在干什么呢，可还记得你那些愚蠢的错误和举动？可还记得……"

经过诚实而公正地把这些事情仔细想过一遍之后，我获得结论，约瑟芬 19 岁的行为比我当年好多了——而且，我发现自己并没有经常称赞约瑟芬。

从那次以后，当我想指出约瑟芬的错误时，总是说："约瑟芬，你犯了一个错误。但上帝知道，我所犯的许多错误比你的更糟糕。你当然不能天生就万事精通。那是只有从经验中才能获得的；而且你比我在你这年纪时强多了，我自己曾做过那么多的愚蠢傻事，所以我根本不想批评你或任何人。但难道你不认为，如果你这样做的话，不是比较聪明一点吗？"

加拿大明尼托拔布兰敦的一位工程师狄里史东，他的秘书有点问题：口述的信打好了，送给他签名，每页总会有两三个词拼错。狄里史东先生怎么处理这个问题呢？

当下封信送来时，上面仍有些错误，狄里史东先生就跟他的秘书一起坐下，对她说："不知怎么了，这个词看起来总是不对劲，这个词我也常常不会写。所以我才写了这本拼词本。(我打开了小笔记本，翻到那一页。)对啦，这就是了。现在我对拼词比较留心，因为别人会以拼错词来评断我们够不够职业水准。"

从那次谈话后，他的秘书拼错词的次数便少了很多。

一个人即使尚未改正他的错误，但只要他承认自己的错误，就能帮助另一个人改变他的行为。这句话是马里兰州提蒙尼姆的克劳伦斯·周哈辛最近才说的。因为他看到了他15岁的儿子正在试着抽烟。

"当然，我不希望大卫抽烟，可是他妈妈和我都抽烟，我们一直都给他做了个不好的榜样。我解释给大卫听，我跟他一样大时就开始抽烟，而尼古丁战胜了我，使我现在几乎不可能不抽了。我也提醒他，我现在咳嗽得多么厉害。我并没有劝他戒烟，或恐吓警告他抽烟的害处。我只是告诉他，我是如何迷上抽烟和它对我的影响。他想了一会儿，然后决定在高中毕业以前不抽烟。而他直到现在都未曾想再抽烟。那次谈话结束后，我也决定戒烟。由于家人的支持，我成功了。"

圆滑的布洛亲王，在1909年，就已经明白这样做事的迫切需要。

当时的布洛亲王是德国皇家参议，当时的皇帝是威廉二世——威廉，傲慢的；威廉，狂妄自大的；威廉，最后的德国皇帝。他缔造了海军、陆军，他自夸说他能随心所欲地改变一切。

于是，一件令人震惊的事情发生了。威廉帝皇讲了一些话，一些令人难以置信的话，一些震惊了欧洲的话。接着又发生了爆炸性传闻，令世界震惊和愤怒——事情坏得不可收拾。这位德国皇帝在英国做客的时候大放厥词，他竟允许在《每日电报》上发表出来。他宣称他是唯一对英国人友善的德国人；他正在建造海军对付日本的危害；是他的讨伐计划，使英国的劳勃兹爵士战胜了荷兰人等。

100年内，在和平时期，从欧洲国王口中，从没有说出像他这样惊人的话。整个欧洲如野马蜂一样骚动起来。英国被激怒了，德国政治家惊骇起来。在这些震惊之中，德皇感到惶恐，他向皇家参议布洛提议，请他负责。

是的，他要布洛宣布一切都是他的责任，是他建议他的君主说这些不负责任的话。

"但是，陛下，"布洛反对说，"在我看来，不论在德国或英国，绝对不会有任何人能相信我会建议陛下说这些话的。"这句话一出布洛的口，他即感觉到他犯了一个严重的错误，果然德皇发作起来。"你以为我是一只笨驴，"他咆哮道，"能犯你永远不会犯的错误！"

布洛知道在他责备以前他应当首先称赞他，但现在为时太晚，他马上采取了补救措施。他在批评以后称赞，结果极为神妙。

他的赞赏是这样的："我绝对没有那样的意思，"他恭敬地回答说，"陛下在许多方面超过我；当然不只在海、陆军知识上，而且在尤为重要的自然科学上。当陛下解释风雨表，或无线电报，或透视光线时，我常常惊叹着静听。我对所有自然科学一无所知，对此我感到羞愧。我不懂化学或物理，完全不能解释最简单的自然现象。"布洛接着说："我有一点历史知识，还有一些政治常识，特别是在外交上有些知识，但这些知识只能作为您的补充。"

德皇显出笑容来——布洛称赞了他，布洛抬高了他，贬低了他自己。

从那以后，德皇可以原谅布洛的任何事情了。"我不是一直告诉你，"他热情地叫道，"我们不是以互补著名吗？我们应团结一致，而且，我们愿意这样！"他与布洛握手，不是一次，而是多次。

那天下午，他越发来了兴致，他握起双拳，喊道："如果任何人对我说布洛不好，我将对着他的鼻子，报以老拳！"

布洛及时挽救了他自己——尽管他是灵敏的外交家，他仍然做错了一件事：

如果几句贬低自己、称赞对方的话能使一位傲慢、被侮辱了的德皇变成一个坚定的朋友，是不是太容易了些？

试想谦逊与称赞在我们日常生活中，能对你我有什么效用。在人际关系上用得适当，真能发生奇迹。

不要把意见硬塞给别人

◇没有人喜欢被迫购买或遵照命令行事。

◇如果你想赢得他人的合作，就要征询他的愿望、需要及想法，让他觉得是出于自愿。

你对于自己发现的思想，是不是比别人用银盘子盛着交到你手上的那些思想更有信心呢？如果是这样的话，那么，如果你要把自己的意见硬塞入别人的喉咙里，岂不是很差劲的做法吗？提出建议，然后让别人自己去想出结论，那样不是更聪明吗？

没有人喜欢觉得他是被强迫购买或遵照命令行事。我们宁愿觉得是出于自愿购买东西，或是按照我们自己的想法来做事。我们很高兴有人来探询我们的愿望、我们的需要，以及我们的想法。

当西奥多·罗斯福当选纽约州州长的时候，他完成了一项很不寻常的功绩。他一方面和政治领袖们保持很良好的关系，另一方面又强迫进行一些他们十分不高兴的改革。底下是他的做法。

当某一个重要职位空缺时，他就邀请所有的政治领袖推荐接任人选。"起初，"罗斯福说，"他们也许会提议一个很差劲的人，就是那种需要'照顾'的人。我就告诉他们，任命这样一个人不是好政策，大家也不会赞成。然后他们又把另一个人的名字提供给我，这一次是个老公务员，他只求一切平安，少有建树。我告诉他们，这个人无法达到大众的期望。接着我又请求他们，看看他们是否能找到一个显然很适合这职位的人选。

"他们第三次建议的人选，差不多可以，但还不太行。接着，我谢谢他们，请求他们再试一次，而他们第四次所推举的人就可以接受了；于是他们就提名一个我自己也会挑选的最佳人选。我对他们的协助表示感激，接着就任命那个人——我还把这项任命的功劳归之于他们……我告诉他们，我这样做是为了能使他们感到高兴，现在该轮到他们来使我高兴了。

"而他们真的使我高兴。他们以支持像'文职法案'和'特别税法案'这类全面性的改革方案，来使我高兴。"

记住，罗斯福尽可能地向其他人请教，并尊重他们的忠告。当罗斯福任命一个重要人选时，他让那些政治领袖们觉得，他们选出了适当的人选，完全是他们自己的主意。

让别人觉得办法是他想出来的，不只可以运用于商场和政坛上，也同样可以运用于家庭生活之中。俄克拉何马州叶萨市的保罗·戴维斯，告诉公司同事他是如何地运用这个原则：

"我的家庭和我享受了一次最有意思的观光旅行。我以前早就梦想着要去看看诸如盖弟斯堡的内战战场、费城的独立厅等等的历史古迹，以及美国的首都。法吉谷、詹姆斯台以及威廉士堡保留下来的殖民时代的村庄，也都罗列在我想造访的名单上。

"在三月里，我夫人南茜提到她有一个夏天度假计划，包括游览西部各州，以及看看新墨西哥州、亚利桑纳州、加州以及内华达州的观光胜地。她想去这些地方游玩已经有好几年了。但是很明显地，我们不能既照我的想法又照她的计划去旅行。

"我们的女儿安妮刚刚在初中读完了美国历史，对于那些历史事件很感兴趣。我问她喜不喜欢在我们下次度假的时候，去看看她在课本上读到的那些地方，她说她非常喜欢。

"两天以后，我们一起围坐在餐桌旁，南茜宣布说，如果我们大家都同意，在夏天度假的时候将去东部各州。她还说，这趟旅行不但对安妮很有意义，对大家来说，也是一件令人兴奋的事。"

一位 X 光机器制造商，利用这同样的心理战术，把他的设备卖给了布鲁克林一家最大的医院。那家医院正在扩建，准备成立全美国最好的 X 光科。L 大夫负责 X 光科，整天受到推销员的包围，他们一味地歌颂、赞美他们自己的机器设备。

然而，有一位制造商却更具技巧。他比其他人更懂得对付人性的弱点。他写了一封信，内容大至如下：

"我们的工厂最近完成了一套新型的 X 光设备。这批机器的第一部分刚刚运到我们的办公室来。我们知道它们并非十全十美，我们想改进它们。因此，如果你能抽空来看看它们并提出你的宝贵意见，使它们能改进得对你们这一行业有更多的帮助，那我们将深为感激。我知道你十分忙碌，我会在你指定的任何时候，派我的车子去接你。"

"接到那封信时，我感觉很惊讶，"L 大夫在班上叙述这件事说，"我既觉得惊讶，又觉得受到很大的恭维。以前从没有任何一位 X 光制造商向我请教。这使我觉得自己很重要。那个星期，我每天晚上都很忙，但是我还是推掉了一个晚餐约会，以便去看看那套设备。结果，我看得愈仔细，愈发觉自己十分喜欢它。没有人试图把它推销给我。我觉得，为医院买下那套设备，完全是我自己的主意，于是就把它订购下来。"

长岛一位汽车商人，也是利用这样的技巧，把一辆二手汽车成功地卖给了一位苏格兰人。

这位商人带着那位苏格兰人看过一辆又一辆的车子，但总是不对劲。这不适合，那不好用，价格又太高，他总是说价格太高。在这种情况下，这位商人——他也是我班上的学生——就向班上的同学求助。

　　我们劝告他，停止向那位苏格兰人推销，而让他自动购买。我们说，不必告诉苏格兰人怎么做，为什么不让他告诉你怎么做？让他觉得出主意的人是他。

　　这个建议听起来相当不错。因此，几天之后，当有位顾客希望把他的旧车子换一辆新的时，这位商人就开始尝试这个新的方法。他知道，这辆旧车子对苏格兰人可能很有吸引力。于是，他打电话给苏格兰人，请他能否过来一下，特别帮个忙，提供一点建议。

　　苏格兰人来了之后，汽车商说："你是个很精明的买主，你懂得车子的价值。能不能请你看看这部车子，试试它的性能，然后告诉我这辆车子，应该出价多少才合算？"

　　苏格兰人的脸上泛起"一个大笑容"。终于有人来向他请教了，他的能力已受到赏识。他把车子开上皇后大道，一直从牙买加区开到佛洛里斯特山，然后开回来。"如果你能以 300 元买下这部车子，"他建议说，"那你就买对了。"

　　"如果我能以这个价钱把它买下，你是否愿意买它？"这位商人问道。300 元？果然。这是他的主意，他的估价。这笔生意立刻成交了。

　　爱默生在他的散文《自己靠自己》一文中说："在天才的每一项创作和发明之中，我们都看到了我们过去摒弃的想法；这些想法再呈现在我们面前的时候，就显得相当的伟大。"

　　爱德华·豪斯上校在威尔逊总统执政期间，在国内以及国际事务上有极大的影响力。威尔逊对豪斯上校的秘密咨询及意见依赖的程度，远超过对自己内阁的依赖。

　　豪斯上校利用什么方法来影响总统呢？很幸运地，我们知道这个答案。因为豪斯自己曾向亚瑟·D.何登·史密斯透露，而史密斯又在《星期五晚邮》的一篇文章中引述了豪斯的这段话。

　　"'认识总统之后，'豪斯说，'我发现，要改变他一项看法的最佳办法，就是把这件新观念很自然地建立在他的脑海中，使他发生兴趣——使他自己经常想到它。第一次这种方法奏效，纯粹是一项意外。有一次我到白宫拜访他，催促他执行一项政策，而他显然对这项政策不赞成。但几天以后，在餐桌上，我惊讶地听见他把我的建议当作他自己的意见说出来。'"

　　豪斯是否打断他说"这不是你的主意，这是我的"？哦，没有，豪斯不会那么做。他太老练了。他不愿追求荣誉，他只要成果。所以他让威尔逊继续认为那是他自己的想法。豪斯甚至更进一步，他使威尔逊获得这些建议的公开荣誉。

　　且让我们记住，我们明天所要接触的人，就像威尔逊那样具有人性的弱点，因此，且让我们使用豪斯的技巧吧。

说服人最好的办法是：让别人觉得办法是他想出来的。

"旁敲侧击"更使人信服

◇间接指出别人的错误，要比直接说出口来得温和，且不会引起别人的强烈反感。

◇为了不触犯对方的自尊心，即使发现了对方的错误，也不要立刻指出，而应采取间接的方式。

我们在批评别人时，常常会犯这样一个错误，就是当发现对方有明显的错误时，会不客气地批评对方说："那是错的，任何人都会认为那是错的！"这样一来，对方的自尊心会受到伤害而突然陷入沉默，或挑剔你的言词来拒绝你。

因此，为了不触犯对方的自尊心，即使发现了对方的错误，也不要立刻指出，而应采取间接的方式。

据说美国政治家富兰克林年轻时非常喜爱辩论，尤其是对于别人的错误更是不能容忍，总是穷追到底。因此，他的看法常常不能被人接受。当他发现了自己的缺点之后，便改以疑问的形式表达自己的意见，后来他的成就是众所周知的。

由此可知，不要用"我认为绝对是这样的！"这类口气威压对方。用"不知道是不是这样？"这种委婉的态度与对方交谈效果会更好。

批评是我们常用的一种手段，但我们有些人批评起来简直让他人无地自容，下不了台阶。其实，这种批评方式不但无法达到让他人改正错误的目的，而且有碍于你的人际关系。既然如此，为何还要使用这种"残酷"的手段呢？

在生活和工作中，我们不可能没有批评，但要学会巧妙地批评，让他人既意识到自己的错误，并尽快改正，同时也理解你善意批评的意图，使他内心里对你心存感激。

一天下午，查理·夏布经过他的一家钢铁厂，撞见几个雇员正在抽烟，而他们的头顶上正挂着"请勿吸烟"的牌子。那么夏布先生是如何处理此事的呢？他并没有指着牌子说："你们难道不识字吗？"而只是走过去，递给每人一支烟，然后道："老兄，如果你们到外边抽，我会很感谢你们。"员工当然知道自己破坏了规定，但是夏布先生不但没说什么，反而给了每个人一样小礼物，你能不敬重这样的老板吗？谁能不敬重这样的老板呢？

不直接说出对方的错误，而是通过间接的方式让对方自己去发现并改正自己的错误；在禁止对方不要做某件事时，不使用直接禁止的语言，而是劝说对方做与之完全相反的事情。如果直接禁止对方只会招致反感，而采取不禁止，只是劝说对方做与之相反的事情的方法，却能收到良好的效果。

对那些对直接的批评会非常愤怒的人，间接地让他们去面对自己的错误，会有非常神奇的效果。罗得岛，温沙克的玛姬·杰各在我的课堂中提到，她如何使得一群懒惰的建筑工人，在帮她加盖房子之后清理干净。

最初几天，当雅格太太下班回家之后，发现满院子都是锯木屑子、她不想去跟工人们抗议，因为他们工程做得很好。所以等工人走了之后，她跟孩子们把这些碎木块捡起来，并整整齐齐地堆放在屋角。次日早晨，她把领班叫到旁边说："我很高兴昨天晚上草地上这么干净，又没有冒犯到邻居。"从那天起，工人每天都把木屑捡起来堆好在一边，领班也每天都来，看看草地的状况。

在后备军人和正规军训练人员之间，最大不同的地方就是理发，后备军人认为他们是老百姓，因此非常痛恨把他们的头发剪短。

美国陆军第542分校的士官长哈雷·凯塞，当他带了一群后备军官时，他要求自己要解决这个问题。跟以前正规军的士官长一样，他可以向他的部队吼几声或威胁他们，但他不想直接说他要说的话。

他开始说了："各位先生们，你们都是领导者。当你以身教来领导时，那再有效也没有了。你必须为遵循你的人做个榜样。你们该了解军队对理发的规定。我今天也要去理发，而它却比某些人的头发要短得多了。你们可以对着镜子看看，你要做个榜样的话，是不是需要理发了，我们会帮你安排时间到营区理发部理发。"

成果是可以预料的。有几个人志愿到镜子前看了看，然后下午到理发部去按规定理发。次晨，凯塞士官长讲评时说，他已经可以看到，在队伍中有些人已具备了领导者的气质。

在1887年3月8日，美国最伟大的牧师及演说家亨利·华德·毕奇尔逝世。就在那个星期天，莱曼·阿伯特应邀向那些因毕奇尔的去世而哀伤不语的牧师们演说。他急于作最佳表现，因此把他的讲演词写了又改，改了又写，并像大作家福楼拜那样谨慎地加以润饰。然后他读给他妻子听，写得很不好——就像大部分写好的演说一样。如果她的判断力不够，她也许就会说："莱曼，写得真是糟糕，行不通。你会使所有的听众都睡着的。念起来就像一部百科全书似的。你已经传道这么多年了，应该有更好的认识才是。看在老天爷的分上，你为什么不像普通人那般说话？你为什么不表现得自然一点？如果你念出像这样的一篇东西，只会自取其辱。"

她称赞了这篇讲稿，但同时很巧妙地暗示出，如果用这篇讲稿来演说，将不会有好效果。莱曼·阿伯特知道她的意思，于是把他细心准备的原稿撕破，后来讲道时甚至不用笔记。

"高帽子"的妙用

◇给他们一个好的名声来作努力的方向，他们就会痛改前非，努力向上而不愿看到你的希望破灭。

◇给人一个超乎事实的美名，就像用"灰姑娘"故事里的仙棒，点在他身上，会使他从头至尾焕然一新。

假如一个好工人变成不负责任的工人，你会怎么做？你可以解雇他，但这并不能解决任何问题。你可以责骂那个工人，但这只能常常引起怨怒。

亨利·韩克，他是印地安纳州洛威一家卡车经销商的服务经理，他公司有一个工人，工作每况愈下。但亨利·韩克没有对他吼叫或威胁他，而是把他叫到办公室里来，跟他坦诚地谈一谈。

他说："比尔，你是个很棒的技工。你在这条线上工作也有好几年了，你修的车子也都很令顾客满意。其实，有很多人都赞美你的工夫好。可是最近，你完成一件工作所需的时间却加长了，而且你的质量也比不上你以前的水准。你以前真是个杰出的技工，我想你一定知道，我对这种情况不太满意。也许我们可以一起来想个办法来改正这个问题。"

比尔回答说他并不知道他没有尽好他的职责，并且向他的上司保证，他所接的工作并未超出他的专长之外，他以后一定会改进它。

他做了没有？你可以肯定他做了。他曾经是一个快速优秀的技工。有了韩克先生给他的那个美誉去努力，他怎么会做些不及过去的事。

包汀火车厂的董事长撒慕尔·华克莱说："假如你尊重一个人，一般人是容易诱导的，尤其是当你显示你尊重他是因为他有某种能力时。"

总之，你若要在某方面去改变一个人，就把他看成他已经有了这种杰出的特质。莎翁曾说："假如你没有一种德行，就假装你有吧！"更好的是，公开的假设或宣称他已有了你希望他有的那种德行。给他们一个好的名声来作为努力的方向，他们就会痛改前非、努力向上，而不愿看到你的希望破灭。

比尔·派克是佛罗里达州得透纳海滩一家食品公司的业务员，他对公司新系列的产品感到非常兴奋；但不幸的是，一家大食品市场的经理取消了产品陈列的机会，这令比尔很不高兴。他对这件事想了一整天，决定下午回家前再去试试。

他说："杰克，我今天早上走时，还没有让你真正了解我们最新系列的产品，假如你能给我些时间，我很想为你介绍我漏掉的几点。我非常敬重你有听人谈话的雅量，而且非常宽大，当事实需要你改变时你会改变你的决定。"

杰克能拒绝再听他谈话吗？在这个必须维持的美誉下，他是没办法这样做的。

有一天早晨，苏格兰都柏林的一位牙医马丁·贵兹与，当他的病人指出她用的漱口杯、托盘不干净时，他真的震惊极了。不错，她用的是纸杯，而不是托盘，但生锈的设备，显然表示他的职业水准是不够的。

当这位病人走了之后，贵兹与医生关了私人诊所，写了一封信给布利基特——一位女佣，她一个星期来打扫两次。他是这样写的：

亲爱的布利基特：

最近很少看到你。我想我该抽点时间，为你做的清洁工作致意。顺便一提的是，一周两小时，时间并不算少。假如你愿意，请随时来工作半个小时，做些你认为应该经常做的事，像清理漱口杯、托盘等。当然，我也会为这额外的服务付钱的。

贵兹与医生

第二天他走进办公室时，他的桌子和椅子，擦得几乎跟镜子一样亮，他几乎从上面滑了下去。当他进了诊疗室后，看到从未见过的干净、光亮的铬制杯托放在储存器里。他给了她的女佣一个美誉促使她去努力，而且就只为这一个小小的赞美，她使出了最卖力的一面，而且没有用到额外的时间。

纽约布鲁克林的一位四年级老师鲁丝·霍普斯金太太，在学期的第一天，看过班上的学生名册后，她对新学期的兴奋和快乐却染上了忧虑的色彩：今年，在她班上有一个全校最顽皮的"坏孩子"——汤姆。他三年级的老师不断地向同事或是校长抱怨，只要有任何人愿意听。他不只是做恶作剧，还跟男生打架、逗女生、对老师无礼、在班上扰乱秩序，而且好像是愈来愈糟。他唯一能稍事补偿的特质是：他很快就能学会学校的功课，而且非常熟练。霍普斯金太太决定立刻面对汤姆的问题。当她见到她的新学生时，她讲了些话："罗丝，你穿的衣服很漂亮。爱丽西亚，我听说你画画很不错。"当她念到汤姆时,她直视着汤姆,对他说:"汤姆,我知道你是个天生的领导人才,今年我要靠你帮我把这班变成四年级最好的一班。"在头几天她一直强调这点,夸奖汤姆所做的一切,并评论他的行为正代表着他是一位很好的学生。有了值得奋斗的美名,即使只是一个 9 岁大的男孩也不会令她失望,而他真的做到了这些。

保全对方的面子

◇一句或两句体谅的话,可以减少对别人的伤害,保住他的面子。

◇我没有权利去说、去做任何事以贬抑一个人的自尊。重要的并不是我觉得他怎么样,而是他觉得他自己如何,伤害他人的自尊是一种罪行。

通用电器公司在几年前面临一项需要慎重处理的工作:免除查尔斯·史坦恩梅兹的部门主管一职。史坦恩梅兹在电器方面是第一等的天才,但担任计算部门主管却彻底地失败,然而公司却不敢冒犯他。公司绝对解雇不了他,而他又十分敏感,于是他们给了他一个新头衔,他们让他担任通用电器公司顾问工程师。工作还是和以前一样,只是换了一项新头衔,并让其他人担任部门主管。

史坦恩梅兹十分高兴,通用公司的高级人员也很高兴。他们已温和地调动了他们这位最暴躁的大牌明星职员,而且他们这样做并没有引起一场大风暴——因为他们让他保住了他的面子,让他有面子!这是多么重要呀,而我们却很少有人想到这一点!我们残酷地抹杀了他人的感觉,又自以为是;我们在其他人面前批评一位小孩或员工,找差错、发出威胁,甚至不去考虑是否伤害到别人的自尊。然而,一两分钟的思考,一句或两句体谅的话,都可以减少对别人的伤害。

下面是会计师马歇尔·格兰格写给我的一封信的内容:

"开除员工并不是很有趣,被开除更是没趣。我们的工作是有季节性的,因此,在三月份,我们必须让许多人走。没有人乐于动斧头,这已成了我们这一行业的格言。因此,我们演变成一种习俗,尽可能快地把这件事处理掉,通常是这样说的:'请坐,史密斯先生,这一季已经过去了,我们似乎再也没有更多的工作交给你处理。当然,毕竟你也明白,你只是受雇在最忙的季节里帮忙而已。'等等。这些话给他们带来失望以及'受遗弃'的感觉。他们之中大多数一生都从事会计工作,对于这么快就抛弃他们的公司,当然不会怀有特别的爱心。

"我最近决定以稍微圆滑和体谅的方式，来遣散我们公司的多余人员。因此，我在仔细考虑他们每人在冬天里的工作表现之后，一一把他们叫进来，而我就说出下列的话：'史密斯先生，你的工作表现很好（如果他真是如此）。那次我们派你到纽华克去，真是一项很艰苦的任务。你遭遇了一些困难，但处理得很妥当，我们希望你知道，公司很以你为荣。你对这一行业懂得很多，不管你到哪里工作，都会有很光明远大的前途。公司对你有信心，支持你，我们希望你不要忘记！'

"结果呢？他们走后，对于自己的被解雇感觉好多了。他们不会觉得'受遗弃'。他们知道，如果我们有工作给他们的话，我们会把他们留下来。而当我们再度需要他们时，他们将带着深厚的私人感情，再来报效我们。"

在我们课程内有一个题目，两位学员讨论挑剔错误的负面效果和让人保留面子的正面效果。宾州哈里斯堡的佛瑞·克拉克提供了一件发生在他公司里的事："在我们的一次生产会议中，一位副董事长以一个非常尖锐的问题，质问一位生产监督，这位监督是管理生产过程的。他的语调充满攻击的味道，而且明显地就是要指责那位监督的处置不当。为了不愿在他攻击的事上被羞辱，这位监督的回答含混不清。这一来使得副董事长发起火来，严斥这位监督，并说他说谎。

"这次遭遇之前所有的工作成绩，都毁于这一刻。这位监督，本来是位很好的雇员，从那一刻起，对我们的公司来说已经没有用了。几个月后，他离开了我们公司，为另一家竞争的公司工作。据我所知，他在那儿还非常地称职。"

另一位学员，安娜·马佐尼提供了在她工作中遇到的非常相似的一件事，所不同的是处理的方式和结果。马佐尼小姐是一位食品包装业的市场行销专家，她的第一份工作是一项新产品的市场测试。她告诉班上说：

"当结果回来时，我可真惨了。我在计划中犯了一个极大的错误，整个测试都必须重来一遍。更糟的是，在这次开会我要提出上次计划的报告结果之前，我没有时间去跟我的老板讨论。轮到我报告时，我真是怕得发抖。我尽了全力不使自己崩溃，因我知道我绝不能哭，那样会使那些人以为女人太情绪化而无法担任行政职务。我的报告很简短，只说是因为发生了一个错误，我在下次会议上会重新再研究。我坐下后，心想老板定会训我一顿。

"但是，他只谢谢我的工作，并强调在一个新计划中犯错并不是很稀奇的。而且他有信心，第二次的普查会更确实，对公司更有意义。散会之后，我的思想纷乱，我下定决心，我决不会再让我的老板失望。"

假如我们是对的，别人绝对是错的，我们也会因为让别人丢脸而毁了他的自我。

传奇性的法国飞行先锋、作家安托安娜·德·圣苏荷依写过："我没有权利去做或说任何事以贬抑一个人的自尊。重要的并不是我觉得他怎么样，而是他觉得他自己如何，伤害他人的自尊是一种罪行。"

已故的德怀特·摩洛拥有把双方好战分子化解的神奇能力。他怎么办得到呢？他小心翼翼地找出两方面对的地方——他对这点加以赞扬和强调，小心地把它表现出来——不管他做何种处理，他从未指出任何人做错了。

每一个公证人都知道这一点——让人们留住面子。

世界上任何一位真正伟大的人，绝不浪费时间满足于他个人的胜利。举一个例子来说明：1922 年，土耳其在经过几世纪的敌对之后，终于决定把希腊人逐出土耳其领土。穆斯塔法·凯末尔，对他的士兵发表了一篇拿破仑式的演说，他说："你们的目的地是地中海。"于是近代史上最惨烈的一场战争终于展开了。最后土耳其获胜。而当希腊两位将领——的黎科皮斯和迪欧尼斯前往凯末尔总部投降时，土耳其人对他们击败的敌人加以辱骂。

但凯末尔丝毫没有显出胜利的骄气。

"请坐，两位先生，"他说，握住他们的手，"你们一定走累了。"然后，讨论了投降的细节之后，他安慰他们失败的痛苦。他以军人对军人的口气说："战争这种东西，最佳的人有时也会打败仗。"

凯末尔即使是在胜利的全面兴奋情绪中，也还记着这条重要的规则：让他人保住面子。

第五章

如何使交谈更愉快

十之八九，你赢不了争论

◇争论的结果不仅伤了和气，往往使对方更加坚持其主张。

◇你可能有理，但要想在争论中改变别人的主意，你一切都是徒劳。

◇不论对方才智如何，都不可能靠辩论来改变他的想法。

在人际交往中，很容易出现双方观点、意见不一致的情况，怎样对待这种不一致，是检验一个人社交能力高低的一个重要尺度。善于交往的人应采取不争论的策略，可能有人认为这是缺乏原则性的表现，明明自己有看法，却有意隐蔽起来，这岂不是有点虚伪吗？

意见不一致的情况，具体表现很多，但不外乎两大类：一类是与己无关的情况，比如几个人闲聊，某人说拿破仑是英国人，这当然是一个明显的错误，这时你可以讲究一点策略，暗地提醒一下，他若仍然坚持，你可默不作声，而不必大张旗鼓、针锋相对地跟他争论，因为争论的结果他必输无疑，何必在大庭广众之下让他丢面子呢？再说经过人家提醒，他必定心虚，回去后查查书或问问别人也不难解决，大可不必用争论的办法为他纠正错误。另一类则是与已有关的情况。这时候的不争论绝不是轻易放弃自己的意见。恰恰相反，是通过种种方法、策略让对方自动放弃他的意见，从而按自己的意见办，只不过这"种种方法、策略"决不包括争论的方法。

因为争论的结果不仅伤了和气，往往使对方更加坚持其主张。我们的目的既然是让他放弃，为什么要通过争论反而令其更加坚持呢？这方面生活、工作中有不少例子。

我曾在伦敦学到一个极有价值的教训。

有一天晚上，我参加一次宴会。宴席中，坐在我右边的一位先生讲了一个故事，并引用了一句话，意思是"谋事在人，成事在天"。他说那句话出自《圣经》，我知道，他错了。为了表现出优越感，我很讨嫌地纠正他。他立刻反唇相讥："什么？出自莎士比亚？不可能，绝对不可能！那句话出自《圣经》。"他自信确实如此！那位先生坐在右首，我的老朋友弗兰克·格蒙坐在左首，他研究莎士比亚的著作已有多年，于是，我俩都同意向他请教。格蒙说："戴尔，这位先生没说错，《圣经》里有这句话。"

那晚回家路上，我对格蒙说："弗兰克，你明明知道那句话出自莎士比亚。""是的，当然，"他回答，"哈姆雷特第五幕第二场。可是亲爱的戴尔，我们是宴会上的客人，为什么要证明他错了？那样会使他喜欢你吗？为什么不给他留点面子？他并没问你的意见啊！他不需要你的意见，为什么要跟他抬杠？应该永远避免跟人家正面冲突。"

永远避免跟人家正面冲突。天底下只有一种能在争论中获胜的方式，那就是避免争论。避免争论，要像你避免响尾蛇和地震那样。

十之八九，争论的结果会使双方比以前更相信自己绝对正确。你赢不了争论。要是输了，当然你就输了；即使赢了，但实际上你还是输了。为什么？如果你的胜利，使对方的论点被攻击得千疮百孔，证明他一无是处，那又怎么样？你会觉得洋洋自得，但他呢？他会自惭形秽，你伤了他的自尊，他会怨恨你的胜利。而且——"一个人即使口服，但心里并不服。"

潘恩互助人寿保险公司立了一项规矩："不要争论！"

真正的推销精神不是争论，甚至最不露痕迹的争论也要不得。人的意愿是不会因为争论而改变的。

几年前，有位爱尔兰人名叫欧·哈里，他受的教育不多，可是真爱抬杠。他当过人家的汽车司机。欧·哈里承认，他在口头上赢得了不少的辩论，但并没能赢得顾客。而欧·哈里现在是纽约怀德汽车公司的明星推销员。他是怎样成功的？这是他的说法：

"如果我现在走进顾客的办公室，而对方说：'什么？怀德卡车？不好！你要送我我都不要，我要的是何赛的卡车。'我会说：'老兄，何赛的货色的确不错，买他们的卡车绝错不了，何赛的车是优良产品。'这样他就无话可说了，没有抬杠的余地。如果他说何赛的车子最好，我说没错，他只有住嘴了。他总不能在我同意他的看法后，还说一下午的'何赛车子最好'。我们接着不再谈何赛，而我就开始介绍怀德的优点。

"当年若是听到他那种话，我早就气得脸一阵红、一阵白了——我就会挑何赛的错，而我越挑剔别的车子不好，对方就越说它好。争辩越激烈，对方就越喜欢我竞争对手的产品。现在回忆起来，真不知道过去是怎么干推销的！以往我花了不少时间在抬杠上，现在我守口如瓶了，果然有效。"

正如明智的本杰明·富兰克林所说："如果你老是抬杠、反驳，也许偶尔能获胜，但那只是空洞的胜利，因为你永远得不到对方的好感。"

因此，你自己要衡量一下，你是宁愿要一种字面上的、表面上的胜利，还是要别人对你的好感？你可能有理，但要想在争论中改变别人的主意，你一切都是徒劳。

威尔逊总统任内的财政部长威廉·麦肯罗以多年政治生涯获得的经验，说了一句话："靠辩论不可能使无知的人服气。"

不论对方才智如何，都不可能靠辩论改变他的想法。

释迦牟尼说："恨不消恨，端赖爱止。"争强急辩不可能消除误会，而只能靠技巧、协调、宽容，以及用同情的眼光去看别人的观点才可达到影响他人的目的。

假如我是他

◇告诉自己：假如我是他，我会怎么想？我会怎么做？这么一来，不但可以节省时间，还会减少许多不快。

◇明天，在你开口要求别人熄火、购物或认捐任何款项之前，请先闭上眼睛，试着从别人的角度来思考事情。

记住，许多人做错事的时候，自己并不这么认为。所以，别去责怪这些人，只有傻子才会这么去做。要想办法去了解这些人。当然，这也只有聪明、有耐心而且具有超俗思想的人才会这么去做。

人会有独特的想法或做法，总有其特别的理由。把这个理由找出来，便可以了解他为什么要这么做。甚至，这理由还可以帮你了解此人的性格。

要真诚地站在此人的立场看事情。告诉自己：假如我是他，我会怎么想？我会怎么做？这么一来，不但可以节省时间，也会减少许多不快。因为，"假如你对事情的原因感兴趣，通常对其所具的影响也一样感兴趣"，更何况这还可以大大增进你对人际关系的了解。

肯尼斯·谷迪在其著作《点石成金》一书中说道："且预留几分钟，先度量一下自己对本身事务感兴趣的情形，还有对一般事务关注的程度——两者相比较之后，你或许会了解，举世众人也大概都是如此。"

我们再由林肯和罗斯福等人的处世方法当中，学习处理人际关系的基本原则。那就是：由别人的观点去看事情。

住在纽约的山姆·道格拉斯夫妇，4 年前刚迁入新居的时候，由于道格拉斯太太花了太多时间整理草地——拔草、施肥、每星期割两次草——但是，整片草地看起来也只不过和他们搬进去的时候差不多。于是，道格拉斯先生便常劝太太不用那么费力气，道格拉斯太太为此颇感沮丧。而每次道格拉斯先生这么说的时候，当晚家中的宁静气氛便被破坏了。

道格拉斯先生参加了训练班课程之后，深觉多年来的做法不对。他从没想过，或许他的太太本就喜欢园艺工作，她需要的是赞赏而不是指责。

一天傍晚，用过晚餐之后，道格拉斯太太又准备到庭院除草，并且问道格拉斯先生愿不愿意陪她一道去。道格拉斯先生本不太感兴趣，但一想到那是太太的嗜好，最好是不要拒绝，便急忙答应愿意帮忙。道格拉斯太太十分高兴，那天傍晚，他们除了用心除草之外，还谈得十分愉快。

自此以后，道格拉斯先生便常常帮太太整理庭院，也常常称赞太太把庭院整理得多么好。结果：他们的家庭生活大为改进。由于道格拉斯先生能站在太太的立场看事情——虽然只是除草这一类的小事——事情便能获得圆满解决。

吉拉德·奈伦保在其著作《与人交往》一书中评论道："在你同别人谈话的时候，假如能表现出十分重视对方的想法和感受，便可赢得对方的合作。所以，你应该先表明自己的目的或方向，然后倾听对方发言，再由对方的意见决定该如何应答。总之，要敞开心灵接受对方的观点，如此，对方也相对地会比较愿意接受你的看法。"

多年来，我常到离家不远的公园中散步、骑马，以此作为消遣，像古时高尔人的传教士一样。我很喜欢橡树，所以每当我看见一些小树及灌木被人为地烧掉时，就非常痛心，这些火不是由粗心的吸烟者所致，它们差不多都是由到园中野炊的孩子们摧残所致。有时这些火蔓延得很凶，以致必须叫来消防队员才能扑灭。

公园边上有一块布告牌，上面写道：凡引火者应受罚款及拘禁。但这布告牌竖在偏僻的地方，儿童很少看见它。有一位骑马的警察在照看这一公园，但他对自己的职务不大认真，火仍然是经常蔓延。有一次，我跑到一个警察那边，告诉他一场火正急速在园中蔓延着，要他通知消防队。他却冷漠地回答说，那不是他的事，因为不在他的管辖区中！我急了，所以在那以后，当我骑马的时候，我担负起保护公共地方的义务。最初，我没有试着从儿童的角度来看待这件事。当我看见树下起火时就非常不快，急于想做出正当的行为来阻止他们。我上前警告他们，用威严的声调命令他们将火扑灭。而且，如果他们拒绝，我就恫吓要将他们交给警察。我只在发泄我的情感，而没有考虑孩子们的观点。

结果呢？那些儿童遵从了——怀着一种反感的情绪遵从了。在我骑过山后，他们又重新生火，并恨不得烧尽公园。

多年以后，我增加了一些有关人际关系学的知识与手段，于是我不再发布命令，甚至威吓他们了，而是骑向火前，向他们说道："孩子们，这样很惬意，是吗？你们在做什么晚餐？……当我是一个孩童时，我也喜欢生火——我现在也很喜欢。但你们知道在这公园中生火是极危险的，我知道你们不是故意的，但别的孩子们不会是这样小心，他们过来见你们生了火，所以他们也会学着生火，回家的时候也不扑灭，以致在干叶中蔓延烧毁了树木。如果我们再不小心，这里就会没有树林。因为生火，你们可能被拘捕入狱。我不干涉你们的快乐，我喜欢看到你们感到很快乐。但请你们即刻将所有的树叶扫得离火远些，在你们离开以前，你们要小心用土盖起来，下次你们取乐时，请你们在山丘那边沙滩中生火，好吗？那里不会有危险。多谢了，孩子们，祝你们快乐。"

这种说法产生的效果有很大区别！它使孩子们产生了一种同你合作的欲望，没有怨恨，没有反感。他们没有被强制服从命令。他们保全了面子。他们感觉很好，我也感觉很好，因为我处理这事情时，考虑了他们的观点。

在澳州的伊丽莎白·诺瓦克，她的汽车分期付款已迟了6个星期。她在报告中说道："某个星期五，我接到一通十分不客气的电话，就是处理我分期付款账号的人打来的。他告诉我，假如我不能在星期一早上付清122元的欠款，公司就要进一步采取行动。我实在没有办法在周末筹到那笔钱，所以，星期一早上电话铃响的时候，我早有心理准备。我不准备向他抱怨或诉苦，相反的，我试着站在他的角度看事情。首先，我真诚地向他道歉，因为我时常不能如期付款，想必给他增添许多麻烦。听我这么一说，他的语气马上改变了。他表示，我还不是最麻烦的顾客。有好几位顾客才真使他头痛，他举了好几个例子，说明有些顾客如何无礼，又如何会撒谎、要赖等等。我一直没有开口，只静听他把所有不愉快的事情倾泻出来。最后，不等我提出意见，他就先表示我可以不用马上付清欠款，只要在月底以前先缴 20 元，然后等方便的时候再慢慢付清全额。"

所以，明天，在你开口要求别人熄火、购物或认捐任何款项之前，请先闭上眼睛，试着由别人的角度来思考事情。问问自己："他们为什么要这么做？"不错，这可能要花点时间。但却可因此避免制造敌人，减少摩擦，并可达到最好的效果。

在哈佛商业学校的狄恩·唐璜说道："我宁可在面谈之前，在办公室前踱上两个钟头，而不愿意毫无准备地走进办公室。我一定要清楚自己想要讲什么，更重要的，是根据我对他们的了解——他们大概会说些什么。"

这点十分重要，所以我要把这段话再重复一遍：

"我宁可在面谈之前，在办公室前踱上两个钟头，而不愿毫无准备地走进办公室。我一定要清楚自己想要讲什么，更重要的，是根据我对他们的了解——他们大概会说些什么。"

假如，读完本书之后，你只得了一样东西——能够从旁人的角度去思考、去看事情，那么，虽然这只是你由本书所得到的唯一东西，却很可能是你一生事业的踏脚石。

牵着他人的舌头走

◇交谈就像传接球，永远不是单向的传递。如果其中有人没有接球，就会出现一阵难堪的沉默，直到有人再次把球捡起来，继续传递，一切才能恢复正常。

◇在与人交谈中，除了要吸引对方的兴趣之外，还有一个重要事项，就是要引导对方加入交谈。

你必须注意：自己是否挫伤了对方的自信？是否给对方留有发表他们见解的机会，而不是拒之于谈话之外？

更重要的是你能否对他们的话表现出关注，而不是显得只对自己感兴趣。

交谈就像传接球，永远不是单向的传递。如果其中有人没有接球，就会出现一阵难堪的沉默，直到有人再次把球捡起来，继续传递，一切才能恢复正常。

一些青年学生常常向我诉说：他们在约会的时候老是不能保证交谈生动有趣。其实，这本来是一个非常易于掌握的技巧问题：问一些需要回答的话，这样谈话就能持续不断。

但是，如果你只问："天气挺好的，是吧？"对方用一句话就可以回答了："是啊，天气真不错！"有一回，马克·吐温一天之中听了12遍完全相同的问题："天气真好，是不是，马克·吐温先生？"最后，他只好回答说："是啊，我已经听别人把这一点夸到家了。"

"天气真好，是不是？"这也许是一个会产生僵局的提问，但是回答却不一定都会导致僵局。不管怎么说，大家还是关心天气的，否则电视台的新闻节目也不会花上好几分钟来播放预告，而且还要用图表来说明。如果感觉到很难让你的谈话对象开口畅谈，不妨用下列问句来引导：

"为什么……"

"你认为怎样才能……"

"按你的想法，应该是……"

"价钱怎么正好……"

"你如何解释？"

"你能不能举个例子？"

"如何"、"什么"、"为什么"是提问的3件法宝。

当然，如果回答还是个僵局，那就和提问是僵局一样，交谈仍然无法进一步展开。你必须尽一切努力把球保持在传递中，而不使它停在某一点。

有时，你的谈话对象一开始不同你呼应，那也许是他还有些拘束，也许是他太冷漠，或者太迟钝，或者根本没有接触到他感兴趣的话题。

在参加聚会之前，如果能够从主人、女主人那里打听到一些邻座客人的情况，一定会对谈话有所帮助。不过，即使如此，也未必能确保对方一定开口，打破矜持的气氛。也许在用餐时，你不得不和一位骆驼般高傲的律师同座，而你想方设法使他开口却没有办到。那也不要灰心，接着再试试。你提到非法越境进入美国的墨西哥人问题，他可能无动于衷。但你谈起潜水，也许他就很有兴趣，或许，你还可以提提鲸鱼的生活习性呢！

耐尔·柯华爵士曾经这么说过："我对于世界的重要性是微乎其微的，但从另一方面讲，我对于我自己却是非常重要的，我必须和自己一起工作，一起娱乐，一起分担忧愁和快乐。"

这完全正确，人类总是以自我为中心的。

如果你对这个最基本的人类本性已不再感到震惊，你就会懂得如何调节自己适应谈话了。坦率地说，和对方谈他们感兴趣的话题，实际上对你自己也是有益的，尽管他们所爱好的和你所爱好的可能不尽相同。你可以先满足他们的自尊心，然后再满足你自己的。

这是一种自嘲吗？完全不是。

如果你能够谦恭诚恳地对待你的亲人和朋友，想象着他们对于你有多么重要，你就会发现他们在你生活中的意义的确不容忽视，同时，你还会发现你自己对于他们也变得越来越重要了。我们大家都期望能得到别人的赞扬，而且还会因此更加追求上进。总有一天，你会欣喜地认识到这样一个事实：任何一个看上去有缺陷、不聪明或反复无常的人身上都存在一些美好的东西。

心理分析专家认为，精神病患者一旦开始对别人及其他自我之外的事物产生兴趣，就说明他已进入健康阶段了。

如果说关注自我到了一定程度就是疯狂的表现，那么可以说没有一个人是绝对正常的。然而，我们愈是同他人交往——给予而不是索取，那我们就会愈接近正常了，除此之外，你还会有一个收益：你越关心别人，别人也就越关心你；你越尊重别人，你也能更多地受到别人的尊重。

争取让对方说"是"

◇跟别人交谈的时候，不要以讨论不同意见作为开始，要以强调——而且不断强调双方都同意的事作为开始。

◇使对方在开始的时候就说"是的，是的"，渐渐地，当你提出双方的分歧时，对方也会习惯性地说"是的"。

奥弗斯基教授在他的《影响人类的行为》一书中说："一个否定的反应，是最不容易突破的障碍。当一个人说'不'时，他所有人格尊严，都要求他坚持到底。事后他也许觉得自己的'不'说错了，然而，他必须考虑到宝贵的自尊！既然说出了口，他就得坚持下去。因此，一开始就使对方采取肯定的态度而非否定的态度，是最为重要的！"

善于交际的人，都在一开始就力求得到对方的一些"是的"反应，这样就把对方心理导入肯定的方向。就好像一粒撞击的小球运动，从一个方向打击，它就偏向一方；要使它从反方向回来的话，则要花更大的力。

从生理反应上说，当一个人说"不"，而本意也确实否定的时候，他的整个组织——内分泌、神经、肌肉——全部凝聚成一种抗拒的状态，通常可以看出身体产生了一种收缩，或准备收缩的状态。反过来，当一个人说"是"时，身体组织就呈现出前进、接受和开放和状态。因此，开始时我们越多地造成"是，是"的环境，就越容易使对方接受我们的想法。

这是一种非常简单的技巧——但是它却被许多人忽略了！在某些人看来，似乎人们只有在一开始就采取反对的态度，才能显示出他们的自尊感。因此，激进派的人一跟保守派的人碰到一块，就必然要愤怒起来！事实上，这又有什么好处呢？如果他只是希望得到一种快感，也许还可以原谅。但假如他要达成什么协议的话，那他就太愚蠢了。

正是这种使用"趋同"的方法，使得纽约市格林尼治储蓄银行的职员詹姆斯·艾伯森，挽回了一名青年主顾。

艾伯森先生说："那个人进来要开一个户头，我照例给他一些表格让他填。有些问题他心甘情愿地回答了，但有些他根本拒绝回答。在我研究为人处世技巧之前，我一定会对那个人说：如果拒绝对银行透露那些材料的话，我们就不让他开户。我很惭愧过去我就采取那种方式。当然，像那种断然的方法会使我觉得很痛快。我表现出谁才是老板，也表现出银行的规矩不容破坏。但那种态度，当然不能让一个进来的开户头的人有一种受欢迎、受重视的感觉。

"我决定那天早上采用一下学到的技巧。我决定不谈论银行所要的，而谈论对方所要的。最重要的，我决意在一开始就使他说'是，是'。因此，我不反对他。我对他说，他拒绝透露的那些资料并不是绝对必要的。

"'但是，'我接着说，'假如你把钱存在银行一直等到你去世，难道你不希望银行把这笔钱转移到你那依法有权继承的亲友那里吗？''哦，当然。'"他回答道。

"我继续说：'你难道不认为，把你最亲近亲属的名字告诉我们是一种很好的方法吗？万一你去世了，我们就能准确而不耽搁地实现你的愿望。'他又说：'是的。'

"当他发现我们需要的那些资料不是为了我们而是为了他的时候，那位年轻人的态度软化下来——改变了！在离开银行之前，那位年轻人不但告诉我所有关于他自己的资料，而且在我的建议下，开了一个信托户头，指定他的母亲为受益人，同时还很乐意地回答所有关于他母亲的资料。"

西屋公司的推销员约瑟夫·阿立森也有类似的经验："在我的区域内有一个人，我们卖给了他几个发动机。如果这些发动机不出毛病的话，我深信他会填下一张几百个发动机的订单。这是我的期望。"阿立森向大家介绍道：

"我对我们公司的产品很有信心。3个星期之后，我再去见他的时候，我兴致勃勃。但是，我的兴致并没有维持多久，因为那位总工程师对我说：'阿立森，我不能向你买其余的发动机了。'

"'为什么？'我惊讶地问，'为什么？''因为你的发动机太热了，我的手不能放上去。'

"我知道跟他争辩不会有什么好处。因此，我说：'嗯，听我说，史密斯先生，我百分之百地同意你。如果那些发动机太热了，你就不应该买。你的发动机热度不应该超过全国电器制造商公会所立下的标准，是吗？'他同意地说：'是的。'我已经得到我的第一个'是'。

"'电器制造公会的规定是：设计的发动机可以比室内温度高出华氏72度。对不对呢？''是的，'他同意，'的确是的，但你的发动机热多了。'

"我还是没有跟他争辩。我只是问：'厂房有多热呢？''呵，大约华氏75度。'他说。

"我回答道：'那么，如果厂房是75度，加上72度，总共就等于华氏147度。如果你把手放在华氏147度的热水塞门下面，是不是很烫手呢？'他又必须说'是的'。

"'那么，不把手放在发动机上面，不是一个好办法吗？'我提议说。'嗯，我想你说得不错。'他承认说。我们继续聊了一会儿。接着他叫他的秘书过来，为下月开了一张价值35万美元的订单。

"我花了很多钱，失去了好多生意，才知道跟人家争辩是划不来的，懂得了从别人的观点来看事情使他说'是的，是的'才更有收获和更有意思。"

被誉为世界上最卓越的口才家之一的苏格拉底，做了一件历史上只有少数人才能做到的事：他彻底地改变了人类的整个思潮。而现在，在他去世23个世纪后，这个方法依然如此行之有效。

他的整套方法，现在称之为"苏格拉底妙法"，以得到"是，是"为根据。他所问的问题，都是对方所必须同意的。他不断地得到一个同意又一个同意，直到他拥有许多的"是，是"。他不断地发问，到最后，几乎在没有意识之下，使他的对手发现自己所得到的结论，恰恰是他在几分钟之前所坚决反对的。

以后当我们要自作聪明地对别人说他错了时候，可不要忘了苏格拉底妙法，应提出一个温和的问题——一个会得到对方的"是，是"反应的问题。

鼓励对方多说

◇多数人使别人同意他们的观点时，总是费尽口舌，其实，这种人得不偿失，因为话说多了，既费精力，又可能稍有不慎，伤害到别人。

◇须知世界上多半是欢迎专门听人说话的人，很少欢迎爱说话的人。

多数人使别人同意他们的观点时，总是费尽口舌，其实，这种人得不偿失，因为话说多了，既费精力，又可能稍有不慎，伤害到别人；另外，他们无法从他人身上吸取更多的东西，当然问题不在于别人吝啬，而是他不给别人机会。让对方尽情地说话！他对自己的事业和自己的问题了解得比你多，所以向他提出问题吧，让他把一切都告诉你。

如果你不同意他的话，你也许很想打断他。不要那样做，那样做很危险。当他有许多话急着要说的时候，他不会理你的。因此，你要耐心地听着，抱着一种开阔的心胸，诚恳地鼓励他充分地说出自己的看法。

这种方式在商界会有所收获吗？我们来看看某个人被迫去尝试的例子：

几年前，美国的一家汽车制造公司正在洽购一年所需要的布匹。3家厂商已做好了样品，并都经那家汽车公司的高级职员检验过，而且发出通知说，在一个特定的日子，3家厂商的代表都有机会对合同提出最终的申请。

其中一家厂商的代表抵达的时候正患着严重的咽炎。"轮到我去会见那些高级职员的时候，"这位先生在训练班上叙述事情的经过时说，"我的嗓子已经哑了。几乎一点声音也发不出来。我站起来，努力要说话，但只能发出吱吱声。汽车公司的几位高级职员都围坐在一张桌边，这时，我只好在一张纸上写着：'诸位，我的嗓子哑了，说不出话来。'

"'我来替你说吧！'汽车公司的董事长说。于是，他展示我的样品，代替我称赞它们的优点。一场热烈的讨论展开了。讨论的是我那些样本的优点。而那位董事长，因为是代表我说话，在讨论的时候就站在我的一边。我听着他们的讨论，只是微笑、点头、做几个手势而已。这次特殊会议的结果，使我得到了合同，50万码的坐垫布匹，总值160万美元——我所得到的一笔最大的订单。

"事后我想，如果自己不是哑了嗓子，就不一定能这么顺利地得到这笔订单。这事使我很偶然地发现，有时候让对方来讲话，可能得到预料不到的收获。"

法国哲学家罗西法考说："如果你要树敌，就表现得胜过你的朋友；但如果你要得到朋友，那就让你的朋友胜过你。"事实上，即使是朋友，也宁愿对我们谈论他们自己的成就而不愿听我们吹嘘自己的成就。

如果有几个朋友聚在一起谈话，当中只有一个人口若悬河地滔滔长谈，其他的人只是呆呆地听着，这就不成其为谈话。每一个人都有着自己的发表欲。小学生见到老师提出一个问题，大家争先恐后地举起手来，希望老师叫他回答。即使他对于这个问题还不曾彻底地了解，只是一知半解，他还是要举起手来。成人们听着人家在讲述某一事件，虽然他们并不像小学生争先恐后地举起手来，然而他的喉头老是痒痒的，他恨不得对方赶紧讲完了好让他来发表一下自己的观点。

如果阻遏他人的发表欲，就容易引起他人的反感，从而不会得到人家的同情。所以不但应该让人家有着发表意见的机会，还得设法引起人家的话机，使人家感觉到你是一位使人欢喜的朋友，这对你是只有好处而没有害处的。如果你愿意和人家疏远，暗地里遭受着人家的白眼，你只需在和人家说话的时候，专门讲述你自己的话，不要听人家的所讲，而且，也不要给人家说话的机会。现实中这种人多得很，这样你将不会受人欢迎，大家以后见到你就会避开了。

著名的记者麦克逊说："不善于倾听，这是不受人欢迎的原因之一。一般的人，他们只注意自己应该怎样地说，绝不管人家。须知世界上多半是欢迎专门听人说话的人，很少欢迎爱说自己话的人。"这几句话是确确实实的。

假如一个商店的售货员，拼命地称赞他的货物怎样好，而不给顾客说一句话的机会，那他未必就能做成这位顾客的生意。因为顾客认为你天花乱坠的说话，不过是一种生意经，决不会轻易相信而就购买的。反过来，如果给顾客说话的机会，使他对货物有了批评的机会，你成为和他对此货物互相讨论的人员，你的生意就容易做了。因为上门的顾客，他早有选择和求疵的心理，他尽管把货物批评得不好，他选定了自然会掏出钱来购买的。你一味地只是夸耀自己的货物，或是对顾客的批评加以争辩，这无异于说顾客没有眼光，不识好货，不是对顾客一个极大的侮辱吗？他受了极大的侮辱，还会来买你的货物吗？所以，与其自己唠唠叨叨地多说废话，还不如爽爽快快，让人家去说话，反而会得到意想不到的效果。

你如果能够给人家有说话的机会，你就给人留下了一个好印象，以后，人家和你谈话决不会见你讨厌而避开了。

查尔斯·古比里就在他的面试中运用了此法。在去面谈以前，他花了许多时间去华尔街，尽可能地打听有关那个公司老板的情况。在与公司老板面谈时，他说："如果能替一家你们这样的公司做事，我将感到十分骄傲。我知道你们在28年前刚成立的时候，除了一个小办公室、一位速记员以外，什么也没有，对不对？"

几乎每一个功成名就的人，都喜欢回忆自己多年奋斗的情形，当然，这位老板也不例外。他花了很长时间，谈论自己如何以 450 美元和一个新颖的念头开始创业。他讲述自己如何在别人泼冷水和冷嘲热讽之下奋斗着，连假日都不休息，一天工作 16 个小时。他克服了无数的不利条件，而目前华尔街生意做得最好的那几个人都向他请教和索取资料。他为自己的过去而自豪。他有权自豪，因此，在讲述过去时十分得意。最后，他只简短地询问了一下古比里的经历，就请一位副董事长进来，说："我想这是我们所要找的人。"

古比里先生花了很大工夫去了解他未来老板的成就，表示出对对方感兴趣，并鼓励对方多说话，从而给人留下了一个很好的印象。

想要赢得朋友，这也是一个很好的方法。

纽约的亨丽耶塔便是例子。她是一家经纪公司的雇员。上班前几个月，她在公司里交不到一个朋友。原因何在？因为每天她总要向同事吹嘘自己取得多少生意，开了多少户头，还有种种其他的成就，等等。

"我深以自己的工作绩效为傲。"亨丽耶塔说道，"但我的同事并没有兴趣分享我的成就，反而显得极不高兴。我也希望在公司里受到欢迎，与大家成为好朋友。来训练班上过几堂课之后，我发现了自己的问题所在，便改变了待人的方式，尽量少谈自己，而多听别人讲话。别人也有许多事情想吹嘘一番。这比只听我个人吹嘘有意思多了。现在，只要一有聊天的机会，我都要求他们把自己的欢乐拿出来分享，而我只在他们提出要求的时候，才谈一点自己的成就。这样一来，大家便开始与我接近，因而很快我就交了许多朋友。"

无声胜有声

◇不指责对方的失败和错误，而是采取沉默的态度，这等于是给对方提供了扪心自问、冷静反思的机会。

一位高中棒球队的教练曾经讲过这样一个故事：有一次，一个选手未经教练许可，擅自离队去看电影。后来，事情被发现了，他想这次一定会受到教练的严厉斥责，结果出乎他的预料，教练一句话也没说。从此以后那个选手再也没有逃脱过训练。当教练在选手们的聚会上见到了已经步入社会的他时，他深切地说："那时，虽然教练没有批评我，但那比批评还难受"。

像这样不指责对方的失败和错误而是采取沉默的态度，是一种极具效果的说服术。这样就等于是给对方提供了扪心自问、冷静反思的机会。

一家著名的电机制造厂召开管理员会议，会议的主题是"关于人才培养的问题"。会议一开始，瑞恩斯董事就用他那特有的声音提出自己的意见：

"我们公司根本没有发挥人才培训的作用，整个培训体系形同虚设，虽然现在有新进职员的职前训练，但之后的在职进修却成效不显。职员们只能靠自己的摸索来熟悉自己的工作，很难与当今经济发展的速度衔接在一起，因而造成公司职员素质水平普遍低下、效益不高。所以我建议应该成立一个让职员进修的训练机构，不知大家看法如何？"

"你所说的问题的确存在，但说到要成立一个专门负责培训职员的机构，我们不是已经有职员训练组织了吗？据我了解，它也发挥了一定的作用，我认为这一点可以不用担心……"

"诚如总经理所说，我们公司已经有职员训练组织，但它是否发挥实际作用了呢？实际上，职员根本无法从中得到任何指导，只能跟着一些老职员学习那些已经过时的东西，这怎么能够将职员的业务水平迅速提升呢？而且我观察到许多职员往往越做越没有信心、越做越没干劲。所以还是坚持……"

"瑞恩斯，你一定要和我唱反调吗？好，我们暂时不谈这个话题，会议结束后，我们再做一番调查。"

就这样，一个月后公司主管们重新召开关于人才培训的会议。这次总经理首先发言：

"首先我要向瑞恩斯道歉，其次我错怪了他。他的提案中所陈述的问题确实存在。这个月我对公司的职员培训进行了抽样调查，结果发现它竟然未能发挥应有的功效。因此，今天召集大家开会是想讨论一下应该如何改变目前人才培养的方法。请大家尽量发表意见吧！"

总经理的话一出口，大家就开始七嘴八舌地提出建议，但令人奇怪的是，这一次瑞恩斯董事却始终一语不发地坐在原位，安静地聆听着大家的意见，直到最后他都没说一句话。

会议结束以后，总经理把瑞恩斯董事叫进社长办公室晤谈，"今天你怎么啦？为什么一句话也不说？这个建议不是你上次开会时提出来的吗？"

"没错，是我先提出来的。不过上次开会我把该说的都说了，其实那无非是想引起总经理您对这问题的重视罢了，现在目的已经达到，我又何必再说一次呢？还不如多听听人家的建议。"

"是吗？不错，在此之前我反对过你的提议，你却连一句辩解也没有。今天大家提出的各种建议都显得很空洞，没有实际的意义，反倒是你的沉默让我感到这个问题带来的压力。这样吧，这件事就交给你去办好了！今天起由你全权负责公司的人才培训工作。请好好努力吧！"

"是，谢谢您对我的信任，我一定会努力把这件事做好！"

第六章

与金钱和睦相处

聪明地运用金钱才能使人感到快乐

◇很少人能聪明地运用金钱，人们对金钱有许多自以为是的错误看法，其中有些甚至荒谬极了。

◇钱能够对提高我们的生活品质起到多少作用，要看我们是否能聪明地运用手上的钱，而不是看我们到底有多少钱。

虽然很少有人真正知道自己想从生活中获取什么，但大部分的人却坚定地宣称，有了很多钱就可以使他们得到想要的一切。他们不仅错失了生活的本质，也曲解了金钱的本来意义。钱常被误用、滥用，很少人能聪明地运用金钱，人们对金钱有许多自以为是的错误看法，其中有些甚至荒谬极了。

长久以来，人们一直受物质主义的主宰和操纵，不断地以追求财富、积累金钱作为奋斗的目标，认为拥有了巨大的财富就拥有了快乐。诚然，金钱对人们的生活的确有作用，但是并不像大多数人想的那么重要。

人们对金钱最为普遍的一种错误认识是，钱可以使他们快乐。实际上，金钱聚积过多，不仅不会带来快乐，反而成为仇恨、相争等烦恼的根源。

皮德鲁幸运地中了 500 万美元的彩券，当他发横财的时候其他人正在失业。在一般人的眼里，皮德鲁真是走了大运，有了这么多钱，他一定快乐得不得了。然而事实是，皮德鲁不仅没有得到快乐，反而陷入了不幸。自从皮德鲁中了彩券后，他就再也没见过自己的女儿，而且好多亲朋好友也都离他而去，原因是他没有把这一大笔天降横财分给他们。皮德鲁说："我现在要什么东西就可以买什么东西，但除此以外，我比其他任何人还要痛苦……我买不到感情和人心。有了这一大笔钱，我反而成了忌妒和仇恨的对象，人们不愿和我接近，我也时刻在担心有人接近我只是为了钱，我累极了……有朋友就是有朋友，没有就是没有，爱是买不到的，爱一定要建立。"

现实生活中，许多人通过努力工作、继承遗产、运气或是不合法的手段得到了大笔钱，然而，或者是因为不满足，或者是因钱而导致朋友的纷争、感情的背离，或是因为钱已够多而失去了目标，总之，他们都没有得到快乐。许多有钱人拥有一切物质上的享受，却过着自暴自弃的生活。

不管人们处于何种地位，钱都是生存的必需品，钱也是增进休闲方式、提高生活品质的一种途径。然而，不幸的是，人们都被贪婪蒙住了眼睛，把钱视为生活的目的，而不是改善生活的手段。把金钱本身当成了目的，人们就会陷入失望和不满，并且永远无法达到提升生活品质的目标。

对钱的另外一种误解是，人们把钱看作生活的保障和建立安全感的基础，就会制约我们去相信应该一心一意地积蓄物质财富，作为我们退休或遭到意外时的保障。如果你开始把钱看成完全的保障，你对钱就会有问题，就像不能买爱、朋友和家人，你也买不到真正的保障。

人所能拥有的真正的保障应该是内在的保障。这种内在的保障来源于天赋、创造力、才能、健康的体魄等内在因素，使你相信你能够运用自身的条件，去应付或克服作为一个独立的人所要面对的一切问题和情况。你如果一旦拥有了这种内在的实际的保障，你就不会有那么多的惶恐和害怕，也不会将时间和精力专注于给自己建立外在的财务上的保障。最好的财务保障就是内在的创造能力，这种保障任何人都夺不去，你永远都能想办法谋生。你的本质建立于你本身是什么人，拥有怎样的精神状态，而不是你所拥有的外在的物质。你即使失去了所拥有的，你也还是自己生活的中心，这使你能保持健康明朗的生活过程。

将个人的安全感建立在金钱上，不外乎修建空中楼阁。那些努力于为自己建立保障的人是最没有保障的人。情感上缺乏保障的人积累大量的金钱来抵御人格上所受的打击，填补空洞脆弱的内心，宣泄不愉快的感觉。追求保障的人本质上极为缺乏安全感，因此试图通过外部的事物，比如金钱、配偶、房屋、车子和名声，来求得心理上的安稳和平衡，他们一旦失去了自己所拥有的金钱财富，就失去了自己，因为他们的安全感、对自己的认同感，完全是以金钱为根本。

以物质和金钱追求为基础保障有很多褊狭之处，就算你是超级富翁，也可能遇车祸身亡，有钱人的健康状况和没钱的人一样会逐渐衰败，战争爆发影响穷人，也影响富人。以钱为保障的人还时刻担心金融崩溃时他们会失去所有的钱财。他们不仅没得到什么确实的保障，反而还增加了许多让他们恐慌的事。

那么，钱和快乐到底有什么关系？我们承认钱是生存的一项重要因素，但这并不能告诉我们，要多少钱才能够快乐。为这个社会主流所认同的那些成功人士，总是时时刻刻在宣扬，百万富翁才是生活的胜利者，也就是说，我们其他人就是失败者。很多事实证明，大部分财力平平的人比我们在报纸上读到的百万富翁更有资格当胜利者。

钱是生活中的权宜办法，钱能够对提高我们的生活品质起到多少作用，要看我们能多聪明地运用手上的钱，而不是看我们到底有多少钱。

在我们的社会中，很多人都认为钱代表权力、地位和安全，但其实钱在本质上没有一点能使我们快乐。要看清钱的本质，请做如下练习：现在把你身上或放在附近的钱拿出来，摸一摸，感觉它的温度。注意，它是冷冰冰的，晚上不能使你温暖。你和你的钱说话，它不会有任何反应，它的面目永远是那么僵硬，一成不变。不管你有多么爱它，它也不会给你一点回报。

麦克·菲力普曾是一位银行副总裁，他认为大多人把自己的身份牢牢地和钱结合在一起，在他的书《金钱七定律》中，他讨论了几种有趣的金钱观：

（1）如果你做了事情，钱自然会到你的手中。

（2）金钱是个梦——像传说中的花衣服、吹笛手一样吸引人。

（3）金钱是梦魇。

（4）你永远都不能把钱当作礼物送走。

（5）有的世界里没有钱这个东西。

当然钱的确有很多用途，没有人会否认钱在社会上和商场上所扮演的重要角色，但是人人都可以推翻错误的观点——认为钱越多就会越快乐。每个人所要做的就是留心。

我通过对以下问题的观察，提出了几点重要的意见：如果钱使人快乐，那么……

（1）为什么年薪7万美元以上的人当中，对自己薪水不满意的比率，比那些年薪 7 万美元以下的人高？

（2）阿尔伯伊斯基通过华尔街地线交易非法聚敛了 1000 万美元，为什么他累积到 200 万美元或者是 500 万美元的时候还不愿停止这种非法行为，却继续累积，直到被捕？

（3）为什么我所认识的一家人（他们的财产总值列居北美家庭的前 100 名）告诉我，他们如果中了彩票赢了大奖会有多么快乐？

（4）为什么纽约的一群中了彩票的人要组成一个自助团体来处理中奖后的各种痛苦和忧郁的症状，他们在赢得大笔奖金之前从来没有经历过这种严重的痛苦和忧郁？

（5）为什么这么多高薪的棒球、足球、曲棍球球员有毒品和酒精的问题？

（6）医生是最有钱的行业之一，为什么他们的离婚、自杀和酗酒比例高于其他行业？

（7）为什么穷人捐给慈善事业的钱比富人捐得多？

（8）为什么有这么多有钱人犯法？

（9）为什么这么多有钱人去看精神科医生和心理治疗师？

以上只是一些警讯，提醒我们钱并不能保证快乐。

当我们满足了基本的生活需要后，钱不会使我们快乐，也不会使我们不快乐。如果我们每年挣到 25000 美元就能够快乐，并且能够妥善地处理各种问题，当我们比现在更有钱时，还是会快乐，还是能妥善地处理问题。如果我们一年只挣 25000 美元就使自己不快乐、神经过敏，而且不能很好地处理问题；那么即使年薪 100 万美元也是如此，还是神经过敏、不快乐，也不能好好地处理问题。差别只在于，我们是在豪华的住宅、丰富的物质享受里神经过敏、不快乐。

不要总是为金钱发愁

◇人类 70% 的烦恼都跟金钱有关，而人们在处理金钱时，却往往意外地盲目。

◇即使我们拥有整个世界，我们一天也只能吃三餐，一次也只能睡一张床——即使一个挖水沟的人也能做到这一点，也许他们比洛克菲勒吃得更津津有味，睡得更安稳。

人类 70% 的烦恼都跟金钱有关，而人们在处理金钱时，却往往意外地盲目。

根据《妇女家庭月刊》所作的一项调查，我们 70% 的烦恼都跟金钱有关。盖洛普民意测验协会主席盖洛普·乔治说，从他所作的研究中显示，大部分人都相信，只要他们的收入增加 10%，就不会再有任何财政的困难。在很多例子中并不尽然。我曾向预算专家爱尔茜·史塔普里顿夫人请教。她曾担任纽约及全培尔两地华纳梅克百货公司的财政顾问多年。她曾以个人指导员身份，帮助那些被金钱烦恼拖累的人。她帮助过各种收入的人——从一年赚不到 1000 美元的行李员，至年薪 10 万美元的公司经理。她对我说："对大多数人来说，多赚一点钱并不能解决他们的财政烦恼。"事实上，我经常看到，收入增加之后，并没有什么帮助，只要徒然增加开支——增加头痛。"使多数人感觉烦恼的，"她说，"并不是他们没有足够的钱，而是不知道如何支配手中已有的钱！"……你对最后那句话表示不屑一听，是吗，在你再度表示轻蔑之前，请记住，史塔普里顿并没有说"所有的人"，她说"大多数人"。她并不是指你而言，她指的是你姊妹和表兄弟，他们的人数可多了。

有许多人可能会说："我希望举个例子来试试看：拿我的月薪，付我的账款，维持我应有的开支。只要他来试一试，我保险他会知道我的困难，不再说大话。"说得不错，我也有过财政困难：我曾在密苏里的玉米田和谷仓做过每天 10 小时的劳力工作。我辛勤地工作，直至腰酸背痛。我当时所做的那些苦工，并不是一小时一块美金的工资，也不是 5 毛钱，也不是 1 毛钱，我那时所拿的是每小时 5 分钱，每天工作 10 小时。

我知道一连 20 年住在一间没有浴室、没有自来水的房子里是什么滋味。我知道睡在一间零下 15℃的卧室中，是什么滋味。我知道徒步数里远，以节省一毛钱，以及鞋底穿洞、裤脚打补丁的滋味。我也尝过在餐厅里点最便宜的菜，以及把裤子压在床垫下的滋味——因为我没钱将它们交给洗衣店。

然而，在那段时间里，我仍设法从收入中省下几个铜板，因为如果我不那么做，心里就不安。由于这段经验，我们就必须和一些公司一样：我们必须拟定一个花钱的计划，然后根据那项计划来花钱。可惜，我们大多数人都不这样做。例如我的好朋友黎翁西蒙金，他指出人们在处理金钱事务时，对数字表现得意外盲目。他告诉我，有位他所认识的会员，在公司工作时，对数字精明得很，但等到他处理个人财务时……就毫不犹豫地将它买下来——从不考虑房租、电费，以及所有各项杂费，迟早都要由这个薪水袋里抽出来付掉。然而这个人却又知道，如果他所服务的那家公司以这种贪图目前享受的方式来经营，则公司势必破产。

我认为，当牵涉到金钱时，你就等于是在为自己经营事业。而你如何处理你的金钱，实际上也确实是你"自家"的事，别人无法帮忙。

那么，什么是管理我们钱的原则呢？我们如何展开预算和计划？

（1）把事实记在纸上。亚诺·班尼特50年前到伦敦，立志做一名小说家，当时他很穷，生活压力大。所以他把每一便士的用途记录下来。他难道想知道他的钱怎么花掉了？不是的。他心里有数。他十分欣赏这个方法，不停地保持这一类记录，甚至在他成为世界闻名的作家、富翁、拥有一艘私人游艇之后，也还保持这个习惯。约翰·洛克菲勒也保有这种总账。他每天晚上祷告之前，总要把每便士的钱花到哪儿去了弄个一清二楚，然后才上床睡觉。

我们都一样，必须去弄个本来，开始记录，记录一辈子？不，不需要。预算专家建议我们，至少在最初一个月要把我们所花的每一分钱作准确的记录——如果可能的话，可作3个月的记录。这只是提供我们一个正确的记录，使我们知道钱花到哪儿去了，然后便可依此作一预算。

（2）拟出一个真正适合你的预算。预算的意义，并不是要把所有的乐趣从生活中抹杀。真正的意义在于给我们物质安全和免于忧虑。"依据预算来生活的人，"史塔普里顿夫人说，"比较快乐。"史塔普里顿夫人告诉我，假设有两个家庭比邻而居，住同样的房子，同样的郊区，家里孩子的人数一样，收入也一样——然而，他们的预算需要却会截然不同。为什么？因为人性是各不相同的，她说，预算必须按照各人需要来拟定。

但怎么进行呢？如同我所说的，你必须把所有的开支列出一张表来，然后要求指导。你可以写信到华盛顿的美国农业部，索取这一类的小册子。在某些大城市——主要的银行都有专家顾问，他们将乐于和你讨论你的财务问题，并帮你拟定一项预算。

有一本名叫《家庭金钱管理》的书，由家庭财务公司发行。顺便提一下，这家公司出版了一整套的小册子，讨论到许多预算上的基本问题，例如房租、食物、衣服、健康、家庭装饰，和其他各项问题。

（3）学习如何聪明地花钱。意思是说，学习如何使金钱得到最高价值。所有大公司都设有专门的采购人员，他们啥事也不做，只要设法替公司买到最合理的东西。身为你个人产业的主人，你何不也这样做？

（4）不要因你的收入而增加头痛。史塔普里顿夫人告诉我，她最怕的就是被请去为年薪5000美元的家庭拟定预算。我问她为什么。"因为，"她说，"每年收入5000美元，似乎是大多数美国家庭的目标。他们可能经过多年的艰苦奋斗才达到这一标准——然后，当他们的收入达到每年5000美元时，他们认为已经'成功'了，他们开始大事扩张。在郊区买栋房子——'只不过和租房子花一样多的钱而已。'买部车子，许多新家具，以及许多新衣服——等你发觉时，他们已进入赤字阶段了。他们实际上不比以前更快乐——因为他们把增加的收入花得太凶了。"

我们都希望获得更高的生活享受，这是很自然的。但从长远方面来看，到底哪一种方式会带给我们更多的幸福——强迫自己在预算之内生活，或是让催账单塞满你的信箱，以及债主猛敲你的大门？

（5）投保医药、火灾，以及紧急开销的保险。对于各种意外、不幸，及可意料的紧急事件，都有小额的保险可供投保。但并不是建议你从澡盆里滑倒至染上德国麻疹的每件事皆投上保险，但我们郑重建议，你不妨为自己投保一些主要的意外险，否则，万一出事，不但花钱，也很令人烦恼。而这些保险的费用都很便宜。

（6）教导子女养成对金钱负责的习惯。《你的生活》杂志上有一篇文章，作者史蒂拉·威斯顿·吐特叙述她如何教导她的小女儿养成对金钱的责任感。她从银行里取得一本特别储金簿，交给她9岁大的女儿。每当小女得到每周的零用钱时，就将零用钱"存进"那本储金簿中，母亲则自任银行。然后在那个星期之中，每当她须使用1毛钱或1分钱时，就从账簿中"提出"，把余款结存详细记录下来。这位小女孩不仅从其中得到很多的乐趣，而且也学会了如何处理金钱的责任感。

（7）家庭主妇可在家中赚一点外快。如果你在聪明地拟好开支预算之后，仍然发现无法弥补开支，那么你可以选择下述两事之一：你可以咒骂、发愁、担心、抱怨，或者你想赚一点额外的钱。怎么做呢？想赚钱，只需找人们最需要而目前供应不足的东西。

家住纽约杰克森山庄的娜莉·史皮尔夫人，在1932年，她自己一个人住在一间有3个房间的公寓里，她的丈夫已去世，两个儿子都已结婚。有一天，她到一家餐馆的苏打水柜台买冰淇淋，发现柜台也兼卖水果饼，但那些水果饼看起来实在令人不敢恭维。她问掌柜的愿不愿向她买一些真正的家制水果饼。结果他订了两块水果饼。"虽然我自己也是个好厨师，"史皮尔夫人对我讲述她的故事说，"但以前我们住在佐治亚州时，一直请有女佣，我亲手烘制饼干的次数大概只有十多次而已。在那位掌柜的向我预订两块水果饼之后，我向一位邻居请教了制苹果饼的方法。结果，那家餐厅的顾客对我最初的两块水果饼——一块苹果味、一块柠檬味——赞不绝口。餐厅第二天就预订了5块，接着，其他餐馆也陆续来向我订货。在两年之内，我已经成为每年必须烘制5000块饼的家庭主妇。我是单独一人在我自己的小厨房内完成全部工作的，我一年收入已高达1万美元，除了一些制饼的材料之外，我一毛钱也没多花。"

对史皮尔夫人家制烤饼的需求量愈来愈大，她不得不搬出厨房租下一间店铺，雇了两个女孩子帮忙。水果饼、蛋糕、卷饼。在世界大战期间，人们排队一个多小时等着买她的家制食品。

史皮尔夫人认为她一生中从未如此快乐过，虽然她一天在店里工作 12 ~ 14 小时，但她从不觉得厌倦，因为对她来说，那根本不算是工作。那是生活中的奇异经验。

娥拉·史令达夫人也有相同的看法。她住在一个 3 万人口的小镇——伊利诺州梅梧市。她就在厨房里以一毛钱价值的原料开创了事业。她的丈夫生病了，她必须赚点钱补贴家用。但怎么办呢？没有经验，没有技术，没有资金，只不过是一名家庭主妇。她从一颗蛋中取出蛋清加上一些糖，在厨房里做了一些饼干；然后她捧了一盘饼干站在学校附近，将饼干售给正放学回家的学童，一块饼干一分钱。"明天多带点钱来，"她说，"我每天都会带着饼干在这儿。"第一周，她不只赚了 4.15 元，同时也为生活带来情趣。她为自己及儿童们带来了快乐，现在没有时间去忧愁了。

这位来自伊利诺州梅梧市的沉静的家庭主妇相当有野心，她决定向外扩展——找个代理人在嘈杂的芝加哥出售她的家制饼干。她羞怯而害怕地和一位在街头卖花生的意大利人接洽。他耸耸肩膀，说他的顾客要的是花生，不是饼干，第一天就为她赚了 2.15 元。4 年后，她在芝加哥开了第一家商店。店面只 8 尺宽。她晚上做饼干，白天出售。这位以前相当羞怯的家庭主妇，从她厨房的炉子上开创饼干工厂，现在已拥有 19 家店铺——其中 18 家都设在芝加哥最热闹的鲁普区。

娜莉·史皮尔和娥拉·史令达不为金钱而烦恼，反而采取积极的做法。她们以最小的方式从厨房出发——没有租金，没有广告费，没有薪水。在这种情况下，一名妇人要被财务烦恼拖垮，几乎是不可能的。

看看你的四周，你将会发现许多尚未达到饱和的行业。例如，如果你自己是一名很优秀的厨师，你也许可开设烹饪班，就在你自己的厨房内教导一些年轻小姐，这也是赚钱之道。说不定上门求教的学生不绝于途。

提升财商

◇财商可以通过后天的专门训练和学习得以改变，改变你的财商可以连动地改变你的财务状况。

◇财商是一个人最需要的能力，也是最被人们忽略的能力。

许多终日为钱辛苦、为钱忙碌的上班族，都曾有过一些共同的体验，眼看着成功人士穿着名牌服装，住在豪华别墅，开着名贵轿车，羡慕不已。然而在羡慕之余，他们可能也曾经想过："是什么使得他们能够拥有财富，而我却没有？"

一次调查结果表明，有47%以上的受访者认为"炒作股票或房地产"是贫富差距拉大的主因；其次是"个人工作能力与努力"（34%）；第三是"家庭原因"（19%）。根据调查结果可以发现，大部分的受访者认为，造成贫富差距越来越大的主因并非个人努力的成果，而是运气、机会等不公平游戏的结果。

的确，造成贫富差距扩大的直接原因是"股票与房地产"、"个人工作能力与努力"、"家庭原因"，但是这些都是表面现象。人们习惯将贫穷的原因归咎于外在的因素，如制度、运气、机会等，或者用负面的说词，为自己无所作为作解脱。他们认为有钱人大多是因为投资房地产或股票而致富，而造成财富增加主要是因为"拥有适当的投资"。

那么我们更深入一步提问，为什么他们拥有资金来投资房地产和股票，他们又是如何操作使他们能够不断赚钱的呢？到底那些富人拥有什么特殊技能，是那些天天省吃俭用，日日勤奋工作的上班族所欠缺的呢？他们何以能在一生中累积如此巨大的财富呢？

所有这些问题都不是用家世、创业、职业、学历、智商与努力程度等因素能解释得了的。

专家们经过观察、归纳与研究，终于发现了一个被众人所忽略但却极为重要的原因，那就是是否具有较高的财商。

每个人都有一个成功的梦想，一个创富的梦想。在市场经济社会里，金钱从某种意义上讲是成功的一种体现，财富也自然成为衡量成功的一个标尺。

不同的人有不同的追逐财富的方式，那么如何衡量一个人的理财能力呢？以往人们更多的是根据财富的多少来评价一个人的能力，但往往只能看到结果，而不能预先做出相对准确的评估。

财商则提供了一个新的维度，来衡量一个人的理财能力和创造财富的智慧。那么，什么是财商呢？

财商是指一个人在财务方面的智力，是理财的智慧。财商可以通过后天的专门训练和学习得以改变，改变你的财商，可以连动地改变你的财务状况。财商是一个人最需要的能力，也是最被人们忽略的能力。可以想象，一个漠视财商的人，一定是现实感很差的人。

财商包括两方面的能力：一是正确认识金钱及金钱规律的能力；二是正确使用金钱及金钱规律的能力。财商并不仅是人们现实的唯一能健康发展的智能，而且是人为观念和智能中的一种，当然也是非常重要的一种。财商常常被人们急需，也被忽略。财商不是孤立的，而是与人的其他智慧和能力密切相关的。事实上，财商与智商、情商一样，都是一种指导人们行为的无形力量。而财商也是可以通过学习来获得的。

财商不仅是一个理财的概念，更是一种全新的金钱思想。富人之所以成为富人、穷人之所以成为穷人的根本原因就在于这种不同的金钱观。穷人是遵循"工作为挣钱"的思路，而富人则是主张"钱要为我工作"。富人是因为学习和掌握了财务知识，了解金钱的运动规律并为己所用，大大提高了自己的财商；而穷人则是缺少财务知识，不懂得金钱的运动规律，没有开发自己的财商。尽管有的人很聪明能干，接受了良好的学校教育，具有很高的专业知识和工作能力，但由于缺少财商，还是成不了富人。

金钱是一种思想，有关金钱的教育和智慧是开启财富大门的金钥匙。财富是一个观念，但观念可以变成财富。

当我决定去做一项房地产投资时，我参加了一个385美金的课程，去学房地产，更新自己关于房地产投资的知识。我花16个月的时间去看所有能购买的房地产。我的朋友到海边去玩冲浪，或者是打高尔夫球，或者是喝酒，而我是去看房地产。6个月之后，我终于获得一个交易。我第一个房地产是花1.8万元买的，我只付了1/10的预付款，那也是我跟人家借来的，所以事实上我一分钱都没放进去，这个事情好得不得了，所以我又借了两次1.8万元的美金，这样，以后我就有了3个这样的投资了。有一年，我就把这3个投资每个都卖了4.8万美金，加起来赚了9万美金。用这些利润，我又买了许多其他的房地产。

这件事情对于我来说，并不是说挣了多少钱，而是说赚钱首先应当改变自己的观点，并通过实践和行动，学到更多的东西。

思维和观念对现实有支配作用，金钱是一种思想，如果你想要更多的钱，只需改变你的思想。善于利用金钱的力量，是聪明人的重要财富。

在数以万计的前来向我咨询的人中，非常多的人是花了一生的时间来寻找大生意，或者试图筹集一大笔钱来做大生意，但是这是愚不可及的一种想法。我见到过太多的不老练的投资者将自己大量的资本投入一项交易，然后很快损失掉其中的大部分，他们可能是好的职员却不是好的投资者。

在我看来，有关金钱的教育和智慧是非常重要的。早点动手，买一本好书，参加一些有用的研讨班，然后付诸实践、从小笔金额做起，逐渐做大。我将 5000 美元现金变成 100 万美元资产，并每月产生 5000 美元现金流量，花了不到 6 年时间，但是我依然像孩子一样学习。我鼓励你学习，因为这并不困难，事实上，只要你走上正轨，一切都会十分容易。

我们每个人都有两样伟大的东西：思想和时间。当钞票流入你的手中，只有你才有权决定你自己的前途。愚蠢地用掉它，你就选择了贫困；把钱用在负债项目上，你就会进入中产阶层；投资于你的头脑，学习如何获取资产，财富将成为你的目标和你的未来。选择是你做出的，每一天面对每一元钱，你都在做出自己是成为一名富人、穷人还是中产阶级的抉择。

高薪不等于富裕，改变固有的思维方式才能让你真正获得财务自由。人类最大的资产其实就是自己的脑子。但你最大的负债也是你的脑子。事实上，不是你做什么，而是你想的是什么。一个房子可能是一个资产，也可能是负债。如果一个人住在价值 500 万美金的房子里，但是这房子仍旧是一项负债。每个月要花费两万美金来维护、支持这套房子。你可以看到，每个月钱都从他的兜里跑掉了。其实，资产可以是任何东西，只要它能给你带来现金收入。

人有好多种，一种是穷人的心态，一种是中产阶级的心态，一种是富人的心态。一个人应该尽早决定他到底是处于穷人的心态，还是处于中产阶级的心态，还是变成一种富人的心态。这是迈向成功的第一步。

节俭意味着明智

◇节俭意味着科学地管理自己和自己的时间与金钱，意味着最明智地利用我们一生所拥有的资源。

◇节俭的习惯表明人的自我控制能力，同时也证明一个人不是其欲望和弱点的不可救药的牺牲品，他能够支配自己的金钱，主宰自己的命运。

节俭不仅适用于金钱问题，而且也适用于生活中的每一件事，从明智地使用一个人的时间、精力，到养成小心翼翼的生活习惯。节俭意味着科学地管理自己和自己的时间与金钱，意味着最明智地利用我们一生所拥有的资源。

罗斯贝利勋爵在论述节俭时认为，所有伟大的帝国必须遵循的原则就是节俭。

"就拿伟大的罗马帝国来说吧，它有许多方面在历史上都是最伟大的，曾经一度雄霸世界。它因节俭而建国，然而当它奢侈浪费时，就开始衰退并走向灭亡。又比如普鲁士，它开始时是位于北欧的一个小而窄的沙滩地带。正如有人所说的，从普鲁士的地形到它全副武装的居民，所有这一切都使普鲁士咄咄逼人。弗雷德里克大帝赋予普鲁士以节俭的品格。他甚至通过近乎吝啬的节俭手段敛聚了巨额的财富，建立了庞大的军队。节俭最终成为普鲁士建立伟大基业的有力武器，并且今天的日耳曼帝国也由此发轫。再比如法兰西，在我看来，法兰西实际上是最节俭的国家。我不知道法兰西人是不是总把钱存在银行，是不是也像其他某些国家一样去计算有多少存款。然而，在1870年这个灾难的年头以后，当法兰西顷刻间被外国军队击败，因几乎没有一个国家能够承受的赔款而遭受重创时，你知道什么事情发生了吗？法兰西的农民把他们多年的积蓄统统献给了国家，在短得令人难以置信的时间内付清了巨额赔款和战争费用。罗马和普鲁士以节俭建国，而法兰西以节俭救国。"

节俭不仅是财富的一块基石，也是许多优秀品质的根本。节俭可以提升个人的品性，厉行节俭对人的其他能力也有很好的助益。节俭在许多方面都是卓越不凡的一个标志。节俭的习惯表明人的自我控制能力，同时也证明一个人不是其欲望和弱点的不可救药的牺牲品，他能够支配自己的金钱，主宰自己的命运。

我们知道一个节俭的人是不会懒散的，他有自己的一定之规。他精力充沛，勤奋刻苦，而且比起那些奢侈浪费的人更加诚实。

节俭是人生的导师。一个节俭的人勤于思考，也善于制定计划。他有自己的人生规划，也具有相当大的独立性。

如果你养成了节俭的美德，那么就意味着你证明了自己具有控制自己欲望的能力，意味着你已开始主宰你自己，意味着你正在培养一些最重要的个人品质，即自力更生、独立自主、谨慎小心、深谋远虑，以及聪明机智和独创能力。换言之，就表明了你有生活的目标，你是一个非同一般的人。

一个作家在谈到节俭时说："节俭不需要超常的勇气，也不需要超常的智力和任何超人的本领，它只需要常识和抵制自私享乐欲望的能力。实际上，节俭不过是日常工作活动中的常识。它不一定要有强烈的决心，而只要有一点点耐心和自我克制。养成节俭习惯的方法就是马上开始厉行节俭！自我克制者越节俭，节俭就变得越容易，他们为此所做的牺牲就越快得到回报。"

节俭的别名不叫吝啬

◇仅有少数人懂得节俭的真正意义。真正的节俭并非吝啬，而是经常的、有效率的节省用度，并非一毛不拔，而是用度适当。

◇所谓节俭，从宽泛的角度讲，包含了深谋远虑和权衡利弊的因素。

我们崇尚节俭，同样我们也反对不恰当的节俭。

所罗门说过："普种广收"，"没有投资就没有回报"，"小处节省，大处浪费"，"省一分油钱，毁一艘轮船"。还有许多家喻户晓的谚语都反映了错误的节约不仅无益反而有害的常识。

美国作家约瑟·比林斯说："有几种节俭是不合适的，比如忍着痛苦求节俭就是一个例子。"

我认识一个富人，他就成了一个节俭的奴隶。比如，他老是为了节省10个美分而牺牲大好光阴，他常把半页未曾写过字的信纸撕下来，并裁下信的背面，作为稿纸。他这种浪费宝贵的时间去节省细小东西的做法，确实是得不偿失。他甚至在经营商业的时候，也有此种过度节省的吝啬精神。他对雇员们说，包扎时不论如何都要节约一些绳索，并把这一条作为公司的规定。即使由于这一条规定而浪费的时间要远远超过 绳一索的价值，但那位富人仍然在所不惜。像这一类的节省，其实是极度愚蠢的做法。

仅有少数人懂得节俭的真正意义。真正的节俭并非吝啬，而是经济的、有效率的节省用度，并非一毛不拔，而是用度适当。

善于节俭的人与不善节俭的人，其实有很大的不同。那不善节俭的人常常为了节省一分钱的东西，却费去价值一角钱的光阴。我从来没有见过斤斤计较的人成就了大事业。吝啬的节俭确实是最不合算的。而企图做大事业的人，一定要有度，切不可斤斤计较于一分一厘。只有靠理智的头脑、合理的处事，才能成功。

所谓节俭，从宽泛的角度讲，包含了深谋远虑和权衡利弊的因素。最聪明的节省，有时却常需要过分的消费，比如做大生意使用交际费并不是一种浪费，乃是一种大度的用法，是一种恰当的投资。

慷慨大度经常有助于人的雄心的实现，能够使人们获得多方面的收获，帮助我们在社会的阶梯中上升，这远比把金钱存入银行更有价值。因此，欲成大业者，应该做到深谋远虑，切勿因吝啬而妨碍自己希望的实现，使很好的机会丧失。

节省的习惯，假如行之过度，反而得不到良好结果，非但不能成为进身之阶，反而常常成为绊脚的石头。商人吝啬得不肯多花资金来经营，农夫吝啬得不肯在地里多播种，是同样不正确的节省。俗话说："种得少，收成也少。"

有一个人为了建造新房子，就把旧房子拆掉了，但他把旧地基留下来，因为他认为这样可以节省几百块钱。新房子要比旧房子高好几层，仅仅几个星期的时间就完工了，但是房子由于地基不牢，看上去摇摇欲坠，人还没住进去，房子就已经倒塌了。这样的人不止他一个，到处都有为了节省地基费用而铸成大错的人。

过去有些年轻人吝啬个人的教育投资，认为花那么多钱就是为了找个好职业真是不值得，因为他认为即使读了许多书，自己也不会成为什么了不起的人。有些年轻人在校期间就只选容易的题目做，跳过难题，只要求自己达到一个基本的底线就行了，而且还经常因为自己逃学、考试作弊等等洋洋得意。还有的年轻人买东西不想给钱，不愿意为了提高自己的素养而牺牲暂时的娱乐。他们对工作敷衍了事，由于无知和缺乏必要的能力准备，他们在职业竞争中总是处于劣势，事业上难有发展。许多失败的人就是由于基础打得不牢，致使后来所作的努力都化为了泡影，整个人形销骨立。

在我们的社会中，居然还有那么多的父母为了增加家庭收入，剥夺了孩子上大学的权利，竟然让他们半路出去工作，妄图让他们抓住只有接受高等教育才有可能抓住的机会！

在我们的社会中，居然还有那么多人为了在交友上省钱而忽略了朋友，为了在社交上省钱而借口没时间拜访别人，也没时间接待客人！我们省去了假期，直到工作太累而被迫休长假，而当我们那组织严密却脆弱无比的身体筋疲力尽时，任何关键部位出毛病都是很危险的。许多人总是恐惧"可怕的未来"而不敢享受现在。他们克制自己的种种欲望，声称掏不起那个钱；他们放弃了真正的生活；他们在今天活着，却渴望在明天来真正地生活和享受。如果他们出去休几天假，或者旅行一次，就好像有莫大的损失一样。他们连花一分钱都感到害怕，但实际上那是他们必须支出的费用和最起码的生活底线。

有一个商人，他曾在第一次世界大战前出国游览过很多名胜古迹，但是他太吝啬了，连去历史建筑物里面看一看的门票钱都舍不得花。例如，他去过很多名人故居所在的地方。在那些国家，那些名人故居被认为是但凡去过该国的人都要朝拜的圣地，但是他却从来没有进去过，因为他舍不得买门票。他说在建筑物外面看看就足够了。所以，此人虽然去过相当多的地方，但他却不能颇有见地地谈论他所到过的任何一个地方。

慷慨大方对于年龄不大的人来说可能是奢侈，但它有时却是一种最佳的节约。友好的帮助和激励，以及与有教养的人交际都是用钱买不来的。

一个人是否能拿得出 10 ~ 15 元钱参加一次宴会，这本身并不是什么问题。他可能为此花掉了 15 元钱，但他也许通过与成就卓著的客人结交，获得了相当于 100 元钱的鼓舞和灵感。那样的场合常常对一个人的雄心壮志有巨大的刺激作用，因为他可以结交到各种博学多闻、经验丰富的人。在自己力所能及的情况下，对任何有助于增进知识、开阔视野的事情进行投资都是明智的消费。

当然，我不鼓励任何人都将其知识商业化，或者以见不得人的方式出售其脑力，但我确实想建议奋发向上的年轻人结交那些能鼓励和帮助他的人。与厉行节俭、精力充沛、事业有成的人建立亲密关系，对一个人的高远志向有着巨大的激励作用，我们由此可能做得更好，充分挖掘出自己的潜力。因此，与这样的人相识相知是年轻人最有利的投资。如果一个人要追求最大的成功、最完美的气质和最圆满的人生，那么他就会把这种消费当作一种最恰当的投资，他就不会为错误的节约观所困惑，也不会为错误的"奢侈观念"所束缚。

我认识一个年轻的商人，他总是在小的方面过度吝啬，结果竟然使他的生意失败。他的一套衣服和一条领带，非到破旧不堪才肯抛弃。他从没想到过，邀请一个有密切业务往来的客户吃 顿饭，在旅行时即便与熟悉客户偶然相遇，也从不替客户付一次旅费。于是，他落得个吝啬的名声，结果大家都不愿与他做交易。而他竟然还不知道，使他蒙受极大的损失的就是他那过度节省的习惯。

很多人为要节省些小钱，竟损坏了他们自己的健康。要想在职业上获得成功，必须防止不正确的节省。不论怎样贫穷，你可以在别的地方讲节省但却不可在食物上节省，由于食物是健康的基础，也是成功的基础。

过度的、不当的节省，常常会消耗人的体力和精力。许多人身体患着疾病，但为了节省金钱竟不去求医，不但受着痛苦，并且由于身体的病弱，在自己的职业上也做不出出色的业绩来。

凡是足以阻碍我们生命前进的，不论是疾病还是其他障碍物，我们应当不惜一切代价来设法诊治和补救，这是我们生命中最重要的事情。

应当将增进我们的体力和智力作为目标，因此，凡可增加体力和智力的事情，不管要耗费多少代价，都要去做。那些可以促进我们成功、有利于我们事业的，我们在金钱方面一定不可吝啬。

英国著名文学家罗斯金说："通常人们认为，节俭这两个字的含义应该是'省钱的方法'；其实不对，节俭应该解释为'用钱的方法'。也就是说，我们应该怎样去购置必要的家具；怎样把钱花在最恰当的用途上；怎样安排在衣、食、住、行，以及生育和娱乐等等方面的花费。总而言之，我们应该把钱用得最为恰当、最为有效，这才是真正的节俭。"

减少消费，你也做得到

◇要想达到经济独立，首先你就得明确经济独立的定义。

◇只要稍微谨慎一点用钱，大多数人都能减少可观的花费。

杰里·吉果斯在他所著的《钱爱》一书中提出的一种观点就是，你可以把借来的钱当作自己的收入。如果你一时还无法接受这种观点，是因为你觉得用自己的钱才能心安理得，才能真正轻松自在，那么你必须达到经济独立。要达到真正的经济独立以享受自在的生活，其实并不像人们通常想象的那么难，这并不是以庞大的财力为基础。

要想过悠闲轻松的快乐生活，并不一定要住大厦、开名车、穿金戴银。重要的是，你拥有什么生活态度。如果有了健康正确的心态，你即使靠着借来的钱，也能舒舒服服、痛痛快快地享受人生。

要想达到经济独立，首先你就得明确经济独立的定义。你可以不用增加收入或财产就能达到经济独立，你所要做的只是改变自己的想法，重新想想什么是经济独立，什么不是经济独立。为了明确你对经济独立的认识，你可以看看下面的几项选择中，哪一项是达到经济独立的重要因素。

（1）中了百万元的奖券。

（2）有一大笔公司退休金再加上政府的养老金。

（3）继承有钱亲戚的巨额遗产。

（4）和有钱人结婚。

（5）找财务顾问来协助做正确的投资。

我曾做过一项调查，发现将要退休的人最关心的事，以重要性依次排列是：财务保障、身体健康和可以共同分享退休生活的配偶或朋友。然而，有趣的是，这些人退休之后不久通常就改变了想法。健康成为他们最关注的头等大事，而经济状况则下降到了第三位：很明显，虽然他们所预期的收入还是不变，但他们对经济的看法却已经改变了。

调查结果显示，人们退休之后实际生活所需比他们原先想象的少得多，钱对高品质的生活没有那么大的影响和作用，同时，这个结果也证明了上述的几项因素没有一个是真正经济独立的必要条件。

多明奎兹，1940 年生于美国科罗拉多州一个富豪之家，从小过着优裕的生活。然而随着年龄的渐渐增长，他不愿再依赖家里。18 岁的时候，多明奎兹靠着一份极其微薄的薪水实现了经济独立。在其他人尤其他家里人的眼中，这样的收入比贫民还不如。但多明奎兹觉得，只要自己愿意，不管收入多少，都可以达到经济独立。不要以为百万富翁才具有经济独立的能力，一个月 500 美元或者低于 500 美元就可以达到经济独立。如何能够？他说："真正的经济独立无非是量入而出，如果你每个月只挣 500 元，但能够把开支控制到 499 元，你就是经济独立了。"多明奎兹多年来每个月就靠 500 美元生活，并拒绝家里人的援助。到 1969 年他 29 岁的时候，就经济独立地退休了。退休之前，他是华尔街的股票经纪人，看到许多人虽然社会地位颇高，收入丰厚，但却活得艰辛劳苦，一点也不快乐，这使他感到这种生活一点也没有意思。多明奎兹决定脱离这种工作环境，于是他设计了个人的财务计划，过一种简化的生活方式。他的生活舒适轻松，而且从来没有什么负担和压力，但一年却只需要 6000 美元，这是他把积蓄投资在国库债券的利息。由于多明奎兹的生活中没有过多的物质需求，他把从 1980 年以来主持公开研讨会"扭转你和钱的关系并达到真正经济独立"的额外收入，以及在《新生活杂志》上发表指导人们正确运用金钱的文章时获取的稿费，全数捐给了慈善机构。

我们其实不需要那么多物质和财富，对于金钱，只要使我们能吃饱肚子、有水喝、有衣服取暖再加一个可以遮风避雨的地方足矣。现代人大都过着奢侈的生活却不自觉。两套以上的替换衣服可以算是奢侈，拥有一幢房子也是奢侈，一台电视机是奢侈品，一辆车也是奢侈品。很多人会大声疾呼这些都是必需品，但它们并不是必需品，如果它们是，在还没有这些东西出现的古代，人们是不是无法生活了，至少也是无法快乐。显而易见，事实并不是这样。

当然，我并不是要每个人的思想都必须有 180 度的大转弯，只维持最起码的需求，更不是要人们都去当清教徒、苦行僧。我自己在过去几年来也时常收入低微，生活里还是保持着某些奢侈享受，而且不愿放弃。重点是在于，一般人至少可以减少一些花费。许多奢侈品其实没有任何意义，只能带给人们虚伪的自我膨胀。招摇阔绰地展示奢华和富有是一种浅薄的手段，想要借着炫人的财富——大过所需的房子、移动电话、豪华轿车以及最先进的音响——在别人面前，尤其是比较没有钱的人面前，证明自己高人一等。这种行为显示出缺乏自尊和内在本质。

人们那种追求金钱、炫耀金钱的虚荣心态实在该改一改了，疯狂地攫取金钱，买一些只能说是垃圾的东西，目的就是展现给别人看，以此来显示自己的价值，而实际上却失去了生命中更为宝贵的东西：本质、自尊以及真实的生活。

住在阿巴达锁镇阿巴达街的莫瑞德夫妇，有两个小女儿，他们是一个真正经济独立但并不富裕的家庭。他们靠着一份差不多只有一半的收入，就过着很好的生活。莫瑞德夫妇都是只受过专业训练的学校老师，如果他们想，一年加起来可以挣 10 多万美元，可是只有丈夫布兰特在工作，而且是一份半职的工作，他们一家四口，一年只用不到 3 万美元就过得很舒服，因为他们学会了聪明地花钱，所以能够达到经济独立。莫瑞德一家过去 10 年来都过着简单的生活，他们说这种生活一点都不难过，他们觉得自己很好，因为他们对环保尽了一份力量。事实上，他们的哲学已经变成了"少就是多"。他们的收入虽然比一般人低，但却买到了一个珍贵的东西，很多收入比他们高上 10 倍的人却还买不起这个东西。这个珍贵的东西就是大量的休闲时间，他们可以用来做自己想做的事情。

只要稍微谨慎一点用钱，大多数人都能减少可观的花费，人们如果能充分运用创造力和机智，不花什么钱，都可以过上逍遥快活的生活。

第七章

学会“享受”工作

工作是生活的第一要义

◇生活的准则可以用一个词表达：工作。工作是生活的第一要义；不工作，生命就会变得空虚，就会变得毫无意义，也不会有乐趣。

◇无论世事如何变化，也要坚持这一信念。它就是，在充分考虑到自己的能力和外部条件的前提下，进行各种尝试，找到最适合自己做的工作，然后集中精力、全力以赴地做下去。

在古希腊，有一个人看到蜜蜂从一朵花飞到另一朵花，四处采集花粉，辛苦异常，顿生怜悯之心。他把各种花堆积在家中，把蜜蜂的翅膀剪掉，放在花上。结果，蜜蜂酿不出一点蜂蜜。飞上很远的距离，从远处收集花粉，然后酿出甘甜的蜜，这是自然的法则。

生活是什么？菲利浦斯·布鲁克斯这样回答：“当一个人知道他要做什么，他就可以大声地说：‘这就是生活！’”这并不是说，一个人必须工作到筋疲力尽，在工作中尝尽了酸甜苦辣，才叹息道：“这只是为了生活。”

即使是最卑微的职业，人们也能从自己的工作中体验到快乐与满足。在每个人的心灵里，都会不时受到悲伤、悔恨、迷惑、自卑、绝望等不良情绪的侵扰，如果此时能集中精力于工作上，这些让自己无法正常生活的负面影响就会被抛在一边。

它们就像弹簧一样，当你用力挤压时，它们自然会弱下去。此时，人也真正成了坚强、自尊的人。在劳动中，幸福的荣光会从心底迸发，像火一样温暖着自己和周围的人。

"生活中有一条颠扑不破的真理，"英国哲学家约翰·密尔说，"不管是最伟大的道德家，还是最普通的老百姓，都要遵循这一准则，无论世事如何变化，也要坚持这一信念。它就是，在充分考虑到自己的能力和外部条件的前提下，进行各种尝试，找到最适合自己做的工作，然后集中精力、全力以赴地做下去。"

"重要的是参与，而不是赢得赛后的奖励。"

古希腊取得奥林匹克比赛胜利的运动员，会得到一个象征着荣耀的花环。其价值不在于花环本身，而是一种象征，让人的精神得到极大的满足。工作对于我们的价值也是如此。不管工作多么体面，或从中得到多少报酬，与从工作中得到的快乐相比，简直是微不足道的。积极参与到比赛中能够与戴上胜利的桂冠一样伟大。

爱默生说："只要你勤奋工作，就必有回报。"

"人们认为日常生活中应尽的职责是枯燥乏味的，"诗人朗费罗则说，"但是它们非常重要，就像时钟的发条一样，可以让钟摆匀速地摆动，让指针指示正确的时间。当发条失去动力时，钟摆就会停止，指针也不再前进，时钟静静地躺在那里，也不会有任何价值的。"

英国政治家布鲁厄姆勋爵说过，当他在晚上反思一天的工作时，如果一事无成，就觉得非常难受，是在虚度时光。他认为，认真履行职责、努力工作是一个人的护身法宝，不但可以保持健康的心灵，而且可以强身健体。

许多医师常常散播这样的观念——认为过度工作会伤害人的身体，而休息则有益人体的健康。但是，也有不少医师持不同的看法。英国伯明翰大学医学院的阿诺德教授便认为过多的休息其实对人体有害。他指出："至今尚没有什么证据可以证明工作会影响人体组织……辛劳的工作，只要不具有危险性，不影响睡眠或营养等……都不会伤害人体健康。相反地，却是对人大有帮助。"

是的，辛苦的工作不会是致命的，但是忧虑和高血压却会。跟传统看法相反，那些猝然倒地而亡、罹患各种溃疡症、行色匆匆、肩负重任的工商业主管，并不是因过度工作所致。他们每天的工作对精力的消耗并算不了什么。但是伴随着工作一起到来的紧张的气氛和压力、痛苦的失眠、畏惧竞争的失败、无休止的焦虑，却形成恶性循环，疯狂地吞噬着他的生命力。这样，他只好借助酒精、安眠药、苯丙胺和去高尔夫球场或手球场上疯狂地运动来逃避，但是身体和神经系统最后只能以死亡或精神崩溃来结束这种折磨。

现在，美国所有医院的病床有一半以上都被精神方面的病人所占据——远高于小儿麻痹症、癌症、心脏病和其他所有疾病病人相加的总和——这个可怕的事实表明，一定是哪儿出了问题，而出问题的原因绝不在于工作的辛苦与否。

科学上的进步使我们摆脱了我们的祖辈们视为生活中必要的一部分的辛苦工作，即使技术含量很低的职业，其工作环境也有了改善，工薪阶层的工作时间缩短，机器取代了过去由人力或畜力完成的工作。我们的休闲时间比以前更多了。所以，我们不能说是工作的辛苦导致我们身处痛苦的境地。

日常工作对一个人影响最大。可以使他肌肉发达，身体强壮，血液循环加快，思维敏捷，判断准确；也可以在工作中唤醒他那沉睡已久的创造力，激发他的雄心，把更多的聪明才智发挥到工作中去。正是工作，使他觉得自己是一个人，必须从事工作，承担责任，这才能显示出人的尊严与伟大。

你可以让儿子继承万贯家财，但是你真正给了他什么呢？你不能把自己的意志、阅历、力量传给他；你不能把取得成就时的兴奋、成长的快乐和获取知识的骄傲感传给他；也不可能把经过苦心训练才得来的严谨作风、思维方法、诚实守信、决断能力、优雅风度等传给他。那些隐含在财富之中的技巧、洞察力和深思熟虑，他是感受不到的。那些优良品质对于你十分重要，但是对于你的继承人来说，没有一点用处。为了挣得巨额财富，保住自己高高在上的地位，你培养出了坚强的毅力和苦干的精神，这都是从实际生活中逐步锻炼和塑造出来的。对于你来说，财富就是阅历、快乐、成长、纪律和意志。而对于你的继承人来说，财富则意味着诱惑，可能会让他更焦虑、更卑微。财富可以帮助你取得更大的成功，但对于他来说，则是个大包袱；财富可以使你得到更大的力量，更积极进取，但却会使他松懈怠惰，好逸恶劳，萎靡不振，变得更加软弱、无知。总之，你把最宝贵的也是他最需要的上进心，从他那儿拿走了。而正是这种力量激励着人类取得了巨大的成绩，将来也还是如此。

迪恩·法拉说："工作是人类与生俱来的权利，至今仍保存完好，它是最有效的心灵滋补剂，是医治精神疾病的良药。这从自然界就可以得到体现。一潭死水会逐渐变臭，奔流的小溪会更加清澈。如果没有狂风暴雨，没有飓风海啸，地球上全部是陆地，空气静止不动，这样的世界就毫无生趣。在气候宜人、四季温暖如春的地方，人们十分惬意地享受着生活，自然容易无精打采，甚至对生活产生厌倦。但是，如果他每天要为自己的生计奔波，与大自然作殊死的博斗，他就会精神抖擞，经受各种锻炼，发展出最强的力量。"

"每天早晨起床后，"金斯利说，"不管你喜不喜欢，你都得有事做，强迫自己工作并尽最大努力做好，可以培养自控能力、勤奋、意志力等各种美德。在懒惰的人那里，是没有这些优点可言的。"

千百年来，除了勤奋工作，还有什么能够给我们带来繁荣充实？它为贫穷的人开创了新的生活，它使千百万人免于夭折，特别是拯救了那些精神上有问题、甚至企图自杀的人。

古希腊著名的医生加龙说："劳动是天然的保健医生。"

美国小说家马修斯说："勤奋工作是我们心灵的修复剂，可以让生理和心理得到补偿。可惜的是，人们常常只对受人关注的行业和要职感兴趣，而不再愿意经受艰辛劳作的磨炼。但是，它却是对付愤懑、忧郁症、情绪低落、懒散的最好武器。有谁见过一个精力旺盛、生活充实的人会苦恼不堪、可怜巴巴呢？英勇无敌、对胜利充满渴望的士兵是不会在乎一个小伤的。出色的演说家不会因为身有小恙就口齿木讷，词不达意的。这是为什么呢？当你的精神专注于一点，心中只有自己的事业时，其他不良情绪就不会侵入进来。而空虚的人，其心灵是空荡荡的，四门大开，不满、忧伤、厌倦等各种负面情绪，就会乘虚而入，侵占整个心灵，挥之不去。"

俾斯麦把勤奋工作看成是一个人拥有真正生活的保护神。在他去世前几年，当被问及用一句简单的话概括生活的准则时，他说："这条准则可以用一个词表达：工作。工作是生活的第一要义；不工作，生命就会变得空虚，就会变得毫无意义，也不会有乐趣。没有人游手好闲却能感受到真正的快乐。对于刚刚跨入生活门槛的年轻人来说，我的建议只是3个词：工作，工作，工作！"

"劳动永远是光荣与神圣的。"卡莱尔说，"劳动是一切完美的源泉。没有艰辛的劳动，没有谁能有所成就，或者能成为一个伟人。懒散、无聊、无事可做，就像传染病一样，会迅速蔓延，使人类的灵魂失去依托。"

有的人声称现代工业文明的突飞猛进已扼杀了工作本身的创造性，无非就是机械化的动作，不断地重复一个动作而不必了解整个过程的工作有什么好得意的呢？他们说，当一个人痛苦不堪地在生产装配线上忙碌时，他足以自傲的成就感又从何而来？

以我自己的亲身经验，我可有几句话要说。好几年前，我在一家大公司担任打字员，主要的工作便是打字——一大堆的财务报告，日复一日，月复一月，好像永远也做不完。这项工作首要是正确性，其次是速度。由于这做起来并不容易，而且单调无聊，因此我并不喜欢这份工作。

但是，老实说，当我把这份工作做得近乎完美的时候，还是颇能引以为荣。因为这项工作虽然呆板，仍然需要精练的技术，因此在达到所要求的标准之后，实在有一种满足感。虽然在整个公司的运作过程里，我所担任的工作显然十分渺小，但它对我个性的成长十分有益，使我在处理每件小事的时候，都能力求正确、完美。

契斯特顿有句十分动人的隽语："要想不再当秘书的最好办法，便是尽量把现任的秘书职务做好。"

有许多家庭主妇把每天的家务事当成是不可忍受的苦差事，如洗碗碟等。但是，有一名妇女却将此看作是有趣的事。她的名字叫波西德·达尔。达尔女士是个职业作家，曾写过一本自传和许多其他著作，并且为杂志撰写文章。她曾失明多年，等到视力稍微恢复之后，根据她的说法，她把每日的家务杂事当成是有趣的奇迹来看，并为此衷心感谢上苍。她说："从我厨房的小窗户，我可以看见一小片蓝天。而透过洗碗槽上飞舞的肥皂泡沫，那五颜六色彩虹般的美丽景观，更使我百看不厌。经过多年不见天日的黑暗生活，能在做家务的时候再重新体会这世界美丽的色彩，真使我衷心感激不尽。"

不幸的是，我们大部分人虽然都拥有健康的眼睛，却对周遭的环境视而不见。我们不但没有达尔女士所具有的成熟想象力，也不能由日常工作中捕捉到对我们最有意义的价值。

住在德州的丽达·强森女士，以她亲身的经历向我们说明：如何因勤奋工作而解除了精神上的危机。

1941 年，强森先生和太太带着两个小孩，搬到新墨西哥一处约有 360 英亩大的农庄里。根据强森太太记载："没想到，那个农庄其实是个大蛇坑，住了许多可怕的响尾蛇，我们实在吓坏了。

"那时，我们的农舍还没有水电和瓦斯，但这些不便倒不令我担心，我日夜所忧虑的，是那些可怕的响尾蛇。万一有一天家人被蛇咬了，该怎么办呢？我夜里经常梦见孩子遭到不幸，白天也一直担心在田里工作的丈夫。只要有片刻不见家人的踪影，我就紧张不已。

"这种持续的恐惧，使我的精神近乎崩溃。若不是我开始勤奋工作，相信早就支撑不住了。我把玉米粒刮下来播种，直到双手起茧为止；我为小孩缝制衣服，把多出来的食物装罐收藏好——我不停地工作，直到疲累地倒在床上为止。如此我便没有精力担忧其他的事了。

"一年之后，我们搬离那个农庄，全家大小都安然无恙，没有人被蛇咬过。虽然自此以后我不再那么辛劳工作，但我一直为那段时间的境遇感谢上帝。那一年，辛劳的工作确实拯救了我的理智。"

正如强森太太的亲身经历一样，我们若能自困境中体会出辛勤工作所能产生的力量，往后若再遭遇危机，便有坚利的武器可以自我防卫了。工作通常可以支持我们渡过难关、危机、个人不幸，或失去所爱的人等。

爱德蒙·伯克说过："永远不要陷入绝望。但是如果你产生绝望情绪时，就去工作。"爱德蒙·伯克的话可不是空谈——他是有过亲身经历的。他曾经痛失爱子，他经过悉心研究之后，开始痛苦地深信文明快要堕落了。工作对他而言，就像对其他很多人一样，成为这个疯狂的世界上唯一清醒的标志。因此他不断地工作，即使在他绝望之时。

是的，工作是生活第一要义。不管我们出于什么原因离开工作，都会受苦。

树立正确的工作态度

◇一个人的态度直接决定了他的行为，决定了他对待工作是尽心尽力还是敷衍了事，是安于现状还是积极进取。

◇态度就是你区别于其他人，使自己变得重要的一种能力。

每个人都有不同的职业轨迹，有的人成为公司里的核心员工，受到老板的器重；有的人一直碌碌无为，不被人知晓；有些人牢骚满腹，总认为自己与众不同，而到头来仍一无是处……众所周知，除了少数天才，大多数人的禀赋相差无几。那么，是什么在造就我们、改变我们？是"态度"！态度是内心的一种潜在意志，是个人的能力、意愿、想法、价值观等在工作中所体现出来的外在表现。

要看一个人做事的好坏，只要看他工作时的精神和态度。某人做事的时候，感到受了束缚，感到所做的工作劳碌辛苦没有任何趣味可言，那么他决不会作出伟大的成就。

在企业之中，我们可以看到形形色色的人。每个人都持有自己的工作态度。有的勤勉进取；有的悠闲自在；有的得过且过。工作态度决定工作成绩。我们不能保证你具有了某种态度就一定能成功，但是成功的人们都有着一些相同的态度。

企业中普遍存在着 3 种人。

第一种人：得过且过。

玛丽的口头禅是："那么拼命干什么？大家不是拿着同样的薪水吗？"

她从来都是按时上下班，按部就班；职责之外的事情一概不理，分外之事更不会主动去做。不求有功，但求无过。

一遇挫折，她最擅长的就是自我安慰："反正晋升是少数人的事，大多数人还不是像我一样原地踏步，这样有什么不好？"

第二种人：牢骚满腹。

史密斯永远悲观失望，他似乎总是在抱怨他人与环境，认为自己所有的不如意，都是由环境造成的。

他常常自我设限，使自己的无限潜能无法发挥。他其实也是一个有着优秀潜质的人，然而，却整天生活在负面情绪当中，完全享受不到工作的乐趣。

他总是牢骚满腹，这种消极情绪会不知不觉地传染给其他人。

第三种人：积极进取。

在企业里，人们经常可以看到桑迪忙碌的身影，他热情地和同事们打着招呼，精神抖擞，积极乐观，永争第一。

他总是积极地寻求解决问题的办法，即使是在项目受到挫折的情况下也是如此。因此，他总能让希望之火重新点燃。

同事们都喜欢和他接触，他虽然整天忙忙碌碌，但却始终保持乐观的态度，时刻享受工作的乐趣。

一年后，玛丽仍然做着她的秘书工作，上司对她的评价始终不好不坏。一年一度的大学生应聘热潮又开始了，上司开始关注起相关的简历来，也许新鲜的血液很快就会补充进来，玛丽的处境似乎有些不妙。

人们已经很久没有见到史密斯，去年经济不景气，公司裁员，部门经理首先就想到了他。经济环境不好，公司更需要增加业绩、团结一致，史密斯却除了发牢骚，还是发牢骚。第一轮裁员刚刚开始，史密斯就接到了解聘信……

而桑迪还是那么积极进取，忙碌的身影依然随处可见，他已经从销售员的办公区搬走，这一年，他被提升为销售经理，新的挑战才刚刚开始。

在公司里，员工与员工之间在竞争智慧与能力的同时，也在竞争态度。一个人的态度直接决定了他的行为，决定了对待工作他是尽心尽力还是敷衍了事，是安于现状还是积极进取。态度越积极，决心越大，对工作投入的心血也越多，从工作中所获得的回报也就相应地更为理想。

　　玛丽、史密斯、桑迪三人，一个面临失业的危险，一个已经被解聘，一个得到晋升。这并不是说得到晋升的桑迪比史密斯、玛丽在智力上更突出，而是不同的工作态度导致的。尤其是在一些技术含量不高的职位上，大多数人都可以胜任，能为自己的工作表现增加砝码的也就只有态度了。这时，态度就是你区别于其他人，使自己变得重要的一种能力。

　　如果一个人轻视他自己的工作，而且做得很粗陋，那么他绝不会尊敬自己。如果一个人认为他的工作辛苦、烦闷，那么他的工作绝不会做好，这一工作也无法发挥他内在的特长。在社会上，有许多人不尊重自己的工作，不把自己的工作看成创造事业的要素，发展人格的工具，而视为衣食住行的供给者，认为工作是生活的代价、是不可避免的劳碌，这是多么错误的观念啊！

　　人往往就是在克服困难过程中，产生了勇气、坚毅和高尚的品格。常常抱怨工作的人，终其一生，决不会有真正的成功。抱怨和推诿，其实是懦弱的自白。

　　在任何情形之下，都不要允许你对自己的工作表示厌恶，厌恶自己的工作，这是最坏的事情。如果你为环境所迫，而做着一些乏味的工作，你也应当设法从这乏味的工作中找出乐趣来。要懂得，凡是应当作而又必须做的事情，总要找出事情的乐趣来，这是我们对于工作应抱的态度。有了这种态度，无论做什么工作，都能有很好的成效。

　　各行各业都有发展才能、增进地位的机会。在整个社会中，实在没有哪一个工作是可以藐视的。一个人的终身职业，就是他亲手制成的雕像，是美丽还是丑恶，可爱还是可憎，都是由他一手造成的。而人的一举一动，无论是写一封信，出售一件货物，或是一句谈话，一个思想，都在说明雕像的或美或丑，可爱或可憎。

　　不论做何事，务须竭尽全力，这种精神的有无可以决定一个人日后事业上的成功或失败。如果一个人领悟了通过全力工作来免除工作中的辛劳的秘诀，那么他也就掌握了达到成功的原理。倘若能处处以主动、努力的精神来工作，那么即便在最平庸的职业中，也能增加他的权威和财富。

　　当一个人喜爱他的工作时，你可以一眼看出来。他非常投入，他表现出来的自发性、创造性、专注和谨慎，十分明显。而这在那些视工作为应付差事、乏味无聊的人那里，是根本看不见的。

　　即使是补鞋这么个低微的工作，也有人把它当作艺术来做，全身心地投入进去。不管是一个补丁还是换一个鞋底，他们都会一针一线地精心缝补。这样的补鞋匠你会觉得他就像一个真正的艺术家。但是，另外一些人则截然相反。随便打一个补丁，根本不管它的外观。好像自己只是在谋生，根本没有热情来关心自己活儿的质量。前一种人好像热爱这项工作，不总想着会从修鞋中赚多少钱，而是希望自己手艺更精，成为当地最好的补鞋匠。

我知道 100 多年前有一位家住罗德岛的人，他殚精竭虑，砌了一堵石墙，就像一位大师要创作一幅杰作一样，其专注程度甚至有过之而无不及。他翻来覆去地审视着每一块石头，研究这块石头的特点，思考如何把它放在最佳的位置。砌好以后，站在附近，从不同的角度，细细打量，像一位伟大的雕刻家，欣赏着粗糙的大理石变成的精美塑像，其满足程度可想而知。他把自己的品格和热情都倾注到了每一块石头上。每年，到他的农庄参观的人络绎不绝，他也很乐意解说每一块石头的特点，以及自己是如何把它们的个性充分展现出来的。

你会问砌一堵石墙有什么意义呢？这堵围墙已经存在了一个多世纪，这就是最好的回答。

伟大的事业因工作的热忱而获得成功

◇对工作满怀热忱，是一切希望成功的人必须具备的条件。

◇对任何事都满怀热忱的人，做任何事都会成功。

◇有史以来，没有任何一件伟大的事业不是因为热忱而成功的。

已故的佛里德利·威尔森曾是纽约中央铁路公司的总裁，有一次他在广播访问中，被问到如何才能使事业成功，他回答："我深切地认为，一个人的经验愈多，对事业就愈认真，这是一般人容易忽略的成功秘诀。成功者和失败者的聪明才智，相差并不大。如果两者实力半斤八两的话，对工作较富热忱的人，一定比较容易成功。一个不具实力而富热忱，和一个虽具实力但无热忱的人相比，前者的成功也多半会胜过后者。

"一个满怀热忱的人，不论是在挖土，或者经营大公司，都会认为自己的工作是一项神圣的天职，并怀着深切的兴趣。对自己的工作满怀热忱的人，不论工作有多么困难，或需要多么艰苦的训练，始终会用不急不躁的态度去进行。只要抱着这种态度，任何人都会成功，一定会达到目标。爱默生说过：'有史以来，没有任何一件伟大的事业不是因为热忱而成功的。'事实上，这不是一段单纯而美丽的话语，而是迈向成功之路的指标。"

因此，对工作满怀热忱，是一切希望成功的人——像创造杰作的艺术家、卖肥皂的人、图书馆的管理员，以及追求家庭幸福的人——必须具备的条件。

"热忱"这个字眼，源自希腊语，意思是"受了神的启示"。

对工作满怀热忱的人，具有无限的力量。威廉·费尔波是耶鲁最著名而且最受欢迎的教授之一。他在那本极富启示性的《工作的兴奋》中如此写道："对我来说，教书凌驾于一切技术或职业之上。如果有热忱这回事，这就是热忱了。我爱好教书，正如画家爱好绘画，歌手爱好歌唱，诗人爱好写诗一样。每天起床之前，我就兴奋地想着有关学生的事……人在一生中所以能够成功，最重要的因素就是对自己每天的工作有热忱。"

任何一项事业的老板，都知道雇用热忱者的重要，也知道这种人难以物色。亨利·福特说过："我喜欢具有热忱的人。他有热忱，就会使顾客也有热忱起来，于是生意就做成了。"

"十分钱连锁商店"的创办人查尔斯·华尔渥兹也说过："只有对工作毫无热忱的人才会到处碰壁。"查尔斯·史考伯则说："对任何事都满怀热忱的人，做任何事都会成功。"

如果没有热忱，那就几乎不可能保持你成为不可阻挡的人所需要的巨大能量和意志。实际上，没有了热忱，一个人就会将生活简化为仅仅是存在、平庸和漠不关心。

怎样选择全在于你自己。你可以选择保持你的生命力，方法是想好你的目标，并努力从事点燃你热忱的活动。或者你也可以选择像我们生活中大多的人一样，用忍受的心态在生活中艰难跋涉，错过了他们经历的大多数事情。这种人观察生活但却没有体会到生活的乐趣。如果生活是一部交响乐，那么，他们只是听到了其中的音符，却感受不到整个乐曲的内涵；如果生活像一块稀世宝石，那么，他们只是看到了它的颜色，却无法看到那复杂的构造；如果生活像一部小说，那么，他们只理解其中的情节，却忽略了微妙的形象和寓意。

怀有热忱的人们极少用"工作"这个词来说明他们从事的事业。这种人是在追求他们最喜欢做的事和对个人受益匪浅的事，每个人的时间都是有限的。我们生活的每时每刻，不论是在工作、玩耍，还是在抱怨、感谢时，我们都已花费了时间。在我们的人生中，没有什么东西比剩余的时间更宝贵了。当我们在热忱鼓励下从事某项事业时，我们不仅仅是为了达到某个目标而努力，因为追求目标的过程和目标的实现同样使人受益。这样，当我们走到生命的尽头时，我们就能说一句"我热爱过我的生命"——这就是我们成功的最高概括。

热忱是一种意识状态，能够鼓舞及激励一个人对手中的工作采取行动。而且不仅如此，它还是有感染性，不只对其他热心人士产生重大影响，所有和它有过接触的人也将受到影响。

当然，这是不能一概而论的。譬如，一个对音乐毫无才气的人，不论多么热情和努力，都不可能变成一位音乐界的名人。话说回来，凡是具有必需的才气，有着可能实现的目标，并且具有极大热忱的人，做任何事都会有所收获，不论物质上或精神上都是一样。

即使需要高度技术的专业工作，也需要这种热忱。爱德华·亚皮尔顿是一位伟大的物理学家，曾协助发明了雷达和无线电报，也获得了诺贝尔奖。《时代》杂志引用他的一句具有启发性的话："我认为，一个人想在科学研究上有所成就的话，热情的态度远比专门知识来得重要。"

这句话如果出自普通人之口，可能会被认为是外行话，但出自亚皮尔顿这种权威性的人物，意义就很深长了。如果在科学的研究上热忱都这么重要，那么对普通的职员来说，岂不是占着更重要的地位吗？

关于这点，我们可以引用著名的人寿保险推销员法兰克·派特的一些话加以说明。他那本《我如何在推销上获得成功》，在销路上，打破以往任何一本有关如何推销的书籍。以下是派特在他的著作中所列出的一些经验之谈：

"当时是 1907 年，我刚转入职业棒球界不久，遭到有生以来最大的打击，因为我被开除了。我的动作不起劲，因此球队的经理有意要我走路。他对我说：'你这样慢吞吞的，好像是在球场混了 20 年。老实跟你说，法兰克，离开这里之后，无论你到哪里做任何事，若不提起精神来的话，你将永远不会有出路。'

"本来我的月薪是 175 美元，走路之后，我参加了亚特兰斯克球队，月薪减为 25 美元。薪水这么少，我做事当然没有热忱，但我决心努力试一试。待了大约 10 天之后，一位名叫丁尼·密亨的老队员把我介绍到新凡去。在新凡的第一天，我的一生有了一个重要的转变。

"因为在那个地方没有人知道我过去的情形，我就决心变成新英格兰最具热忱的球员。为了实现这点，当然必须采取行动才行。

"我一上场，就好像全身带电。我强力地投出高速度的球，使接球的人双手都麻木了。记得有一次，我以猛烈的气势冲入三垒，那位三垒手吓呆了，球漏接，我就盗垒成功了。当天气温高达华氏 100 度，我在球场奔来跑去，极可能中暑而倒下去。

"这种热忱所带来的结果，真令人吃惊，产生了下面的 3 个作用：

"（1）我心中所有的恐惧都消失了，而发挥出意想不到的技能。

"（2）由于我的热忱，其他的队员也跟着热情起来。

"（3）我没有中暑；我在比赛和比赛后，感到从没有如此健康过。

"第二天早晨，我读报的时候，兴奋得无以复加。报上说：'那位新加进来的派特，无异是一个霹雳球，全队的人受到他的影响，都充满了活力。他那一队不但赢了，而且是本季最精彩的一场比赛。'

"由于我热忱的态度，我的月薪由 25 美元提高为 185 美元，多了 7 倍。

"在往后的两年里，我一直担任三垒手。薪水增加了 30 倍。为什么呢？就是因为热忱，没有别的原因。"

但后来，派特的手臂受了伤，不得不放弃打棒球。接着他到菲特列人寿保险公司当拉保险的人，整整一年多都没有什么成绩，因此他很苦闷。但后来他又变得热情起来，就像当年打棒球那样。

目前，他是人寿保险界的大红人，不但有人请他撰稿，还有人请他演讲自己的经验。他说："我从事推销，已经 30 年了。我见到许多人，由于对工作抱着热忱的态度，使他们的收入成倍地增加起来。我也见到另一些人，由于缺乏热忱而走投无路。我深信唯有热情的态度，才是成功推销的最重要的因素。"

多年来，我的写作大都在晚上进行。有一天晚上，当我正专注地敲打打字机时，偶尔从书房窗户望出去——我的住处正好在纽约市大都会高塔广场的对面——看到了似乎是最怪异的月亮倒影，反射在大都会高塔上。那是一种银灰色的影子，是我从来没见过的。再仔细观察一遍，发现那是清晨太阳的倒影，而不是月亮的影子。原来已经天亮了。我工作了一整夜，但太专心于自己的工作，使得一夜仿佛只是一个小时，一眨眼就过去了。我又继续工作了一天一夜，除了其间停下来吃点清淡食物以外，未曾停下来休息。

如果不是对手中工作充满热忱，而使身体获得了充分的精力，我不可能连续工作一天两夜，而丝毫不觉得疲倦。热忱并不是一个空洞的名词，它是一种重要的力量，你可以予以利用，使自己获得好处。没有了它，你就像一个已经没有电的电池。

热忱是股伟大的力量，你可以利用它来补充你身体的精力，并发展出一种坚强的个性（有些人很幸运地天生即拥有热忱，其他人却必须通过努力才能获得）。发展热忱的过程十分简单。首先，从事你最喜欢的工作，或提供你最喜欢的服务。如果你因情况特殊，目前无法从事你最喜欢的工作，那么，你也可以选择另一项十分有效的方法，那就是把将来从事你最喜欢的这项工作当作是你明确的目标。

缺乏资金以及其他许多种你无法当即予以克服的环境因素，可能迫使你从事你所不喜欢的工作，但没有人能够阻止你在脑海中决定你一生中明确的目标，也没有任何人能够阻止你将这个目标变成事实，更没有任何人能够阻止你把热忱注入到你的计划之中。

所以，任何人，只要具备这个"热忱"条件，都能获得成功，他的事业必会飞黄腾达。

乐队指挥鲍勃·克劳斯贝的儿子，曾被问到他父亲和他的叔叔平·克劳斯贝每天的生活情形。他回答："他们永远都在愉快地工作。"

"那你长大之后希望怎样呢？"好奇的人又问他。

"也是愉快地工作。"年轻的克劳斯贝毫不迟疑地回答。

别让激情之火熄灭

◇如果你只把工作当作一件差事，或者只把目光停留在工作本身，那么即使是从事你最喜欢的工作，你依然无法持久地保持对工作的激情。但如果你把工作当作一项事业来看待，情况就会完全不同。

◇保持长久激情的秘诀就是给自己不断地树立新的目标，挖掘新鲜感。

让我们先来看看美国前教育部部长、著名教育家威廉·贝内特的一段叙述：

一个明朗的下午，我走在第五大街上，忽然想起要买双短袜。于是，我走进了一家袜店，一个年纪不到17岁的少年店员向我迎来。

"您要什么，先生？"

"我想买双短袜。"

"您是否知道您来到的是世上最好的袜店？"他的眼睛闪着光芒，话语里含着激情，并迅速地从一个个货架上取出一只只盒子，把里面的袜子逐一展现在我的面前，让我赏鉴。

"等等，小伙子，我只买一双！"

"这我知道，"他说，"不过，我想让您看看这些袜子有多美，多漂亮，真是好看极了！"他脸上洋溢着庄严和神圣的喜悦，像是在向我启示他所信奉的宗教。

我对他的兴趣远远超过了对袜子的兴趣。我诧异地望着他。"我的朋友，"我说，"如果你能一直保持这种热情，如果这热情不只是因为你感到新奇，或因为得到了一个新的工作。如果你能天天如此，把这种激情保持下去，我敢保证不到10年，你会成为全美国的短袜大王。"

只是，很多时候我们会遇到这样的情形：在商店，顾客需要静候店员的招呼。当某位店员终于屈尊注意到你，他那种模样会使你感到是在打扰他。他不是沉浸在沉思中，恼恨别人打断他的思考，就是在同一个女店员嬉笑聊天，叫你感到不该打断如此亲昵的谈话，反而需要你向他道歉似的。无论对你，或是对他领了工资专门来出售的货物，他都毫无兴趣。

然而就是这个冷漠无情的店员，可能当初也是怀着希望和热情开始他的职业的。刚刚进入公司的员工，自觉工作经验缺乏，为了弥补不足，常常早来晚走，斗志昂扬，就算是忙得没时间吃午饭，也依然开心，因为工作有挑战性，感受当然是全新的。

这种在工作时激情四射的状态，几乎每个人在初入职场时都经历过。可是，这份激情来自对工作的新鲜感，以及对工作中不可预见问题的征服感，一旦新鲜感消失，工作驾轻就熟，激情也往往随之湮灭。一切开始平平淡淡，昔日充满创意的想法消失了，每天的工作只是应付完了即可。既厌倦又无奈，不知道自己的方向在哪里，也不清楚究竟怎样才能找回曾经让自己心跳的激情。他们在老板眼中也由前途无量的员工变成了比较称职的员工。

有时，压力也是人们失去工作激情的原因之一。职场人士承担着巨大的有形或者无形的压力，同事之间的竞争、工作方面的要求，以及一些日常生活的琐事，无时无刻不在禁锢着我们的心灵。于是在种种压力的禁锢之下，无精打采、垂头丧气和漠不关心扼杀了我们对事业的激情。从热爱工作到应付工作再到逃避工作，我们的职业生涯遭到了毁灭性的打击。

但是，如果你在周一早上和周五早上一样精神振奋；如果你和同事、朋友之间相处融洽；如果你对个人收入比较满意；如果你敬佩上司和理解公司的企业文化；如果你对公司的产品和服务引以为豪；如果你觉得工作比较稳定；只要对以上任何一个问题，你的回答中有一个"是"字，我就要告诉你："你'可以'恢复工作激情。"

美国著名激励大师博西·崔恩针对如何恢复工作激情，提过5点建议：

（1）对自己所做的事感兴趣。"告诉自己：对自己所从事的事喜欢的是什么，尽快越过你不喜欢的部分，转到你喜欢的部分。然后做得很兴奋，告诉旁人这件事，让他们了解为什么你会如此感兴趣。只要你做出对工作感兴趣的样子，你就会真的开始对它感兴趣。这样做的另一项好处是可以减少疲劳、压力与忧虑。"

千万不能失去热忱。我们每个人都应当有一些引以为荣的东西，对那些真正高贵的事物要保持一种景仰之情，对那些可以使我们的生活变得充实美丽的东西，永远不要失去热忱。

（2）把工作当作一项事业。如果你只把工作当作一件差事，或者只把目光停留在工作本身，那么即使是从事你最喜欢的工作，你仍然无法持久地保持对工作的激情。但如果你把工作当作一项事业来看待，情况就会完全不同了。

（3）树立新的目标。任何工作在本质上都是同样的，都存在着周而复始的重复。如果是因为这永无休止的重复，而对眼前的工作失去信心的话，那么我要告诉你的是，如果你的态度不转变，不主动给自己树立新目标，即使那是一份让你称心的工作，即使那是一个令所有人艳羡的工作环境，它一样会因为一成不变而变得枯燥乏味，你也不会从中获得快乐。

保持长久激情的秘诀，就是给自己不断树立新的目标，挖掘新鲜感。把曾经的梦想拣起来，找机会实现它，审视自己的工作，看看有哪些事情一直拖着没有处理，然后把它做完……在你解决了一个又一个问题之后，自然就产生了一些小小的成就感，这种新鲜的感觉就是让激情每天都陪伴自己的最佳良药。

（4）学会释放压力。工作不是野餐会，一个人无论多么喜欢自己的工作，工作多多少少都会给他带来压力。面对压力，有些人一味忍受，有些人只顾宣泄，忍受会导致死气沉沉，宣泄则会带来无尽的唠叨。应该学会管理压力并科学地释放压力，减轻对工作的恐惧感，心情轻松才容易重燃激情。

（5）切勿自满。在工作中，最需要注意的是自满情绪。自满的人不会想方设法前进，对工作就会丧失激情。如果你满足于已经取得的工作成绩，忽略了开创未来的重要性，那么现在这个阶段的工作自然会丧失其吸引力。当你把过去的成绩当作激励自己更上一层楼的动力，试图超越以往的表现，激情就会重新燃烧起来。

工作给予你的报酬要比薪水更宝贵

◇一个人如果总是为自己到底能拿多少薪水而大伤脑筋的话，他又怎么能看到薪水背后的成长机会呢？

◇通过工作中的耳濡目染获得大量的知识和经验，这将是工作给予你的最有价值的报酬。

也许是亲眼目睹或者耳闻父辈、他人被老板无情解雇的事实，现在的年轻人往往将社会看得比上一代更冷酷、更严峻，因而也就更加现实。在他们看来，我为公司干活，公司付我一份报酬，等价交换，仅此而已。他们看不到薪水以外的价值，在校园中曾经编织的美丽梦想也逐渐破灭了。没有了信心，没有了热情，工作时总是采取一种应付的态度，宁愿少说一句话，少写一页报告，少走一段路，少干一个小时的活……他们只想对得起自己目前的薪水，从未想过是否对得起自己将来的薪水，甚至是将来的前途。

某公司有一位员工，在公司已经工作了 10 年，薪水却不见涨。有一天，他终于忍不住内心的不平，当面向雇主诉苦。雇主说："你虽然在公司待了 10 年，但你的工作经验却不到 1 年，能力也只是新手的水平。"

这名可怜的员工在他最宝贵的 10 年青春中，除了得到 10 年的新员工工资外，其他一无所获。

也许，这个雇主对这名员工的判断有失准确和公正，但我相信，在当今这个日益开放的年代，这名员工能够忍受 10 年的低薪和持续的内心郁闷而没有跳槽到其他公司，足以说明他的能力的确没有得到更多公司的认可，或者换句话说，他的现任雇主对他的评价基本上是客观的。

这就是只为薪水而工作的结果！

大多数人因为不满足于自己目前的薪水，而将比薪水更重要的东西也丢弃了，到头来连本应得到的薪水都没有得到。这就是只为薪水而工作的可悲之处。

如果要让我对于刚跨入社会的青年所遇到的切身问题发表意见，那么我希望每个青年都切切牢记："在你们开始工作的时候，不必太顾虑薪水的多少。而一定要注意工作本身所给予你们的报酬，比如发展你们的技能，增加你们的经验，使你们的人格为人所尊敬等等。"

雇主所交付给年轻人的工作可以发展我们的才能，所以，工作本身就是我们人格品性的有效训练工具，而企业就是我们生活中的学校。有益的工作能够使人丰富思想，增进智慧。

如果一个人只是为着薪水而工作，而没有更高尚的目的，那么这实在不是一种好的选择。在这个过程中，受害最深的倒不是别人，而是他自己。他就是在日常的工作中欺骗了自己，而这种因欺骗蒙受的损失，即便他日后奋起直追，振作努力，也不能赶上。

雇主只支付给你微薄的薪水，你固然可以敷衍塞责来加以报复。可是你应当明白，雇主支付给你工作的报酬固然是金钱，但你在工作中给予自己的报酬，乃是珍贵的经验、优良的训练、才能的表现和品格的建立，这些东西的价值与金钱相比，要高出千万倍。

许多年轻人认为他们目前所得的薪水太微薄了，所以竟然连比薪水更重要的东西也宁愿放弃了，他们故意躲避工作，在工作过程中敷衍了事，以报复他们的雇主。

这样，他们就埋没了自己的才能，消灭了自己的创造力和发明才能，也就使自己可能成为领袖的一切特性都无法获得发展。为了表示对微薄薪水的不满，固然可以敷衍了事地工作，但长期地这样做，无异于使自己的生命枯萎，使自己的希望断送，终其一生，只能做一个庸庸碌碌、心胸狭隘的懦夫。

每个人对于自己的职位都应该这样想：我投身于企业界是为了自己，我也是为了自己而工作；固然，薪水要尽力地多挣些，但那只是个小问题，最重要的是由此获得踏进社会的机会，也获得了在社会阶梯上不断晋升的机会。通过工作中的耳濡目染获得大量的知识和经验，使自己的能力得以提升，这将是工作给予你的最有价值的报酬。

能力比金钱重要万倍，因为它不会遗失也不会被偷。许多成功人士的一生跌宕起伏，有攀上顶峰的兴奋，也有坠落谷底的失意，但最终能重返事业的巅峰，俯瞰人生。原因何在？是因为有一种东西永远伴随着他们，那就是能力。他们所拥有的能力，无论是创造能力、决策能力还是敏锐的洞察力，绝非一开始就拥有，也不是一蹴而就，而是在长期工作中积累和学习得到的。

你的雇主可以控制你的工资，可是他却无法遮住你的眼睛，捂上你的耳朵，阻止你去思考、去学习。换句话说，他无法阻止你为将来所做的努力，也无法剥夺你因此而得到的回报。

许多员工总是在为自己的懒惰和无知寻找理由。有的说雇主对他们的能力和成果视而不见，有的会说雇主太吝啬，付出再多也得不到相应的回报……

一个人如果总是为自己到底能拿多少工资而大伤脑筋的话，他又怎么能看到工资背后的成长机会呢？他又怎么能理会到从工作中获得的技能和经验，对自己的未来将会产生多么大的影响呢？这样的人只会逐渐将自己困在装着薪水的信封里，永远也不会懂得自己真正需要什么。

总之，不论你的雇主有多吝啬、多苛刻，你都不能以此为由放弃努力。因为，我们不仅是为了目前的薪水而工作，我们还要为将来的薪水而工作，为自己的未来而工作。一句话，薪水是什么？薪水仅仅是我们工作回报的一部分。

世界上大多数人都在为薪水而工作，如果你能为自己的成长而工作，你就超越了芸芸众生，也就迈出了成功的第一步。

从前在宾夕法尼亚的一个山村里，住着一位卑微的马夫，后来这位马夫竟然成了美国最著名企业家之一，他靠着惊人的魄力和独到的思想撑起了事业的大厦，他一生的成就为世人所景仰。他就是查尔斯·齐瓦勃先生。

年轻的朋友们很关心齐瓦勃先生的成功，那么为什么他会获得成功呢？齐瓦勃先生的成功秘诀是：每谋得一个职位，他从不把薪水的多少视为重要的因素，他最关心的是新的位置和过去的职位相比较，是否前途和希望更为远大。

他最初在一家工厂里做工，当时他就自言自语地说："终有一天我要做到本厂的经理。我一定要努力做出成绩来给老板看，使老板主动来提拔我。我不会计较薪水的高低，我只要记住：要拼命工作，要使自己工作所产生的价值，远超过我所得的薪水。"他下定决心后，便以十分乐观的态度，心情愉快地努力工作。在当时，恐怕谁也不会想到齐瓦勃先生会有今日巨大的成就。

齐瓦勃的童年时代家境异常艰苦，家中一贫如洗，所以，他只受过很短时间的学校教育。齐瓦勃从15岁开始，就在宾夕法尼亚的一个山村里做马夫。两年之后，他又获得了另外一个工作机会，周薪为2.5美元。但他仍然无时无刻不在留心其他的工作机会，果然他又遇到一个新的机会，他应某位工程师之邀，去钢铁公司的一个建筑工场工作，工资由原来的周薪2.5美元变为日薪1美元。做了一段时间后，他就又升任技师，接着一步一步升到了总工程师的职位上。到了齐瓦勃25岁时，他晋升到房屋建筑公司的经理了。5年之后，齐瓦勃开始出任钢铁公司总经理。到39岁时，齐瓦勃接过了全美钢铁公司的权柄，出任总经理。如今，他是贝兹里罕钢铁公司的总经理。

齐瓦勃只要获得一个位置，就决心要做所有同事中最优秀的人。他决不会像某些人那样脱离现实胡思乱想。有些人经常会不守公司的纪律，常常抱怨公司的待遇，甚至于宁愿在街头流浪静待所谓的良机，也不愿刻苦努力。齐瓦勃深知，只要一个人有决心，肯努力，不畏难，必定可以成为成功者。在今天的年轻人看来，齐瓦勃先生一生的奋斗与成功故事，简直是一则情节曲折的传奇，但更是一个对人教益最大的典范。从他一生的成功史中，我们可以看到努力劳动所具有的非凡价值。干任何事情，他都能做到非常乐观而愉快，同时在业务上求得尽善尽美、精益求精。所以，在他与同事们一起工作时，那些有难度、要求高的事情，都得请他来处理。齐瓦勃先生做事的态度是一步一个脚印，他从不妄想一步登天、一鸣惊人，所以他地位的上升也是势所必至、天意使然。

别把工作当苦役

◇只要你在心中将自己的工作看成是一种享受，看成是一个获得成功的机会，那么，工作上的厌恶和痛苦的感觉就会消失。

◇这个世界的最好福音是，认识你的工作——它并不是苦役，然后便动手去做，像加西亚那样！

如果你对工作是被动而非主动的，像奴隶在主人的皮鞭督促之下一样；如果你对工作感觉到厌恶；如果你对工作毫无热忱和爱好之心，无法使工作成为一种享受，只觉得是一种苦役，那你在这个世界上绝不会取得重大的成就。

有这样一个故事，一天，主人把货物装在两辆马车上，让两匹马各拉一辆车。

在路上，一匹马渐渐落在了后面，并且走走停停。主人便把后面这辆车上的货物全放到前面的车上去。当后面那匹马看到自己车上的东西都搬完了，便开始轻松地前进，并且对前面那匹马说："你辛苦吧，流汗吧，你越是努力干，主人越要折磨你。"

到达目的地后，有人对主人说："你既然只用一匹马拉车，那么你养两匹马干吗？不如好好地喂一匹，把另一匹宰掉，总还能拿到一张皮吧。"于是主人便真的这样做了。

如果你对工作依然存在着抱怨、消极和斤斤计较，把工作看成是苦役，那么，你对工作的热情、忠诚和创造力就无法被最大限度地激发出来，也很难说你的工作是卓有成效的。你只不过是在"过日子"或者"混日子"罢了！

倘若如此，你每日所习惯的工作不仅不是合格的工作，而且简直跟"工作"有点背道而驰了！一些人认为只要准时上班，不迟到、不早退就是完成工作了，就可以心安理得地去领所谓的报酬了。他们没有想到，他们固然是踩着时间的尾巴上、下班，可是，他们的工作态度很可能是死气沉沉的、被动的。

那些每天早出晚归的人不一定是认真工作的人，对他们来说，每天的工作可能是一种负担、一种逃避、一种苦役。他们是在工作中远离了"工作"，不愿意为此多付出一点，更没有将工作看成是获得成功的机会。

因此，在任何时候，你都不能对工作产生厌恶感，或者把工作看成是苦役。即使你在选择工作时出现了偏差，所做的不是自己感兴趣的工作，也应当努力设法从这乏味的工作中找出兴趣。要知道凡是应当作而又必须做的工作，总不可能是完全无意义的。问题全在你对待工作的认知，对工作表现出积极的态度，可以使任何工作都变得有意义，变得轻松愉快。

如果你以为自己的工作是乏味的，是一种苦役，就会产生抵触的心理，这终究会导致你的失败。其实，只要你在心中将自己的工作看成是一种享受、看成是一个获得成功的机会，那么，工作上的厌恶和痛苦的感觉就会消失。不懂得这个秘诀，就无法获取成功与幸福。

一个人尽管如何冥顽不灵，尽管忘记他的崇高使命，但只要是踏踏实实，埋头苦干，这个人便不致无可救药，只有把工作当成苦役才会永无希望。努力工作，而绝不贪婪吝啬，这便是成功的唯一真理。

这个世界的最好的福音则是，认识你的工作——它并不是苦役，然后便动手去做，像加西亚那样！

我认识许多老板，他们多年来一直在费尽心机地去寻找能够胜任工作的人，他们所从事的业务并不需要出众的技巧，而是需要谨慎、朝气蓬勃与尽职尽责。他们雇请的一个又一个员工，却因为粗心、懒惰、能力不足、没有做好分内之事而频繁遭到解雇。与此同时，社会上众多失业者却在抱怨现行的法律、社会福利和命运对自己的不公。

许多人无法培养一丝不苟的工作作风，原因在于贪图享受、好逸恶劳，把工作看成是苦役，背弃了将本职工作做得完美无缺的原则。

我们在心中应当立下这样的信念和决心：从事工作，你必须不顾一切，尽你最大的努力。如果你对工作不忠实，不尽力，甚至把它当成是一个苦役，那将贬损自己，糟蹋自己，更不会从工作中得到应有的乐趣。

第八章

用智慧"撬起"工作的重量

工作 + 思考 = 智慧

◇人作为高级动物，最大的特点就是会动脑筋。沙克的正确思考，使他发明了小儿麻痹疫苗；马歇尔的正确计划使他得以振兴经过希特勒蹂躏之后的欧洲经济。

我们在生活中所读到的所有成功者的故事，都可证明正确思考的好处——包括对个人和对社会的好处。

沙克的正确思考，使他发明了小儿麻痹疫苗。马歇尔的正确计划使他得以振兴经过希特勒蹂躏之后的欧洲经济。

人作为高级动物，最大的特点就是会动脑筋。这一点，美国著名企业家艾柯卡有切身体会。他坦陈自己之所以有那么大的发展，与两个人有很大关系。其中一个人，是他刚刚参加工作时遇到的分公司经理。他对艾柯卡说：

"你要记住，马更有力气，狗更忠诚。你作为人类的唯一长处就是你有动脑的智慧，这是你唯一能超越它们的地方。"

另一个对他影响最大的人，是他的父亲。他父亲曾在镇上开了一家电影院，生意一直不错，因为他总在不断推出优惠的措施来吸引观众，包括每天提供几张免费票给老教师、退伍军人。

但有一天，该给优惠票的人都给完了，而票还剩几张，该怎么办呢？

他父亲在门口愁眉苦脸地想，正好看到几个孩子在门口玩耍，于是突然想出一个主意：让几个脸上最脏的孩子免费看电影。

这完全是一种出乎意料的做法：因为以往的优惠，都是优惠给那些值得尊敬的人，现在，优惠的做法，却给了几个脏孩子，这算什么呢？但是，他的做法是一种幽默，更是一种人性化的经营。果然，之后人们愿意更多地光顾他的电影院。

不管是创业还是取得工作上的成功，道理都是同样的：不怕做不到，就怕想不到！

罗斯·派格特原来在美国最大的计算机公司 IBM 担任推销员，他发现很多计算机的功能，许多用户并没有充分利用。他认为，如果 IBM 公司能够增设数据处理业务，帮助这些用户发掘计算机潜力，定能获得成功。

于是罗斯·派格特精心撰写了一份有关数据处理服务市场的报告，呈递给 IBM 管理层。不料建议却被公司决策层否定了。于是，他下决心成立公司自己创业。

然而他遇到一个很大的问题：买不起昂贵的计算机，所以服务也无从谈起。但是他并没有退缩，最后想出了一个绝招：

他在一家保险公司，以"批发价"买下了安装在该公司的 IBM 计算机的使用时间，然后花了 5 个月的时间，找到一家无线电公司，又以"零售价"将使用时间卖给这家公司，并提供给其计算机服务。

没想到市场一下子打开了，业务蜂拥而至。后来，他所创办的电子数据公司（EDS）成为拥有数十亿资产的大公司了。

很多人认为只有条件充足了才可以创业，但罗斯·佩格特的成功，却告诉我们一个道理：缺乏条件同样可以创业！

只要你下决心并肯动脑筋，就可以让条件为信念让路！

罗斯·派格特的例子告诉我们，没有正确的思考，是不会成就这些伟大的事情的。如果你不学习正确的思考，是绝对成就不了杰出的事情的。

正确的思考以下列两种推理作为基础。

（1）归纳法，这是从部分导向全部，从特定事例导向一般事例，以及从个人导向宇宙的推理过程。它是以经验和实证作为基础，并从基础中得出结论。

（2）演绎法，以一般性的逻辑假设为基础，得出特定结论的推理过程。

这两种推理方法之间有很大的不同，但二者可以一起运用。例如每当你用石头打窗户的时候，只要石头不变，则窗户一定会被打破，反复几次用石头打窗户之后，你可归纳出一个结论，亦即玻璃是易碎的，而石头不会碎。

因此，从这个结论出发，你可进行演绎推理，将了解其他不易碎的东西也会打破玻璃，而石头也会打破其他易碎的东西。

但我们很可能一不小心就做出错误的推理，进而导出错误的结论，你必须严格地要求推理的正确性，也就是严格地要求自己进行正确思考。必须审查你的推理结果，并找出其中的错误。除了审查你自己的思考过程之外，你还可以运用这两种推理方式，审查别人的思考结果是否正确。

为了成为一位正确的思考者，你必须把事实和感觉、假设、未经证实的假说和谣言分开。将事实分成两个范畴：重要的和不重要的事实。

除了正确的思考者之外，一般人都会有许多意见，但这些意见多半都是没有价值的。在没有价值的意见之中，有许多都可能是危险的，而且具有破坏性。希特勒就是一个最好的例子。

你只能接受那些以事实或正确的假说为基础所提出的意见。同样的，你不可提供没有事实或正确假说作为根据的意见。正确思考者在没有确信之前，是不会提供任何意见的，虽然他们从别人那儿听取事实、资料和建议，但是他们保留接受与否的权利。报纸、闲聊和谣言，都不是得知事实的可靠媒介，因为它们所传达的消息经常会出现变化，而且也没有经过严格的查证。

"期待"通常是形成大众所接受之"事实"。想要了解真正的事实，通常是必须付出代价的，也就是努力追查事件的真实性的代价。

美国曾经弥漫着一个谣言：在百事可乐的罐子里，曾发现皮下注射器的注射针。当时有二十几个州都有这样的报道。基于此一"事实"，百事可乐的股价一下子严重下跌，投资人以赔本的价钱抛售百事可乐股票，但即使如此，该公司的管理阶层仍然保证这种情况几乎不可能发生。

但是正确的思考者并不相信此一"事实"，并且买进该公司的股票，最后联邦药物管理局和联邦调查局宣布这些报道完全是恶作剧。

在这个事件中谁才是真正的获利者？是那些因为恐慌而赔本卖出股票的人，还是那些经过正确思考后低价买进股票的人？

目标明确，态度坚决

◇把你所有的蛋放在一个篮子里，然后看住这个篮子，不要让任何一个蛋掉出来。事实上大多数人如果专注于一项工作，并集中精力于这项工作，他们就能把这项工作做得很好。

钢铁大王卡内基提出了这样的忠告："把你所有的蛋放在一个篮子里，然后看住这个篮子，不要让任何一个蛋掉出来。"当然，他这项忠告的意思是说，我们不应该因为从事分外工作而分散了我们的精力。

卡内基是一位很有见地的经济学家，他知道，大多数人如果专注于一项工作，并集中精力于这项工作，他们将能把这项工作做得很好。

在仔细观察过 100 多位在其本行业获得杰出成就的男女人士的商业哲学观点之后，就会发现这个事实：他们每个人都具有明确果断的优点。

做事有"明确的主要目标"的习惯，将会帮助你培养出能够迅速作出决定的习惯，而这种习惯对你所有的工作都有很大帮助。

配合一项明确的主要目标做事的习惯，将帮助你把全部的注意力集中在一项工作上，直到你完成了这项工作为止。

关于目标所蕴藏的巨大能量，没有谁比保尔更清楚了。保尔曾经听过我的讲座，他决心推销自己的书《自我潜能挖掘》，并以推销成功作为自己的目标。保尔把这个目标写下来贴在他的梦想板上面，并且把目标录在录音带上面。

经过不断地反复，在一个月内，它就登上了畅销书排行榜，成了两家书店的排行榜第一名，以及慧延书店的第六名。

这实在是非常非常令他惊讶，因为，那时候保尔是一个完全没有知名度的人。

保尔事后激动地说，是我给了他 3 万倍的力量，竟然可以让他在一个月之内，就把他的书从销售量是零，提高到一个月 8000 本，实在非常让人惊讶。

现在，这本书已经销售过 8 万本以上，并且仍然在畅销中。

所以，不管你要实现什么目标，只要你能照这些方法去实践，它都可以非常戏剧性地改变你的人生。

可是，问题就是这些方法实在是太简单了，一般人都不愿意去尝试，不尝试的话，铁定没有效。

有非常多的学生用了保尔这样的方法，也许他还没有达到保尔的目标，可是他们都进步非常非常的快，甚至在非常短的时间内，进步了五六成。

保尔有一个员工，用了这样的办法，收入从原本是零增加到第二个月的 30 万，虽然 30 万对某些人来说不是非常大，但对保尔的这位员工而言，是一个非常巨大的改变。

保尔建议大家不妨用这种方法试试看，相信一定会产生非常惊人的绩效。

我们每个人都希望得到更好的东西——如金钱、名誉、受尊重——但是大多数的人都仅把这些希望当作一种愿望而已，如果你知道你希望得到的是什么，如果你对达到自己的目标的坚定性已到了执着的程度，而且能以不断的努力和稳健的计划来支持这份执着的话，那你就已经是在实现你的明确目标。因此，认识愿望和强烈欲望之间的差异是极为重要的。

假设你已经设定了明确目标，接下来你可能会问："在哪里可以得到执行计划所需要的资源？"

使潜意识发挥作用，只是迈向成功的第一步而已。如果你不能说服他人与你合作，而且又无法遵守严格标准的话，一样不会成功的。

当然，从贫穷到富有，第一步是最困难的。其中的关键，在于你必须了解，所有财富和物质的获得，都必须先建立清晰且明确的目标；当目标的追求变成一种执着时，你就会发现，你所有的行动都会带领你朝着这个目标迈进。

成功关键并不只是"辛勤工作"而已，你可能也发现到，有些人和你一样辛勤工作——甚至比你更努力——但却没有成功。教育也不是关键性的因素，华尔顿从来没有拿过罗德奖学金，但是他赚的钱，比所有念过哈佛大学的人都多。

伟大的成就，是得自对积极的心态的了解和运用，无论你做任何一件事，你的心态都会给你一定的力量并为自己设立明确的目标。

抱持着积极心态，意味着你的行为和思想有助于目标的达成；而抱持消极心态，则意味你的行为和思想将不断地抵消你所付出的努力。当你将欲望变成执着，并且设定明确目标的同时，也应该建立并发挥你的积极心态。

但是设定明确目标和建立积极心态，并不表示你马上就能得到你所需要的资源，你得到这些资源的速度，须视需要范围的大小，以及你控制心境使其免于恐惧、怀疑和自我设限的情形而定。

如果你只需要1万美金来实现你的明确目标，可能在很短的时间内就能筹得；但是，如果是100万美金，可能就得花较长的时间了。在此一过程的一项重要变数是，你要拿什么来交换这1万或100万美金。提供相对服务或其他等价物的时间，对取得资源的速度快慢也是相当重要的，你必须清楚地了解在你"取得"之前应"付出"些什么。

运用"简单"的威力

◇有些人成天忙得团团转，但他是否真的很勤快呢？甚至到了下班时间，还有一大堆事情尚未处理完，这是否意味着他的忙碌是没有意义的呢？或许你会发现，像这种成天忙碌的人，工作是很不具效率的。

◇工作没有次序、缺乏条理的商人，总会因办事方法的失当而蒙受极大的损失。

有些主管整天踱来踱去，骂这骂那；书桌上的公文及资料文件堆积如山，似乎有忙不完的工作：我将他们称为"无事忙"。

若是你有事请教，他会很不耐烦地转头说："我很忙。"在你问题尚未说出前，就给你来个下马威。的确，他是很忙，但这种忙碌是否具有实质意义呢？相反的，有的人对每件事都处理得井然有序，不管公司内外，大大小小的事，他都能迅速地亲自处理，并且让人一目了然，甚至有时还悠闲地表现一些幽默和情趣，这到底是怎么回事呢？我曾对公司内那些"无事忙"的主管做过心理分析，很不幸地，我发现他们忙碌的理由都是可笑的，有的甚至只是为了要将自己的能力表现给他人看，却完完全全地与效率和合理脱了节。

在我们做一件工作前，应当考虑如何用最简省的方法去获得最佳的成效，拟定一个周密的计划，再着手去做。若只是因一时的兴起而从事工作，不但事倍功半，而且也不易成功。如果只是要将自己的忙碌告诉他人，我们可以断定他所忙的都只是一些无聊的事，因为一个工作有计划的人，是不会那么忙碌的。我认识一位公司的高级主管，他总是笑脸迎人，优哉自若，非常有效率。和他一见面，他会直截了当地告诉你："今天我只有30分钟能和你谈。"或是："今天我的时间较充裕，我们可以慢慢谈。"有一次我为了一件重要事情去拜访他，他立刻就将事务科长叫到办公室；第二天，这件事情就解决了。因为他冷静，所以能很快地下决断，成天无事忙的人，是绝对没有这种"当机立断"的能力的。

无论是高层主管还是员工，若能在一天规定的8小时工作时间内将预定工作做完，才是一个有效率的人。我常看到有些人，要在下班铃响后，才开始紧张忙碌地工作。如果有这样的员工，必定也有这样的主管，因为他的无能，双方才能臭味相投。若是一个主管认为员工如此工作是没有效率的，相信员工也不会有如此恶劣的表现。

条理性是我们简化工作的一个重要方法。在许多工作没有计划和条理的商行里，有不少拿着高薪的员工做着极简单的工作，比如拆信、把信札分类、寄发传单等等事情。其实，此类工作，即便是待遇微薄的职工也一样能够胜任。像这样一些没有精细规划的商行是永远不会有发展的。

只有很少商人和店主，对于商行管理过程中时间的节约与职员的能力，有着相当的研究，但大部分商人和店主并不善于指挥，总不能使工作有条理和系统化，这样就无法增加员工的办事效率。其实，不去注意工作上的条理和效率，是经营上最大的失策。

工作没有次序、缺乏条理的商人，总易因办事方法的失当，而蒙受极大的损失。他们不知怎样去有效地措置业务；对于雇员的工作，他们不知道好好地安排；做起事来，有的地方不及，但有的地方却过之；仓库里有许多过时、不合需要的存货，也不及时把货物整理一下，结果什么东西都纷乱不堪。这样的商行，必要失败。

一个在商界颇有名气的经纪人把"做事没有条理"列为许多公司失败的一大重要原因。

没有条理、做事没有次序的人，无论做哪一种事业绝没有功效可言。而有条理、有次序的人即使才能平庸，他的事业也往往有相当的成就。

工作没有条理，同时又想做成大规模营业的人，总会感到手下的人手不够。他们认为，只要人雇用得多，事情就可以办好了。其实，他们所缺少的，不是更多的人，而是使工作更有条理、更有效率。由于他们办事不得当、工作没有计划、缺乏条理，因而浪费了大量职员的精力和体力，但还无所成就。

一个性急的人，不管你在什么时候遇见他，他都很匆忙。如果要同他谈话，他只能拿出数秒钟的时间，时间长一点，他便要拿出表来看了再看，暗示着他的时间很紧。他公司的业务做得虽然很大，但是花费更大。究其原因，主要是他在工作上毫无秩序、七颠八倒。他做起事来，也常为杂乱的东西所阻碍。结果，他的事务是一团糟，他的办公桌简直就是一个垃圾堆。他经常很忙碌，从来没有时间来整理自己的东西，即便有时间，他也不知道怎样去整理、安放。

这个人自己工作没有条理，更不知如何恰到好处地进行人员管理，他只知一味督促职工。但他只是催促职工做得快些，却谈不上有条理。因此，公司职员们的工作也都混乱不堪、毫无次序。职员们做起事来，也很随意，有人在旁催促便好像很认真地做，没有人在旁催促便敷衍了事。

其实，做事有方法、有秩序的人时间也一定很充足，他的事业也必能依照预定的计划去进行。

今日之世界是思想家、策划家的世界。唯有那些办事有次序、有条理的人，才会成功。而那种头脑混乱，做事没有次序、没有条理的人，这世上绝没有他成功的机会。

将自信注入工作

◇自信心对于一个人的成长着相当重要的作用，它可以支持强者闯过难关，帮助弱者赢得成功。在一个人的整个职业生涯中，要对工作充满信心，保持热情与精力，这样才能有所成就。

一名企业家曾说过："对任何一个公司而言，若要生存并获得成功的自豪感，必须有一套健全的原则，可供全体员工遵循，但最重要的是，大家要对此原则充满自信。"

自信心对一个人的成长着相当重要的作用，它可以支持强者闯过难关，帮助弱者赢得成功。一名精明的主管，要有效地调动自己的下属，会让他们在能够产生自我激励、自我评估与自信心的气氛中工作。而一名优秀的员工，只有对工作充满信心，保持热情与精力，这样才会有所成就。

凯恩斯是一名普通修理工，生活虽然勉强过得去，但离自己的理想还差得很远。有一次，他听说旧金山一家维修公司招工，决定前去试一试，希望能够换一份待遇较高的工作。他星期六下午到达旧金山，面试时间定在星期日。

吃过晚饭，他独自坐在旅馆房间中，不知为什么，他想了很多，把自己经历过的事情都在脑海中回忆了一遍。突然间他感到一种莫名的烦恼：自己并非一个智力低下的人，为什么至今依然一事无成，毫无出息呢？

他取出纸笔，写下4位自己认识多年、薪水比自己高、工作比自己好的朋友的名字。其中两位曾是他的邻居，已经搬到高级住宅区去了，另外两位是他以前的老板。他扪心自问：和这4个人相比，除了工作比他们差以外，自己还有什么地方不如他们？聪明才智？凭良心说，他们实在不比自己高明多少。

经过很长时间的思考和反思，他悟出了问题的症结——自我性格情绪的缺陷。在这一方面，他不得不承认自己比他们差了一大截。

虽然是深夜1点钟，但他的头脑却出奇的清醒。他觉得自己第一次看清了自己，发现自己过去很多时候不能控制自己的情绪，爱冲动，自卑，不能平等地与人交往，等等。

整个晚上，他都坐在那儿自我检讨。他发现自从懂事以来，自己就是一个极不自信、妄自菲薄、不思进取、得过且过的人；他总是认为自己无法成功，也从不认为能够改变自己的性格缺陷。

而后，他决定绝不再有自己不如别人的想法，绝不再自贬身价，一定要完善自己的情绪性格，弥补自己的不足。

第二天早晨，他满怀自信前去面试，顺利地被录用了。在他看来，之所以能得到那份工作，与前一晚的沉思和醒悟让自己多了份自信不无关系。

在走马上任的两年内，凯恩斯逐渐建立起了好名声，人人都认为他是一个乐观、机智、主动、热情的人。随之而来的经济不景气，使得个人的情绪因素受到了考验。而这时，凯恩斯已是同行业中少数可以做到生意的人之一了。公司进行调整时，分给了凯恩斯可观的股份，并且加了他的薪水。

成功不可能来自于一种失败的观念，就好像玫瑰不可能生长在长满蓟草的土壤中一样。当一个人非常担心失败或贫困时，当他心中总是想着可能会失败或贫困时，他的潜意识里就会形成这种失败的印象，这将会使他自己处于越来越不利的地位。有一天，我在某市文化中心举行的实业家会议发表演讲，当我正在讲台上致词时，有名男子朝我逐步走近，而且诚恳地对我说："我有个相当要紧而严重的问题，不知是否能私下与您谈谈？"我听了这句话后，便答应等会议结束后再与他详谈。

他向我说明："我准备在这个城镇开创自己这一生中最大的事业，如果成功的话，将对我产生无比的意义；但若不幸失败，我将会失去所有的一切！"

听了这番话后，我先安抚他，希望他能放松心情，接着委婉地对他说："并非每件事都能达到预期的理想结果。成功固然美好，但即使失败，明天的风仍是继续地吹着，希望依然存在。"我如此开导他、劝慰他。

然而，他依旧愁容满面地说："但是，有件令我相当苦恼的事，我始终无法对自己产生自信。对于任何事我都没有把握，甚至无法确信自己是否真的能顺利完成一件事。通常，在事情尚未开始着手之前，我的意志便不由自主地消沉下来。事实上，目前我已相当泄气了。"他继续说着，"如今，我已是 40 岁的中年人，却一直受困于自卑感的烦恼，因此对自己总是抱持否定的态度，今晚聆听您的演讲，对于您所谈有关思考力量的问题，希望有进一步的了解，我想明白该如何做，才能对自己产生自信与肯定。"

我对这名男子做了这样的回答："有两个方法可以解决你的问题：第一是探讨无力感的来源。当然，若要找出源头，必得花费不少时间分析，但这是绝对必要的重要步骤。我们必须学习科学家的做法，以科学方法来探究这种生活病态的原因。不过，这件事绝不可能在短期内得到答案，再者也不可能在短时间内能得心应手地运用，这是一种为达到永久治愈目标的治疗法，因此对你的迫切需要并不适宜。但是还有一个方法可以临时应急，以解决你迫在眉睫的问题。我要给你开一帖处方，若能好好运用，想必能有效解决你的困难。"我继续向他郑重说明，"今天晚上，当你走在街上时，不妨重复默念我将告诉你的这句话；等你回到家，躺在床上时，也要对自己重复说上几次。待明天睡醒时，记得在起床前把这句话说上3次。倘若你本着虔诚的心意来做这件事，你将会获得足够的能力面对这个问题。当然，如果可能的话，尝试花些时间去进行分析问题的基础研究，是再好不过的事。但不论研究结果如何，我现在要赠你的这帖处方，在治疗上却是扮演着绝对重要的角色。"

这句话的内容是："虔诚的信仰给了我无比的力量，凡事都能做。"

由于在此之前，他并未听过这句话，因此我把这句话写在卡片上递给他，并请他大声复诵3次。然后，再次细心叮咛："那么，你就按照我刚才所说的去做吧！我相信一切将很顺利！"

他站起身来，先是静静地站在原地，一动也不动，后来带着激动的表情与口吻对我说："好的，先生，我知道了！"

我看着他昂首挺胸的身影在夜幕中逐渐消失，尽管那身影看来仍有些悲伤的意味，但是看着他那昂然离去的姿态，仿佛无言的暗示，信仰已在他的心中萌芽。

日后，这名男子曾感激地对我表示："这帖简易的处方确实为我缔造了奇迹。"此外他还强调，"简直令人难以置信，想不到这么一小句话竟能带给人们这么大的效果！"

后来，他也应用科学的研究方法，努力探究自己自卑感的原因所在。结果，终于去除了长久以来的自卑感。最重要的是，他真正学会了应该如何拥有信仰，并恪守某些特定的训诲。他逐渐拥有强大、坚定不移的信心，现在任何事情对他而言都不再是难以克服的困难了，而是完全可由他来操控安排。这样的变化实在令人惊讶，大量事实的确如此。他的人格再也不似昔日般消极悲观，而是充满积极与斗志，现在他不仅不会与成功绝缘，相反地，更将成功拉向了自己。尤其可以肯定的一点是，他已经对于自己本身的能力真正具有信心了。

挣取你的"脑力薪"

◇不要以为你毕业于最高学府就应该领取头脑薪，也不要以为你办事快就能领取效率薪；事实上，我们都是以做事的方法和实际效果来决定自己的薪酬。

　　我常常在想：倚仗着年资久或是毕业于最高学府，脑筋却不怎么样的人，凭什么比只有高中毕业的优秀者领到更多的薪水？靠关系走后门却没有能力的人，凭什么比辛勤努力的人领到更高的薪水？

　　美国的一本袖珍读物上，有这么一段故事：

　　在东海岸的某一港街，有一家著名的毛皮公司。这家公司的工作人员中有三兄弟。有一天，他们的父亲要求见总经理，原因是他不明白为何三兄弟的薪水不同。大儿子杰斯的周薪是 350 美元，二儿子杰菲的周薪是 250 美元，三儿子杰亮的周薪是 200 美元。

　　总经理默默地听三兄弟的父亲说完，然后说："我现在叫他们三人做相同的事，你只要看他们的表现，就可知道答案了。"总经理先把杰亮叫来，吩咐说：

　　"现在请你去调查停泊在港边的 C 船上的毛皮的数量、价格和品质，你都要详细地记录下来，并尽快给我答复。"

　　杰亮将工作内容抄下来后，就离开了。5 分钟后，便回来了，向总经理汇报情况。

　　杰亮因为总经理命令他要尽快，所以他就利用电话询问：一通电话就完成了他的任务。

　　总经理再把杰菲叫来，并吩咐他做同一件事情。

　　杰菲在一小时后，回到经理办公室。气喘吁吁地说他是坐公车往返的，并且将 C 船上的货物数量、品质等详细报告出来。

　　总经理再把杰斯找来，先把杰菲报告的内容告诉他，然后吩咐他再去详细调查。杰斯说可能要花点时间，然后走了。

　　3 小时后，杰斯回到公司。

　　杰斯首先重复报告了杰菲的报告内容，说他已按照总经理的要求将任务完成，为了方便总经理和货主订契约，他已请货主明天早上 10 点到公司来一趟。回程中，他又到其他的两三家毛皮商公司询问了货的品质、价格，并请可以做成买卖的公司负责人明天早上 11 点到公司来。

　　在暗地里看了三兄弟的工作表现后，父亲很高兴地说："从他们三人的行动能力上给了我最满意的答案。"

　　由这个小故事，我们可以知道能力薪和脑力薪是有所不同的，只是人们常将它们混为一谈。

正确地做事与做正确的事

◇创设遍及全美事务公司的亨瑞·杜哈提说，不论他出多少薪水，都不可能找到一个具有两种能力的人。这两种能力是：第一，能思想；第二，能按照事情的重要程度来做事。

◇正确地做事是一味地例行公事，而不顾及目标能否实现，是一种被动的、机械的工作方式；而做正确的事不仅注重秩序，更注重目标，是一种主动的、能动的工作方式。

创设遍及全美的事务公司的亨瑞·杜哈提说，不论他出多少钱的薪水，都不可能找到一个具有两种能力的人。这两种能力是：第一，能思想；第二，能按事情的重要程度来做事。因此，在工作中，如果我们不能选择正确的事情去做，那么唯一正确的事情就是停止手头上的事情，直到发现正确的事情为止。由此可见，做事的方向性是至关重要的。然而，在现实生活中，无论是企业的商业行为，还是个人的工作方法，人们关注的重点往往都在于前者：效率和正确做事。

实际上，第一重要的却是效能而非效率，是做正确的事而非正确做事。"正确地做事"强调的是效率，其结果是让我们更快地朝目标迈进；"做正确的事"强调的则是效能，其结果是确保我们的工作是在坚定地朝着自己的目标迈进。换句话说，效率重视的是做一件工作的最好方法，效能则重视时间的最佳利用——这包括做或是不做某一项工作。

"正确地做事"是以"做正确的事"为前提的，如果没有这样的前提，"正确地做事"将变得毫无意义。首先要做正确的事，然后才存在正确地做事。正确做事，更要做正确的事，这不仅仅是一个重要的工作方法，更是一种很重要的工作理念。任何时候，对于任何人或者组织而言，"做正确的事"都要远比"正确地做事"重要。

正确地做事与做正确的事是两种截然不同的工作方式。正确地做事就是一味地例行公事，而不顾及目标能否实现，是一种被动的、机械的工作方式。工作只对上司负责，对流程负责，领导叫干啥就干啥，一味服从，铁板一块，是制度的奴隶，是一种被动的工作状态。在这种状态下工作的人往往不思进取，患得患失，不求有功，但求无过，做一天和尚，撞一天钟，混着过日子。

而做正确的事不仅注重程序，更注重目标，是一种主动的、能动的工作方式。

工作对目标负责，做事有主见，善于创造性地开展工作。这种人积极主动，在工作中能紧紧围绕公司的目标，为实现公司的目标而发挥人的能动性，在制度允许的范围内，进行变通，努力促成目标的实现。

这两种工作方式的根本区别在于：是只对过程负责，还是既对过程负责又对结果负责；是等待工作，还是主动地工作。同样的时间，这两种不同的工作方式产生的区别是巨大的。

举个工作中的例子，比如说某客户服务人员接到服务单，客户要装一台打印机，但服务单上没有注明是否要配插线，这时，客户服务人员有 3 种做法：

第一种做法：照开派工单；

第二种做法：打电话提醒一下商务秘书，是否要配插线，然后等对方回话；

第三种做法：直接打电话给客户，询问是否要配插线，若需要，就配齐给客户送过去。

第一种做法，可能导致客户的打印机无法使用，引起客户的不满；

第二种做法，可能会延误工作速度，影响服务质量；

第三种做法，既能避免工作失误，又不会影响工作效率。

你觉得，哪种做法最好呢？相信大多数人会选择第三种做法。第三种做法就是在做正确的事，第一、二种做法就是在正确地做事，这二者的区别就在结果的不同，其原因是没有把公司的目标与自己的工作结合在一起。

若要集中精力于当急的要务，就得排除次要事务的牵绊，此时需要有说"不"的勇气。

我的妻子曾被选为社区计划委员会的主席，可是既放不下许多更重要的事，又不好意思拒绝，只好勉为其难地接受。后来她打电话给一位好友，问她是否愿意在委员会工作，对方却婉拒了，我的妻子大失所望地说："我那时也能拒绝就好了。"

这不是说社区活动或社会服务不重要，而是人各有志，各有优先要务。必要时，应该不卑不亢地拒绝别人，在急迫与重要之间，知道取舍。

我在一所规模很大的大学任教时，曾聘用一位极有才华又独立自主的撰稿员。有一天，有件急事想拜托他。

他说："你要我做什么都可以，不过请先了解目前的状况。"

他指着墙壁上的工作计划表，显示超过 20 个计划正在进行，这都是我俩早已谈妥的。

然后他说："这件事至少占去几天时间，你希望我放下或取消哪个计划来空出时间？"

他的工作效率一流，这也是为什么一有急事我会找上他。但我无法要求他放下手边的工作，因为比较起来，正在进行的计划更为重要，我只有另请高明了。

我的训练课程十分强调分辨轻重缓急以及按部就班行事。我常问受训人员：你的缺点在于：

（1）无法辨别事情重要与否？

（2）无力或不愿有条不紊地行事？

（3）缺乏坚持以上原则的自制力？

答案多半是缺乏自制力，我却不以为然。我认为，那是"确立目标"的功夫还不到家使然。而且不能由衷接受"事有轻重缓急"的观念，自然就容易半途而废。

这种人十分普遍。他们能够掌握重点，也有足够的自制力，却不是以原则为生活重心，又缺乏个人使命宣言。由于欠缺适当的指引，他们不知究竟所为何来。

以配偶或金钱、朋友、享乐等为重心，容易受第一与第三类事务羁绊。至于自我中心者则难免被情绪冲动所误导，陷溺于能博人好感的第三类活动，以及可逃避现实的第四类事务。这些诱惑往往不是独立意志所能克服的，只有发乎至诚的信念与目标，才能够产生坚定说"不"的勇气。

第九章 ～
CHAPTER 9

保持充沛的精力

把握休息的时机

◇防止疲劳和忧虑的第一条规则是：经常休息，在你感到疲倦以前就休息。

◇爱迪生认为他无穷的精力和耐力，都来自他能随时想睡就睡的习惯。

◇休息并不是绝对什么事都不做，休息就是"修补"。

防止疲劳的规则是：经常休息，在你感到疲倦以前就休息。

这一点为什么重要呢？因为疲劳增加的速度快得出奇。美国陆军曾经进行过好几次实验，证明即使是年轻人——经过多年军事训练而很坚强的年轻人——如果不带背包，每一小时休息 10 分钟，他们行军的速度就加快，也更持久，所以陆军强迫他们这样做。你的心脏也正和美国陆军一样的聪明。你的心脏每天压出来流过你全身的血液，足够装满一节火车上装油的车厢；每 24 小时所供应出来的能力，也足够用铲子把 20 吨的煤铲上一个 30 尺高的平台所需的能量。你的心脏能完成这么多令人难以相信的工作量，而且持续 50 年、70 年，甚至可能 90 年之久。你的心脏怎么能够承受得了呢？哈佛医院的沃尔特·加农博士解释说："绝大多数人都认为，人的心脏整天不停地在跳动着。事实上，在每一次收缩之后，它有完全静止的一段时间。当心脏按正常速度每分钟跳动 70 次的时候，一天 24 小时里实际的工作时间只有 9 小时，也就是说，心脏每天休息了整整 15 个小时。"

在第二次世界大战期间，丘吉尔已经六七十岁了，却能够每天工作16小时，一年一年地指挥大英帝国作战，实在是一件很了不起的事情。"他的秘诀在哪里？"他每天早晨在床上工作到11点，看报告、口述命令、打电话，甚至在床上举行很重要的会议。吃过午饭以后，再上床去睡一个小时。到了晚上，在8点钟吃晚饭以前，他要再上床去睡两个小时。他并不是要消除疲劳，因为他根本不必去消除，他事先就防止了。因为他经常休息，所以可以很有精神地一直工作到半夜之后。

约翰·洛克菲勒也创造了两项惊人的纪录：他赚到了当时全世界为数最多的财富，也活到98岁。他如何做到这两点呢？最主要的原因当然是，他家里的人都很长寿，另外一个原因是，他每天中午在办公室里睡半个小时午觉。他会躺在办公室的大沙发上——而在睡午觉的时候，哪怕是美国总统打来的电话，他都不接。

在那本名叫《为什么要疲倦》的好书里，丹尼尔说："休息并不是绝对什么事都不做，休息就是修补。"在短短的一点休息时间里，就能有很强的修补能力，即使只打5分钟的瞌睡，也有助于防止疲劳。棒球名将康尼·麦克告诉我，每次出赛之前如果他不睡一个午觉的话，到第五局就会觉得筋疲力尽了。可是如果他睡午觉的话，哪怕只睡5分钟，也能够赛完全场，一点也不感到疲劳。

我曾问过埃莉诺·罗斯福夫人，当她在白宫当第一夫人的12年里，如何应付那么紧凑的节目。她对我说，每次接见一大群人或者是要发表一次演说之前，她通常都坐在一张椅子或是沙发上，闭起眼睛休息20分钟。

我最近到麦迪逊广场花园去拜访吉恩·奥特里，这位参加世界骑术大赛的骑术名将。我注意到他的休息室里放了一张行军床，"每天下午我都要在那里躺一躺，"吉恩·奥特里说，"在两场表演之间睡一个小时。当我在好莱坞拍电影的时候，"他继续说道，"我常常靠坐在一张很大的软椅子里，每天睡两次午觉，每次10分钟，这样可以使我精力充沛。"

爱迪生认为他无穷的精力和耐力，都来自他能随时想睡就睡的习惯。

当亨利·福特过80岁大寿之前不久，我去访问过他。我实在猜不透他为什么看起来那样有精神，那样健康。我问他秘诀是什么，他说："能坐下的时候我绝不站着，能躺下的时候我绝不坐着。"

被称为"现代教育之父"的霍勒斯·曼在他年事稍长之后也是这样。当他担任安提奥克大学校长的时候，常常躺在一张长沙发上和学生谈话。

我曾建议好莱坞的一位电影导演试试这一类的方法，他后来告诉我说，这种办法可以产生奇迹。我说的是杰克·切尔托克，他是好莱坞最有名的大导演之一。几年前他来看我的时候，他是 M-G-M 公司短片部的经理，他说他常常感到劳累和筋疲力尽。他什么办法都试过，喝矿泉水、吃维他命和别的补药，但对他一点帮助也没有。我建议他每天去"度假"。怎么做呢？就是当他在办公室里和手下开会的时候，躺下来放松自己。两年之后，我再见到他的时候，他说："出现了奇迹，这是我医生说的。以前每次和我手下的人谈短片问题的时候，我总是坐在椅子里，非常紧张。现在每次开会的时候，我躺在办公室的长沙发上。我现在觉得比我 20 年来都好过多了，每天能多工作两个小时，却很少感到疲劳。"

你是如何使用这种方法的呢？如果你是一名打字员，你就不能像爱迪生或是山姆·戈尔德温那样，每天在办公室里睡午觉；而如果你是一个会计员，你也不可能躺在长沙发上跟你的老板讨论账目的问题。可是如果你住在一个小城市里，每天中午回去吃中饭的话，饭后你就可以睡 10 分钟的午觉。这是马歇尔将军常做的事。在二次大战期间，他觉得指挥美军部队非常忙碌，所以中午必须休息。如果你已经过了 50 岁，而觉得你还忙得连这一点都做不到的话，那么赶快趁早买人寿保险吧。

如果你没有办法在中午睡个午觉，至少要在吃晚饭之前躺下休息一个小时，这比喝一杯饭前酒要便宜得多了。而且算起总账来，比喝一杯酒还要有效 500 倍。如果你能在下午 5 点、6 点，或者 7 点钟左右睡一个小时，你就可以在你生活中每天增加一小时的清醒时间。为什么呢？因为晚饭前睡的那一个小时，加上夜里所睡的 6 个小时——共是 7 小时——对你的好处比连续睡 8 个小时更多。

从事体力劳动的人，如果休息时间多的话，每天就可以做更多的工作。弗雷德里克·泰勒在贝德汉钢铁公司担任科学管理工程师的时候，就曾以事实证明了这件事情。他曾观察过，工人每人每天可以往货车上装大约 12.5 吨的生铁，而通常他们中午时就已经筋疲力尽了。他对所有产生疲劳的因素做了一次科学性的研究，认为这些工人不应该每天只送 12.5 吨的生铁，而应该每天装运 47 吨。照他的计算，他们应该可以做到目前成绩的 4 倍，而且不会疲劳，只是必须要加以证明。

泰勒选了一位施密特先生，让他按照马表的规定时间来工作。有一个人站在一边拿着一只马表来指挥施密特："现在拿起一块生铁，走……现在坐下来休息……现在走……现在休息。"

结果怎样呢？别的人每天只能装运 12.5 吨的生铁，而施密特每天却能装运到 47.5 吨生铁。而当弗雷德里克·泰勒在贝德汉姆钢铁公司工作的那 3 年里，施密特的工作能力从来没有减低过，他之所以能够做到，是因为他在疲劳之前就有时间休息：每个小时他大约工作 26 分钟，而休息 34 分钟。他休息的时间要比他工作时间多——可是他的工作成绩却差不多是其他人的 4 倍！

让我再重复一遍：照美国陆军的办法去做——常常按照你自己心脏做事的办法去做——在你感到疲劳之前先休息，这样你每天清醒的时间，就可以多增加一小时。

像只旧袜子一样松弛

◇什么才是解除精神疲劳的方法？放松！放松！再放松！

◇紧张是一种习惯，放松也是一种习惯。坏习惯可以改正，好习惯可以慢慢养成。

有一个令人难以置信的事实：只劳心的工作，并不会让人感到疲倦。这听起来似乎令人不可思议，但在几年前，科学家们就想找出一个问题的答案——人类大脑在不降低工作效率的情况下究竟能支持多久呢？

令人惊奇的是，科学家们发现：血液通过活动的脑部时，一点都没有疲劳现象！如果你从正在劳动的工人血管中抽取血液样本，你就会发现里面充满了"疲劳毒素"，因而产生疲倦现象。但是，假如你从爱因斯坦身上取出一滴刚经过脑部的血液加以观察，就会发现里面根本没有任何"疲劳毒素"。

截至目前为止，我们知道，大脑可以"工作了 8 ~ 12 个小时后，情况仍然一样好"。大脑是全然不会累的……那么，人为什么会经常感到劳累，是什么让你觉得劳累呢？

精神病理学家宣称，大多数疲劳现象源于精神或情绪的状态。英国著名的精神病理学家哈德菲尔德在其《权力心理学》一书中写道："大部分疲劳的原因源于精神因素，真正因生理消耗而产生的疲劳是很少的。"

美国著名的精神病理学家布利尔更加肯定地宣称："健康情况良好而常坐着工作的人，他们的疲劳百分之百是由于心理的因素，或是我们所谓的情绪因素。"

这些久坐的工作者的情绪因素是什么？喜悦？满足？当然不是！而是厌烦、不满，觉得自己无用、匆忙、焦虑、忧烦等。这些情绪因素会消耗掉这些长期坐着工作的人的精力，使他们容易患感冒、精力衰退，每天带着头痛回家。不错，是我们的情绪在体内制造出紧张而使我们觉得疲倦。

大多数保险公司在他们的宣传单上指出："辛勤工作很少会导致疲劳，尤其是那种经过休息或睡眠之以都不能解除的疲劳——忧虑、紧张、心乱才是导致疲劳的三大因素，而我们却常常以为是身体或精神的操劳引起的——记住，紧绷的肌肉本身就在工作。所以，放松自己吧！节省精力去做更重要的事。"

现在，请你暂时停下来，审视一下自己。当你读到这句话的时候，是否正对着书本皱眉？你有没有觉得两眼间的肌肉紧缩起来？你是否很轻松地坐在椅子上？还是紧绷双肩？你脸上的肌肉紧不紧张？除非你的全身像个旧布娃娃一样松散，否则你现在就是正在制造精神紧张和肌肉紧张。

为什么你在从事脑力工作时，会制造出这些不必要的紧张呢？丹尼尔·乔塞林说道："我发现症结在哪里了——几乎是全世界的人都相信，工作认不认真，在于你是否有一种努力、辛劳的感觉，否则就不算做得好。"于是，当我们聚精会神的时候，总是皱着眉头，紧绷肩膀，我们要肌肉做出努力的动作，其实那与大脑的工作一点也没有关系。

一个令人吃惊的可悲事实是，无数不会浪费金钱的人，却在鲁莽地浪费自己的精力。那么，什么才是解除精神疲劳的方法？放松！放松！再放松！要学会在工作的时候让自己放松！

学会放松是一件容易的事吗？你可能要花一辈子时间改掉目前的习惯。这种努力是值得的，因为你的一生可能因此而发生很大的改变。威廉·詹姆斯在一篇文章中写道："美式的生活让人过度紧张，快动作、高节奏、强烈极端的表达方式……这或多或少是些坏习惯。"

紧张是一种习惯，放松也是一种习惯。坏习惯可以改正，好习惯可以慢慢培养。

那么，你怎么放松自己呢？是从大脑开始，还是从神经开始？都不是，你应该从肌肉开始放松。为了说得具体一点，我们假定由眼睛开始，先把这一段文字读完，然后向后靠，闭上眼睛静静地对你的眼睛说："放松，放松，不皱眉头，不皱眉头，放松，放松……"你不停地慢慢地重复约 1 分钟……

著名小说家薇姬·鲍姆说，小时候，她摔跤伤了膝部和腕部，有个老人把她扶起，这老人当过马戏班的小丑，一面帮她掸掉身上的灰土，一面说："你之所以会受伤，是因为你不懂得怎样放松自己，你要把自己当成一只旧袜子一样松弛。过来，我教你怎么做。"

老人教薇姬和其他小孩子怎么跌倒，怎么前翻滚、后翻滚。他不停地叮咛："把自己想象成一只松垮垮的旧袜子，你就一定会松弛下来！"

下面有 4 个建议，它们可以帮助你学习如何放松自己：

（1）随时保持轻松，让身体像只旧袜子一样松弛。我在办公桌上就放着一只褐色的袜子，好随时提醒自己。如果找不到袜子，猫也可以。你见过睡在阳光底下的猫吗？它全身软绵绵的，就像泡湿的报纸。懂得一点瑜伽术的人也说过，要想精通"松弛术"，就要学学懒猫。我从未见过疲倦的猫，或精神崩溃，因无法入眠、忧虑、胃溃疡而大受折磨的猫。

（2）尽量在舒适的情况下工作。记住，身体的紧张会导致肩痛和精神疲劳。

（3）每天自省四五次，并且自问："我做事有没有讲求效率？有没有让肌肉做不必要的操劳？"这样会使你养成一种自我放松的习惯。

（4）每天晚上再做一次总的反省。想想看："我感觉有多累？如果我觉得累，那不是因为劳心的缘故，而我工作的方法不对？"丹尼尔·乔塞林说过："我不以自己疲累的程度去衡量工作绩效，而用不累的程度去衡量。"他说："一到晚上觉得特别累或容易发脾气，我就知道当天工作的质量不佳。"如果全世界的商人都懂得这个道理，那么，因过度紧张所引起的高血压死亡率就会在一夜之间下降，我们的精神病院和疗养院也不会人满为患了。

如果你是家庭主妇，下面是一些可以在你家里做的运动。

（1）只要你觉得疲倦了，就平躺在地板上，尽量把你的身体伸直，如果你想要转身的话就转身，每天做两次。

（2）闭起你的两只眼睛，像约翰逊教授所建议的那样说："太阳在头上照着，天空蓝得发亮，大自然非常的沉静，控制着整个世界——而我，大自然的孩子，也能和整个宇宙调和一致。"

（3）如果你不能躺下来，因为你正在炉子上煮菜，没有这个时间，那么只要你能坐在一张椅子上，得到的效果也完全相同。在一张很硬的直背椅子里，像一个古埃及的坐像那样，然后把你的两只手掌向下平放在大腿上。

（4）现在，慢慢地把你的10个脚趾头蜷曲起来——然后让它们放松；收紧你的腿部肌肉——然后让它们放松；慢慢地朝上，运动各部分的肌肉，最后一直到你的颈部。然后让你的头向四周转动着，好像你的头是一个足球。要不断地对你的肌肉说："放松……放松……"

（5）用很慢很稳定的深呼吸来平定你的神经，要从丹田吸气，印度的瑜伽术做得不错，规律的呼吸是安抚神经的最好方法。

（6）想想你脸上的皱纹，尽量使它们抹平，松开你皱紧的眉头，不要闭紧嘴巴。如此每天做两次，也许你就不必再到美容院去按摩了，也许这些皱纹就会从此消失了。

压力源于何处

◇事实上，我们倾向于夸大我们所承受的压力，却很少停下来思考压力从哪里来，和它对我们的生活所代表的意义。

◇我们期望自己这么多，有这么多地方要去，这么多事情要做，它们便成为压力的来源。

压力其实是一个过度使用的字眼。我们通常为必须承受最大压力的角色而竞争，并且因人们知道我们正处在压力之下而高兴。事实上，我们倾向于夸大我们所承受的压力，却很少停下来思考压力从那里来，和它对我们的生活所代表的意义。

压力的起源和时代有关，我们的祖先不会像我们现在有交通车况所引发的愤怒！研究资料显示，当工作环境有很大改善时，我们的工作时数增加，并且必须处理更多工作上和家庭生活中的压力。现代社会期望我们思考得更快、工作得更努力，并在每件我们着手进行的事情上表现卓越。在文明的时代，我们带给自己一个现代的状况，称之为压力。

面对危险时，我们马上会有生理上的应变，荷尔蒙和肾上腺素增加，输送更多的血液到大脑并提高感官的知觉。在每天压力的惯性之下，我们的身体会有类似的反应，但是警觉状态（通常是使用在打架或飞行时）会拉长，在缺少自我检视的情况下，可能就会导致身体和心理上的功能失常。

以医疗的看法，压力导因于身体三种体液的不平衡。每一种体液如果过量的话，就会引发身体某些症状。因此，如果我们受苦于"破坏性的压力"，我们的肌肉就会紧绷；"不开心的压力"会带来没有耐性和易怒；"冷漠的压力"会引起沮丧和疲惫。似乎很少人赞同这种观点，然而这体液的观念对身体平衡的重要却是很有趣的。一旦我们失去平衡（例如，我们对家庭生活的企图心失去了平衡），压力就来了。

压力其实不是一种客观事实，而是一个主观感受。相同的事在不同的人眼中，会产生完全不同的感受。同样的事在同一个人身上，也可以随着环境、时间转变，而产生不同程度的压力。例如你第一次参加面试时，你会紧张得气也喘不过来，但当你第十次、第二十次时，你就仿佛如履平地，不费吹灰之力就可以安然度过了。

很多时候我们会发现不是事情本身令你烦躁不安，而是你对事情的看法和感受令你不快乐。以上面的例子来说，当你第一次去面试时，你的心会忐忑不安，你会对整个程序没有多大的把握，所以你会惧怕失败，担心被人羞辱，也可能缺乏自信，看轻自己。这些恐惧不安的感受，往往令你情绪紧张，压力重重。

压力的另一个来源是工作，据一份心理答卷调查显示，白领阶层认为工作是首个导致精神紧张的原因。报告指出办公室的压力主要源于工作过量，被访者表示问题在于太忙碌或太少职员分担工作。

事实上，不少人是工作狂，整天不停工作，一秒也不肯停下来。问题是人不是一部永不歇息的机器，长期接受重重的心理压力的结果就是身心健康受损，并出现各种症状，包括心跳、出汗、紧张、脾气急躁、头痛、肠胃出现问题、肌肉疼痛等等。一般人在这种情况下会自动自觉地休息一下，舒缓身心的压力。但是患上工作狂的人反而会因此而自夸，觉得这些是都市人必然的经历，相信这些就是成功人士的代价，于是，他们不单不会停下来休息一下，相反地，他们会更拼命地去追求成功、去发奋上进。

但是，工作狂同时会抱怨工作太多、太忙，没有人可以协助分担，为什么呢？

我看主要的原因是因为他们太自信自负，觉得别人无论怎样勤奋，也是能力不行，所以不能放心地把权力或工作下放给下属。另外一个因素就是他们有强烈的控制欲，觉得若一切都在自己的控制下，他们才感到安全，感到一切都在掌握之中。若有任何未知之数、任何预算之外或意料之外的事发生也可以令他们不安，因此他们要先天下之知而知，要掌握所有资料和洞悉下属、对手的一切，这样做的代价，就是要下属执行他们的指示，要下属详尽报告，而不愿意把工作过于放心地交付下属。

于是有一个恶性循环产生了，就是下属们只求无过不求有功，不假思索地执行指示，依循惯例去进行工作，绝口不提建议，不会带点创意去上班。日子一长，这群下属就变成一个个生产机器，没有建议，不能发挥潜质，成为真正的庸碌之辈。

压力的症状变化多端，人人皆不同，一般而言，压力的表现常是某种形式的痛，我们可以思考痛带给我们什么样的讯息：可能是有些事需要改变。通常，当我们有压力时，一个平常的小问题似乎都会令人感觉难以克服，最微不足道的工作都可能使我们畏缩。有人可能感觉到持续的疲倦，有人可能会有幻想的痛，另外有人可能会突然地表现愤怒。我们不必是医生就能诊断出压力，也不需要特别的技巧去治疗压力。只要我们可以发现真正的原因，我们就可以治疗我们自己——只要我们不再视压力为每天生活自然的一部分，或将压力当成获取同情，或奖励的手段。

和压力抗争的第一步是：接受它的存在是我们的生活形态或生活态度的结

果——它并不是我们原有的失败或弱点的一种表示。逐渐地，我们会期望自己在每一方面都是好的，不只是在工作和家庭方面，在家庭园艺上，在假期规划上，甚至在放松方面也要做得很好。我们期望自己这么多，有这么多地方要去，有这么多事情要做，它们便成为压力的来源。

我们通常听到人们说在压力下工作可以表现得更好。如果我们看看肾上腺素分泌曲线，可能会发现其中某些事实。通常，当压力逐渐增加时肾上腺素曲线会上升，表现可能会比较好。然而，一旦肾上腺素分泌值到某一程度时，压力不可避免地就会转变成逐渐增加的紧张，分泌曲线就会开始往下陡降，直到最后到达崩溃点。如果我们在自我的极限范围内督促自己，我们可能会成功；如果我们逼迫自己到达极限，显然将面临压力。

这时候，应该快快放一个大假，让身心舒展一下，并应该及早到医院治疗身体的毛病。这个阶段你自己的身体发出了警告信号，所以万万不能疏忽。因为，如果你不理会这些信号，你的身体便会越来越差，精神萎靡，继续会有注意力不能集中、精神散漫、神不守舍等现象，工作表现开始变差，生活感到紧张慌忙。若你仍然不愿意休息的话，精神健康便会大受损伤。这时，休息和学习减压的方法是不能缺少的了。

最后，我们必须接受，虽然生活是有压力的，但是这并不是它原有的特质。如果我们学着了解自己的需要和能力，找到一些控制压力的方法，没有任何事可以让压力上身：我们可以让这种现代恶魔滚一边去。

高质量的睡眠

◇睡眠是否充足，不但是指形式上的睡眠时间够不够，更重要的是指睡眠质量的高低。

◇只有高质量的睡眠，才可以使你很快恢复消耗的体力，让你第二天神采奕奕、焕然一新。

充足的睡眠，不但可以给第二天的活动"充电"，而且是确保身心健康所必不可少的一个重要基础。千万不要为了延长工作时间而减少睡眠时间，这样是不明智的做法，会得不偿失，因为这是以牺牲健康为代价的。

睡眠是否充足，不但是指形式上的睡眠时间够不够，更重要的是指睡眠质量的高低。为了提高睡眠的质量，一定不要失眠。只有高质量的睡眠，才可以使你很快恢复消耗的体力，让你第二天神采奕奕，焕然一新。

如果你能听从下面的建议，相信你会获得满意的睡眠：

第一，睡觉之前不要生气。

不同的情绪变化，对人体有不同的影响。"怒伤肝，喜伤心，思伤脾，悲伤肺，恐伤肾"。睡前生气发怒，会使人心跳加快，呼吸急促，思绪万千，以至于难以入睡。

第二，饱餐之后不要马上睡觉。

睡前吃得过饱，胃肠要进行消化，装满食物的胃会不断刺激大脑。大脑有兴奋点，人便不会安然入睡。

第三，睡觉前不要饮茶或咖啡。

茶叶和咖啡中含有咖啡碱等物质，这些物质会刺激人的中枢神经，容易引起人的精神兴奋。如果睡觉前喝茶或咖啡，特别是很浓的茶或咖啡，那么人的中枢神经就会更加兴奋，使人不易入睡。

第四，睡觉前不要剧烈运动。

睡觉前的剧烈活动，会使大脑控制肌肉活动的神经细胞呈现极其强烈的兴奋，这种兴奋在短时间里不可能安静下来，人就很难尽快入睡。因此，睡觉前应尽量保持身体平静，但也不妨做些轻微活动，如散步等。

第五，不要使用太高的枕头。

枕头过低，容易造成落枕，或因流入大脑的血液过多而造成大脑次日发胀、眼皮浮肿；而枕头过高，则会影响呼吸道畅通，易打呼噜，而且长期高枕入睡，也会导致颈部不适或造成驼背。

从生理角度上说，枕头以 8 ~ 12 厘米高为宜。

第六，不要枕着手入睡。

睡觉时把两手枕在头下，除了影响血液循环、引起上肢麻木酸痛外，还容易使腹腔内的压力升高，长此以往还会引发"返流性食道炎"。

第七，不要用被子蒙面入睡。

以被蒙面入睡，容易引起呼吸困难，而且吸入自己呼出的二氧化碳也是对健康不利的。

第八，睡觉时不要用口呼吸。

闭口夜卧是保养元气的最好方法，张口呼吸，不但容易吸进灰尘，而且极易使气管、肺和肋部受到冷空气的刺激。因此，最好用鼻子呼吸，这样不但鼻毛能阻挡部分灰尘，而且鼻腔能对吸入的冷空气进行加温，有益健康。

第九，不要对着风睡觉。

在睡眠状态中，人体对环境变化的适应能力会降低，容易受凉生病。因此，睡觉的地方应避开风口，使床距离窗口、门口有一定距离为佳。

对抑郁负责

◇在某种程度上，你对你的抑郁是有责任的。你可以采取许多办法来控制它，甚至还能控制它的某些起因。

◇用体贴的态度对待自己，反而能帮助你解脱抑郁，不至于被它控制。

在《人性奥秘》一书中，有一篇标题为"无名病"的文章，作者格莱姆论到现今世界愈来愈多妇女所面临的苦境，她们对生活厌烦不满，她们压根儿就没有快乐，更谈不上精力充沛，活力四射。

一位 24 岁的母亲如此自述：

"我身体健康，孩子们都活泼可爱，家庭舒适，经济上也算宽裕。我的丈夫是一个电子工程师，前途无量，但不知为何我总觉得不满足，我常问自己为什么会这样。我的丈夫认为我可能需要度假休息一阵子，但我需要的并不是休息，因为我根本就不能独自坐下来看书。孩子们午睡时，我就会在房间里走来走去，等着去叫醒他们。有时早晨醒来，我会觉得一点盼望也没有。"

一个名叫布鲁诺的医生在《读者文摘》上写道：

"现今世界的文明和优越的物质生活是前所未有的，然而现今一代的人却愈来愈厌倦生活。我们寻求娱乐却常常觉得索然无味，甚至在剧院上演一幕精彩的戏剧时，也常常出现幕还没拉上就走了好几批观众的现象。我们坐在电视机前，看着一出又一出的电视剧、电影，但脑子里却不知道看了些什么。我们看报章杂志的时候也是心不在焉，大多数人在说'我累了'的时候，实际上是指他们对自己所做的事情厌倦了，对自己的生活感到索然无味。"

布鲁诺所讲的"无名病"就是厌烦病。各个行业、各个阶层的人都会患这种病。无论你有什么，抑或你没有什么，都不能保证你不会患上厌烦病。无论是富人还是穷人，聪明的还是愚拙的，知识分子还是文盲，都同样会患上此病。

厌烦病不仅是妇女特有的病症，男人也同样会有。有一个商人去医院看病，却说不清自己有什么不妥。于是医生给他做了彻底的检查，结果找不到这个商人有任何毛病，于是这人再往医生处作进一步查询。经过一段轻松的谈话后，医生就对他说："我有一个好消息要告诉你的，你的体格检验完全正常，我不用在你的病历卡上写任何东西。"

商人听了并不显得高兴，他说："医生，我从早晨起床到晚上睡觉，没有一刻不觉得疲倦的。"这时，医生才意识到他的病人患的是"厌烦病"，而不是一般的身体不适。于是医生就开始指出这个商人所拥有的一切：兴隆的生意、舒适的家庭、漂亮的妻子、可爱的孩子和其他能用金钱买到的许多东西。但这个商人听了以后却说："让别人把这些东西都拿去吧，我对这些简直厌透了。"

为什么会出现这种现象？难道患这种病的人大多不是生活一帆风顺的人吗？难道他们不是处于别人不能奢望的"顺境"之中吗？

这还是和我们的心理习惯有关。这个世界上，可以说除了圣人之外，没有人能随时感到快乐。一位哲人曾说道："如果我们感到可怜，很可能会一直感到可怜。"对于日常生活中使我们不快乐的那些众多琐事与环境，我们可以由思考使我们感到快乐，这就是：大部分时间想着光明的目标与未来。而对小烦恼、小挫折，我们也很可能习惯性地反应出暴躁、不满、懊悔与不安，这样的反应我们已经"练习"了很久，所以成了一种习惯。这种不快乐反应的产生，大部分是由于我们把它解释为"对自尊的打击"等这类原因。司机没有必要冲着我们按喇叭；我们讲话时某位人士没注意听甚至插嘴打断我们；认为某人愿意帮助我们而事实却不然；甚至个人对于事情的解释，结果也会伤了我们的自尊；我们要搭的公共汽车竟然迟开；我们计划要郊游，结果下起雨来；我们急着赶搭飞机，结果交通阻塞……这样我们的反应是生气、懊悔、自怜，或换句话说——闷闷不乐。

抑郁就好像透过一层黑色玻璃看一切事物。无论是考虑你自己，还是考虑世界或未来，任何事物看来都处于同样的阴郁而暗淡的光线之下。"没有一件事做对了"；"我彻底完蛋了"；"我无能为力，因此也不值一试"；"朋友们给我来电话仅仅是出于一种责任感"。当你工作中出了一点毛病，或思想开了小差，你就认为"我已经失去了干好工作的能力"，好像你的能力已经一去不回了。回想过去，你的记忆中充满着一连串的失败、痛苦和亏损，而那些你曾经认为是成就或成功的事情，以及你的爱情和友谊，现在看来都一文不值了。你的回忆已经染上了抑郁的色彩。一旦戴上这副黑色的滤光镜，你就再也不能在其他的光线下观察任何事物。消极的思想与抑郁相伴：情绪低落导致消极的思想和回忆，反之，消极的思想和回忆又导致情绪低落，如此反复下去，形成一个持久而日益严重的恶性循环。

在某种程度上，你对你的抑郁是有责任的。你可以采取许多办法来控制它，甚至还能控制它的某些起因。你肯定能改变它，如果你真的想要克服这种习惯，你就必须改变自己对待抑郁的态度。然而人们对于抑郁症的感受程度是各不相同的。我们每个人的情绪都会有所波动，有所摇摆，看来这部分是由于我们大脑中的生物化学精密结构之差异所致，而这种生物化学结构是不能随意控制的。因此，把你的抑郁症看成是超出你控制能力的事，就像你患感冒一样，不要看得过于严重，有时候也许对你是有帮助的。用这种体贴的态度对待自己，反而能帮助你摆脱抑郁，不至于被它控制。

精神百倍的秘密

◇如果驯马师不以严格的标准来训练马，它就会懒懒散散，显现不出骏马的神采。人整天无精打采，只图舒服，就会和这样的马一样，变得懈怠，不想做任何事。

◇不要一有身体难受的感觉和懒惰的思想，就对自己同情不已。任何情况下都不能这样。

当有人问一个著名的歌剧演唱家，她是否因感到身心不舒服而不能登台演出时，她回答道："不，我们歌唱家付不起生病的开销。我们必须能随时上台。稍有小病就屈服，不再工作，我们还没有富裕到那种程度。"

演员和歌唱家一样，因为职业的需要，必须把私人的情感放在一边，绝对忠实于观众，即便是状态不佳时也是如此。他们并不是生病时真的无法承担药费，而是不管什么时候，都不让个人的情绪和小病与自己的工作相冲突。如果他们稍有不适就展现在观众面前，怎么能拥有名声和艺术成就呢？

能够有力控制住自己情感的演员和歌唱家，结果怎样呢？尽管受职业所限，经常不分白天黑夜地工作，身心健康不断地受到磨损，但他们仍然精神百倍、容光焕发。是不是他们采取什么特别的措施，以保持年轻和健康活力呢？他们唯一的措施就是以积极的心态来面对工作。即使到了老年，相比同龄人来说，这些人看起来仍年轻很多。

如果驯马师不以严格的标准来训练马，它就会懒懒散散，显现不出骏马的神采。人整天无精打采，只图舒服，就会和这样的马一样，变得懈怠，不想做任何事。假如人的思想也是这般没有活力，只会使身体也跟着陷入怠惰之中，甚至变得麻木不仁。

商界人士整天忙着工作，没有喘息的机会和时间去自顾自怜，还会神经兮兮，觉得自己这也不舒服，那也不舒服吗？假如他想着："今年夏天我会得病，我得赶紧做最坏的打算，应该在办公室里放置一个躺椅，以便随时休息，还要买一些药备着，以防出现紧急情况。"这是不是显得有点荒唐？一个明白事理、讲究实际的商界精英甚至觉得这样的想法都是耻辱的。他深深地明白，如果那么做的话，整个公司就会变得一塌糊涂，混乱不堪。凭经验，他知道，并不是自己一觉得不舒服就要停止工作。

如果长官发现他的士兵在兵营附近游荡、闲逛，或斜靠在树上，悠然自得，只是因为不喜欢军事训练，那么，他是否等到士兵们对军训感兴趣了，再来训练他们呢？这会是一个什么样的军队？军风、军纪会变成什么样子？不管士兵们喜欢还是讨厌训练，他们必须在规定的时间排好队列，认真操练。如果他真的病了，就要去医院治疗。除非是大病，否则，不可随便就逃避训练。

世界就像一座大军营，我们都是最高统帅指挥下的士兵。每天，如果不是真正无法动弹，就必须按时出操。

如果你让不良情绪和臆想控制了自己，就等于为健康杀手打开了大门，它们也会扼杀掉你的成功和快乐。不要一有身体难受的感觉和懒惰的思想，就对自己同情不已，任何情况下都不能这样。此时，只要你一松劲，就会使自己成为不良情绪的奴隶，任他摆布而一事无成。

有些人经常觉得自己好像有病，结果反而引病上身，如果自己的脚偶尔弄湿了，他们就会认为要得伤寒或感冒。如果不巧被风吹了一会儿，就确信痛苦而可怕的病症会随之而来。如果感到身体寒冷，嗓子疼痛，并咳了几声，就会大动干戈，四处求医问药。这些情况在家庭生活中难道没有吗？他们头脑里的"顽症"减弱了对于疾病的抵抗力，使身体易受小毛病的影响。如果认为自己病了，也就真会生病。

第十章

擦拭心灵，来一场忧虑的革命

科学对待：平均率帮你战胜忧虑

◇我们所担心的事，有99％根本就不会发生。

◇当我们怕被闪电打死、怕坐的火车翻车时，想一想发生的平均率，就会把我们笑死。

我从小生长在密苏里州的一个农场上。有一天，在帮母亲摘樱桃的时候，我开始哭了起来。我妈妈说："嘉里，你到底有什么好哭的啊？"我哽咽地回答道："我怕我会被活埋。"

那时候我心里充满了忧虑。暴风雨来的时候，我担心被闪电打死；日子不好过的时候，我担心东西不够吃；另外，我还怕死了之后会进地狱；我怕一个叫詹姆怀特的大男孩会割下我的两只大耳朵——像他威胁过我的那样。我忧虑，是因为怕女孩子在我脱帽向她们鞠躬的时候取笑我；我忧虑，是因为怕将来没一个女孩子肯嫁给我；我还为我们结婚之后我该对我太太说的第一句话是什么而操心。我想象我们会在一间乡下的教堂里结婚，会坐着一辆垂着流苏的马车回到农庄……可是在回农庄的路上，我怎么能够一直不停地跟她谈话呢？该怎么办？怎么办？我在犁田的时候，常常花几个钟点在想这些惊天动地的问题。

日子一年年地过去，我渐渐发现我所担心的事情里，有99％根本就不会发生。

比方说，像我刚刚说过的，我以前很怕闪电。可是现在我知道，随便在哪一年，我被闪电击中的机会大概是 1/35 万。

我怕被活埋的恐惧，更是荒谬得很。我没有想到——即使是在发明木乃伊前的那些日子里——在 1000 万人里可能只有一个人被活埋，可是我以前却曾经因为害怕这件事而哭过。

每 8 个人里就有一个人可能死于癌症，如果我一定要发愁的话，我就应该去为得癌症的事情发愁——而不应该去愁被闪电打死，或者遭到活埋。

事实上，我刚刚谈的都是我在童年和少年时所忧虑的事。而很多成年人的忧虑也几乎一样荒谬。我们可根据平均率评估我们的忧虑究竟值不值得。如此一来，我想你和我都能够把我们的忧虑消掉 9/10 了。

全世界最有名的保险公司——伦敦的罗艾得保险公司就靠大家对一些根本很难得发生的事情的担忧，而赚进了几百万元。伦敦的罗艾得保险公司是在跟一般人打赌，说他们所担心的灾祸几乎永远不可能发生。不过，他们不把这叫作赌博，他们称之为保险，实际上这是以平均率为根据的一种赌博。这家大保险公司已经有 200 年的良好历史了，除非人的本性会改变，它至少还可以继续维持 5000 年。而它只是替你保鞋子的险，保船的险，利用平均率来向你保证那些灾祸发生的情况，并不像一般人想象的那么常见。

如果检查一下所谓的平均率，就常常会为我们所发现的事实而惊讶。

比方说，如果我知道在 5 年以内，就得打一场盖茨堡战役那样惨烈的仗，我一定会吓坏了。我一定会想尽办法去加保我的人寿险；我会写下遗嘱，把我所有的财物变卖一空。我会说："我大概没办法活着撑过这场战争，所以我最好痛痛快快地过剩下的这些年。"

但是事实上，根据平均率，在平时，50 ~ 55 岁之间，每 1000 人里死去的人数，和盖茨堡战役里 16 万士兵中每 1000 人中平均阵亡的人数相同。

有一年夏天，我在加拿大洛基山区里弓湖的岸边碰见了何伯特·沙林吉夫妇。沙林吉太太是一个很平静、很沉着的女人，给我的印象是：她从来没有忧虑过。有一天夜晚，我们坐在熊熊的炉火前，我问她是不是曾经因忧虑而烦恼过。

"烦恼？"她说，"我的生活都差点被忧虑毁了。在我学会征服忧虑之前，我在自作自受的苦难中生活了 11 个年头。那时候我脾气很坏、很急躁，生活在非常紧张的情绪之下。每个星期，我要从在圣马提奥的家搭公共汽车到旧金山去买东西。可是就算在买东西的时候，我也愁得要命——也许我又把电熨斗放在熨衣板上了；也许房子烧起来了；也许我的女佣人跑了，丢下了孩子们；也许他们骑着他们的脚踏车出去，被汽车撞死了。我买东西的时候，常常因发愁而弄得冷汗直冒，冲出店去，搭上公共汽车回家，看看是不是一切都很好。难怪我的第一次婚姻没有结果。

"我的第二任丈夫是一个律师——一个很平静、事事都能够加以分析的人，从来没有为任何事情忧虑过。每次我神情紧张或焦虑的时候，他就会对我说：'不要慌，让我们好好地想一想……你真正担心的到底是什么呢？让我们看一看平均率，看看这种事情是不是有可能会发生。'

"举个例子来说，我还记得有一次，那是在新墨西哥州。我们从阿布库基开车到卡世白洞窟去，经过一条土路，在半路上碰到了一场很可怕的暴风雨。车子一直滑着，没办法控制。我想我们一定会滑到路边的沟里去，可是我的先生一直不停地对我说：'我现在开得很慢，不会出什么事的。即使车子滑进了沟里，根据平均率，我们也不会受伤。'他的镇定和信心使我平静下来。

"有一个夏天，我们到加拿大的洛基山区托昆谷去露营。有天晚上，我们的营帐扎在海拔 7000 英尺高的地方，突然遇到暴风雨，好像要把我们的帐篷吹成碎片。帐篷是用绳子绑在一个木制的平台上的，它在风里抖着，摇着，发出尖厉的声音。我每一分钟都在想：我们的帐篷会被吹跑的，吹到天上去。我当时真吓坏了，可是我先生不停地说着：'我说，亲爱的，我们有好几个印第安向导，这些人对一切都知道得很清楚。他们在这些山地里扎营，都扎了有 60 年了，这个营帐在这里也过了很多年，到现在还没有被吹跑。根据平均率来看，今晚上也不会被吹跑。而即使被吹跑的话，我们也可以躲到另外一个营帐里去，所以不要紧张。'……我放松了心情，结果那后半夜睡得非常熟。

"几年以前，小儿麻痹症横扫过加利福尼亚州我们所住的那一带。要是在以前，我一定会惊慌失措，可是我先生叫我保持镇定，我们尽可能采取了所有的预防方法：我们不让小孩子出入公共场所，暂时不去上学，不去看电影。在和卫生署联络过之后，我们发现，到目前为止，即使是在加州所发生过的最严重的一次小儿麻痹症流行时，整个加利福尼亚州只有 1835 个孩子染上了这种病。而平常，一般的数目只在200 ~ 300 之间。虽然这些数字听起来还是很惨，可是到底让我们感觉到：根据平均率看起来，某一个孩子感染的机会实在是很小。

"'根据平均率，这种事情不会发生'，这一句话就消灭了我 90% 的忧虑，我过去20 年来的生活，过得那样美好和平静，都是靠这一句话的力量。"

回顾过去的几十年时，我发现我大部分的忧虑也都是因此而来的。詹姆·格兰特告诉我，他的经验也是如此。他是纽约富兰克林市场的格兰特批发公司的大老板。每次他要从佛罗里达州买 10 ～ 15 车的橘子等水果。他告诉我，他以前常常想到很多无聊的问题，比方说，万一火车出事怎么办？万一水果滚得满地都是怎么办？万一我的车子正好经过一座桥，而桥突然垮了怎么办？当然，这些水果都是经过保险的，可是他还是怕万一没有按时把水果送到，就可能失掉市场。他甚至因过度忧虑而得了胃溃疡，因此去找医生检查。医生告诉他说，他没有别的毛病，只是过于紧张罢了。

"这时候我才明白，"他说，"我开始问我自己一些问题。我对自己说：'注意，詹姆·格兰特，这么多年来你批发过多少车的水果？'答案是：'大概有 25000 多车。'然后我问我自己：'这么多车里有多少出过车祸？'答案是：'噢——大概有 5 部吧。'然后我对我自己说，一共 25000 部车子，只有 5 部出事，你知道这是什么意思？比率是 5000 ：1。换句话说，根据平均率来看，以你过去的经验为基础，你车子出事的可能几率是 5000 ：1，那你还担心什么呢？'

"然后我对自己说：'嗯，桥说不定会塌下来。'然后我问我自己：'在过去，你究竟有多少车水果是因为塌桥而损失了呢？'答案是：'一部也没有。'然后我对我自己说：'那你为了一座根本没塌过的桥，为了 5000 ：1 的火车失事的几率而让你忧愁成疾，不是太傻了吗？'

"当我这样来看这件事的时候，"詹姆·格兰特告诉我，"我觉得以前自己真的太傻。于是我就在那一刹那决定，以后让平均率来替我担忧——从那以后，我就没有再为我的'胃溃疡'烦恼过。"

埃尔·史密斯在纽约当州长的时候，我常听到他对攻击他的政敌说："让我们看看记录……让我们看看记录。"然后他就把很多事实讲出来。下一次你若再为可能发生什么事情而忧虑，最好学一学这位聪明的老埃尔·史密斯，查一查以前的记录，看看你这样忧虑到底有没有道理。这也正是当年佛莱德雷·马克斯塔特害怕自己躺在散兵坑里的时候所做的事情。

下面就是他在纽约成人教育班上所说的故事：

"1944 年的 6 月初，我躺在奥玛哈海滩附近的一个散兵坑里。当时我正在第九信号连服役，而我们刚刚抵达诺曼底。我看到了地上那个长方形的散兵坑，就对自己说：'这看起来多像一座坟墓。'当我准备睡在里面的时候，更觉得那就是一座坟墓，我忍不住对我自己说：'也许这就是我的坟墓呢。'在晚上 11 点钟的时候，德军的轰炸机开始飞了过来，炸弹纷纷往下落。我吓得呆若木鸡。前三天我根本睡不着。到了第四天还是这样。第五天夜里，我几乎精神崩溃了。我知道要是不赶紧想办法的话，我整个人就会疯掉。所以我提醒自己说：'已经过了5个夜晚了，我还活得好好的，而且我们这一组的人也都活得很好，只有两个受了轻伤。'他们之所以受伤，并不是因为被德军的炸弹炸到了，而是被我们自己的高射炮的碎片打中。

我决定做一些有建设性的事情来制止我的忧虑，所以在我的散兵坑上造了一个厚厚的木头屋顶，来保护我自己不至于被碎弹片击中。我计算了我这个坑伸展开来所能到达的最远地方，告诉我自己：'只有炸弹直接命中，我才可能被炸死在这个又深又窄的散兵坑。'于是我算出直接命中的比率，还不到万分之一。

这样子想了两三夜之后，我平静了下来，后来就连敌机来袭的时候，我也睡得非常安稳。"

美国海军也常用平均率所统计的数字，来鼓舞士兵的士气。一个以前当海军的人告诉我，当他和船上的伙伴被派到一艘油船上的时候，他们都吓坏了。这艘油轮运的是高标号汽油，于是他们都认为，要是这条油轮被鱼雷击中，就会爆炸开来，把船上的每个人都送上西天。

可是美国海军有他们的办法。海军单位发出了一些很正确的统计数字，指出被鱼雷击中的100艘油轮里，有60艘并没有沉到海里去，而真正沉下去的40艘里，只有5艘是在不到5分钟的时间沉没。那就是说，如果鱼雷真的击中油轮，你有足够的时间跳下船——也就是说，在船上丧命的机会非常小。这样对士气有没有帮助呢？

"知道了这些平均数字之后，我的忧虑一扫而光。"住在明尼苏达州保罗市的克莱德·马斯——也就是说这个故事的人，说，"船上的人都觉得轻松多了，我们知道有的是机会，根据平均的数字来看，我们可能不会死在这里。"

平衡心理：平静让忧虑止步

◇学会对自己说："这件事只值得我担一点点心，没有必要去操更多的心。"
◇获得心理平静的最大秘密之一，就是要有正确的价值观念。

你是否想知道如何在华尔街赚钱？恐怕至少有100万以上的人想知道这一点。如果我知道这个问题的答案，这本书恐怕就要卖1万美元一本了。不过，这里却有一个很好的想法，而且很多成功的人都加以应用。讲这个故事的人叫查尔斯·罗伯茨，一位投资顾问。

"我刚从得克萨斯州来到纽约的时候，身上只有两万美元，是我朋友托付我到股票市场上来投资用的。我原以为，我对股票市场懂得很多，可是后来我赔得一分钱不剩。不错！在某些生意上我赚了几笔，可结果全部都赔光了。

"要是我自己的钱都赔光了，我倒不会那么在乎！可是我觉得把我朋友们的钱赔光了，是一件很糟糕的事情，虽然他们都很有钱。在我们的投资得到这样一种不幸的结果之后，我实在很怕再见到他们，可是没有想到的是，他们不仅对这件事情看得很开，而且还乐观到不可救药的地步。

"我开始仔细研究自己犯过的错误，并下定决心在我再进股票市场以前，一定要先了解整个股票市场到底是怎么一回事。于是我找到一位最成功的预测专家波顿·卡瑟斯，跟他交上了朋友。我相信能从他那里学到很多东西，因为他多年来一直是个非常成功的人，而我知道能有这样一番事业的人，不可能全靠机遇和运气。

"他先问了我几个问题，问我以前是怎么做的。然后告诉我一个股票交易中最重要的原则。他说：'我在市场上所买的每一宗股票，都有一个到此为止、不能再赔的最低标准。比方说，我买的是每股 50 元的股票，我马上规定不能再赔的最低标准是 45 元钱。'这也就是说，万一股票跌价，跌到比买进价低 5 元的时候，就立刻卖出去，这样就可以把损失只限定在 5 元钱。

"'如果你当初买得很聪明的话，'这位大师继续说道，'你的赚头可能平均在 10 元、25 元，甚至于 50 元。因此，在把你的损失限定在 5 元以后，即使你半数以上的判断错误，也能让你赚很多的钱。'

"我马上学会了这一办法，从此便一直使用，这个办法替我的顾客和我挽回了不知几千几万块钱。

"过了一段时间之后，我发现，这个所谓'到此为止'的原则也可以用在股票市场以外的地方，我开始在财务以外的忧虑问题上订下'到此为止'的限制，我在每一种让我烦恼和不快的事情上，加一个'到此为止'的限制，结果简直是太不可思议了。

"举例来说，我常常和一个很不守时的朋友一起午餐。他以前总是在我的午餐时间过去大半之后才来，最后我告诉他我现在碰到问题就用'到此为止'的原则。我告诉他说：以后等你'到此为止'的限制是 10 分钟，要是你在 10 分钟以后才到的话，我们的午餐约会就算告吹了——你来也找不到我。"

各位，我真希望在很多很多年以前就学会了把这种"到此为止"的限制，用在化解我的缺乏耐心、我的脾气、我的自我适应的欲望、我的悔恨和所有精神与情感的压力上。为什么我以前没有想到要抓住每一个可能会摧毁我思想平静的情况呢？为什么不会对自己说"这件事情只值得担这么一点点心——没必要去操更多的心"？

不过，我至少觉得自己在一件事上做得还不差，而且那是一次很严重的情况——是我生命中的一次危机——当时我几乎眼看着我的梦想、我对未来的计划，以及多年来的工作付诸东流。事情经过是这样的：

在我 30 岁刚出头的时候，我决定终生以写小说为职业，想做个弗兰克·瑞斯洛、杰克·伦敦或哈代第二。当时我充满了信心，在欧洲住了两年，在第一次世界大战结束后的那段日子里，用美元在欧洲生活，开销算是很小的。我在那儿过了两年，从事我的创作。我把那本书题名为《大风雪》，这个题目取得真好，因为所有出版家对它的态度都冷得像呼啸而来的大风雪一样。当我的经纪人告诉我这部作品不值一文，说我没有写小说的天分和才能的时候，我的心跳几乎停止了。我茫然地离开他的办公室，哪怕他用棒子当头敲我，也不会让我更感到吃惊，我简直是呆住了。我发现自己站在生命的十字路口，必须作出一个非常重大的决定。我该怎么办呢？我该往哪一个方向转呢？几个星期之后，我才从这种茫然中醒来。在当时，我从来没有听过"给你的忧虑订下'到此为止'的限制"的说法，可是现在回想起来，我当时所做的正是这件事。我把费尽心血写那本小说的那两年时间看作是一次可贵的经验，然后从那里继续前进。我回到组织和教授成人教育班的老本行，有空的时候写一些传记和非小说类的书籍。

我是不是很高兴自己作出了这样的决定呢？现在每逢我想起那件事情，就得意地想在街上跳舞，我可以很诚实地说，从那以后，我再也没有哪一天或哪一个钟点后悔我没有成为哈代第二。

100 年前的一个夜晚，当一只鸟沿着沃登湖畔的树林里叫的时候，梭罗用鹅毛笔蘸着自己做的墨水，在他的日记里写道："一件事物的代价，也就是我称之为生活的总值，需要当场或长时期内进行交换。"

换个方式来说，如果我们以生活的一部分来付出代价，而付出得太多了的话，我们就是傻子。这也正是吉尔伯特和苏利文的悲哀：他们知道如何创作出快乐的歌词和歌谱，可是完全不知道如何在生活中寻找快乐。他们写过很多令世人非常喜欢的轻歌剧，可是他们却没有办法控制他们的脾气。他们为了一张地毯的价钱而争吵多年。苏利文为他们的剧院买了一张新的地毯，当吉尔伯看到账单的时候，大为恼火。这件事甚至闹至公堂，从此两个人至死都没有再交谈过。苏利文替新歌剧写完曲子之后，就把它寄给吉尔伯特，而吉尔伯特填上歌词之后，再把它们寄回给苏利文。有一次，他们一定要一起到台上谢幕，于是他们站在台的两边，分别向不同的方向鞠躬，这样才可以不必看见对方。他们就不懂得应该在彼此的不快里订下一个"到此为止"的最低限度，而林肯却做到了这一点。

有一次，在美国南北战争中，林肯的几位朋友攻击他的一些敌人，林肯说："你们对私人恩怨的感觉比我要多，也许我这种感觉太少了吧；可是我向来以为这样很不值得。一个人实在没有时间把他的半辈子都花在争吵上，要是那个人不再攻击我，我就再也不会记他的仇。"

我真希望我的老姑妈——爱迪丝姑妈也有林肯这样的宽恕精神。她和弗兰克姑父住在一栋抵押出去的农庄上。那里土质很差，灌溉不良，收成又不好。他们的日子很难过，每时每刻都得省吃俭用。可是爱迪丝姑妈却喜欢买一些窗帘和其他的小东西来装饰家里。她向密苏里州马利维里的一家小杂货铺赊账买这些东西。弗兰克姑父很担心他们的债务，他很注重个人的信誉，不愿意欠债。所以他偷偷地告诉杂货店老板，不要再赊账给姑妈。当她听说这件事之后，大发脾气——那时到现在差不多有 50 年了，她还在大发脾气。我曾经听她说这件事情——不止一次，而是好多好多次。我最后一次见到她的时候，她已经 70 多快 80 岁了。我对她说："爱迪丝姑妈，弗兰克姑父这样羞辱你是不对的，可是难道你真的不觉得，从那件事发生之后，你差不多埋怨了半个世纪，比他所做的事情还要多得多吗？"

爱迪丝姑妈对她这些不快的记忆所付出的代价实在是太贵了，她付出的是她自己半生的内心平静。

富兰克林小的时候，犯了一次他 70 年来一直没有忘记的错误。当他 7 岁的时候，他喜欢上了一支哨子，于是他兴奋地跑进玩具店，把他所有的零钱放在柜台上，也不问问价钱就把那支哨子买了下来。"然后我回到家里，"70 年后他写信告诉他朋友说，"吹着哨子在整个屋子里转着，对我买的这支哨子非常得意。"可是等到他的哥哥姐姐发现他买哨子多付了钱之后，大家都来取笑他。而他正像他后来所说的："我懊恼地痛哭了一场。"

很多年之后，富兰克林成为世界知名的人物，做了美国驻法国的大使。他还记得因为他买哨子多付了钱，使他得到的痛苦多过了哨子所给他的快乐。

富兰克林在这个教训里所学到的道理非常简单。"当我长大以后，"他说，"我见识到许多人类的行为，我认为我碰到很多人买哨子都付了太多的钱。简而言之，我相信，人类的苦难部分产生于他们对事物的价值做了错误的估计，也就是他们买哨子多付了钱。"

吉尔伯特和苏利文对他们的哨子多付了钱，我的爱迪丝姑妈也一样，我个人也一样——在很多情况下。还有不朽的托尔斯泰，也就是两部世界最伟大的小说——《战争与和平》和《安娜·卡列尼娜》的作者，根据《大英百科全书》的记载，托尔斯泰在他生命的最后 20 年里，"可能是全世界最受尊敬的人物"。在他逝世前的那 20 年，崇拜他的人不断到他家里去，希望能见他一面，听到他的声音，甚至于只摸一摸他衣服的一角。他所说的每一句话都有人在笔记本上记下来，就像那是一句"圣谕"一样。可是在生活上，托尔斯泰在 70 岁的时候，还不及富兰克林在 7 岁的时候聪明，他简直一点脑筋也没有。我为什么要如此说呢？

托尔斯泰娶了一个他非常爱的女子。事实上，他们在一起非常快乐，他们常常跪下来，向上帝祈祷，让他们继续过这种神仙眷侣的生活。可是托尔斯泰所娶的那个女子天性善妒，她常扮成乡下姑娘，去打探他的行动，甚至于溜到森林里去看他。他们发生了很多很可怕的争吵，她甚至嫉妒她亲生的儿女，曾经抓起一把枪来，把她女儿的照片打了一个洞。她会在地板上打滚，拿着一瓶鸦片对着嘴巴，威胁着说要自杀，害得她的孩子们缩在屋子的角落里，吓得尖声大叫。

结果托尔斯泰怎么做呢？如果他跳起来，把家具打得稀烂，我倒不怪他——因为他有理由这样生气。可是他做的事比这个要坏多了，他记了一本私人日记！在那里面，他把一切都怪在太太身上，这个就是他的"哨子"。他下定决心要下一代能够原谅他，而把所有的错都怪在他太太身上。而他太太用什么办法来对付他这种作法呢？这还用问，她当然是把他的日记撕下来烧掉了。她自己也写了一本日记，在日记里把错都推在托尔斯泰身上。她甚至还写了一本小说，题目叫作《谁的错》。在那本小说里，她把她的丈夫描写成一个破坏家庭的人，而她自己是一个烈士。

所有的事情结果如何呢？为什么这两个人会把他们唯一的家变成托尔斯泰称谓的"一座疯人院"呢？很显然，有几个理由。其中之一就是他们极想引起别人的注意。不错，他们所最担心的就是别人的意见。我们会不会在乎应该怪谁呢？不会的，我们只会注意我们自己的问题，而不会浪费一分钟去想托尔斯泰家里的事。这两个无聊的人为他们的"哨子"付出了多么大的代价。50 年的光阴都住在一个可怕的地狱里，只因为他们两个人都没有一个有脑筋会说"不要再吵了"，因为两个人都没有足够的价值判断力，并能够说："让我们在这件事情上马上告一段落，我们是在浪费生命，让我们现在就说'够了'吧。"

不错，我非常相信，这是获得心理平静的最大秘密之一——要有正确的价值观念。

而我也相信，只要我们能够定出一种个人的标准来——就是和我们的生活比起来，什么样的事情才值得的标准，我们的忧虑有 50%可以立刻消除。

所以，要在忧虑摧毁你以前，先改掉忧虑的习惯。任何时候，我们想拿出钱来买的东西和生活比较起来不合算的话，让我们先停下来，问问自己下面的 3 个问题：

（1）我现在正在担心的问题，到底和我自己有什么样的关系？

（2）在这件令我忧虑的事情上，我应该在什么地方设定一个"到此为止"的最低限度，然后把它整个忘掉？

（3）我到底应该付这支"哨子"多少钱？我是否已经付出了超过它价值的钱呢？

正视现实：不要试图改变不可避免的事

◇事情既然如此，就不会另有他样。

◇我们所有迟早要学到的东西，就是必须接受和适应那些不可避免的事实。快乐之道无他——我们的意志力所不及的事情，不要去忧虑。

◇正如杨柳承受风雨、水适于一切容器一样，我们也要承受一切不可逆转的事实，对那些必然之事主动而轻快地承受。

人生之路充满了许多未知未卜的因素，这些因素大致可以分为两类，一类是可变的，我们可以通过自身的努力，或改变一定的条件使之转化；另一类是无法改变的，无论我们付出何种努力，都无法改变这一不可避免的现实。因此，当我们面对后者时，就得认定事实，作出积极乐观的反应，这才是一种可取的态度。

当我还是一个小孩的时候，有一天，我和几个朋友一起在密苏里州西北部的一间荒废的老木屋的阁楼上玩。当我从阁楼爬下来的时候，先在窗栏上站了一会儿，然后往下跳。我左手的食指上带着一个戒指。当我跳下去的时候，那个戒指钩住了一根钉子，把我整根手指拉脱了下来。

我尖声地叫着，吓坏了，还以为自己死定了，可是在我的手好了之后，我就再也没有为这个烦恼过。再烦恼又有什么用呢？我接受了这个不可避免的事实。

现在，我几乎根本就不会去想，我的左手只有四个手指头。

几年之前，我碰到一个在纽约市中心一家办公大楼里开货梯的人。我注意到他的左手齐腕砍断了。我问他少了那只手会不会觉得难过，他说："噢，不会，我根本就不会想到它。只有在要穿针的时候，才会想起这件事情来。"

令人惊讶的是，在不得不如此的情况下，我们差不多能很快接受任何一种情形，或使自己适应，或者整个忘了它。

我常常想起在荷兰首都阿姆斯特丹有一家 15 世纪的老教堂，它的废墟上留有一行字：

事情既然如此，就不会另有他样。

在漫长的岁月中，你我一定会碰到一些令人不快的情况，它们既是这样，就不可能是他样。我们也可以有所选择。我们可以把它们当作一种不可避免的情况加以接受，并且适应它，或者我们可以用忧虑来毁了我们的生活，甚至最后可能会弄得精神崩溃。

下面是我最喜欢的心理学家、哲学家威廉·詹姆斯所提出的忠告：

要乐于接受必然发生的情况，接受所发生的事实，是克服随之而来的任何不幸的第一步。

住在俄勒冈州波特壮的伊丽莎白·康奈莉，却经过很多困难才学到这一点。下面是一封她最近写给我的信：

"陆军在北非获胜的那一天，我接到国防部的一封电报，我的侄儿——我最爱的人——在战场上阵亡了。

"我悲伤得无以复加。以前，我一直觉得活着真好，我有一份自己喜欢的工作，努力带大了这个侄儿。在我看来，他代表了年轻人美好的一切……然而这封电报，把我的整个世界都粉碎了，觉得活下去没有什么意义。我悲伤过度，决定放弃工作，离开家乡，把自己藏在眼泪和悔恨之中。

"就在我清理我的桌子，准备辞职的时候，我突然翻到几年前我母亲去世的时候，侄儿写给我的一封信。'当然我们都会想念她的，'那封信上说，'尤其是你。不过我知道你会撑过去的。我永远也不会忘记你教我的那些美丽的真理：不论活在哪里，不论我们分离得有多么远，我永远都会记得你教我要微笑，要像一个男子汉，承受一切已发生的事情。'

"我把那封信读了一遍又一遍，似乎觉得他就在我的身边，正在和我说话。他好像在对我说：'你为什么不照你教给我的办法去做呢？撑下去，不论发生什么事情，把你个人的悲伤藏在微笑底下，继续活下去。'

"于是，我继续工作。我再次对自己说：'事情到了这个地步，我要把思想和精力都用在工作上。'我不再为已经永远过去的那些事悲伤，现在我每天的生活里都充满了快乐。"

伊丽莎白·康奈莉，学到了须接受和适应那些不可避免的事。那些曾经在位的皇帝们，也常常提醒他们自己这样做。乔治五世，在他白金汉宫卧房里的墙上挂着下面一句话："不要为月亮哭泣，也不要为过去的事后悔。"叔本华说："能够顺从，是你在踏上人生旅途后最重要的一件事。"

很显然，环境本身并不能使我们快乐或悲伤，我们对周围环境的反应才能决定我们的悲欢。

在必要的时候，我们都能忍受灾难和悲剧，甚至战胜它们。我们内在的力量强大得惊人，只要我们肯加以利用，就能帮助我们克服一切。

已故的布斯·塔金顿总是说："人生加诸我的任何事情，我都能接受，只除了一样，就是瞎眼。那是我永远也没有办法忍受的。"

然而，在他60多岁的时候，有一天他低头看着地上的地毯，色彩整个是模糊的，他无法看清楚地毯的花纹。他去找了一个眼科专家，发现了那不幸的事实：他的视力在减退，有一只眼睛几乎全瞎了，另一只离瞎也为期不远了。他所最怕的事情，终于发生在他的身上。塔金顿对这种"所有灾难里最可怕的"有什么反应呢？他是不是觉得"这下完了，我这一辈子到这里就完了"呢？没有，他自己也没有想到他还能觉得非常开心，甚至于还能善用他的幽默感：以前，浮动的"黑斑"令他很难过，它们会在他眼前游过，遮挡了他的视线，可是现在，当那些最大的黑斑从他眼前晃过的时候，他却会说："嘿，又是老黑斑爷爷来了，不知道今天这么好的天气，它要到哪里去。"

当塔金顿终于完全失明之后，他说："我发现我能承受我视力的丧失，就像一个人能承受别的事情一样。要是我五种感官全丧失了，我知道我还能够继续生存在我的思想里，因为我们只有在思想里才能够看，只有在思想里才能够生活，不论我们是不是知道这一点。"

塔金顿为了恢复视力，在一年之内接受了12次手术，为他动手术的是当地的眼科医生。他有没有害怕呢？他知道这都是必要的，他知道他没有办法逃避，所以唯一能减轻他痛苦的办法，就是爽爽快快地去接受它。他拒绝在医院里用私人病房，而住进大病房里，和其他的病人在一起。他试着去使大家开心，而在他必须接受好几次手术时——他很清楚地知道在他眼睛里动了些什么手术——他只尽力让自己去想他是多么的幸运。"多么好啊，"他说，"多么妙啊，现在科学的发展已经达到了这种技巧，能够为人的眼睛这么纤细的东西动手术了。"

一般的人如果经历了这些灾难恐怕都会变成精神病了，可是塔金顿说："我可不愿意把这次经历拿去换一些不开心的事情。"这件事教会他如何接受，这件事使他了解到生命所能带给他的没有一样是他能力所不及而不能忍受的。这件事也使他领悟富尔顿所说的："瞎眼并不令人难过，难过的是你不能忍受瞎眼。"要是我们因此而退缩，或者是加以反抗，我们也不可能改变那些不可避免的事实。

不论在哪一种情况下，只要还有一点挽救的机会，我们就要奋斗。可是当常识告诉我们，事情已不可避免——也不可能再有任何转机，那么，请保持我们的理智，不要"左顾右盼，无事自忧"。

许多美国有名的生意人，都能接受那些不可避免的事实而过着无忧无虑的生活。如果不这样的话，他们就会在过大的压力下被压垮。

创设了遍及全美的潘氏连锁商店的潘尼说："哪怕我所有的钱都赔光了，我也不会忧虑，因为我看不出忧虑可以让我得到什么。我尽我所能把工作做好，至于结果就要看老天爷了。"中国也有句古话说："谋事在人，成事在天。"

亨利·福特也说过类似的话："碰到我无法处理的事情，我就静观尘埃落定。"

克莱斯勒公司的总经理凯勒先生谈到他如何避免忧虑的时候说："要是我碰到很棘手的情况，只要想得出办法解决的，我就去做。要是干不成的，我就干脆把它忘了。我从来不为未来担心，因为，没有人能够知道未来会发生什么事情，影响未来的因素太多了，也没有人能说出这些影响从何而来，所以何必为它们担心呢。"他的想法，正和1900年前，罗马的大哲学家依匹托塔士的理论差不多。"快乐之道无他，"依匹托塔士告诉罗马人，"就是不要去忧虑我们的意志力所不能及的事情。"

莎拉·班哈特曾经是全世界观众最喜爱的一位女演员，她在71岁那一年破产了——所有的钱都损失了，而她的医生——巴黎的波基教授告诉她必须把腿锯断。她因摔伤染上了静脉炎，腿痉挛，医生觉得她的腿一定要锯掉，又怕把这个消息告诉那个脾气很坏的莎拉。然而，当他告诉她的时候，他简直不敢相信，莎拉看了他一阵子，然后很平静地说："如果非这样不可的话，那只好这样了。"这就是命运。

当她被推进手术室的时候，她的儿子站在一边哭，她朝他挥了下手，高高兴兴地说："不要走开，我马上就回来。"

在去手术室的路上，她一直背着她演过的一出戏里的一幕。有人问她这么做是不是为了提起她自己的精神，她说："不是的，是要让医生和护士们高兴，他们受的压力可大得很呢。"

手术后，莎拉·班哈特还继续环游世界，使她的观众又为她疯迷了7年。

当我们不再反抗那些不可避免的事实之后，我们就能节省下精力，创造出一种更丰富的生活。

我在密苏里州我自己的农场上就看过这样的事情。我在农场上种了几十棵树，起先它们长得非常快。然而一阵冰雹过后，每一根细小的树枝上都堆满了一层重重的冰。这些树枝在重压下并没有顺从地弯下来，却很骄傲地反抗着，终于在沉重的压力下折断了——然后不得不被毁掉。它们不像北方的树木那样聪明。我曾经在加拿大看过长达好几百英里的常青树林，从来没有看见一棵柏树或是一株松树被冰或冰雹压垮。这些常青树知道怎么去顺从，怎么弯垂下它们的枝条，怎么适应那些不可避免的情况。

日本的柔道大师教他们的学生："要像杨柳一样地柔顺，不要像橡树一样地挺立。"

你知道你汽车的轮胎为什么能在路上支持那么久，忍受得了那么多的颠簸吗？起初，制造轮胎的人想要制造一种轮胎，能够抗拒路上的颠簸，结果轮胎不久就被切成了碎条；然后他们做出一种轮胎来，可以吸收路上所碰到的各种压力，这样的轮胎可以"接受一切"。如果我们在多难的人生旅途上，也能够承受所有的挫折和颠簸的话，我们就能够活得更长久，能享受更顺利的旅程。

如果我们不吸收这些，而去反抗生命中遇到的挫折的话，我们会碰到什么样的事情呢？答案非常的简单，我们就会产生一连串内在矛盾，我们就会忧虑、紧张、急躁和神经质。

如果我们再进一步，抛弃现实世界的不快，退缩到一个我们自己所虚构的梦幻世界里，那么我们就会精神错乱了。

在战时，成千成万心怀恐惧的士兵，只有两种选择，接受那些不可避免的事实，或在压力之下崩溃。让我们举个例子，说的是威廉·卡赛流斯的事。下面就是他在纽约成人教育班中所说的一个得奖的故事：

"我在加入海岸防卫队后不久，就被派到大西洋这边最可怕的一个单位。他们叫我管炸药。想想看，我——一个卖小饼干的店员，居然成了管炸药的人！光是想到站在几千几万吨TNT（三硝基甲苯）顶上，就把一个卖饼干的店员的骨髓都吓得冻住了。我只接受了两天的训练，而我所学到的东西让我内心更充满了恐惧。我永远也忘不了我第一次执行任务的情形。那天又黑又冷，还下着雾，我奉命到新泽西州的卡文角露码头。

"我奉命负责船上的第五号舱，得和5个码头工人一起工作。他们身强力壮，可是对炸药却一无所知。他们正将重2000～4000磅的炸弹往船上装，每一个炸弹都包含一吨的TNT，足够把那条老船炸得粉碎。我们用两条铁索把炸弹吊到船上，我不停地对自己说：万一有一条铁索滑溜了，或者是断了，噢，我的妈呀！我可真害怕极了。我浑身颤抖，嘴里发干，两个膝盖发软，心跳得很厉害。可是我不能跑开，那是逃亡，不但我会丢脸，我的父母也会丢脸，而且我可能因为逃亡而被枪毙。我不能跑，只能留下来。我一直看着那些码头工人毫不在乎地把炸弹搬来搬去，心想船随时都会被炸掉。在我担惊受怕、紧张了一个多钟点之后，我终于开始运用我的普通常识。我跟自己好好地谈了谈，我说：'你听着，就算你被炸了，又怎么样？你反正也没有什么感觉了。这种死法倒痛快得很，总比死于癌症要好得多。不要做傻瓜，你不可能永远活着，这件工作不能不做，否则要被枪毙，所以你还不如做得开朗点。'

"我这样跟自己讲了几个钟点，然后开始觉得轻松了些。最后，我克服了我的忧虑和恐惧，让我自己接受了那不可避免的情况。

"我永远也忘不了这段经历，现在每逢我要为一些不可能改变的事实忧虑的时候，我就耸下肩膀说：'忘了吧。'"

好极了，让我们欢呼三声，再为这位卖饼干的店员多欢呼一声。

"对必然的事，要轻快地去承受。"这几句话是在耶稣基督出生前399年说的。但是在这个充满忧虑的世界，今天的人比以往更需要这几句话："对必然的事，要轻快地去承受。"

所以，要在忧虑毁了你之前，改掉忧虑的习惯。

忠于自我：这才是快乐的人生

◇一个人最糟的是不能成为自己，并且在身体与心灵中保持自我。

◇一个人想要集他人所有的优点于一身，是最愚蠢、最荒谬的行为。

◇在这个世界上，你每天都是一个崭新的自我，为此而高兴吧！善用你的天赋。

我有一封伊笛丝·阿雷德太太从北卡罗来纳州艾尔山寄来的信。"我从小就特别敏感而腼腆，"她在信上说，"我的身体一直太胖，而我的一张脸使我看起来比实际上还胖得多。我有一个很古板的母亲，她认为把衣服弄得漂亮是一件很愚蠢的事情。她总是对我说：'宽衣好穿，窄衣易破。'而她总照这句话来帮我穿衣服。所以我从来不和其他的孩子一起做室外活动，甚至不上体育课。我非常害羞，觉得我跟其他人都'不一样'，完全不讨人喜欢。

"长大之后，我嫁给了一个比我年长好几岁的男人，可是我并没有改变。我丈夫一家人都很好，也充满了自信。他们就是我应该是而不是的那种人。我尽最大的努力要像他们一样，可是我办不到。他们为了使我开朗而做的每一件事情，都只是令我更退缩到我的壳里去。我变得紧张不安，躲开了所有的朋友，情形坏到甚至怕听到门铃响。我知道我是一个失败者，又怕我的丈夫会发现这一点。所以每次当我们出现在公共场合的时候，我都假装很开心，结果常常做得太过分，事后我会为这个而难过好几天。最后不开心到使我觉得再活下去也没有什么道理了，我开始想自杀。"

出了什么事才改变了这个不快乐的女人的生活？只是一句随口说出的话。

"一句随口说出的话，"阿雷德太太继续写道，"改变了我的整个生活。有一天，我的婆婆正在谈她怎么教育她的几个孩子，她说：'不管事情怎么样，我总会要求他们保持本色。'……'保持本色'——就是这句话！在那一刹那之间，我才发现我之所以那么苦恼，就是因为我一直在试着让自己适合于一个并不适合我的模式。

"在一夜之间我整个改变了。我开始保持本色。我试着研究我自己的个性，试着找出我究竟是怎样的人。我研究我的优点，尽我所能去学色彩和服饰上的学问，尽量以能够适合我的方式去穿衣服。我主动地去交朋友，我参加了一个社团组织——开始是一个很小的社团——他们让我参加活动，把我吓坏了。可是我每一次发言，都能增加一点勇气。这事花了很长的一段时间，可是今天我所有的快乐，却是我从来没有想到可能得到的。在教养我自己的孩子时，我也总是把我从痛苦的经验中所学到的结果教给他们：'不管事情怎么样，总是保持本色。'"

"保持本色的问题，像历史一样古老，"詹姆斯·高登·季尔基博士说，"也像人生一样普遍。"不愿意保持本色，即是很多精神和心理问题的潜在原因。安吉罗·帕屈在幼儿教育方面曾写过13本书和数以千计的文章，他说："没有人比那些想做其他人，和除他自己以外其他东西的人，更痛苦的了。"

这种希望能做跟自己不一样的人的想法，在好莱坞尤其流行。山姆·伍德是好莱坞最知名的导演之一。他说在他启发一些年轻的演员时，所碰到的最头痛的问题就是这个：要让他们保持本色。他们都想做二流的拉娜·透纳，或者是三流的克拉克·盖博。"这一套观众已经受够了，"山姆·伍德说，"最安全的做法是：要尽快丢开那些装腔作势的人。"

最近我请教素凡石油公司的人事室主任保罗·包延登,来求职的人常犯的最大错误是什么。他应该知道的,因为他曾经和 6 万多个求职的人面谈过,还写过一本名为《谋职的 6 种方法》的书。他回答说:"来求职的人所犯的最大错误就是没有保持本色。他们不以真面目示人,不能完全地坦诚,却给你一些他以为你想要的回答。"可是这个做法一点用也没有,因为没有人要伪君子,也从来没有人愿意收假钞票。

我知道有一位公共汽车驾驶员的女儿就是很辛苦才学到这个教训的。她想当歌星,但不幸的是她长得不好看,嘴巴太大,还长着龅牙。她第一次在新泽西的一家夜总会里公开演唱时,直想用上唇遮住牙齿,她企图让自己看来显得高雅,结果却把自己弄得四不像,这样下去她就注定要失败了。

幸好当晚在座的一位男士认为她很有歌唱的天分,他很直率地对她说:"我看了你的表演,看得出来你想掩饰什么,你觉得你的牙齿很难看?"那女孩听了觉得很难堪,不过那个人还是继续说下去,"龅牙又怎么样?那又不犯罪!不要试图去掩饰它,张开嘴就唱,你越不以为然,听众就会越爱你。再说,这些你现在引以为耻的龅牙,将来可能会带给你财富呢!"

凯丝·达莱接受了那人的建议,把龅牙的事抛诸脑后,从那次以后,她只把注意力集中在观众身上。她开怀尽情地演唱,后来成为电影及电台中走红的顶尖歌星,现在,别的歌星倒想来模仿她了。

威廉·詹姆斯曾说过:

"一般人的心智能力使用率不超过 10%,大部分人不太了解自己还有些什么才能。与我们应该取得的成就相比,其实我们只运用了身心资源的一小部分。人往往都活在自己所设的限制中,我们拥有各式各样的资源,却常常不能成功地运用它们。"

保持你自己的本色,像欧文·柏林给已故的乔治·盖许文的忠告那样。当柏林和盖许文初次见面的时候,柏林已经大大有名,而盖许文还是一个刚出道的年轻作曲家,一个星期只赚 35 美金。柏林很欣赏盖许文的能力,就问盖许文要不要做他的秘书,薪水大概是他当时收入的 3 倍。"可是不要接受这个工作。"柏林忠告说,"如果你接受的话,你可能会变成一个二流的柏林;但如果你坚持继续保持你自己的本色,总有一天你会成为一个一流的盖许文。"

盖许文接受了这个警告,后来他慢慢地成为美国当时最重要的作曲家之一。

卓别林、威尔·罗吉斯、玛丽·玛格丽特·麦克布蕾、金·奥特雷，以及其他好几百万的人，都学过我在这一章里想要让各位明白的这一课，他们也学得很辛苦——就像我一样。

卓别林开始拍电影的时候，那些电影导演都坚持要卓别林去学当时非常有名的一个德国喜剧演员，可是卓别林直到创造出一套自己的表演方法之后，才开始成名。鲍勃·霍伯也有相同的经验。他多年来一直在演歌舞片，结果毫无成绩，一直到他挖掘出自己的喜剧本事之后，才有名起来。威尔·罗吉斯在一个杂耍团里，不说话光表演抛绳技术，继续了好多年，最后才发现他在讲幽默笑话上有特殊的天分，于是开始在要绳表演的时候说笑话，因此成名。

玛丽·玛格丽特·麦克布蕾刚刚进入广播界的时候，想做一个爱尔兰喜剧演员，结果失败了。后来她发挥了她的本色，做一个从密苏里州来的、很平凡的乡下女孩子，结果成为纽约最受欢迎的广播明星。

金·奥特雷刚出道的时候，想要改掉他得州的乡音，穿得像个城里的绅士，自称是纽约人，结果大家都在他背后笑话他。后来他开始弹五弦琴，唱他的西部歌曲，开始了他那了不起的演艺生涯，成为全世界在电影和广播两方面最有名的西部歌星。

你在这个世界上是个新东西，应该为这一点而庆幸，应该尽量利用大自然所赋予你的一切。归根结底说起来，所有的艺术都带着一些自传体；你只能唱你自己的歌，你只能画你自己的画，你只能做一个由你的经验、你的环境和你的家庭所造成的你。不论好坏，你都得自己创造一个自己的小花园；不论好坏，你都得在生命的交响乐中，演奏你自己的小乐器。

就像爱默生在他那篇《论自信》的散文里所说的："在每一个人的教育过程之中，他一定会在某个时期发现，羡慕就是无知，模仿就是自杀。不论好坏，他必须保持本色。虽然广大的宇宙之间充满了好的东西，可是除非他耕作那一块自己的土地，否则他绝得不到好的收成。他所有的能力是自然界的一种新能力，除了他之外，没有人知道他能做些什么，他能结什么，而这都是他必须去尝试求取的。"

下面是一位诗人——已故的道格拉斯·马罗区所说的：

如果你不能成为山顶的一株松，
就做一丛小树生长在山谷中，
但须是溪边最好的一小丛。
如果你不能成为一棵大树，

就做灌木一丛。

如果你不能成为一丛灌木，就做一片绿草，

让公路上也有几分欢娱。

如果你不能成为一只麝香鹿，就做一条鲈鱼，

但须做湖里最好的一条鱼。

我们不能都做船长，我们得做海员。

世上的事情，多得做不完，

工作有大的，也有小的，

我们该做的工作，就在你的手边。

如果你不能做一条公路，就做一条小径。

如果你不能做太阳，就做一颗星星。

不能凭大小来断定你的输赢，

不论你做什么都要做最好的一名。

活在今天：今天比昨天和明天更宝贵

◇我们首要去做的事情不是去观望遥远的未来，而是去做手边的清楚之事。

◇为明日做好准备的最佳办法就是集中你所有的智慧、热忱，把今天的工作做得尽善尽美。

◇昨天，是张作废的支票；明天是尚未兑现的期票；只有今天才是现金，有流通性的价值之物。

在一次培训课上，我和学员们讨论到"及时行乐"这个话题，大多数人认为"及时行乐"带有太多利己观念，但我认为"及时行乐"里面也包含很多积极进取的因素，有这么一个小故事：

一个20出头的小伙子急匆匆地走在路上。一个人拦住了他，问道：

"小伙子，你为何行色匆匆啊？"

小伙子连头也不回，飞快地向前跑着，只泛泛地甩了一句：

"别拦我，我要寻求幸福。"

转眼20年过去了，小伙子已变成中年人，可他依旧在路上奔波。

有一个人又拦住他。

"喂！中年人，你上哪儿去啊！"

"别拦我，我在寻找我的幸福。"

20年又过去了，这个中年人逐渐变得苍老，面色憔悴，背亦驼得像一张弯弓，可他仍挣扎着，一步步向前挨。

又有个人拦住他。

"老头子，你还在寻找你的幸福吗？"

"是啊！"

当老头回答完这句问话，猛地惊醒，一行老泪流了下来。原来，刚才问他问题的那个人，就是幸福之神啊！他寻找了一辈子，实际上幸福就在他身边，他却屡次与他擦肩而过。

讲到这里，我看了看下面的学员，提出了这样一个问题：

"请问在座诸位，对于'及时行乐'这个命题还有不同看法吗？"

教室内一片寂静，看得出每个人都陷入了苦苦的思索之中。

是的，我们的人生太短促，但是，我们脚下的路却是很长很长，如果懂得适时地享受生活中的乐趣，抛开人世间的一切苦恼与忧虑，我们的人生就是幸福的、快乐的。

1871年春天，一个蒙德里尔综合医院的医科学生，因为受一句话的启发，而成为一代医学权威，创建了全世界知名的约翰·霍普金斯医学院，成为牛津大学的钦定医学教授，获得了医学界最高荣誉——女王勋章。他还被加封为子爵，他就是威廉·奥斯勒，而他看到的那句话是：

最重要的不是去看远方的模糊，而要做手边清楚的事。

他的成功，就是因为他活在一个所谓"完全独立的今天"。42年后，他在耶鲁大学发表演说时对大学生们说：

"你们当中的每一个的组织都比一条大海船复杂、精美得多，所要走的航程也远得多，但你们要学会怎样适应、控制一切，活在一个'完全独立的今天'。

"要注意聆听你们生活的每一个层面，隔断已经死去的昨天，也隔断那些尚未诞生的明天。那你拥有的就是今天。

"明天的重担，再加上昨天的重担，就会成为今天最大的障碍，要把未来像过去那样紧紧地关在门外，因为未来就在于今天。"

奥斯勒教授以为：为明日做准备的最好方法，就是要集中你所有的智慧，所有的热情，把今天的工作做得尽善尽美。在今天完成今日事，这才算为明天铺路。

我们多数的人，都拖延着不去享受今天的生活，我们都梦想着天边有一座奇妙的玫瑰园，而不去欣赏今天就开放在我们窗口的玫瑰。

"我们生命的小小历程是多么奇怪啊，"斯蒂芬·柯高写道，"小孩子说：'等我长大的时候。'然而等他长大成人了，他又说：'等我结婚之后。'可是结了婚，又能怎么样呢？他们的想法变成了'等到我退休之后'。然而，等到退休之后，他回头看看他所经历过的一切，似乎有一阵冷风吹过来。不知怎么的，他把所有的都错过了，而一切又一去不再回头。我们总是无法及早领会：生命就在今天的生活里，就在每一天和每一时刻里。"

"生活在一个完全独立的今天里"这句话，让一名瘦了34磅、精神濒临崩溃的士兵摆脱了忧虑的困扰，步入了快乐而有益的生活。他的名字叫泰德·班哲明，住在马里兰州的巴铁摩尔城。

"在1945年的4月，"泰德·班哲明写道，"我忧愁得患了一种医生称之为结肠痉挛的病，这种病使人极为痛苦。

"我当时整个人筋疲力尽。我在第九十四步兵师，担任士官的职务，工作是建立和维持一份在作战中死伤和失踪者的记录，还要帮忙发掘那些在战事激烈的时候被打死的、被草草掩埋的士兵。我得收集那些人的私人物品，要确切地把那些东西送到他们的家人或近亲的手里。我一直在担心，怕我们会造成那些让人很窘的或者是很严重的错误，我担心我是不是能撑得过这些事，我担心是不是还能活着回去把我的独生子——一个我从来没有见过的16个月的儿子抱在怀里。我既担心又疲劳，瘦了34磅，我眼看着自己的两只手只剩下皮包骨。我一想到自己瘦弱不堪地回家就害怕，我崩溃了，哭得像个孩子，我浑身发抖……有一段时间，也就是德军最后大反攻开始不久，我常常哭泣，几乎放弃了还能再成为一个正常人的希望。

"最后我住进了医院。一位军医给了我一些忠告，整个改变了我的生活。在为我做完一次彻底的全身检查之后，他告诉我，我的问题纯粹是精神上的。'泰德，'他说，'我希望你把你的生活想象成为一个沙漏，你知道在沙漏的上一半，有成千成万粒的沙子，它们都慢慢地很平均地流过中间那条细缝。除了弄坏沙漏，你跟我都没有办法让两粒以上的沙子同时通过那条窄缝。你、我和每一个人，都像这个沙漏。每天早上开始的时候，有成百上千件的工作，让我们觉得我们一定得在那一天里完成。可是如果我们不一次做一件，让它们慢慢平均地通过这一天，像沙粒通过沙漏的窄缝一样，那我们就一定会损害到我们自己的身体或精神了。'

"从那一天起，'一次只流过一粒沙，一次只做一件事'这个忠告在身心两方面都救了我。目前对我在手艺印刷公司的公共关系及广告部中的工作，也有莫大的帮助。我发现在生意场上，也有像在战场上同样的问题，一次要做好几件事情——但却没有多少时间可利用。但是，我不会再紧张不安，因为我永远记得那个军医告诉我的话：'一次只流过一粒沙子，一次只做一件工作。'我一再对自己重复地念着这两句话。我的工作比以前更有效率，做起来也不会再有那种在战场上几乎使我崩溃的、迷惑和混乱的感觉。"

我们的医院里大概有一半以上的床位，都是留给神经或者精神上有问题的人的。他们都是被累积起来的昨天和令人担心的明天加起来的双重重担所压垮的病人。而那些病人中，大多数只要能奉行耶稣的这句话——"不要为明天忧虑"，或者是威廉·奥斯勒爵士的这句话——"生活在一个完全独立的今天里"，他们就都能走在街上，过着快乐而有益的生活了。

你和我，在目前这一刹那，都站在两个永恒交汇之点——已经永远消逝了的过去，以及延伸到无穷尽的未来——我们都不可能活在这两个永恒之中，甚至连一秒钟也不行。若想那样做的话，我们就会毁了自己的身体和精神。所以，我们就以能活在这一刻而感到满足吧。从现在一直到我们上床，"不论担子有多重，每个人都能支持到夜晚的来临，"罗勃·史蒂文生写道，"不论工作有多苦，每个人都能做他那一天的工作，每一个人都能很甜美、很有耐心、很可爱、很纯洁地活到太阳下山，而这就是生命的真谛。"

对一个聪明人来说，每一天都是一个新的生命。

底特律城已故的爱德华·诺文斯，在学会"活于今天"之前，几乎因为忧虑而自杀。爱德华·诺文斯生长在一个贫苦的家庭，起先靠卖报来赚钱，然后在一家杂货店当店员。后来，家里有七口人要靠他吃饭，他就谋到一个当助理图书管理员的职位，薪水很少，他却不敢辞职。8年之后，他才鼓起勇气开始他自己的事业。不久，就用借来的55块钱，发展成一个大的事业，一年赚两万美金。就在这时，厄运降临了：他替一个朋友开出一张面额很大的支票，而那位朋友破产了。很快地，在这件灾祸之后又来了另外一次大灾祸，那家存着他全部财产的大银行垮了，他不但损失了所有的钱，还负债1.6万元。他精神受不住这样的打击，"我吃不下，睡不着，"他还说道，"我开始生起奇怪的病来。没有别的原因，只是因为担忧。有一天，我走在路上的时候，昏倒在路边，以后就再不能走路了。他们让我躺在床上，我的全身都烂了，伤口往里面烂进去之后，连躺在床上都受不了。我的身体愈来愈弱，最后医生告诉我，我只有两个星期可活了。我大吃一惊，写好我的遗嘱，然后躺在床上等死。挣扎或是担忧都没有用了，我放弃了，也放松下来，闭目休息。在此以前，连续好几个星期，我几乎没有办法连续睡两个小时以上。可是这时候，因为一切困难很快就将结束，我反而睡得像个孩子似的安稳。那些令人疲倦的忧虑渐渐消失了，我的胃口恢复了，体重也开始增加。

"几个星期之后，我就能撑着拐杖走路。6个星期以后，我又能回去工作了。我以前一年曾赚过两万块钱，可是现在能找到一个星期30块钱的工作，就已经很高兴了。我的工作是推销用船运送汽车时放在轮子后面的挡板。这时我已学会不再忧虑——不再为过去发生的事情后悔，也不再担心将来。我把所有的时间、精力和热忱，都放在手头的工作上。"

由于他脚踏实地做好手头的每一件事情，他的进展非常快，不到几年，他已是诺文斯工业公司的董事长，多年来，这个公司一直是纽约股票市场交易所的一家公司。如果你乘飞机到格陵兰去，很可能降落在诺文斯机场——这是为了纪念他而命名的飞机场。可是，如果他没有学会"生活在完全独立的今天里"的话，爱德华·诺文斯绝不可能获得这样的成功。

时间并不能像金钱一样让我们随意贮存起来，以备不时之需。我们所能使用的只有被给予的那一瞬间，也就是今日和现在。假如我们不能充分利用今日而让时间白白虚度，那么它将一去不返。所谓"今日"，正是"昨日"计划中的"明日"，而这个宝贵的"今日"，不久将消失到遥远的彼方。对于我们每个人来讲，得以生存的只有现在——过去早已消失，而未来尚未来临。昨天，是张作废的支票；明天，是尚未兑现的期票；只有今天，才是现金，有流通性的价值之物。

摆脱忧虑的一个重要方法就是学会在现时中生活。请注意，这里使用的不是"现实"而是"现时"一词，它更加强调的是"现在"这一时间概念，现时生活是你真正生活的关键所在。细想一下，除了"现在"，我们永远不能生活在任何其他时刻，你所能把握的只有现在的时光，其实未来也只不过是一种即将到来的"现在"。有一点可以肯定：在未来到来之前，你是无法生活于未来之中的；然而，我们的文化传统总是降低现时的重要性，我们常听人们如此言谈：

为将来而积蓄；

要考虑后果；

不要过于注重享乐；

想想今后；

为退休做好准备，等等。

在我们的传统文化中，回避现时几乎成为一种流行性疾病。社会环境总是要求人们为将来牺牲现在。根据逻辑推理，在这种思想的影响下，人们总是在今天为明天或昨天的事情担忧，无法"活在今天"。回避现时这种态度意味着不仅要避免目前的享受，而且要永远回避幸福——难道不是吗？将来那一时刻一旦到来，也就成为现时，而我们到那时又必须利用那一现时为将来做准备。这样，幸福总是明日复明日，永远可望而不可即。

回避现时往往导致对未来的一种理想化。你可能会想象自己在今后生活中的某一时刻，会发生一个奇迹般的转变，你一下子变得事事如意，幸福无比，财富无限，或者期望自己在完成某一特别业绩——如大学毕业、结婚、有了孩子或职务晋升之后，你将重新获得一种新的生活。然而，当那一刻真正到来时，你却并没获得自己原先想象的幸福，甚至往往有些令人失望。未来永远没有你所想象的那么美好、如诗如画，它也只是一种切切实实的"现时"。为什么许多年轻人婚后不久就哀叹生活与婚姻的不幸？其中不乏一个原因——他们曾经将婚姻和未来幻想得过于幸福美满，而当这一切真正到来时，当他们置身于现时生活之中，他们不愿面对一些现实。

美国著名小说家亨利·詹姆斯在《大使们》一书中如此忠告：

"尽情地生活吧，否则，就是一个错误。你具体做什么都关系不大，关键是你要生活。假如没有生命，你还有什么呢？失去的就永远失去了，这是毫无疑义的……所谓适当的时刻就是人们仍然有幸得到的时刻，幸福地生活吧！"

"如果你也像托尔斯泰书中的伊凡·伊里奇那样回顾自己的一生，你将发现自己很少会因为做了某事而感到遗憾。"

"如果我到目前为止的整个生活都是错误的，那该怎么办？他忽然意识到以前在他看来完全不可能的事也许的确是真的，他也许真的没有按照他本应做的那样去生活。他忽然意识到，自己以前那些难以察觉的念头——尽管出现之后便随即被打消——或许才是真的，而其他一切则是虚假的。他的职业义务、他的生活以及家庭的整个安排，还有他的一切社会利益和表面利益，也许完全都是虚无的。他一直在为所有这一切进行着辩解，然而现在，他蓦然感到自己的辩解是苍白无力的。没有什么值得辩解的……"

恰恰相反，正是那些你所没做的事情才会使你在心中耿耿于怀。因此，你现在应该去做的事情十分显然——行动起来！珍惜现在的时光，充分利用现在的时光，不要放过一分一秒。否则，如果你以自我挫败的方式度过现在的时光，就无异于永远地失去这一现时。

让我们用铁门把过去隔断——隔断已经死去的那些昨天；揿下另一个按钮，用铁门把未来也隔断——隔断那些尚未诞生的明天。然后你就保险了——你有的是今天……切断过去，把已死的过去埋葬掉；切断那些会把傻子引上死亡之路的昨天，人类得到救赎的日子就是现在，精力的浪费、精神的苦闷，都会紧随着一个为未来担忧的人……那么把船后的大隔舱都关断吧，准备养成一个好习惯。生活在"完全独立的今天"里。幸福快乐就在你生活的每一天。

让我们用一个每天能产生快乐而富建设性思想的计划，来为我们的快乐而奋斗吧。

下面这个"只为今天"的计划，对我们过一种积极有益的生活非常有效，如果能照着做，我们就能大量地产生"生活上的快乐"。

（1）只为今天，我要很快乐。假如林肯所说的"大部分人只要下定决心都能很快乐"这句话是对的，那么快乐是来自内心，而不是来自于外界。

（2）只为今天，我要让自己适应一切，而不去试着调整一切来适应我的欲望。我要以这种态度接受我的家庭、我的事业和我的运气。

（3）只为今天，我要爱护我的身体。我要多运动、善于照顾、善于珍惜；不损伤它、不忽视它；使它能成为我争取成功的好基础。

（4）只为今天，我要加强我的思想。我要学一些有用的东西，我不要做一个胡思乱想的人。我要看一些需要思考、更需要集中精神才能看的书。

（5）只为今天，我要用3件事来锻炼我的灵魂：我要为别人做一件好事，但不要让人家知道；我还要做两件我并不想做的事，而这就像威廉·詹姆斯所建议的，只是为了锻炼。

（6）只为今天，我要做个讨人喜欢的人，外表要尽量修饰，衣着要尽量得体，说话低声，行动优雅，丝毫不在乎别人的毁誉。对任何事都不挑毛病，也不干涉或教训别人。

（7）只为今天，我要试着只考虑怎么度过今天，而不期望我一生的问题一次就解决。因为，我虽能连续12个钟头做一件事，但若要我一辈子都这样做下去的话，就会吓坏了我。

（8）只为今天，我要订下一个计划。我要写下每个钟头该做些什么事。也许我不会完全照着做，但还是要订下这个计划，这样至少可以免除两种缺点——过分仓促和犹豫不决。

（9）只为今天，我要为自己留下安静的半个钟头，轻松一番。在这半个钟头里，我要想到神，使我的生命更充满希望。

（10）只为今天，我要心中毫无惧怕。尤其是，我不要怕快乐，我要去欣赏美的一切，去爱，去相信我爱的那些人会爱我。如果我们想培养平安和快乐的心境，请记住这条规划：

"有了快乐的思想和行为，你就能感到快乐。"

我在自己浴室的镜子上贴了一首诗，以便自己每天早上刮胡子的时候都能看见它。这首诗的作者是一个很有名的印度戏剧家卡里达沙。

向黎明致敬

看着这一天！
因为它就是生命，生命中的生命。
在它短短的时间里，
有你存在的所有变化与现实；
生长的福泽，
行动的辉煌。
因为昨天不过是一场梦，
而明天只是一个幻影，
但是活在很好的今天，
却能使每一个昨天都是一个快乐的梦，
每一个明天都是有希望的幻景。
所以，好好地看着这一刻吧，
这就是你对黎明的敬礼。

杞人无忧：别让小事妨碍了你的大事

◇人生短暂，如白驹过隙，然而有很多人却浪费了很多时间，去愁一些一年内就会被忘却的小事。

◇我们通常都能很勇敢地去面对生活里那些大的危机，却被些小事情搞得垂头丧气。大多数时间里，要想克服因为一些小事情引起的困扰，只要把自己的看法和重点转移一下就可以了。你会找到一个新的使你开心一点的想法。

下面是一个也许会让你毕生难忘、很富戏剧性的故事。说这个故事的人叫罗勒·摩尔。

"1945年的3月，我学到了我这一生最重大的一课。"他说，"我是在中南半岛附近276英尺深的海底下学到的。当时我和另外87个人一起在贝雅 S.S.三一八号潜水艇上。我们由雷达发现，一小支日本舰队正朝我们这边开过来。在天快亮的时候，我们开出水面发动攻击。我由潜望镜里发现一艘日本的驱逐护航舰、一艘油轮，和一艘布雷舰。我们朝那艘驱逐护航舰发射了3枚鱼雷，但是都没有击中。那艘驱逐舰并不知道它正遭受攻击，还继续向前驶去，我们准备攻击最后的一条船——那条布雷舰。突然之间，它转过身子，直朝我们开来（一架日本飞机，看见我们在60英尺深的水下，把我们的位置用无线电通知了那艘日本的布雷舰）。我们潜到150英尺深的地方，以避免被它侦测到，同时准备好应付深水炸弹。我们在所有的舱盖上都多加了几层栓子，同时为了使我们的沉降保持绝对的静默，我们关了所有的电扇、整个冷却系统，和所有的发电机器。

"3分钟之后，突然天崩地裂。6枚深水炸弹在我们四周爆炸开来，把我们直压到海底——深达276英尺的地方。我们都吓坏了，在不到1000英尺深的海水里，受到攻击是一件很危险的事情——如果不到500英尺的话，差不多都难逃劫运。而我们却在不到500英尺一半深的水里受到了攻击——要照怎么样才算安全说起来，水深等于只到膝盖部分。那艘日本的布雷舰不停地往下丢深水炸弹，攻击了15个小时，要是深水炸弹距离潜水艇不到17英尺的话，爆炸的威力可以在潜艇上炸出一个洞来。有十几个深水炸弹就在离我们50英尺左右的地方爆炸，我们奉命'固守'——就是要静躺在我们的床上，保持镇定。我吓得几乎无法呼吸：'这下死定了。'电扇和冷却系统都关闭之后，潜水艇的温度非常高，可是我怕得全身发冷，穿上了一件毛衣，以及一件带皮领的夹克，可是还要冷得发抖。我的牙齿不停地打颤，全身冒着一阵阵的冷汗。攻击持续了15个小时之久，然后突然停止了。显然那艘日本的布雷舰把它所有的深水炸弹都用光了，就驶了开去。这15个小时的攻击，感觉上就像有1500万年。我过去的生活都一一在我眼前映现，我记起了以前所做的所有的坏事，所有我曾经担心过的一些很无稽的小事情。在我加入海军之前，我是一个银行的职员，曾经为工作时间太长、薪水太少、没有多少升迁机会而发愁。我曾经忧虑过，因为我没有办法买自己的房子，没有钱买部新车子，没有钱给我太太买好的衣服。我非常讨厌我以前的老板，因为他老是找我的麻烦。我还记得，每晚回到家里的时候，我总是又累又难过，常常跟我的太太为一点芝麻小事吵架；我也为我额头上的一个小疤——是一次车祸里留下的伤痕——发愁过。

"有一次，我们到芝加哥一个朋友家里吃饭。分菜的时候，他有些事情没有做对。我当时并没有注意到，即使我注意到，我也不会在乎的。可是他太太看见了，马上当着我们的面跳起来指责他。'约翰，'她大声叫道，'看看你在搞什么！难道你就永远也学不会怎样分菜吗？'

"然后她对我们说：'他老是犯错，简直就不肯用心。'也许他确实没有好好地做，可是我实在佩服他能够跟他太太相处 20 年之久。坦白地说，我情愿只吃一两个抹上芥末的热狗——只要能吃得很舒服——而不愿一面听她唠叨，一面吃鱼翅。

"在碰到那件事情之后不久，我妻子和我请了几位朋友到家里来吃晚饭。就在他们快来的时候，我妻子发现有三条餐巾和桌布的颜色不大相配。

"'我冲到厨房里，'她后来告诉我说，'结果发现另外三条餐巾送去洗了。客人已经到了门口，没有时间再换，我急得差点哭了出来。我只想到：为什么会有这么愚蠢的错误，来影响我的整个晚上？然后我想到——为什么要让它使我不高兴呢？我走进餐厅去吃晚饭，决心好好地享受一下。我果然做到了。我情愿让朋友们认为我是一个比较懒散的家庭主妇，'她告诉我说，'也不要让他们认为我是一个神经兮兮、脾气不好的女人。而且，据我所知，根本没有一个人注意到那些餐巾的问题。'"

有一条大家都知道的法律上的名言："法律不会去管那些小事情。"一个人也不该为这些小事忧虑，如果他希望求得心理上的平静的话。

大多数时间里，要想克服因为一些小事情所引起的困扰，只要把自己的看法和重点转移一下就可以了——让你有一个新的、能使你开心一点的看法。

狄士雷利说过："生命太短促了，不能再只顾小事。"

"这些话，"安德利·摩林在《本周》杂志里说，"曾经帮我捱过很多很痛苦的经历。我们常常让自己因为一些小事情、一些应该不屑一顾和忘了的小事情弄得非常心烦……我们活在这个世上只有短短的几十年，而我们浪费了很多不可能再补回来的时间，去愁一些一年之内就会被所有的人忘了的小事。不要这样，让我们把我们的生活只用在值得做的行动和感觉上，去想伟大的思想，去经历真正的感情，去做必须做的事情。因为生命太短促了，不该再顾及那些小事。"

"多年前，那些令人发愁的事看起来都是大事，可是在深水炸弹威胁着要把我送上西天的时候，这些事情又是多么的荒谬、微小。就在那时候，我答应我自己，如果我还有机会再见到太阳跟星星的话，我永远永远不会再忧虑了。永远不会！永远不会！永远也不会！在潜艇里面那 15 个可怕的小时里，我对于生活所学到的，比我在大学念了 4 年的书所学到的还要多得多。"罗勒·摩尔最后总结道。

我们通常都能很勇敢地面对生活里面那些大的危机，可是，却会被这些小事搞得垂头丧气。比方说，撒母耳·白布西在他的《日记》里谈到他脖子上那块痛伤的地方。

这也是帕德上将在又冷又黑的极地之夜所发现的另外一点——他手下的人常常为一些小事情而难过，却不在乎大事。他们能够毫不埋怨地面对危险而艰苦的工作，在零下几十度的寒冷中工作，"可是，"帕德上将说，"我却知道有好几个同房的人彼此不讲话，因为怀疑对方把东西乱放，占了他们自己的地方。我还知道，队上有一个讲究所谓空腹进食，细嚼健康法的家伙，每口食物一定嚼过 28 次才吞下去；而另外有一个人，一定要在大厅里找到一个看不见这家伙的位子坐着，才能吃得下饭。"

"在南极的营地里，"帕德上将说，"像这类的小事情，都可能把最有训练的人逼疯。"

而帕德上将，你还可以加一句话："小事"如果发生在夫妻间的生活里，也会把人逼疯，还会造成"世界上半数的伤心事"。

而纽约州的地方检察官弗兰克·霍根也说："我们处理的刑事案件里，有一半以上都起因于一些很小的事情：在酒吧里逞英雄，为一些小事情争争吵吵，讲话侮辱别人，措辞不当，行为粗鲁——就是这些小事情，结果引起伤害和谋杀。很少有人真正天性残忍，一些犯了大错的人，都是因自尊心受到小小的损害，一些小小的屈辱，虚荣心不能满足，结果造成世界上半数的伤心事。"

罗斯福夫人刚结婚的时候，她忧虑了好多天，因为她的新厨子做饭做得很差。"可如果事情发生在现在，"罗斯福夫人说，"我就会耸耸肩膀把这事给忘了。"好极了，这才是一个成年人的做法。就连凯瑟琳女皇——这个最专制的女皇，在厨子把饭做得不好的时候，通常也只是付之一笑。

就像吉布林这样有名的人，有时候也会忘了"生命是这样的短促，不能再顾及小事"。其结果呢？他和他的舅爷在维尔蒙打了一场官司——这场官司打得有声有色，后来还有一本专辑记载着，书的名字叫《吉布林在维尔蒙的领地》。

故事的经过情形是这样子的：吉布林娶了一个维尔蒙地方的女孩子凯洛琳·巴里斯特，在维尔蒙的布拉陀布罗造了一间很漂亮的房子，在那里定居下来，准备度他的余生。他的舅爷比提·巴里斯特成了吉布林最好的朋友，他们两个在一起工作，在一起游戏。

然后，吉布林从巴里斯特手里买了一点地，事先协议好巴里斯特可以每一季在那块地上割草。有一天，巴里斯特发现吉布林在那片草地上开了一个花园，他生起气来，暴跳如雷，吉布林也反唇相讥，弄得维尔蒙绿山上的天都变黑了。

几天之后，吉布林骑着他的脚踏车出去玩的时候，他的舅爷突然驾着一部马车从路的那边转了过来，逼得吉布林跌下了车子。而吉布林——这个曾经写过"众人皆醉，你应独醒"的人——却也昏了，告到官里去，把巴里斯特抓了起来。接下去是一场很热闹的官司，大城市里的记者都挤到这个小镇上来，新闻传遍了全世界。事情没办法解决，这次争吵使得吉布林和他的妻子永远离开了他们在美国的家，这一切的忧虑和争吵，只不过为了一件很小的小事：一车子干草。

平锐克里斯在 2400 年前说过："来吧，各位！我们在小事情上耽搁得太久了。"这话一点也不错，我们的确是这样子的。

下面是哈瑞·爱默生·傅斯狄克博士所说的故事里最有意思的一个——有关森林的一个巨人在战争中怎么样得胜，怎么样失败。

"在科罗拉多州长山的山坡上，躺着一棵大树的残躯。自然学家告诉我们，它曾经有 400 多年的历史。它初发芽的时候，哥伦布才刚在美洲登陆；第一批移民到美国来的时候，它才长了一半大。在它漫长的生命里，曾经被闪电击中过 14 次；400年来，无数的狂风暴雨侵袭过它，它都能战胜它们。但是在最后，一小队甲虫攻击了这棵树，那些甲虫从根部往里面咬，渐渐伤了树的元气，就只靠它们很小、但持续不断的攻击，使它倒在地上。这个森林里的巨人，岁月不曾使它枯萎，闪电不曾将它击倒，狂风暴雨没有伤着它，却因一些小得用大拇指跟食指就可以捏死的小甲虫而终于倒了下来。"

我们岂不都像森林中的那棵身经百战的大树吗？我们曾经历过生命中无数狂风暴雨和闪电的打击，但都撑过来了。可是却会让我们的心被忧虑的小甲虫咬噬——那些用大拇指跟食指就可以捏死的小甲虫。

几年以前，我去了怀俄明州的提顿车家公园。和我一起去的是怀俄明州公路局局长查尔斯·西费德，还有一些他的朋友。我们本来要一起去参观洛克菲勒坐落在那公园里的一栋房子的，可是我坐的那部车子转错了一个弯，迷了路。等到达那座房子的时候，已经比其他的车子晚了一个小时。西费德先生没有开那扇大门的钥匙，所以他在那个又热又有好多蚊子叮他的森林里等了一个小时，等我们到达。那里的蚊子多得可以让一个圣人都发疯，可是它们没有办法赢过查尔斯·西费德。当我们到达的时候，他是不是正忙着赶蚊子呢？不是的，他正在吹笛子，当作一个纪念品，纪念一个知道如何不理会那些小事的人。

第十一章

停止忧虑，盛装出发

让自己忙起来

◇一个人无论多么聪明，他的思想都不可能在同一时间想一件以上的事情。

清除忧虑的最好办法，就是要让你自己忙着，去做一些有用的事情。

我永远也忘不了几年前的那一夜。我班上的一个学生马利安·道格拉斯告诉我们，他家里遭受到不幸的悲剧，不止一次，而是两回。第一次他失去了他 5 岁大的女儿，一个他非常喜欢的孩子。他和他的妻子，都以为他们没有办法忍受这个损失。可是，正如他说的："10 个月之后，上帝又赐给我们另外一个小女儿——而她只活了 5 天就死了。"

这接二连三的打击，重得使人几乎无法承受。"我承受不了，"这个做父亲的告诉我们说，"我睡不着，我吃不下，我也无法休息或是放松。我的精神受到致命的打击，信心尽失。"最后他去看了医生。一个医生建议他吃安眠药，另外一个则建议他去旅行。他两个方法都试过了，可是没有一样能够对他有所帮助。他说："我的身体好像被夹在一把大钳子里，而这把钳子愈夹愈紧，愈夹愈紧。"那种悲哀给他的压力——如果你曾经因悲哀而感觉麻木的话，你就知道他所说的是什么了。

"不过感谢上帝，我还有一个孩子—— 一个 4 岁大的儿子，他教我们得到解决问题的方法。有一天下午，我呆坐在那里为自己感到难过的时候，他问我：'爸爸，你肯不肯为我造一条船？'我实在没有兴致去造条船。事实上，我根本没有兴致做任何事情。可是我的孩子是个很会缠人的小家伙，我不得不顾从他的意思。

"造那条玩具船大概花了我3个钟头，等到船弄好之后，我发现用来造船的那3个小时，是我这几个月来第一次有机会放松我的心情的时间。

"这个大发现使我从昏睡中惊醒过来。它使我想了很多——这是我几个月来的第一次思想。我发现，如果你忙着去做一些需要计划和思想的事情的话，就很难再去忧虑了。对我来说，造那条船就把我的忧虑整个击垮了，所以我决定让自己不断地忙碌。

"第二天晚上，我巡视屋子里的每个房间，把所有该做的事情列成一张单子。有好些小东西需要修理，比方说书架、楼梯、窗帘、门钮、门锁、漏水的龙头等等。叫人想不到的是，在两个星期以内，我列出了242件需要做的事情。

"在过去的两年里，那些事情大部分都已经完成。此外，我也使我的生活里充满了启发性的活动：每个星期，有两天晚上我到纽约市参加成人教育班，并参加了一些小镇上的活动。我现在是校董事会的主席，参加很多的会议，并协助红十字会和其他的机构募捐。我现在简直忙得没有时间去忧虑。"

没有时间去忧虑，这正是丘吉尔在战事紧张到每天要工作18个小时的时候所说的。当别人问他是不是为那么重的责任而忧虑时，他说："我太忙了，我没有时间去忧虑。"

查尔斯·柯特林在发明汽车的自动点火器的时候，也碰到这样的情形。柯特林先生一直是通用公司的副总裁，负责世界知名的通用汽车研究公司，最近才退休。可是，当年他却穷得要用谷仓里堆稻草的地方做实验室。家里的开销，都得靠他太太教钢琴所赚来的1500美金。后来，他又去用他的人寿保险作抵押借了500美金。我问过他太太，在那段时期她是不是很忧虑。"是的，"她回答说，"我担心得睡不着，可是柯特林先生一点也不担心。他整天埋头在工作里，没有时间去忧虑。"

伟大的科学家巴斯特曾经谈到"在图书馆和实验室所找到的平静"。平静为什么会在那儿找到呢？因为在图书馆和实验室的人，通常都埋头在他们的工作里，不会为他们自己担忧。做研究工作的人很少有精神崩溃的现象，因为他们没有时间来享受这种"奢侈"。

为什么"让自己忙着"这么一件简单的事情，就能够把忧虑赶出去呢？因为有这么一个定理——这是心理学上所发现的最基本的一条定理。这条定理就是：不论这个人多么聪明，人类的思想都不可能在同一时间想一件以上的事情。让我们来做一个实验：假定你现在靠坐在椅子上，闭起两眼，试着在同一个时间去想：自由女神；你明天早上打算做什么事情。

你会发现你只能轮流地想其中的一件事，而不能同时想两件事，对不对？从你的情感上来说，也是这样。我们不可能既激动、热诚地想去做一些很令人兴奋的事情，又同时因为忧虑而拖累下来。在同一时间里，一种感觉会把另一种感觉赶出去，也就是这么简单的发现，使得军方的心理治疗专家们，能够在战时创造这一类的奇迹。

詹姆斯·墨塞尔是哥伦比亚师范学院的教育学教授。他在这方面说得很清楚：

"忧虑最能伤害到你的时候，不是在你有所行动的时候，而是在你没有什么事可做的时候。那时候，你的想象力会混乱起来，使你想起各种荒诞不稽的可能，把每一个小错误都加以夸大。在这种时候，你的思想就像一部没有载货的汽车，乱冲乱撞，撞毁一切，甚至自己也会变成碎片。消除忧虑的最好办法，就是要让你自己忙着，去做一些有用的事情。"

不一定非得是一个大学教授才能懂得这个道理，才能付诸实行。战时，我碰到一个住在芝加哥的家庭主妇，她告诉我，她发现"消除忧虑的好办法就是让自己忙着，去做一些有用的事情"。当时我正在从纽约回密苏里农庄的路上，在餐车碰到了这位太太和她的先生。

这对夫妇告诉我，他们的儿子在珍珠港事件的第二天加入了陆军。那个女人当时为她的独子十分担忧，并且几乎使她的健康受损。她总是要为儿子担心：他在什么地方？他是不是很安全？他是不是正在打仗？他会不会受伤，阵亡？

我问她，后来她是怎么克服忧虑的。她回答说：

"我让自己忙着。我把女佣辞退了，希望能靠自己做家事来让自己忙着，可是这没有多少用处。问题是，我做起家事来几乎是机械性的，完全不要用思想；所以当我铺床和洗碟子的时候，还是一直担忧着。我发现，我需要一些新的工作才能使我在一天的每一个小时，身心两方面都能感到忙碌，于是我到一家大百货公司里去当售货员。

"这下成了，我马上发现自己好像掉进了一个行动大漩涡：顾客挤在我的四周，问我关于价钱、尺码、颜色等问题。没有一秒钟能让我想到除了手边工作以外的其他问题。到了晚上，我也只能想，怎样才可以让我那双痛脚休息一下。等我吃完晚饭之后，我倒在床上，马上就睡着了，既没有时间、也没有体力再去忧虑。"

要是我们为什么事情担心的话，让我们记住，我们可以把工作当作很好的古老治疗法。以前在哈佛大学医学院当教授、已故的理查德·凯波特博士，在他那本《人类以此生存》的书里也说过："身为一个医生，我很高兴看到工作可以治愈很多病人。他们所感染的，是由于过分疑惧、迟疑、踌躇和恐惧等所带来的病症。工作所带给我们的勇气，就像爱默生永垂不朽的自信一样。"

当有些人因为在战场上受到打击而退下来的时候，他们都被称为"心理上的精神衰弱症"。军方的医生都以"让他们忙着"为治疗的方法。

除了睡觉的时间之外，每一分钟都让这些在精神上受到打击的人充满了活动，比如钓鱼、打猎、打球、拍照、种花，以及跳舞等等，根本不让他们有时间去回想他们那些可怕的经历。

"职业性的治疗"是近代心理医生所用的名词，也就是拿工作来当作治病的处方。这并不是新的办法，在耶稣诞生 500 年前，古希腊的医生就已经在使用了。

在富兰克林时代，费城教友会教徒也用这种办法。1774 年有一个人去参观教友会的疗养院，看见那些精神病人正忙着纺纱织布，使他大为震惊。他认为那些可怜而不幸的人们，在被压榨劳力，后来教友会的人才向他解释说，他们发现那些病人唯有在工作的时候病情才能真正有所好转，因为工作能安定神经。

不管是哪个心理治疗医生，他都能告诉你：工作——让你忙着——是精神病最好的治疗剂。名诗人亨利·朗费罗在他年轻的妻子去世之后发现了这个道理。有一天，他太太点了一支蜡烛，来熔一些信封的火漆，结果衣服烧了起来。朗费罗听见她的叫喊赶过去抢救，可是她还是因烧伤而亡。有一段时间，朗费罗没有办法忘掉这次可怕的经历，几乎发疯。幸好他 3 个幼小的孩子需要他照料。虽然他很悲伤，但还是要既当爸又当妈地照料孩子。他带他们出去散步，给他们讲故事，和他们一同玩游戏，还把他们父子间的亲情永存在"孩子们的时间"一诗里。他也翻译了但丁的《神曲》。这些工作加在一起，使他忙得完全忘记了自己，也重新得到了思想的平静。就像泰尼森在最好的朋友阿瑟·哈勒姆死时曾经说的那样："我一定要让自己沉浸在工作里，否则我就会在绝望中苦恼。"

奥莎·约翰逊发现了比她早一世纪的泰尼森在诗句里所说的同一个真理："我必须让自己沉浸在工作里，否则我就会挣扎在绝望中。"

海军上将伯德之所以也能发现这一点，是因为他在覆盖着冰雪的南极的小茅屋里单独住了 5 个月——在那冰天雪地里，藏有大自然最古老的秘密——在冰雪覆盖下，是一片无人知道的、比美国和欧洲加起来都大的大陆。伯德上将独自度过的 5 个月里，方圆 100 公里内没有任何一种生物存在。天气奇冷，当风从他耳边吹过的时候，他能听见他的呼吸冻住，结得像水晶一般。在他那本名叫《孤寂》的书里，伯德上将叙述了他在一种既难过又可怕的黑暗里所过的 5 个月的生活。他一定得不停地忙着才不至于发疯。

要是你和我不能一直忙碌着——如果我们闲坐在那里发愁——我们会产生一大堆被达尔文称之为"胡思乱想"的东西，而这些"胡思乱想"就像传说中的妖精，会掏空我们的思想，摧毁我们的行动力和意志力。

我认得纽约的一个生意人，他也用忙碌驱赶自己的那些"胡思乱想"，使他没有时间去烦恼和发愁。他的名字叫屈伯尔·朗曼，也是我成人教育班的学生。他征服忧虑的经过非常有意思，也非常特殊，所以下课之后我请他和我一起去消夜。我们在一间餐馆里面一直坐到半夜，谈着他的那些经验。下面就是他告诉我的故事：

"18 年前，我因为忧虑过度而得了失眠症。当时我非常紧张，脾气暴躁，而且非常的不安。我想我就要精神崩溃了。

"我这样发愁是有原因的。我当时是纽约市西百老汇大街皇冠水果制品公司的财务经理。我们投资了 50 万美元，把草莓包装在一加仑装的罐子里。20 年来，我们一直把这种一加仑装的草莓卖给制造冰淇淋的厂商。突然我们的销售量大跌，因为那些大的冰淇淋制造厂商，像国家奶品公司等等，产量急剧增加，而为了节省开支和时间，他们都买 36 加仑一桶的桶装草莓。

"我们不仅没办法卖出价值 50 万美元的草莓，而且根据合约规定，在接下去的一年之内，我们还要再买价值 100 万美元的草莓。我们已经向银行借了 35 万美元，既还不出钱来，也没有办法再续借这笔借款，难怪我要担忧了。

"我赶到我们位于加州的工厂里，想要让我们的总经理相信情况有所改变，我们可能面临毁灭的命运。他不肯相信，把这些问题的全部责任都归罪在纽约的公司身上——那些可怜的业务人员。

"经过几天的要求之后，我终于说服他不再这样包装草莓，而把新的供应品放在旧金山的新鲜草莓市场上卖。这样差不多可以解决我们大部分的困难，照理说我应该不再忧虑了，可是我还做不到这一点。忧虑是一种习惯，而我已经染上这种习惯了。

"我回到纽约之后，开始为每一件事情担忧：在意大利买的樱桃，在夏威夷买的凤梨等等，我非常的紧张不安，睡不着觉，就像我刚刚说过的，简直就快要精神崩溃了。

"在绝望中，我换了一种新的生活方式，结果治好了我的失眠症，也使我不再忧虑。我让自己忙碌着，忙到我必须付出所有的精力和时间，以至于没有时间去忧虑。以前我一天工作 7 个小时，现在我开始一天工作 15 ~ 16 个小时。我每天早晨 8 点钟就到办公室，一直待到半夜，我接下新的工作，负起新的责任，等我半夜回到家的时候，总是筋疲力尽地倒在床上，用不了几秒钟就酣然入睡了。

"这样过了差不多 3 个月，等我改掉忧虑的习惯，再回到每天工作 7 ~ 8 个小时的正常情形。这事情发生在 18 年前，从那以后，我就再没有失眠和忧虑过。"

萧伯纳说得很对，他把这些总结起来说：

"让人愁苦的秘诀就是，有空闲时间来想想自己到底快不快乐。"

所以不必去想它，在手掌心里吐口唾沫，让自己忙起来，你的血液就会开始循环，你的思想就会开始变得敏锐——让自己一直忙着，这是世界上最便宜的一种药，也是最好的一种。

让烦恼迅速 "过期"

◇唯一可以使过去的错误具有价值的方法，就是冷静地分析我们过去的错误，并从错误中得到教训，然后再把错误忘掉。

◇当你开始为那些已经做完或过去的事忧虑的时候，你不过是在锯一些木屑。

◇聪明的人永远不会坐在那里为他们的损失而悲伤，却会很高兴地想办法来弥补他们的创伤。

就在我写这句话的时候，我望望窗外，看见了我院子里一些恐龙的足迹——一些留在大石板和石头上的恐龙的足迹。这些恐龙的足迹，是我从耶鲁大学的皮博迪博物馆买来的。我还有一封由皮博迪博物馆馆长写来的信，说这些足迹是 1.8 亿年前留下来的。就连白痴也不会想追溯到 1.8 亿年前去改变这些足迹，而一个人的忧虑就正如这种想法一样愚蠢，因为就算是 180 秒钟以前所发生的事情，我们也不可能再回头去纠正它——可是我们有很多的人却正在做这样的事情。说得更确实一点，我们可以想办法来改变 180 秒钟以前发生的事情所产生的影响，但是我们不可能去改变当时所发生的事情。

唯一可以使过去的错误具有价值的方法，就是冷静地分析我们过去的错误，并从错误中得到教训，然后再把错误忘掉。

我知道这句话是有道理的，可是我是不是一直有勇气、有脑筋去这样做呢？

要回答这个问题，让我先告诉你几年前我有过的一次奇妙经验吧。我让三十几万元钱从大拇指缝里溜过，没有得到一分钱的利润。事情的经过是这样的：

我开办了一个很大的成人教育补习班，在很多城市里都有分部，在组织费和广告费上，我也花了很多的钱。我当时因为忙于教课，所以既没有时间、也没有心情去管理财务问题，而且当时也太天真，不知道我应该有一个很好的业务经理来支配各项支出。

最后，过了差不多一年，我发现了一件清楚明白、而且很惊人的事实：虽然我们的收入非常多，却没有得到一点利润。在发现了这点之后，我应该马上做两件事情。

第一，我应该有那个脑筋，去做黑人科学家乔治·华盛顿·卡佛尔在银行倒了他5万元的账——也就是他毕生的积蓄——时所做的那件事。当别人问他是不是知道他已经破产了的时候，他回答说："是的，我听说过了。"然后继续教书。他把这笔损失从他的脑子里抹去，以后再也没有提起过。

我应该做的第二件事是，应该分析自己的错误，然后从中学到教训。

可是坦白地说，这两件事我一样也没有做。相反的，我却开始大大发愁起来。一连好几个月我都恍恍惚惚的，睡不好，体重减轻了很多，不但没有从这次大错误里学到教训，反而接着犯了一个只是规模小了一点的同样的错误。

对我来说，要承认以前这种愚蠢的行为，实在是一件很窘迫的事。可是我很早就发现："去教20个人怎么做，比自己一个人去做，要容易得多了。"

我真希望我也能够到纽约的乔治·华盛顿高中去做保罗·布兰德威尔的学生。这位老师曾经教过住在纽约市布朗士区的艾伦·桑德斯。

桑德斯先生告诉我，他的生理卫生课的老师保罗·布兰德威尔博士教给他最有价值的一课：

"当时我只有十几岁，可是那时候我已经常为很多事情发愁。我常常为我自己犯过的错误自怨自艾；交完考试卷以后，我常常会半夜里睡不着；咬着我的指甲，怕我没办法考及格；我老是在想我做过的那些事情，希望当初没有这样做；我老是在想我说过的那些话，希望我当时把那些话说得更好。

"有一天早上，我们全班到了科学实验室。老师保罗·布兰德威尔博士把一瓶牛奶放在桌子边上。我们都坐了下来，望着那瓶牛奶，不知道那跟他所教的生理卫生课有什么关系。然后，保罗·布兰德威尔博士突然站了起来，一掌把那瓶牛奶打碎在水槽里，一面大声叫道：'不要为打翻的牛奶而哭泣。'

"然后他叫我们所有的人都到水槽边去，好好地看看那瓶打碎的牛奶。'好好地看一看，'他告诉我们，'因为我要你们这一辈子都记住这一课，这瓶牛奶已经没有了——你们可以看到它都漏光了，无论你怎么着急，怎么抱怨，都没有办法再救回一滴。只要先用一点思想，先加以预防，那瓶牛奶就可以保住。可是现在已经太迟了——我们现在所能做到的，只是把它忘掉，丢开这件事情，只注意下一件事。'

"这次小小的表演，在我忘了我所学到的几何和拉丁文以后很久都还让我记得。事实上，这件事在实际生活中所教给我的，比我在高中读了那么多年所学到的任何东西都好。它教我只要可能的话，就不要打翻牛奶，万一牛奶打翻、整个漏光的时候，就要彻底忘掉这件事情。"

有些读者大概会觉得，花这么大力气来讲那么一句老话："不要为打翻了的牛奶而哭泣"，未免有点无聊。我知道这句话很普通，也可以说很陈旧。可是像这样的老生常谈，却饱含了多年来所积聚的智慧，这是人类经验的结晶，是世世代代传下来的。如果你能读尽各个时代很多伟大学者所写的有关忧虑的书，你也不会看到比"船到桥头自然直"和"不要为打翻的牛奶而哭泣"更基本、更有用的老生常谈了。只要我们能应用这两句老话，不轻视它们，我们就根本用不到这本书了。然而，如果不加以应用，知识就不是力量。

本书的目的并不在告诉你什么新的东西，而是要提醒你那些你已经知道的事，鼓励你把已经学到的东西加以应用。

我一直很佩服已故的佛雷德·福勒·夏德，他有一种能把老的事例用又新又吸引人的方法说出来的天分。他是一家报社的编辑。有一次大学毕业班讲演的时候，他问道："有多少人曾经锯过木头？请举手。"大部分的学生都曾经锯过。然后他又问道："有多少人曾经锯过木屑？"没有一个人举手。

"当然，你们不可能锯木屑，"夏德先生说道，"因为那些都是已经锯下来的。过去的事也是一样，当你开始为那些已经做完的和过去的事忧虑的时候，你不过是在锯一些木屑。"

棒球老将康尼·麦克81岁的时候，我问他有没有为输了的比赛忧虑过。

"噢，有的。我以前常这样，"康尼·麦克告诉我说，"可是多年以前我就不干这种傻事了。我发现这样做对我完全没有好处，磨完的粉子不能再磨，"他说，"水已经把它们冲到底下去了。"

不错，磨完的粉子不能再磨；锯木头剩下来的木屑，也不能再锯。可是你还能消除你脸上的皱纹和胃里的溃疡。在去年感恩节的时候，我和杰克·登普西一起吃晚饭。当我们吃火鸡和橘酱的时候，他给我讲了他把重量级拳王的头衔输给滕尼的那一仗。当然，这对他的自尊是一次很大的打击。

"在拳赛的当中，我突然发现我变成了一个老人……到第十回合终了，我还没有倒下去，可是也只是没有倒下去而已。我的脸肿了起来，而且有很多处伤痕，两只眼睛几乎无法睁开……我看见裁判员举起吉恩·滕尼的手，宣布他获胜……我不再是世界拳王，我在雨中往回走，穿过人群回到自己的房间。在我走过的时候，有些人想来抓我的手，另外一些人眼睛里含着泪水。

"一年之后，我再跟滕尼比赛了一场，可是一点用也没有，我就这样永远完了。要完全不去愁这件事情实在很困难，可是我对自己说：'我不打算生活在过去里，或是为打翻了的牛奶而哭泣，我要能承受这一次打击，不能让它把我打倒。'"

而这一点正是杰克·登普西所做到的事。怎么做呢？只是一再地向自己说"我不为过去而忧虑"吗？不是的！这样做只会再强迫他想到他过去的那些忧虑。他的方法是承受一切，忘掉他的失败，然后集中精力来为未来计划。他的做法是经营百老汇的登普西餐厅和大北方旅馆；安排和宣传拳击赛，举行有关拳赛的各种展览会；让自己忙着做一些富于建设性的事情，使他既没有时间也没有心思去为过去担忧。"在过去十年里，我的生活，"杰克·登普西说，"比我在做世界拳王的时候要好得多了。"

登普西先生告诉我，他没有读过很多书，可是，他却是不自觉地照着莎士比亚的话在做：

"聪明的人永远不会坐在那里为他们的损失而悲伤，却会很高兴地想办法来弥补他们的创作。"

当我读历史和传记并观察一般人如何度过艰苦的环境时，我一直觉得吃惊，并羡慕那些能够把他们的忧虑和不幸忘掉并继续过快乐生活的人。

我曾经到辛辛监狱去看过，那里最令我吃惊的是，囚犯们看起来都和外面的人一样快乐。我当即把我的看法告诉了刘易士·路易斯——当时辛辛监狱的狱长——他告诉我，这些罪犯刚到辛辛监狱的时候，都心怀怨恨且脾气很坏。可是经过几个月之后，大部分聪明一点的人都能忘掉他们的不幸，安定下来承受他们的监狱生活，尽量地过好。路易斯狱长告诉我，有一个辛辛监狱的犯人——一个在园子里工作的人——在监狱围墙里种菜种花的时候，还能一面唱歌。歌词是这样的：

事实已经注定，事实已沿着一定的路线前进，

痛苦、悲伤并不能改变既定的情势，

也不能删减其中任何一段情节，

当然，眼泪也无补于事，它无法使你创造奇迹。

那么，让我们停止流无用的眼泪吧！

既然谁也无力使时光倒转，因此不如抬头往前看。

所以，为什么要浪费眼泪呢？当然，犯了过错和疏忽都是我们的不对，可是又怎么样呢？谁没有犯过错？就连拿破仑，在他所有重要的战役中也输过 1/3。也许我们的平均纪录并不会坏过拿破仑，谁知道呢？

准备迎接最坏的情况

◇能接受既成事实，这是克服随之而来的任何不幸的第一步。

◇能接受最坏的情况，就能在心理上让你发挥出新的能力。

◇忧虑最大的坏处就是摧毁我们集中精神的能力，一旦忧虑产生，我们的思想就会到处乱转，从而丧失作出决定的能力。

卡瑞尔是一个很聪明的工程师，他开创了空气调节器制造业，现在是位于纽约州瑞西的著名卡瑞尔公司的负责人。我所知道的解决忧虑困难的最好办法，是我和卡瑞尔先生在纽约的工程师俱乐部吃中饭的时候亲自从他那里学到的。

"年轻的时候，"卡瑞尔先生说，"我在纽约州水牛城的水牛钢铁公司做事。我必须到密苏里州水晶城的匹兹堡玻璃公司——一座花费好几百万美金建造的工厂，去安装两架瓦斯清洁机，目的是清除瓦斯里的杂质，使瓦斯燃烧时不至于有损引擎。这种清洁瓦斯的方法是新的方法，以前只试过一次——而且当时的情况很不相同。我到密苏里州水晶城工作的时候，很多事先没有想到的困难都发生了。经过一番调整之后，机器可以使用了，可是成绩并不能好到我们所保证的程度。

"我对自己的失败非常吃惊，觉得好像是有人在我头上重重地打了一拳。我的胃和整个肚子都开始扭痛起来。有好一阵子，我忧虑得简直没有办法睡觉。

"最后，我的常识告诉我忧虑并不能够解决问题，于是我想出了一个不需要忧虑就可以解决问题的办法，结果非常有效。我这个排除忧虑的办法已经使用了 30 多年。这个办法非常简单，任何人都可以使用。其中共有 3 个步骤：

"第一步，我毫不害怕而诚恳地分析整个情况，然后找出万一失败可能发生的最坏的结果。没有人会把我关起来，或者把我枪毙，这一点说得很准。不错，很可能我会丢掉差事，也可能我的老板会把整个机器拆掉，使投进去的2万美元泡汤。

"第二步，找出可能发生的最坏的情况之后，我就让自己在必要的时候能够接受它。我对自己说，这次失败，在我的纪录上会是一个很大的污点，可能我会因此而丢差事。但即使真是如此，我还是可以另外找到一份差事。至于我的那些老板，他们也知道我们现在是在试验一种清除瓦斯新法，如果这种实验要花他们2万美元，他们还付得起。他们可以把这笔账算在研究费用上，因为这只是一种实验。

"发现可能发生的最坏情况，并让自己能够接受之后，有一件非常重要的事情发生了。我马上轻松下来，感受到几天以来所没经验过的一份平静。

"第三步，从这以后，我就平静地把我的时间和精力，拿来试着改善我在心理上已经接受的那种最坏情况。

"我努力找出一些办法，让我减少我们目前面临的2万美元损失。我做了几次实验，最后发现，如果我们再多花5000美元，加装一些设备，我们的问题就可以解决。我们照这个办法去做之后，公司不但没有损失2万美元，反而赚了1.5万美元。

"如果当时我一直担心下去的话，恐怕永远不可能做到这一点。因为忧虑的最大坏处，就是会毁了我集中精神的能力。在我们忧虑的时候，思想会到处乱转，而丧失所有作决定的能力。然而，当我们强迫自己面对最坏的情况，而在精神上接受它之后，就能够衡量所有可能的情形，使我们处在一个可以集中精力解决问题的地位。

"我刚才所说的这件事，发生在很多很多年以前，因为这种做法非常好，我就一直使用着。结果呢，我的生活里几乎完全不再有烦恼了。"

为什么威利·卡瑞尔的万能公式这么有价值，这么实用呢？从心理学上来讲，它能够把我们从那个巨大的灰色云层里拉下来，让我们不再因为忧虑而盲目地摸索，它可以使我们的双脚稳稳地站在地面上，而我们也都知道自己的确站在地面上。如果我们脚下没有结实的土地，又怎么能希望把事情想通呢？

应用心理学之父威廉·詹姆斯教授，已经去世38年了，可是如果他今天还活着，听到这个面对最坏情况的公式的话，也一定会大表赞同。我怎么知道的呢？因为他曾经告诉他的学生说："你要愿意承担这种情况，因为能接受既成的事实，就是克服随之而来的任何不幸的第一个步骤。"

林语堂在他的《生活的艺术》里也谈到同样的概念。"心理的平静，"这位中国哲学家说，"……能接受最坏的情况，在心理上，就能让你发挥出新的能力。"

这就对了，一点也不错。在心理上就能让你发挥出新的能力。当我们接受了最坏的情况之后，我们就不会再损失什么，而这也就是说，一切都可以得回来。"在面对最坏的情况之后，"威利·卡瑞尔告诉我们说，"我马上就轻松下来，感到一种好几天来没有经历过的平静。然后，我就能思想了。"

很有道理，对不对？可是还有成千上万的人，为愤怒而毁了他们的生活。因为他们拒绝接受最坏的情况，不肯由此以求改进，不愿意在灾难中尽可能地救出点东西来。他们不但不重新构筑他们的财富，却参与了"和经验所作的一次冷酷而激烈的斗争"——终于变成我们称之为忧郁症的那种颓丧的情绪的牺牲者。

这套消除忧虑的万灵公式，曾经使一个带着棺材航海旅行的垂死病人胖了90磅。这是艾尔·汉里的故事。那是1948年11月17日，他在波士顿史帝拉大饭店亲口告诉我的故事：

"1929年，"他说，"因为我常常发愁，得了胃溃疡。有一天晚上，我的胃出血了，被送到芝加哥西比大学的医学院附设医院里。我的体重从175磅降到90磅。我的病严重到使医生警告我，连头都不许抬。3个医生中，有一个是非常有名的胃溃疡专家。他们说我的病是'已经无药可救了'。我只能吃苏打粉，每小时吃一大匙半流质的东西，每天早上和每天晚上都要有护士拿一条橡皮管插进我的胃里，把里面的东西洗出来。

"这种情形过了好几个月……最后，我对自己说：'你睡吧，汉里，如果你除了等死之外没有什么别的指望了，不如好好利用你剩下的这一点时间。你一直想在你死以前环游世界，所以如果你还想这样做的话，只有现在就去做了。'

"当我对那几位医生说，我要环游世界，我自己会一天洗两次胃的时候，他们都大吃一惊。不可能的，他们从来都没有听说这种事。他们警告我说，如果我开始环游世界，我就只有葬在海里了。'不，我不会的。'我回答说，'我已经答应过我的亲友，我要葬在尼布雷斯卡州我们老家的墓园里，所以我打算把我的棺材随身带着。'

"我去买了一具棺材，把它运上船，然后和轮船公司安排好，万一我去世的话，就把我的尸体放在冷冻舱里，一直到回老家的时候。我开始踏上旅程，心里只想着奥玛开俨的一首诗：

> 啊，在我们零落为泥之前，
> 岂能辜负，不拼作一生欢，
> 物化为泥，永寂黄泉下，
> 没酒、没弦、没歌伎，而且没明天。

"我从洛杉矶上了亚当斯总统号的船向东方航行的时候，就觉得好多了，渐渐地不再吃药，也不再洗胃。不久之后，任何食物都能吃了——甚至包括许多奇奇怪怪的当地食品和调味品。这些别人都说我吃了一定会送命的。几个星期过去之后，我甚至可以抽长长的黑雪茄，喝几杯老酒。多年来我从来没有这样享受过。我们在印度洋上碰到季风，在太平洋上遇到台风。这种事情要是害怕，也会让我躺进棺材里的，可是我却从这次冒险中得到很大的乐趣。

"我在船上和他们玩游戏、唱歌、交新朋友，晚上聊到半夜。我中止了所有无聊的担忧，觉得非常的舒服。回到美国之后，我的体重增加了 90 磅，几乎完全忘记了我曾患过胃溃疡。我这一生中从没有觉得这么舒服。我回去后一天也没再病过。"

艾尔·汉里告诉我，他发现他是在下意识里应用了威利·卡瑞尔征服忧虑的办法。

让我们看看其他人怎样利用威利·卡瑞尔的万灵公式，来解决他们自己的问题。下面就是一个例子。这是以前我的一个学生——目前他是一名纽约油商——所做过的事情：

"有人勒索我，"他说，"我不相信会有这种事情——我不相信这种事情会发生在电影以外的现实生活里——可是我真的是被勒索了。事情是这样的：我主管的那个石油公司，有好几辆运油的卡车和好些司机。在那段时期，物价管理委员会的条例是很严格的，我们所能送给每一个顾客的油量也都有限制。我起先不知道事情的真相，好像有一些运货员减少我们固定顾客的油量，把偷下来的卖给一些他们的顾客。

"有一天，有个自称政府调查员的人来看我，跟我索要红包。他说，他掌握我们运货员舞弊的证据。并以此要挟说，如果我不答应的话，他要把证据转交给地方检察官。这时候，我才发现公司有这种非法的买卖。

"当然，我知道我没有什么好担心的——至少跟我个人无关。但是我也知道法律规定，公司应该为员工的行为负责。还有，万一案子打到法院去，上了报纸，这种坏名声就会毁了我的生意。我对自己的生意非常骄傲——我父亲在 24 年前为此打下了基础。

"我生病了，三天三夜吃不下睡不着。我一直在那件事情里面打转。我是该付那笔钱——5000 美元，还是该跟那个人说，你爱怎么干就怎么干吧？我一直决定不下，每天晚上都在噩梦中度过。

"在事情发生后的某一个星期天的晚上，我碰巧拿起一本叫作《如何不再忧虑》的小书，这是我去听卡耐基公开演说时拿到的。我读到威利·卡瑞尔的故事，里面

说：'面对最坏的情况。'于是我问自己：'如果我不肯付钱，那个勒索者把证据交给地检处的话，可能发生的最坏情况是什么呢？'

"答案是：'毁了我的生意——最坏就是如此。我不会被送进监狱。可能发生的，只是我会被这件事毁了。'

"于是我对自己说：'好了，生意即使毁了，但我心理上可以接受这点，接下去又会怎样呢？'

"嗯，我的生意毁了之后，也许得去另外找份工作。这也不坏，我对石油知道得很多——有几家大公司可能会乐意雇用我……我开始觉得好过多了。三天三夜之后，我的那份忧虑开始消散了。我的情绪终于稳定了下来……而意外地，我居然能够开始思考了。

"我清醒地看出第三步——改善最坏的情况。就在我想解决方法的时候，一个全新的局面展现在我的面前：如果我把整个情况告诉我的律师，他可能会帮我找到一条我一直没有想到的路子。这乍听起来很笨，因为我起先一直没有想到这一点——我原先一直没有好好思想，只是一味在担心。我打定了主意，第二天清早就去见我的律师，接着我上了床，安安稳稳地睡了一觉。

"事情的结果如何呢？第二天早上，我的律师叫我去见地方检察官，把真实情形告诉他。我照他的话做了。当我说出原委之后，出乎意外地听到地方检察官说，这种勒索的案子已经持续好几个月了，那个自称是'政府官员'的人，实际上是警方通缉犯。当我为了是否该把5000美元交给那个职业罪犯而担心了三天三夜之后，听到这番话，真是松了一大口气。

"这次的经历给我上了永难忘怀的一课。现在，每当面临会使我忧虑的难题时，所谓的'威利·卡瑞尔的老公式'就被我派上了用场。"

说出你的忧虑

◇只要一个病人能够说话——单单说出来，就能够解除他心中的忧虑。

◇不要为别人的缺点过于操心。

◇今晚上床之前，先安排好明天工作的程序。

一年秋天，我的助手坐飞机到波士顿参加一次世界性的最不寻常的医学课程。这个课程每周举行一次，参加的病人在进场之前都要进行定期和彻底的身体检查。

可是实际上这个课程是一种心理学的临床实验，虽然课程正式的名称叫作应用心理学，其真正的目的却是治疗一些因忧虑而得病的人，而大部分病人都是精神上感到困扰的家庭主妇。

这种专门为忧虑的人所准备的课程是怎么开始的呢？ 1930 年，约瑟夫·普拉特博士——他曾是威廉·奥斯勒爵士的学生——注意到，很多到波士顿医院来求诊的病人，生理上根本没有毛病，可是他们却认为自己有某种病的症状。有一个女人的两只手，因为"关节炎"而完全无法干活，另外一个则因为"胃癌"的症状而痛苦不堪。其他有背痛的、头痛的，常年感到疲倦或疼痛。她们真的能够感觉到这些痛苦，可是经过最彻底的医学检查之后，却发现这些女人没有任何生理上的疾病。很多老医生都会说，这完全是出于心理因素——"病在她的脑子里"。

可是普拉特博士却了解，单单叫那些病人"回家去把这件事忘掉"不会有一点用处。他知道这些女人大多数都不希望生病，要是她们的痛苦那么容易忘记，她们自己早就这样做了。那么该怎么治疗呢？

他开这个班，虽然医学界的很多人都对这件事深表怀疑，但却有意想不到的结果。从开班以来，18 年里，成千上万的病人都因为参加这个班而"痊愈"。有些病人到这个班上来上了好几年的课——几乎就像上教堂一样的虔诚。我的那个助手曾和一位前后坚持了 9 年并且很少缺课的女人谈过话。她说当她第一次到这个诊所来的时候，她深信自己有肾脏病和心脏病。她既忧虑又紧张，有时候会突然看不见东西，担心失明。可是现在她却充满了信心，心情十分愉快，而且健康情形非常良好。她看起来只有 40 岁左右，可是怀里却抱着一个睡着的孙子。"我以前总为我家里的问题烦恼得要死，"她说，"几乎希望能够一死了之。可是我在这里懂得了忧虑对人的害处，学会了怎样停止忧虑。我现在可以说，我的生活真是太幸福了。"

这个班的医学顾问罗斯·希尔费丁医生觉得，减轻忧虑最好的药就是和你信任的人谈论你的问题，他们称之为净化作用。她说："病人到这里来时，可以尽量地谈她们的问题，一直到她们把这些问题完全赶出她们的脑子。一个人闷着头忧虑，不把这些事情告诉别人，就会造成精神紧张。我们都应让别人来分担我们的难题，我们也得分担别人的忧虑。我们必须感觉到世界上还有人愿意听我们的话，也能够了解我们。"

我的助手亲眼看到一个女人在说出她心里的忧虑之后，感到一种非常难得的解脱。她有许多家务方面的烦恼，而在她刚刚开始谈论这些问题的时候，她就像一个压紧的弹簧，然后一面讲，一面渐渐地平静下来。等到谈完之后，她居然能够面露微笑。这些困难是否已经得到了解决呢？没有，事情不会那样容易。她之所以有这样的改变，是因为她能和别人谈一谈，得到了一点点忠告和同情。真正造成变化的，是具有强而有力的治疗功能的语言。

就某方面来说，心理分析就是以语言的治疗功能为基础的。从弗洛伊德的时代开始，心理分析家们就知道，只要一个病人能够说话——单单只要说出来，就能解除他心中的忧虑。为什么呢？也许是因为说出来以后，我们就可以更深入地看到我们的问题，能够看到更好的解决方法。没有人知道确切的答案，可是我们所有的人都知道——"吐露一番"或是"发发心中的闷气"，就能立刻使人觉得畅快很多。

所以，下一次我们再碰到什么情感上的难题时，何不去找个人谈一谈呢？当然我并不是说，随便到哪儿抓一个人，就把我们心里所有的苦水和牢骚说给他听；我们要找一个能够信任的人，和他约好一个时间。也许找一位亲戚、一位医生、一位律师、一位教士，或是一个神父，然后对那个人说："我希望得到你的忠告。我有个问题，希望你能听我谈一谈，你也许可以给我点忠告。也许旁观者清，你可以看到我自己所看不到的角度。可是即使你不能做到这一点，只要你坐在那儿听我谈谈这件事情，也就等于帮了我很大的忙了。"

不过，如果你真觉得没有一个人可以谈话，那我要告诉你所谓的"救生联盟"——这个组织和波士顿那个医学课程完全没有任何关联。这个"救生联盟"是世界上最不寻常的组织之一。它的组成是为了防止可能会发生的自杀事件。多年来，它的服务范围已扩大到给那些不欢乐或是在情感和精神方面需要安慰的人以安慰。

把心事说出来，这是波士顿医院所安排的课程中最主要的治疗方法。下面是我们在那个课程里所得到的一些概念。其实我们在家里就可以做这些事。

1. 准备一本"供给灵感"的剪贴簿

你可以贴上自己喜欢的令人鼓舞的诗篇，或是名人格言。往后，如果你感到精神颓丧，也许在本子里就可以找到治疗方法。在波士顿医院的很多病人都把这种剪贴簿保存好多年，她们说这等于是替你在精神上"打了一针"。

2. 不要为别人的缺点太操心

不错，你的丈夫有许多的缺点，但如果他是个圣人的话，恐怕他就根本不会娶你了，对不对？在那个班上有一个女人，发现她自己变成了一个对人苛刻，爱责备别人、爱挑剔，还常常拉长一张脸的妻子。当人家问她"要是你丈夫死了你该怎么办"的问题时，她才发现自己的短处。她当时着实大吃一惊，连忙坐下来，把她丈夫所有的优点列举出来。她所写的那张单子可真长呀！所以下次要是你觉得嫁错了人，何不也试着这样做呢？也许在看过他所有的优点以后，会发现他正是你所希望遇到的那个人。

3. 要对你的邻居感兴趣

对那些和你在同一条街上共同生活的人，要有一种很友善也很健康的兴趣。有一个孤独的女人，觉得自己非常的"孤立"。她一个朋友都没有。有人要她试着把她下一个碰到的人作为主角编一个故事，于是她开始在公共汽车上为她所看到的人编造故事。她假想那人的背景和生活情形，试着去想象他的生活怎样。后来，她碰到别人就谈天，而今天她非常的欢乐，变成了很讨人喜欢的人，也治好了她的"痛苦"。

4. 晚上上床之前，先安排好明天工作的程序

在班上，他们发现很多家庭主妇，因为忙不完的家事而感到疲劳。她们好像永远都做不完自己的工作，老是被时间赶来赶去。为了要治好这种忧虑，他们建议各个家庭主妇，在头一天就把第二天的工作安排好，结果呢？她们能完成很多的工作，却不会感到疲劳。同时还因为有成绩而感到非常的骄傲，甚至还有时间休息和打扮。每一个女人每一天都应该抽出时间来打扮，让自己看起来漂亮一点。我觉得，当一个女人知道她外观很漂亮的时候，就不会紧张了。

5. 避免紧张和疲劳的唯一途径就是放松

再没有比紧张和疲劳更容易使你苍老的事了，也不会有别的事物对你的外表更有害了。我的助手，在波士顿医院思想控制课堂里坐了一个钟点，听负责人保罗·约翰逊教授谈了很多我们在前一章已经讨论过的原则——一些能够放松的方法。在10分钟放松自己的练习结束以后，我那位和其他人一起做练习的助手几乎坐在椅子上睡着了。为什么生理上的放松能够有这么大的好处呢？因为这家医院的医生知道，如果你要消除忧虑，就必须放松。

是的，身为一个家庭主妇，一定要懂得怎样放松自己。你有一点强过别人的地方——就是想躺下随时都可以躺下。而且你还可以躺在地上。奇怪的是，硬硬的地板比里面装了簧的席梦思床更有助于你放松自己。地板给你的抵抗力比较大，对脊椎骨大有好处。

好啦，下面就是一些可以在你自己家里做的运动。先试一个星期，看看对你的外表是否有大的帮助：

（1）只要你觉得疲倦了，就平躺在地板上，尽量把身体伸直，如果你想要转身的话就转身，每天做两次。

（2）闭起你的两只眼睛，像约翰逊教授所建议的那样想："太阳在头上照着，天空蓝得发亮，大自然非常的沉静，控制着整个世界——而我，大自然的小孩，也能与整个宇宙和谐一致。"

（3）如果你不能躺下来，因为你正在炉子上煮菜，没有这个时间，那样只要你能坐在一张椅子上，得到的效果也完全相同。在一张很硬的直背椅子里，像一个古埃及的雕像那样，然后把你的两只手掌向下平放在大腿上。

现在，慢慢地把你的脚趾头蜷曲起来——然后让它们放松，收紧你的腿部肌肉——然后让它们放松；慢慢地朝上，运动各部分的肌肉，最后一直到你的颈部。然后让你的头向四周转动，好像你的头是一个足球。要不断地对你的肌肉说："放松……放松……"

用很慢很稳定的深呼吸来平定你的神经，要从丹田吸气，印度的瑜伽术做得不错，规律的呼吸是安抚神经的最好方法。

（4）想想你脸上的皱纹，尽量使它们抹平，松开你皱紧的眉头，不要闭紧嘴巴。

如此每天做两次，也许你就不必再到美容院去按摩了，也许这些皱纹就会从此消失。

冲破孤独，别让自己成为孤岛

◇如怀地博士说的，那些能克服孤寂的人，一定是居住在"勇气的氛围"里。无论我们走到哪里，一定要与人们培养出亲密的情谊关系。就好像燃烧的煤油灯一样，火焰虽小，却仍能产生出光亮和温暖。

◇幸福并不是靠别人来施舍，而是要自己去赢取别人对你的需求和喜爱。

在现实生活中，总是有这么一类人：把自己关在屋子里，将自己的身体、内心与外界完全隔离开来。他或者沉默寡言，整天不吭一声；或者面对着电视，一眼不错地呆呆地盯着看；或者面前摆上一本书，眼神呆滞半天也看不上一页。别人很难进入他的内心世界，简直就像一个坚强的堡垒一样打不开。他很少与人交谈来往，他仿佛是自我流放到一个孤岛上，没有人烟，甚至连活物都没有。他没有一丝逃出荒岛之意，可他却明显地发生着变化：孤独、寂寞、烦闷、暴躁、衰老……这种人就是所谓的自我封闭者，医学上称之为自闭症。

其实，每个人一生中都会遇到不幸和挫折，当你面临这种处境，不如面对现实，积极解决，随着时间消逝，你就会走出困境与不幸，何必将自己那颗跳动的心紧闭，让自己的人生陷入痛苦与不安？

几年前，我的一位朋友失去了自己的丈夫，她悲痛欲绝。自那以后，她便和成千上万的人一样，陷入了一种孤独与痛苦之中。"我该做些什么呢？"在丈夫离开她近一个月之后的一天晚上，她跑来向我求助，"我将住到何处？我还有幸福的日子吗？"

我极力向她解释，她的焦虑是因为自己身处不幸的遭遇之中，才50多岁便失去了自己生活的伴侣，自然令人悲痛异常。但时间一久，这些伤痛和忧虑便会慢慢减缓消失，她也会开始新的生活——从痛苦的灰烬之中建立起自己新的幸福。

"不！"她绝望地说道，"我不相信自己还会有什么幸福的日子。我已不再年轻，孩子也都长大成人，成家立业。我还有什么地方可去呢？"可怜的妇人是得了严重的自怜症，而且不知道该如何治疗这种疾病。好几年过去了，我发现朋友的心情一直都没有好转。

有一次，我忍不住对她说："我想，你并不是要特别引起别人的同情或怜悯。无论如何，你可以重新建立自己的新生活，结交新的朋友，培养新的兴趣，千万不要沉溺在旧的回忆里。"她没有把我的话听进去，因为她还在为自己的命运自艾自叹。后来，她觉得孩子们应该为她的幸福负责，因此便搬去与一个结了婚的女儿同住。

但事情的结果并不如意，她和女儿都是面临一种痛苦的经历，甚至恶化到大家翻脸成仇。这名妇人后来又搬去与儿子同住，但也好不到哪里去。后来，孩子们共同买了一间公寓让她独住——这更不是真正解决问题的方法。

有一天她对我哭诉道，所有家人都弃她而去，没有人要她这个老妈妈了。这位妇人的确一直都没有再享有快乐的生活，因为她认为全世界都亏欠她。她实在是既可怜，又自私，虽然现今已61岁了，但情绪还是像小孩一样没有成熟。

许多寂寞孤独的人之所以会如此，是因为他们不了解爱和友谊并非是从天而降的礼物。一个人要想受到他人的欢迎，或被人接纳，一定要付出许多努力和代价。要想让别人喜欢我们，的确需要尽点心力。情爱、友谊或快乐的时光，都不是一纸契约所能规定的。让我们面对现实，无论是丈夫死了，或太太过世，活着的人都有权利再快乐地活下去。但是他们必须了解：幸福并不是靠别人来布施，而是要自己去赢取别人对你的需求和喜爱。

让我们再看另一个故事。一艘游轮正在地中海蓝色的水面上航行，上面有许多正在度假中的已婚夫妇，也有不少单身的未婚男女穿梭其间，个个兴高采烈，随着乐队的拍子起舞。其中，有位明朗、和悦的单身女性，大约 60 来岁，也随着音乐陶然自乐。这位上了年纪的单身妇人，也和我的那位朋友一样，曾遭丧夫之痛，但她能把自己的哀伤抛开，毅然开始自己的新生活，重新展开生命的第二度春天，这是经过深思之后所做的决定。

她的丈夫曾是她生活的重心，也是她最为关爱的人，但这一切全都过去了。幸好她一直有个嗜好，便是画画。她十分喜欢水彩画，现在更成了她精神的寄托。她忙着作画，哀伤的情绪逐渐平息。而且由于努力作画的结果，她开创了自己的事业，使自己的经济能完全独立。

有一段时间，她很难和人群打成一片，或把自己的想法和感觉说出来。因为长久以来，丈夫一直是她生活的重心，是她的伴侣和力量。她知道自己长得并不出色，又没有万贯家财，因此在那段近乎绝望的日子里，她一再自问：如何才能使别人接纳我，需要我？

她后来找到了自己的答案——她得使自己成为被人接纳的对象。她得把自己奉献给别人，而不是等着别人来给她什么。想清了这一点，她擦干眼泪，换上笑容，开始忙着画画。她也抽时间拜访亲朋好友，尽量制造欢乐的气氛，却绝不久留。不多久，她开始成为大家欢迎的对象，不但时有朋友邀请她吃晚餐，或参加各式各样的聚会，并且还在社区的会所里举办画展，处处都给人留下美好印象。

后来，她参加了这艘游轮的地中海之旅。在整个旅程当中，她一直是大家最喜欢接近的目标。她对每一个人都十分友善，但绝不紧缠着人不放。在旅程结束的前一个晚上，她的舱旁是全船最热闹的地方。她那自然而不造作的风格，使每个人都留下深刻印象，并愿意与之为友。

从那时起，这位妇人又参加了许多类似这样的旅游。她知道自己必须勇敢地走进生命之流，并把自己贡献给需要她的人。她所到之处都留下友善的气氛，人人都乐意与她接近。

人们的自我封闭多因生活中发生了巨变，突如其来的巨变让人措手不及。常见的像生活环境发生了变化，从农村到城市、从本国到国外，环境的变化尤其是文化的巨大落差会造成自闭。事业遭受重创也是产生自闭症的原因。某公司老板投资股市，亏损严重，公司破产，这位老板一下子从昔日的有说有笑、活泼开朗变成了破产后的沉默寡言，时常把自己一个人关在办公室里，终于有一天这位老板割脉自杀于他的办公室里。家庭婚变也可让人产生自我封闭。某位中年男人，自从他的妻子跟别人私奔之后，他一下子就像被霜打的茄子一样，头再也抬不起来，从此一声不吭，像个幽灵一样无声无息。另外亲人的去世也会使人把自己封闭起来。某位中年男人一生和妻子恩恩爱爱，即使年龄很大了也经常手牵手成双成对出入，受到邻居们的交口称赞，可妻子有一天突患心肌梗塞与世长辞，这位男士一夜之间白了头，仿佛老了几十岁。此后他就像傻子一样抱着妻子的相片，不吃不喝，亲戚朋友怎么劝也不行，没过一年，这位整日把自己关在房子里的男子也死了。

面对突如其来的各种变故，你都应该坚强地面对现实而不是逃避，因为逃避无法最终消除人的痛苦；只有勇敢面对，你才可能走出自闭的误区，重新找到人生的快乐。

把自己置身于群体之中，是避免和纠正自闭症的一个良方。那些喜欢体育运动的青少年朋友个个性格开朗，活泼、大方，这就是证明。

我们可以尝试下列的方法来克服自我封闭：

（1）环境转移法。遭受巨变的成人可以尝试此方法，例如妻子逝世之后，丈夫完全可以换个环境，比如去外地旅游散心，看看秀美山川、风土人情，陶醉在自然的怀抱里。不要整天把自己关在房子里，因为房子里的一切都会让你睹物思人，痛不欲生，都会破坏、影响你的正常情绪，而最终造成自闭。

（2）忙忙碌碌法。破产的老板完全可以重找一份工作一心扑在上面，从头再来，争取忙得团团乱转，让你根本没有时间去想先前如何如何。有的企业主破产之后便在街道拐角处摆一擦皮鞋摊，重新开始。如果你不想工作，那你可以去整修草地、花木，给鱼喂食，去老年协会和一帮老头打牌下棋、钓鱼散步，你唯一不要做的是把自己关在屋子里"面壁思过"，那没有任何用处。

（3）培养兴趣法。自我封闭者通常都是那些无所事事或感到自己无所事事的人。培养自己的某个爱好或兴趣，可以转移注意力。一位离了婚的男人，发现自己整天无所事事，下班回家便窝在家里，为离婚而痛苦。偶然间他翻到上高中时的集邮册，他少年时的热情又迸发出来，又开始集起邮票来，由集邮又认识了一大帮集邮迷，整日在邮市里互相交流，这个男人便从自我封闭状态中摆脱了出来。

不论你属哪种自我封闭，都有百害而无一益，还是尽快摆脱为好。

每一天都是新的生命

◇对于聪明的人来讲，一天就是一个新的生命。

◇只要活着，我就有希望，因为每一天都会给我提供不同的机会。

住在密西根州沙支那城法院街 815 号的杰尔德太太曾感到极度的颓丧，甚至于几乎想自杀。她讲述了这一段的生活："1937 年我丈夫死了，我觉得非常颓丧，而且我的生活陷入了经济危机。我写信给我过去的老板里奥罗西先生，他是堪萨斯城罗浮公司的老板，我请求他让我回去做我过去的老工作。我从前是靠向学校推销《世界百科全书》维持生计的。两年前我丈夫生病时，我把汽车卖了。为了重新工作，我勉强凑足钱，以分期付款的方式又买了一部旧车，开始出去卖书。

"我原以为，重新工作或许可以帮助我从颓丧中解脱出来。可是，总是一个人驾车、一个人吃饭的生活几乎使我无法忍受。加上有些地方根本就推销不出去书，所以即使分期付款买车的数目不大，却也很难付清。

"1938 年春，我在密苏里州维沙里市推销书，那里的学校很穷，路又很不好走。我一个人又孤独又沮丧，以至于有一次我甚至想自杀。我感到成功没有什么希望，生活没有什么乐趣。每天早上我都很怕起床去面对生活；我什么都怕：怕付不出分期付款的车钱，怕付不起房租，怕东西不够吃，怕身体搞垮没有钱看病。唯一使我没有自杀的原因是，我担心我的姐姐会因此而悲伤，况且她又没有充裕的钱来付我的丧葬费用。

"后来，我读到一篇文章，它使我从消沉中振作起来，鼓足勇气继续生活。我永远永远地感激文章中的那一句令人振奋的话：'对于一个聪明人来说，每一天都是一个新的生命。'我用打字机把这句话打下来，贴在汽车的挡风玻璃窗上，使我开车的每时每刻都能看见它。我发现每次只活一天并不困难，我学会了忘记过去，不考虑未来。每天清晨我都对自己说：'今天又是一个新的生命。'

"我终于成功地克服了自己对孤寂的恐惧。整个人都非常快活，事业也还算成功，并对生命充满了热忱和爱。我现在知道，不论在生活中遇上什么问题，我都不会再害怕了；我现在知道，我不必惧怕未来；我现在知道，我每一次只要活一天，而'对于一个聪明人来说，每一天就是一个新的生命'。"

人无远虑，必有近忧。像杰尔德太太这样的经历可以说是非常悲惨，但是，就一句话——"对于一个聪明人来说，每一天都是一个新的生命"改变了她的一生。失去丈夫的痛苦，巨额生活费用及债务压力，毫无前途的明天，就因为这一句话烟消云散。

许多人面临同样的境遇时，都难免会消沉。然而很少有人会认真想一想：逝者长已，他们会希望你这么一直痛苦下去吗？未来还长，难道真的就毫无机会了吗？

记得一位哲人说过："只要活着，我就有希望，因为每一天都会给我提供不同的机会。"

眷恋过去，生活在回忆中，或者杞人忧天，生活在不切实际的幻想中或忧虑中，都会使我们丧失生活的勇气，伤害我们的人生。我们为什么不去把握现在，利用眼前的每一分每一秒呢？罗勃特·史蒂文森曾经说过："任何人都有足够的精力去承担一天的压力，不论这一天是多么疲惫、多么忙碌，我们都可以支持。从日出到日落，这才是真正属于自己的空间，我们可以任意支配它、控制它，使这一天充满朝气和活力，使这一天充实而珍贵。"是的，这就是我们所需要的生活。

亚瑟·苏兹柏格是世界上著名的《纽约时报》的发行人。据苏兹柏格先生讲述，当第二次世界大战的战火蔓延到欧洲时，他感到非常吃惊，对前途的忧虑使他彻夜难眠。他常常半夜从床上爬起来，拿着画布和颜料，照着镜子，想画一张自画像。而他对绘画一无所知，他之所以这样做，一方面想以此驱逐内心的紧张和恐惧，另一方面想为自己留下些什么，以备万一发生意外。幸好他在一次偶然的机会中，看到了一段警世名言，否则他是没有办法摆脱深深的忧虑的。这段伴随着教堂钟声的赞美诗拯救了他，帮助他重新树起了正确而欢乐的人生观：

> 仁慈的上帝，我亲爱的父亲，
> 请你带着我，
> 我不要求你告诉我遥远的未来，
> 我只请求你一步一步地带着我。

耶稣在《圣经》中说过一句话："不要为明天忧虑。"每一天都是一个新的生命，每天都意味着一个新的开始。我们应当把每一天都看成如生命一样珍贵，努力去珍惜每分每秒，这样我们就可以享受到至高无上的快乐。

第十二章 ~
CHAPTER 12

做自己情绪的主人

愤怒意味着无知

◇温和与友善总是要比愤怒和暴力更强有力。

◇林肯说："一滴蜜比一加仑胆汁更能捕到苍蝇。"

◇中国人有一句格言充满了东方一成不变的悠久智慧："轻履者行远。"

如果你发起脾气，对人家说出一两句不中听的话，你会有一种发泄感。但对方呢？他会分享你的痛快吗？你那火药味的口气、敌视的态度，能使对方更容易赞同你吗？"如果你握紧一双拳头来见我，"威尔逊总统说，"我想，我可以保证，我的拳头会握得比你的更紧。但是如果你来找我说：'我们坐下，好好商量，看看彼此意见相异的原因是什么。'我们就会发觉，彼此的距离并不那么大，相异的观点并不多，而且看法一致的观点反而居多。你也会发觉，只要我们有彼此沟通的耐心、诚意和愿望，我们就能沟通。"

工程师史德伯希望他的房租能够减低，但他知道房东很难缠。"我写了一封信给他，"史德伯在讲习班上说，"通知他，合约期一满，我立刻就要搬出去。事实上，我不想搬，如果租金能减低，我愿意继续住下去，但看来并不可能，因为其他的房客都试过——失败了。大家都对我说，房东很难打交道。但是，我对自己说，现在我正在学习为人处事这一课，不妨试试，看看是否有效。

"他一接到我的信，就同秘书来找我。我在门口欢迎他，充满善意和热忱。开始我并没有谈论房租太高，只是强调我多么的喜欢他的房子。我真是'诚于嘉许，惠于称赞'。我称赞他管理有道，表示我很愿再住一年，可是房租实在负担不起。他显然是从未见过一个房客对他如此热情，他简直不知道该怎么办才好。

"然后，他开始诉苦，抱怨房客，其中一位给他写过 14 封信，太侮辱他了。另一位威胁要退租，如果不能制止楼上那位房客打鼾的话。'有你这种满意的房客，多令人轻松啊！'他赞许道。接着，甚至在我还没有提出要求之前，他就主动要减收我一点租金。我想要再少一点，就说出了我能负担的数字，他一句话也不说就同意了。

"当他离开时，又转身问我：'有没有什么要为你装修的地方呢？'

"如果我用的是其他房客的方式要求减低房租的话，我相信，一定会碰到同样的阻碍。使我达到目的的是友善、同情、称赞的方法。"

再举一个例子。这次是一位女士——一位社交界的名人——戴尔夫人，来自长岛的花园城。戴尔夫人说："最近，我请了几个朋友吃午饭，这种场合对我来说很重要。当然，我希望宾主尽欢。我的总招待艾米，一向是我的得力助手，但这一次却让我失望。午宴很失败，到处看不到艾米，他只派个侍者来招待我们。这位侍者对第一流的服务一点概念也没有。每次上菜，他都是最后才端给我的主客。有一次，他竟在很大的盘子里上了一道极小的芹菜，肉没有炖烂，马铃薯油腻腻的，糟透了。我简直气死了，我尽力从头到尾强颜欢笑，但不断对自己说：等我见到艾米再说吧，我一定要好好给他一点颜色看看。

"这顿午餐是在星期三。第二天晚上，听了为人处世的一课，我才发觉：即使我教训艾米一顿也无济于事。他会变得不高兴，跟我作对，反而会使我失去他的帮助。我试着从他的立场来看这件事：菜不是他买的，也不是他烧的，他的一些手下太笨，他也没有法子。也许我的要求太严厉，火气太大。所以我不但准备不苛责他，反而决定以一种友善的方式做开场白，以夸奖来开导他。这个方法效验如神。第三天，我见到了艾米，他带着防卫的神色，严阵以待准备争吵。我说：'听我说，艾米，我要你知道，当我宴客的时候，你若能在场，那对我有多重要！你是纽约最好的招待。当然，我很谅解：菜不是你买的，也不是你烧的。星期三发生的事你也没有办法控制。'我说完这些，艾米的神情开始松弛了。艾米微笑地说：'的确，夫人，问题出在厨房，不是我的错。'我继续说道：'艾米，我又安排了其他的宴会，我需要你的建议。你是否认为我们再给厨房一次机会呢？''呵，当然，夫人，上次的情形不会再发生了！'下一个星期，我再度邀人午宴。艾米和我一起计划菜单，他主动提出把服务费减收一半。当我和宾客到达的时候，餐桌上被两打美国玫瑰装扮得多彩多姿，艾米亲自在场照应。即使我款待玛莉皇后，服务也不能比那次更周到。食物精美滚热，服务完美无缺，饭菜由 4 位侍者端上来，而不是一位，最后，艾米亲自端上可口的甜美点心作为结束。散席的时候，我的主客问我：'你对招待施了什么法术？我从来没见过这么周到的服务。'她说对了。我对艾米施行了友善和诚意的法术。"

大约在 100 年以前，林肯就说过这个道理：

"当一个人心中充满怨恨时，你不可能说服他依照你的想法行事。那些喜欢骂人的父母、爱挑剔的老板、喋喋不休的妻子……都该了解这个道理。你不能强迫别人同意你的意见，但却可以用引导的方式，温和而友善地使他屈服。

"曾经有个格言：'一滴蜜比一加仑的胆汁更能捕到苍蝇。'如果你想说服一个人，首先要让他认为你是他的至友，然后再逐渐达到说服的目的。"

多年以前，当我赤着脚，穿过树林，走路到密苏里州西北部一个乡下学校上学的时候，有一天我读到一则有关太阳和风的寓言。太阳和风在争论谁更强而有力。风说："我来证明我更行。看到那儿一个穿大衣的老头了吗？我打赌我能比你更快使他脱掉大衣。"

于是太阳躲到云后，风就开始吹起来，愈吹愈大，大到像一场飓风；但是风吹得愈急，老人愈把大衣紧裹在身上。

终于，风平息下来，放弃了。然后太阳从云后露面，开始以它温暖的微笑照着老人。不久，老人开始擦汗，脱掉大衣。太阳对风说，温和和友善总是要比愤怒和暴力更强而有力。

古老的寓言依旧合乎现代的意义。太阳的温和使人们乐意退去外衣，风的冷峻反而使人们更加裹衣取暖。相同的，亲切、友善、赞美的态度，更能使一个人摈弃成见，抛下私我而面对理性，这是人性的自然流露。

波士顿是美国历史上的教育和文化中心，小时候的我根本不敢梦想能有机会看到它。为这件事做见证的是华尔医师，他在 30 年后变成了我那讲习班上的同学。以下是他在讲习班上所讲的那个故事。

那年头波士顿的报纸充斥着江湖郎中的广告——堕胎专家和庸医的广告。表面上是给人治病，骨子里却以恐吓的词句，类似"你将失去性能力"等等，欺骗无辜的受害者。他们的治疗方法使受害者满怀恐惧，而事实上却根本不加以治疗。他们害死了许多人，却很少被定罪。他们只要缴点罚款或利用政治关系，就可以逃脱责任。

这种情况太严重了，激起了波士顿很多善良民众的义愤。传教士拍着讲台，痛斥报纸，祈求上帝能终止这种广告。公民团体、商界人士、妇女团体、教会、青年社团等，一致公开指责，大声疾呼——但一切都无济于事。议会掀起争论，要使这种无耻的广告不合法，但是在利益集团和政治的影响力之下，各种努力均告徒然。

华尔医师是波士顿基督联盟的善良民众委员会主席，他的委员会用尽了一切方法，都失败了。这场抵抗医学界败类的斗争，似乎没有什么成功的希望。

接着，有一天晚上，华尔医师试了波士顿显然没有人试过的一个办法。他所用的是仁慈、同情和赞美。他的目的是使报社自动停止那种广告。他写了一封信给《波士顿先锋报》的发行人，表示他多么仰慕该报：新闻真实，社论尤其精彩，是一份完美的家庭报纸，他一向看该报。华尔医师表示，以他的看法，它是新英格兰地区最好的报纸，也是全美国最优秀的报纸之一。"然而，"华尔医师说道，"我的一位朋友有个小女儿。他告诉我，有一天晚上，他的女儿听他高声朗读贵报上有关堕胎专家的广告，并问他那是什么意思。老实说他很尴尬，他不知道该怎么回答。贵报深入波士顿上等人家，既然这种场面发生在我的朋友家里，在别的家庭也难免会发生。如果你也有女儿，你愿意她看到这种广告吗？如果她看到了，还要你解释，你该怎么说呢？很遗憾，像贵报这么优秀的报纸——其他方面几乎是十全十美——却有这种广告，使得一些父母不敢让家里的女儿阅读。可能其他成千上万的订户都和我有同感吧！"

两天以后，《波士顿先锋报》的发行人，回了一封信给华尔医师。日期是1904年10月13日。华尔医师保留了这封信有1/3个世纪。他参加讲习班后，把它交给了我。我在写这段时，它就放在我的面前：

麻省波士顿华尔医生

亲爱的先生：

11日致本报编辑部来函收纳，至为感激。贵函的正言，促使我实现本人自接掌本职后，一直有心于此但未能痛下决心的一件事。

从下周一起，本人将促使《波士顿先锋报》摒弃一切可能招致非议的广告。暂时不能完全剔除的广告，也将谨慎编撰，不使它们造成任何不快。

贵函惠我良多，再度致谢，并盼继续不吝指正。

太阳能比风更快使你脱下大衣；仁厚、友善的方式比任何暴力更易于改变别人的心意。

学会控制你的愤怒

◇愤怒是一种极具毁灭力量的情绪，它不仅能够摧毁你的健康，而且还能扰乱你的思考，给你的工作和事业带来不良的影响。

◇愤怒时多想想盛怒之下失去理智可能引起的种种不良后果，心中要不断提醒自己"不要发怒"，努力控制自己的情绪表现，这样可以起到控制愤怒的作用。

有的人爱发脾气，容易愤怒，稍不如意，便火冒三丈。发怒时极易丧失理智，轻则出言不逊，影响人际关系；重则伤人毁物，有时还会造成难以挽回的损失，事后让易怒者追悔莫及。

愤怒是一种常见的消极情绪，它是当人对客观现实的某些方面不满，或者个人的意愿一再受到阻碍时产生的一种身心紧张状态。在人的需要得不到满足、遭到失败、遇到不公、个人自由受限制、言论遭人反对、无端受人侮辱、隐私被人揭穿、上当受骗等多种情形下人都会产生愤怒情绪，愤怒的程度会因诱发原因和个人气质不同而有不满、生气、愤怒、恼怒、大怒、暴怒等不同层次。发怒是一种短暂的情绪紧张状态，往往像暴风骤雨一样来得猛，去得快，但在短时间里会有较强的紧张情绪和行为反应。

易怒者主要与其个性特点有关，大都属于气质类型中的胆汁质。胆汁质的人直率热情，容易冲动，情绪变化快，脾气急躁，容易发怒。易怒还与年龄有关，青年人年轻气盛，情绪冲动而不稳定，自我控制力差，比成年人更易发怒。

愤怒的情绪对人的身心健康是不利的。人在愤怒时，由于交感神经兴奋，心跳加快，血压上升，呼吸急促，所以经常发怒的人易患高血压、冠心病等疾病；愤怒还会使人缺乏食欲，消化不良，导致消化系统疾病；而对一些已有疾病的患者，愤怒会使病情加重，甚至导致死亡。这一点古人早有认识，如中医认为"怒伤肝"、"气大伤神"等。

一般而言，生气时刻可归类为下列几种：

（1）当你因某种因素感到受挫、受胁迫或被他人轻蔑时；当你朝着既定目标前进，却可能由于某人的行为而受到阻碍时。

（2）当着实受到严重伤害，但为了掩饰自己的脆弱，于是代之以愤怒，以求自卫。

（3）当某种情境或某人的行为勾起昔日某种不堪的回忆时。

（4）当觉得自己的权利受到剥夺，或遭到某人误解时。

（5）当受到惊吓或处事不当时，自己生自己的气。

我们的确有时免不了会生气，但却鲜有人知道该如何来处理这种情绪。为了了解其中的原因，也为了探究愤怒产生的缘由，现在就让我们概要地来看一看一些可能伴随愤怒而来的情绪。

1. 自以为是

当我们对某件事感到愤怒时，容易坚信自己是站在正义的一方，而别人则是错得离谱。在此种情况下，你不妨先问一问自己，事实真是如此吗？如果我们仍旧深信不疑，继之选择了表示自己的愤怒，如此一来，你表现的，极可能就是一副得理不饶人、气焰高涨的样子。你不妨扪心自问一下，你真的想给对方一点颜色瞧瞧吗？如果你有一丝一毫这种感觉，那么原因可能是你太看重自己了，抑或将他人的所作所为均看成和自己有利害关系，而非仅是他人的因素。举例来说，如果有个朋友答应你，要在星期一之前打电话给你，让你知道她是否能够帮你处理宴会事宜，但现在已经星期三了，而她依然没打电话过来——假使如此让你感到生气且义愤填膺，不要认为她一点都不尊重你，也许她只是临时有其他事耽搁了，所以无法打电话给你。纵使这样并不能让愤怒消失无踪，但起码可以将它导向正轨。

2. 自尊受损

关于这方面的应对之道已多所论及。事实上，如果我们觉得自尊心受损，我们可能就会把事情看得过于个人化，认为他人的行为均是针对你的攻击或侮辱，即使他们并未存心如此。

3. 好下结论

此项与前两项，尤其是"自以为是"，有着相当密切的关系。有人做了我们无法苟同的事，因此"他一定是错的"。如果你是个好下结论的人，你的思考一定倾向于这种方式："他绝对是个笨蛋之极的人"，等等。

倘若我们存有这种想法与感觉，往往就会在我们和相关者谈话时，于不知不觉中显露无遗。毕竟，很少人会真的直接明白地表达出自己的愤怒的原因。

愤怒是一种极具毁灭力量的情绪，它不仅能够摧毁你的健康，而且可以扰乱你的思考，给你的工作和事业带来不良的影响。既然愤怒对我们的生活毫无用处，我们应该怎么来克制自己的愤怒情绪呢？

首先可以通过意志力控制愤怒，使愤怒情绪少产生，或有愤怒不发作。当愤怒时要多想想盛怒之下失去理智可能引起的种种不良后果，心中不断提醒自己"不要发怒"，努力控制自己的情绪表现，这样可以起到控制愤怒的作用。

其次可以主动释放愤怒情绪，将心中的愤懑、不平向人倾诉，从亲朋好友处得到规劝和安慰，可以缓解怒气。还可以在工作、学习中向使自己愤怒的人说明自己的不满，说出自己的意见，使矛盾得以调和，不满得以消除。

另外，易怒的人还可以尽量避免接触使自己发怒的环境，减少愤怒情绪，或者在即将发怒时通过转移注意力而减轻愤怒，尽快离开当时的环境，避免进一步的刺激，使愤怒情绪消退。发怒时可以看电影、逛公园、听音乐、散步，使注意力转向其他与愤怒无关的活动中，新的活动内容激发新的情绪，可使愤怒的程度降低。

具体而言，我们可以采取以下方法来控制自己的愤怒：

1. 正面行动

愤怒提醒了我们，世事并非都如人所愿。不满是一件极富正面意义的事，少了它，人们就只会接受现状，而不会为了迈向自己的目标，采取任何行动。举例来说，如果 20 世纪初的女性未曾因自己被掠夺公权而感到愤怒，那么她们也就不会为了投票权而抗争了。

2. 舒解压力

表达愤怒可以舒解压力，否则压抑的情绪可能会导致焦虑，甚至疾病，这些症状均可借由愤怒的宣泄得到纾解。然而这并不意味着，我们必须将愤怒直接发泄在生气的对象身上。

3. 更为开诚布公

愤怒可以使得双方关系更开诚布公，进而互相信赖。如果你知道某人愿意和你谈谈最为棘手的核心，而非只是将其含糊带过，假装好像不存在似的，那么一股崇敬之情便会油然而生。

4. 情感疏通

倘若我们在情绪产生时，能够确实触及自己真正的感受（包括愤怒在内），并加以适当处理，那么我们则不太可能将那些未表达或封闭的情绪困积起来，以避免巨大的内在压力或严重的沟通不良。

5. 实现目标

不容忽略的是，存在愤怒情绪中的能量，同样是一股实现目标的动力。如果运用得当，它将能够帮助我们成为一个有自信、坚定的人，能够适切地表达自己的内在感受，并且得到自己生命中梦寐以求的事物。但请务必谨慎处理。

别让悲伤挡住了你的阳光

◇让每一天都有一个愉快的开始，则一天里所有的事都会变好。

◇困难特别吸引坚强的人。因为他只有在拥抱困难时，才会真正认识自己。

你为什么总是失败？无数次的失败将你推入黑暗的世界，享受不到成功的阳光，你想过没有，是谁挡住了你的阳光？

每一种心态都是每个人对人生的不同看法。在如铁般的现实里，每个人都不可避免地遭受这样或那样的打击和挫折：因为高考落榜而精神萎靡或是因为失恋而痛苦忧伤，因为无法适应快节奏的工作而丧失斗志……这些心理多半是人们意志薄弱、心态不成熟的一种表现。而这些异常的心理和悲观的心态往往导致痛苦的人生，往往影响对环境的正确看法。悲观者实际上是以自己悲观消极的想法看待客观世界，在悲观者心中，现实是或多或少被丑化了的。现在社会上许多人，对未来和生活，常常持有一种悲观的迷茫心理。对自己的过去，不管有无成败，不管有无辉煌，都一概加以否定，心理上充满了自责与痛苦，嘴上有说不完的遗憾；对未来缺乏信心，一片迷茫，以为自己一无是处，什么事都干不好，认知上否定自己的优势与能力，无限放大自己的缺陷。

戴高乐曾经说过："困难，特别吸引坚强的人。因为他只有在拥抱困难时，才会真正认识自己。"这句话一点也没错，有时，我们需要把困难当成机遇。

你自己努力过吗？你愿意发挥你的能力吗？对于你所遭遇的困难，你愿意努力去尝试，而且不止一次地尝试吗？只试一次是绝对不够的，需要多次尝试。那样你会发现自己心中蕴藏着巨大能量。许多人之所以失败，只是因为未能竭尽所能去尝试，而这些努力正是成功的必备条件。仔细查看列出的失败清单，看看过去你是否已竭尽所能。如果答案是否定的话，试试克服困难的第二个重要步骤，这就是学会真正思考，认真积极地思考。我确信积极思维的力量是惊人的，任何失败均能通过积极思维来解决，你能以积极思维来解决任何问题。

有一个14岁的男孩在报上看到应征启事，正好是适合他的工作。第二天早上，当他准时前往应征地点时，发现应征队伍已排了20个男孩。

如果换成另一个意志薄弱、不太聪明的男孩，可能会因为如此而打退堂鼓。但是这个小伙子却完全不一样。他认为自己应动脑筋，他不往消极面思考，而是认真用脑子去想，看看是否有法子解决。于是，一个绝妙方法便产生了！

他拿出一张纸，写了几行字，然后走出行列，并要求后面的男孩为他保留位子。他走到负责招聘的女秘书面前，很有礼貌地说："小姐，请你把这张便条交给老板，这件事很重要。谢谢你！"

这位秘书对他的印象很深刻，因为他看起来神情愉悦，文质彬彬。如果是别人，她可能不会放在心上，但是这个男孩不一样，他有一股强有力的吸引力，令人难以忘记。所以，她将这张字条交给了老板。

老板打开字条，看后笑笑交还给秘书；她也把上面的字看了一遍，同样笑了起来，上面是这样写的：

"先生，我是排在第21号的男孩。请不要在见到我之前作出任何决定。"

你想他得到这份工作了吗？你认为呢？像他这样会思考的男孩无论到什么地方一定会有所作为。虽然他年纪很轻，但是他知道认真思考。他已经有能力在短时间内抓住问题核心，然后全力解决它，并尽力做好。实际上，你一生中会遇到很多诸如此类的问题。当你遇到问题时，一旦认真进行思考，便更容易找到解决办法。

要想克服失败的思维方式，学会积极思考非常关键。人必须调整心态，直到否定思维转变成肯定思维为止。

让每天都有一个愉快的开始，则一天里所有的事都会变好。

学会喜欢自己

◇成熟的人会适度地忍耐自己，正如他适度地忍耐别人一样。他不会因自己的一些弱点而感到活得很痛苦。

◇不喜欢自己的人，表现在外的症状之一便是过度自我挑剔。

◇独处对我们的心灵运动十分有益处，就好像新鲜空气对我们的身体极有帮助一样。

史迈利·布兰敦在一本书中写道："适当程度的'自爱'对每一个正常人来说，是很健康的表现。为了从事工作或达到某种目标，适度关心自己是绝对必要的。"

布兰敦医师讲得很对。要想活得健康、成熟，"喜欢你自己"是必要条件之一。但这是表示"充满私欲"的自我满足吗？不是的。这应该是意味着"自我接受"——一种清醒的、实际的自我接受，并伴以自重和人性的尊严。

心理学家马斯洛在其著作《动机与个性》中也曾提到"自我接受"。他如此写道："新近心理学上的主要概念是：自发性、解除束缚、自然、自我接受、敏感和满足。"

成熟的人不会在晚间躺在床上比较自己和别人不同的地方。他可能有时会批评自己的表现，或觉察到自己的过错，但他知道自己的目标和动机是对的，他仍愿意继续克服自己的弱点，而不是自悔自叹。

成熟的人会适度地忍耐自己，正如他适度地忍耐别人一样。他不会因自己的一些弱点而感到活得很痛苦。

喜欢自己，是否会像喜欢别人一样重要呢？我们可以这么说：憎恨每件事或每个人的人，只是显示出他们的沮丧和自我厌恶。

哥伦比亚大学教育学院的亚瑟·贾西教授，坚信教育应该帮助孩童及成人了解自己，并且培养出健康的自我接受态度。他在其著作《面对自我的教师》中指出：教师的生活和工作充满了辛劳、满足、希望和心痛，因此，"自我接受"对每名教师来说，是同等重要的。

今日，全美国医院里的病床，有半数以上是被情绪或精神出了问题的人所占据。据报道，这些病人都不喜欢自己，都不能与自己和谐地相处下去。

我并不想在此处分析导致这种情况的各种因素。我只是认为，在这个充满竞争的社会，我们往往以物质上的成就来衡量人的价值。再加上名望的追求、枯燥乏味的工作，处处都使我们的灵魂容易生病。我还坚信，普遍缺乏一种有力、持续的宗教信念，更是人们精神迷乱的重要因素。

哈佛大学的教授怀特在《进步：性格自然成长的分析》中谈起了目前社会很流行的一种观念：人应该调整自己去适应环境。怀特反驳说："这种观念认为一个人的理想状态就是能成功地压抑自己以适应狭窄的生活方程式，而不问这样做的结果是使人失去个性、目标和方向，影响了人创造与发展的潜能。"

我非常赞同怀特博士的观点。很少有人有勇气特立独行或直面真实处境。我们在行动之前就被社会文化和经济观念限制住了。从吃饭、穿着到生活方式和观念，我们和邻居如此相似。一旦我们某个不一样的行为与这种环境相异时，我们就会变得精神紧张或神经过敏，甚至于厌恶自己。

我认识的一个女性嫁给了一个野心勃勃、很有进取心、独断专行的政治家，于是，夫妇两人的社交圈——就是所谓的名流圈子，里面横竖着以社会地位和金钱数量来权衡人的标准。这位女性温柔贤淑，有谦虚的性格。在这种环境中她的优点都被别人认为的缺点所取代。她越来越自卑，直到讨厌自己。

在我看来，这个女人的问题的关键不在于她无法适应环境，而在于她无法适应和接受自己，无法心平气和、快快乐乐地接受自己。她没有彻底明白一个人只能按照自己的性格而不可能按照别人的性格来行事。

她要做的第一件事就是不能用别人的标准来权衡自己。她必须明确自己的价值观，然后自信地生活，并且善于和自己相处，消除厌恶自己的情绪。

夸大自己错误的程度和范围是讨厌自己的人经常做的事情之一，适当的自我批评是好事，有利于一个人的成长。但是演变为一种强迫性的观念时，就会使我们变得瘫痪，不能聚集力量做积极正面的事。

班上有一位女学员，她在班上说："我总是感到胆怯和自卑。别人好像都很沉着、自信。我一想到自己的缺点就感到泄气，于是就无法自如地说话了。"

每个人都有自己的缺点，但问题的关键不在于你的缺点，而在于你有多少优点。

决定一件艺术品和一个人的最终因素不是缺点。莎士比亚的作品中充满了历史和地理的基本常识的错误，狄更斯则尽力在小说中渲染伤感的气氛。但是谁计较呢？缺点并不妨碍他们成为一流的文学大师，因为优点才是最终的决定因素。我们在交朋友的时候也会感到对方缺点的存在，但是我们喜欢和他们交往是因为我们喜欢他们身上的优点。

自我完善的实现依赖于对优点的发挥，取长补短，而不是整天惦记着自己的缺点。

对以前和当前错误的过分计较会导致一个人的罪恶感和自卑感快速滋长，不用很久，我们就不再尊重自己，习惯性地对自己痛打五十大板。所以，我们一定要让以前的事情沉到水底，然后游到水面上来重新呼吸新鲜的空气。

要学会喜欢和接受自己，首先必须挖掘自己的对缺点的包容之心。包容不代表我们要降低对自己的要求，然后躺在床上睡大觉，而是明白人无完人。对别人求全责备是不公平的，要求自己完美则是一种极端的自我本位。

我认识的一个女人是个绝对的完美主义者。她要求自己做什么事情都没有疏漏。但在别人眼里，她是个失败的人。一个简单的报告她需要折腾几个小时，耽误了自己和别人的时间；一篇主题演讲她什么都要涉及和讲解，结果让听众百无聊赖。她绝不接待临时到访的客人，因为她没有任何准备。她绞尽脑汁追求完美，事实上，她的确做到了一种形式意义上的完美，但直接的代价是毁掉了生活中的理解、自然和乐趣。其实，她所追求的完美并非完美本身，她是想超越别人，因为她不想自己在优点方面和别人处在同一水平线上。她想成为人群的焦点。所以，她做事并不是出于发挥自己已有的才能，她并不能享受工作和生活的欢乐，只是为了超过别人，让自己在高高的完美的架子上昂起头。

人没有完美的，强迫性的对完美的追求一旦不成功，这个人就会变得讨厌，甚至憎恨自己。

人不能时时刻刻都处在特别认真的状态中，学着喜欢自己的前提之一，就是能偶尔放慢行进的脚步欣赏自己。

马里兰州的精神病协会董事巴缔梅尔说："过去的人习惯在睡觉之前回想一下当天的活动，做一下反省。现在的人好像已经很少用了，实际上，这仍然是一个有用的办法。"

除非我们能与自己好好相处，否则很难期待别人会喜欢与我们在一起。哈里·佛斯迪克曾经观察那些不能独处的人，形容他们好像"被风吹皱的池水一样，无法反映出美丽的风景来"。

独处能使我们发现内在的休息港口，能有参详的对象，是我们与外界接触的基础。安妮·马萝·林柏在其著作《来自海洋的礼物》中曾说过："我们只有在与自己内心相沟通的时候，才能与他人沟通。对我来说，我的内心就像幽静的泉水，只有在独处时才能发现其美。"

独处能使我们更客观地透视自己的生命。《圣经》的诗篇里有一句忠言："要安静，便可知道我就是神。"这话至今仍是忠言。独处的确对我们的灵魂十分有益处，就好像新鲜空气对我们的身体极有帮助一样。

假如我们要依赖别人才能得到快乐与满足，则无疑为他人增添负担，并影响到彼此之间的关系。要喜欢、尊重、欣赏我们自己，这不但能培养出健康成熟的个性，也能增进与他人相处的能力。

如果你想让自己远离情绪化的泥潭，请记住下面的原则：

了解并喜欢你自己。

用行为控制情感

◇事实上，你在驾驭着自己的情感，你的情感是由你对外界事物的看法而产生的。

◇成功人士和普通人士的区别在于前者用行为控制情感，后者任情感控制行为。

　　控制自己的情感是一个人把握自我的最基本要求。在日常生活中，人的情绪发生一定的起伏波动，这确实是一种无法避免的现象。我们每个人可能都曾有过这样的体验：一旦自己情绪特别好的时候，不仅神清气爽，而且工作起劲，对人对事充满了光彩与希望，周围的一切似乎都是那么美好；而有时候，人又情绪特别低落，不但心情沮丧，而且意志消沉，你身边的世界仿佛布满了灰暗与失望。对一般的人来讲，这种极端的欢乐与悲哀的情绪反应不易为个体所控制，因此对个体生活极具影响作用。一旦情绪产生，有些人往往一度沉沦于悲哀、痛苦、抑郁、孤独的心境之中而不能自救自拔。这种认为情绪无法控制，只能听之任之的观点会给人的生活带来极大的负面影响。

　　从心理学的角度来讲，情绪是个体受到某种刺激所产生的一种身心激动状态。

　　其实，情感并不仅仅是出现在你身上的情绪，而是你自己对外界事物做出的一种心理反应。如果你主宰着自己的情感，就不会做出自我挫败性的反应。一旦你学会依照自己的选择控制个人的情感，你就踏上了一条通往智慧之路。在这条道路上，绝无导致精神崩溃的歧途，因为你将把情绪视为一种可选的因素，而不是生活中的必然因素。这正是人的个性自由的关键所在。

　　下面，我们可以借助于一个简单的三段论，通过逻辑推理，让你摒弃那种认为情感是无法控制的观点，并开始控制自己的思维和情感：

　　①逻辑三段论。

　　大前提：狄克是一个人，

　　小前提：所有的人脸上都有毛，

　　结论：狄克脸上有毛。

　　②不合逻辑三段论。

　　大前提：狄克脸上有毛，

　　小前提：所有的人脸上都有毛，

　　结论：狄克是一个人。

　　从逻辑学的角度来讲，大前提必须与小前提一致。在上面第二个三段论中，其结论是错误的，因为狄克可能是人，也可以是猿猴或者其他脸上有毛的动物。下面让我们看看第三个逻辑推理，这一例子将有助于让你彻底摆脱那种认为情感无法自我控制的观点。

　　③逻辑三段论。

　　大前提：我可以控制自己的思想，

小前提：我的各种情感都来源于我的思想，

结论：我可以控制自己的情感。

在上面这个三段论中，大前提是十分明确的，一个正常的人完全可以控制自己的思想和行为，所以你有能力对自己头脑所接收的信息进行思考。例如，如果有人要求你想象一只红色的羚羊，你可以将它想象成绿色，也可以将它想成一只小山羊，或者干脆想象成别的东西。只有你自己才能控制着进入你头脑中的各种想法，只有你才能对大脑的思想库作出选择，并组织成一定的逻辑程序。如果你不相信这一点，那请你试想一下："如果不是你在控制着自己的思想，那是谁在控制？是你爱人，上级，还是你的妈妈？"假如真的是他们在控制着你的思想，那建议你立即送他们去医院治疗，这样你马上就会好起来。但客观的现实很清楚：是你——而且只有你——控制着自己思维的机器，你的大脑完全属于你自己，你可以完全控制住自己的思想，并完全由你决定是否加以保留、改变、审视或交流。除了你，谁都无法钻进你的大脑，也不能像你那样体验自己的思想和情感。

其次，③中的小前提也是无可非议的，无论是从科学原理，还是根据常识判断都可以证实：一个人如果没有思想，那就没有情感。丧失了大脑功能，"感觉"能力也就不复存在了。人的每一种感情是一种思想的生理反应。只有从思维中心得到某一信息之后，人才会出现哭泣、害羞、心跳加速以及其他各种可能的情绪反应。如果思维中心受到损坏或发生故障，你就不会做出任何感情反应。在大脑受到损伤的情况下，人甚至会感觉不到肉体的痛苦——即使将手放在炉子上烤焦了，也不会感到疼痛。因此，你的小前提是千真万确的。任何一种情感都必然产生于思维之后，因而没有思维，就没有情感。

有这样一个例子：迈克是一位年轻的公司职员，公司老板认为他做事太笨，对他的评价也不很好，为此，迈克常常感到十分痛苦。

我们试想一下：要是迈克并不知道自己的老板认为他很笨，他还会因此而不快吗？当然不会，一个人怎么会为自己不知道的事情痛苦呢？由此看来，造成迈克精神不快的原因并不在于上司对他的看法，而在于他自己的感觉。此外，迈克不快的原因还在于，他确信别人的看法比自己的看法更为重要，如果他认为自己并不太笨，而是极力通过自己的表现向老板来证明这一点，他也就不会因此而痛苦了。

这一推理同样适用于对各种事物及其他人的看法：某个人的死亡并不会使你感到悲伤；在得知其去世前，你是不会悲伤的。使你悲伤的原因并不在于其死亡这一事实，而在于你听到死讯后作出的一种心理反应。阴雨天气本身不会使人抑郁，抑郁是人类特有的一种情绪。如果你怕由于天气下雨或阴天而抑郁，那是因为你自己对天气的反应使你感到抑郁。当然，这并不是说你应该欺骗自己而非得喜欢阴雨天气，而是说你可以想一想："我为什么非要感到抑郁呢？""这样能使我更积极有效地解决问题吗？"

尽管上述逻辑推理证明人总是在支配着自己的情感，但我们从小到大所接受的传统文化一直表明：一个人对他的情感是无能为力的。虽然我们实际上控制着自己的情感，但我们所学到的大量日常用语却往往否认这一点。下面我们简要列举一些此类常用语，分析一下每句话的含义，我们可以发现，这些话都含有一个共同的潜台词，即你对自己的情感是没有任何责任的。只要我们将每一句话重新组织一下，使其更为确切，就能说明一点：你在驾驭着自己的感情，而且你的情感是由于你对外界事物的看法而产生的。

也许你会认为，下面左栏的每句话不过是一种修辞方式，它并不说明任何问题，或者只是一种习惯用语而已。如果你这样解释，那你不妨试问一下：右栏中的每句话为何没有形成口头语？其答案很简单，因为我们的传统文化和社会环境总是提倡前者而排斥后者。

我们每个人应该对自己的情感负责。你的情感是随着自己的思想而产生的，那么，你只要愿意，便可以改变对任何事物的看法。首先，你应该想一想：精神不快、情绪低沉或悲观痛苦到底能给你带来什么好处？然后，你就可以认真地分析一下导致这些消极情感的各种思想。

成功人士与普通人士的最大区别在于前者用行为控制情感后者用情感控制行为。成功人士在控制情绪时有许多方法和技巧，值得我们学习。

奥格·曼狄诺写的《世界上最伟大的推销员》向我们提供了许多控制情绪的方法，书中虚拟了一个巧妙的故事。少年海菲获得了10卷神秘的《羊皮卷》，他根据《羊皮卷》的原则行事为人，最终成为了世界上最伟大的推销员、最伟大的商人，建立了庞大的海菲商业帝国。10卷《羊皮卷》，其实就是10条做人行事的准则。这10条准则是：

（1）"今天，我开始新生活。"

（2）爱心。"我要用全身心的爱来迎接今天。""最主要的，我要爱自己。"

（3）恒心。坚持不懈，直到成功。

（4）信心。"我是世界上最伟大的奇迹。""我能做的比已经完成的更好。"

（5）重视今天。"忘记昨天，也不要痴想明天。""假如今天是我生命中的最后一天。"

（6）控制情绪。"今天我要学会控制情绪。""有了这项新本领，我也更能体察别人的情绪变化。"

（7）快乐。"我要笑遍世界。"

（8）自重。"今天我要加倍重视自己的价值。"

（9）行动。"我现在就付诸行动。"

（10）信仰。"万能的主啊，帮助我吧。"

这些就是迈向成功之路的金钥匙。这10把金钥匙里面，有两把金钥匙同情绪有关：第六条"控制情绪"和第七条"快乐"。可见，控制情绪在人生的成功之路上是多么的重要。

下面，我们看一看神秘的《羊皮卷》里面是怎样来告诉人们控制情绪的。

《羊皮卷之六》：

"潮起潮落，冬去春来，夏末秋至，日出日落，月圆月缺，雁来雁往，花开花谢，草长瓜熟，自然界万物都在循环往复的变化中，我也不例外，情绪时好时坏。"

"这是大自然的玩笑，很少有人窥破天机。每天我醒来时，不再有旧日的心情。昨日的快乐变成今日的哀愁，今日的悲伤又转为明日的喜悦。我心中像有一只轮子不停地转着，由乐而悲，由悲而喜，由喜而忧。这就好比花儿的变化，今天绽开的喜悦也会变成凋谢时的绝望。但是我要记住，正如今天枯败的花儿蕴藏着明天新生的种子，今天的悲伤也预示着明天的快乐。"

"我怎样才能控制情绪，让每天充满幸福和欢乐？我要学会这个千古秘诀：弱者任思绪控制行为，强者让行为控制思绪。每天醒来当我被悲伤、自怜、失败的情绪包围时，我就这样与之对抗：

沮丧时，我引吭高歌。

悲伤时，我开怀大笑。

病痛时，我加倍工作。

恐惧时，我勇往直前。

自卑时，我换上新装。

不安时，我提高嗓音。

穷困潦倒时，我想象未来的财富。

力不从心时，我回想过去的成功。

自轻自贱时，我想想自己的目标。"

《羊皮卷之六》里面所阐述的控制情绪的箴言可以说是句句珠玑。只要你真正能够按照上面的原则来思考和行事，那么你一定能在通向成功的路上取得意外的收获。

在失败时为自己打气

◇一个人最大的敌人是自己，胜利属于那些在失败时不断地为自己打气、对自己说"我能行"的人。

◇每天早晨给自己打气并不是一件很傻、很肤浅、很孩子气的事，相反，这从心理学的角度来看是非常重要的。

以下是拳击手杰克·丹普先生远离忧虑的故事。

"在我的拳击生涯中，最强劲的敌人不是那些重量级的选手，而是自己内在的情绪困扰，因为情绪上的忧虑不但会消耗体力，还会影响拳击的进行。所以，我为自己制定了一套原则借以保持充沛的体力与旺盛的精力。这一套原则就是：

"第一，为了让自己有充分的勇气，每当拳赛开始前我都会自我鼓励一番，反复地对自己说：'不要怕，没有什么可以伤得了我的，他击不倒我。'这种积极的鼓舞确实产生了不少作用。

"例如，在我和佛波比赛的时候，我不断地对自己说：'没有人敌得过我，他伤不了我，他的拳头伤不了我，我不会受伤，不管发生什么事，我一定要勇往直前。'像这样为自己打气，使想法趋向积极，对我帮助很大，甚至使我不觉得对方的拳头在攻击。在我的拳击生涯中，我的嘴唇曾被打破，我的眼睛被打伤，肋骨被打断，而佛波的一拳将我打得飞出场外，摔在一位记者的打字机上，把打字机压坏了，但我对佛波的拳头却并无感觉。只有一次，那天晚上李斯特·强森一拳打断了我的三根肋骨，那一拳虽不致让我倒下，但影响到了我的呼吸。我可以坦白地说，除此之外，我在比赛中未对任何一拳有过知觉。

"第二，我一再地提醒自己，忧虑不但于事无补，反而还会产生相反效果。我的大部分忧虑，都出现在我参加重大比赛之前，也就是接受训练期间。我经常在半夜醒来，一连好几个钟头，心里十分忧虑，辗转反侧，无法成眠。我担心会在第一回合中被对方打断手，或扭了脚踝，或眼睛被严重打伤，如果是这样的话我就不能充分发挥攻势。所以，每次我因为担心第二天的赛程而睡不着觉时，就会下床对着镜子中的自己说："你真是个傻瓜，何必为了尚未发生的事或根本不会发生的事而担忧呢？人生如此短暂，应该好好把握、享受生命才是啊，还有什么比健康更重要呢？"

这样日复一日、年复一年地提醒自己，久而久之，这些话好像印到我的骨髓里，经常不自觉地就浮现在脑海中，帮助我克服了许多情绪上的困扰。

"第三，最后一项，也是最重要的一项就是祷告。一天中我有好几次与主交谈的机会，拳击赛中每次回合的铃响前、每餐吃饭前、每晚入睡前，我都会虔诚地祷告，祈求上帝赐给我力量与勇气，让我打好每一场人生战役。我的祈祷获得了回应吗？当然，上帝对我的回报远超过我的付出！"

每天早晨给自己打气，是不是一件很傻、很肤浅、很孩子气的事呢？不是的，这在心理学上是非常重要的。

世界上不是每个人都要面临着十分巨大的困难，但是每个人都存在着若干问题。每个人都能通过暗示或自我暗示让激励标记产生作用。一种最有效的形式就是有意记住一句自我激励语句，以便在需要的时候，这句话能从下意识心理闪现到有意识心理。

阿廉·方索斯是美国密苏里州东南地区某农场的一个病孩子。他在小学遇到了一位优秀老师，这位老师鼓励小阿廉·方索斯去改变自己的世界。老师用挑战的方式鼓励他："我激励你！""我激励你成为学校中最健康的孩子！""我激励你"成了阿廉·方索斯一生自我激励的语句。

他果真变成了学校中最健康的孩子。他在85岁逝世之前，帮助了数以千计的青年获得良好的健康，他还帮助他们立志高远，做事刚勇，服务周到。

"我激励你"激励着他建立了美国最大的公司之一——若尔斯通培里拉公司；"我激励你"激励他从事创造性的思考，把负债转化为资产；"我激励你"激励着他组织美国青年基金会——它的目的是训练男女青年独立生活的能力。

"我激励你"激励着阿廉·方索斯写了一本书，名叫《我激励你》。今天这本书正在激励着男子和妇女们勇敢地把这个世界改造为更好的社会。

阿廉·方索斯作了多么好的一个证明啊！一句自我激励语有力地帮助人们发挥积极的心态！

说到此不禁让人想起那些在兴旺的1920年里取得经济成功的人。那时他们是以极好的态度开始他们的事业的。可是当1930年经济萧条袭来的时候，他们便遭到了失败。他们破产了。他们的态度便从积极的变为消极的。他们的法宝被翻到了"消极的心态"那一面。他们停止了努力。他们像那些抱持消极心态的人一样变成了一蹶不振的失败者了。

有些人似乎在所有的时候都能充分使用积极的心态。有些人开始时使用，然后就停止使用了。但是，另一些人——我们中的大多数人——并没真正地开始使用对于我们很有用的巨大力量。消极心态包括以下几个方面：

1. 惰性导致愚昧无知

对于不知事实或缺乏实际知识的人来说，面对一件事的愚昧无知似乎是合乎逻辑的；对于知道事实或具有实际知识的人来说，就可能是不合逻辑的了。当你在作决定的时候，如果你不肯保持开朗的心胸和学习真理，那就是愚昧无知。消极的心态会在愚昧无知的基础上不断地生长。

具有积极心态的人可能不知道事实，也缺乏实际知识。他可以不了解情况，然而他认识基本的前提——真理就是真理。因此，他就力图保持开朗的心胸，努力学习。他必须把他的结论奠基在他所知道的事情上，并且准备在他认识更多些时，就改变这些结论。

现在让我再审视一下我们心理上的蛛网，这些似乎还存留在你的脑中：

（1）消极的感情、情绪、激情、习惯、信条和偏见。

（2）只看到别人眼中的"凶煞"。

（3）由于语义上的误解所产生的争论和误解。

（4）由于虚假的前提而作出的虚假结论。

（5）把概括一切的限制性的词或词组作为基本或次要的前提。

（6）"需要"有可能迫使人作出不诚实的想法。

（7）不清洁的思想和习惯。

（8）担心应用心理的力量。

这样，你就可看到蛛网有许多种——有些是细小的，有些是巨大的；有些是脆弱的，有些是结实的。然而，如果你把你自己的蛛网再列一张表，然后仔细检查每个蛛网的各条蛛丝，你就会发现它们都是由消极的心态织成的。

你把它们考虑一会儿，然后你会发现由消极的心态所织成的最强有力的蛛网就是惰性蛛网。惰性会使你无所作为；如果你转向错误的方向，它就会使你不去抵抗或不思停止。你就会继续前进，向下滑去。

2. 警惕潜意识的误导

一个人的潜意识通常是难以改变的，它经常会配合你本身的才能或所曾犯过的错误，而把这些不愉快的经历返还给你。换言之，当你在潜意识中制造消极的观念后，潜意识便会将制造过的差错想法，不分时候地任意归还与你，因此在你的思绪过程中，极可能将你误导。

为避免遭受原有潜意识的误导，最好的方法莫过于以积极性的立场灌注于潜意识中，并努力培养积极的想法，如此你无异是在向你的潜意识灌输真理，而不久之后，你的潜意识也将开始把这些真理归还于你。

使潜意识变得积极的最佳方法便是摒除存在于你思想或言谈间的消极想法。例如，每当人们意识到消极想法存在时，便会对自己的说话方式作一番分析，而且结果往往令人感到十分惊异。

因为许多人都存有类似如下的想法："我担心也许会来不及"，"轮胎是不是磨损了"，"我想，我办不到那件事"，"这个工作我大概无法胜任，因为我会忙不过来"等。此外，遇到事情有不好的发展结果时，他们就会说道："哦！果然不出我所料。"又如，在抬头望见天空布满乌云时，心情会变得忧虑起来，并说："我原本就知道会下雨！"

这些都属于"消极心态"。我们千万不可忽略"积少成多"的道理。当你的言谈中充满"消极心态"时，它会不知不觉地渗入你的思想深处，并积存它的影响力量，而这种力量往往会滋长到令人惊异的地步，甚至会在不久之后使你陷入"无能症"的泥沼中。

所以，你要下定决心，要从自己的言谈间根除这种"消极心态"。因为对于这种消极的心态，最好的消除办法是，不论对任何事都要表示积极肯定的主张，如事情将有顺利的结果、能够胜任工作、不会招致失败、必会准时到达等。由于这种把积极想法说出来的做法具有相当于在内心中呼应的积极力量，因此它能使你感到一切都将顺利地进行。

曾经有一幅引擎油的广告，上面写着："洁净的引擎经常是力量的供应源泉。"这个广告的作者就一定有一个积极心态，这对他的事业必定产生积极影响。换言之，洁净的心会是力量的供应来源。因此，请洗净你的思想，赋予你自身一颗洁净的心吧！

为了克服障碍，你不妨采用"不相信失败"的哲学之道。通常人们处理障碍的结果往往决定于其本身所持的心态，因为人们的障碍大多数是源于心理上的问题。

也许你对此有所怀疑，但是任何人对于障碍的态度却绝对是心理方面的事。试想，当一件事从考虑到决定的过程中，是否即是心理的活动？你对于障碍的想法如何，是否会决定你对它所采取的行动或态度？事实上，如果你面对障碍之初便在心中断言绝对无法克服它，你便会在自认为"反正做不到"的心理下真正无法克服了。相反的，如果你拥有克服障碍的信心，情况自必不同。

因此，请你牢牢记住：障碍绝对没有你想象中的那般困难，而是可以设法克服的。

无论在培养这种积极想法之初，你的信心是多么微小，只要持续保持这种想法，你必能获得成功。

第十三章

将快乐随身携带

快乐是一种能力

◇快乐是一种礼物，创造了绝大多数生活。愉悦则是来自不计后果的狂欢，让人忘记生活。

◇"快乐并不是不快的缺席，它是一种善待自己的能力，不管你感觉如何。"

◇对于我们的工作和生活而言，快乐是一种能力，是一种尺度。我们用它来丈量生活的品质，丈量我们喜欢生活的程度。

快乐是一种能力。快乐和愉悦并不是一回事。一位作家曾经说过："快乐是一种礼物，它创造了绝大多数生活。愉悦则来自不计后果的狂欢，让人忘记生活。"

"快乐并不是不快的缺席，"伦肖说，"它是一种善待自己的能力，不管你感觉如何。"但快乐和愉悦可以密切连接在一起。因为人们把注意力集中在痛苦而不是快乐上，所以我们无法得到快乐。

所有有关快乐的研究都表明，快乐的人忙碌、有活力、外向。生活在个人郁闷世界里的人会在寻找的过程中逐渐失去本我，孩子们则会全身心地投入到游戏中去。当我们忘记了自己是谁，把注意力集中在正在完成的事情上时，快乐就会来临。

有人讲述了一个好学的年轻人的故事：这个学生认识了一位受人尊敬的禅宗大师，向他询问永远快乐的秘密。大师笑着拿起粉笔写道：专心。"这就够了吗？"

学生问。"专心就已经足够了，"大师说，"如果不专心，快乐就没有栖身之所；有了专心，快乐现在就在。专心是心无旁骛。专心就是一切。"

每个人都有快乐的理由，但我们总认为我们没资格快乐，或者做得还不够，远不到快乐的时候。这种等待心理的表现是：我们常常说，"如果……的话，我一定非常快乐，但是……"事实是我们永远也到不了那个境界。如果快乐要待实现某个目标后才能享受，人就会藏起自己的快乐，一直等到那个时刻。不幸的是，不管这愿望是关于金钱、汽车、工作或者爱人，即使真的实现了，你却会发现自己仍然快乐不起来。当你现在所做的一切都为了明天，生活已经失真。

很多人试图通过成功来创造快乐，是因为他们错误理解了这些东西带来快乐的质量和持续时间。新的幸福感很快就会暗淡，快乐开始变得平淡无奇，你只好又开始寻找下一个目标。

然而这并不是说我们不应该制定目标，只是鼓励大家将目标放在现在。问问自己今天可以为明天的目标做些什么，不管那目标是健康、工作成功、减肥还是别的什么。我们能控制的唯一时刻就是现在。

对于我们的工作和生活而言，快乐是一种能力，是一种尺度。我们用它来丈量生活的品质，丈量我们喜欢生活的程度。

有这么一个故事。那是一家跨国公司策划总监的招聘。层层筛选后，最后只剩下3个佼佼者。最后一次考核前，3个应聘者被分别封闭在一间设有监控的房间内。房间内务和生活用品一应俱全，但没有电话，不能上网。考核方没有告知3个人具体要做什么，只是说，让几个人耐心等待考题的送达。

最初的一天，3个人都在略显兴奋中度过，看看书报，看看电视，听听音乐。

第二天，情况开始出现了不同。因为迟迟等不到考题，有人变得焦躁起来，有人不断地更换着电视频道，把书翻来翻去……只有一个人，还跟随着电视节目里的情节快乐地笑着，津津有味地看书做饭吃饭，踏踏实实地睡觉……

5天后，考核方将3个人请出了房间，主考官说出了最终结果：那个能够坚持快乐生活的人被聘用了。主考官解释说："快乐是一种能力，能够在任何环境中保持一颗快乐的心，可以更有把握地走近成功！"

实际上，我们能否快乐主要是决定于下面几个方面：

1. 思维模式

即看待生活的方式，也是快乐的核心。在很大程度上人的思维决定感情，所以我可以通过"想"某些事来促进相同结果的发生，即用思想指导行为。

2. 价值观念

我们的价值观和生活规则同样非常重要。如果成功是你生活的信条，那么取得成功的基础是赚钱。这个规则——价值系统对制造快乐并没有必要。

绝大多数人继承了父母的价值观和其他一些社会行为，我们甚至在不知道它们究竟是什么的情况下就已经习惯了这些东西。如果生活的目的是为了让别人满意——很多人确实如此——那么我们首先担心自己做得还不够好，而这种想法只能带来不快、气愤、压力和疾病。过于在意外部环境会带来压力感。快乐的人是那些知道自己的目标并明确了解完成目标的方法的人。

3. 角色认知

平衡我们的角色对快乐来说也很重要。我们在生活中扮演着不同角色——工作的、家庭的。人们当然会更重视能得到更多承认的那个角色——不管是工作的还是私人的。但是把自己的快乐建立在别人的脸色上，只能给自己带来不快和压力。

可能你在自认为最重要的角色上表现不错，不过要记住，为此而忽视其他角色是万万不行的。我们将制造快乐的方法称作"更高使命"——生活的全部哲学或者目的。一旦你知道自己想要的，明确自己的人生应该如何度过，为什么要这样度过，你就能制定目标，并采取相应步骤去实现它。

忧虑是自我的"杰作"

◇如果你一直觉得不满，那么即使你拥有了整个世界，也会觉得伤心。在我们的生活中，大概有90%的事还不错，只有10%的不太好。如果我们要快乐，就要多想想90%的好，而不是去理会10%的不好。

众所周知，情绪可以影响甚至主宰人的心理及生理的健康，而厌烦更是许多心理失调和生活病症产生的根源。呼吸急促、头痛、睡眠不佳、晕眩、性无能、皮肤瘙痒等都是一些常见的生理症状。而更令人担忧的是厌烦对人们心理上的影响，厌烦磨平了人们生活的锐气，浇灭了人们生活的热情，也夺去了人们生活的目标。

人们常认为，容易为厌烦所折磨的往往是那些没有工作、无所事事、游手好闲的人，然而实际上工作的人也同样不能避免。不管是工作还是休闲，厌烦最可能侵袭的人往往有这样一些特征：

（1）渴望安全感和物质的保障。

（2）对别人的评价非常敏感。

（3）随波逐流。

（4）忧心忡忡。

（5）缺乏自信。

（6）没有创造力。

爱默生有一句很精辟的话："当你觉得安全时，厌烦也会随着滋生，它是一种不安全的征兆。"因为那些在生活中选择了比较安全、没有风险道路的人，其实也是选择了平庸。他们的生活缺乏冒险与激情，缺乏创造与新意，因而他们也就很难获得成功与满足作为回报。

而对于那些选择了不断进取和攀登的生活道路的人来说，生活永远充满了挑战与刺激，几乎任何一件事都可以焕发生活的热情与创造的欲望。他们总有很多事可做，每样事又有很多方法可以选择。他们是如此充实忙碌、乐观开朗，面对他们充满韧性与朝气的生命力，厌烦永远找不到潜入他们内心的突破口。

对每个人来说，生活中总会有或多或少感到厌烦的时候。尤其可能的是，许多平时为我们所不懈追求的事情，最终却可能使我们厌烦。一份好不容易才得到的工作却带来无尽的压力；原本与女友甜蜜温馨的关系变得乏味厌倦；苦苦盼来的宝贵的休闲时间却因无所事事而成为一潭死水。于是我们往往开始指责周围的事物、社会、朋友、肮脏的城市、阴沉的天气、品质低劣的电视节目、丑陋而又多嘴的女同事乃至邻居家的笨狗。这实在是最容易又最普遍的一种反应。随心所欲地指责外在的影响既获得了自我心理膨胀的满足，也不负责任地为自己找到了种种理由。

心理学家曾经分析过很多引起厌烦的原因，其中一些常见的因素是：

（1）期望落空。

（2）工作没有挑战性。

（3）缺少运动。

（4）气量狭小。

（5）缺乏投入的热情。

（6）感情脆弱。

（7）生活单调乏味。

然而问题是：是谁使我们的希望未能实现？是什么使我们的生活一成不变？是什么让我们变得如此冷漠？为什么我们不能心胸宽广些？如果这些问题得不到解决，这些心情就会在生活中一再出现，我们也将陷于厌烦的感情漩涡中不能自拔。

所以，归根究底，厌烦时我们没有理由也没有必要指责任何人、任何事。厌烦其实是我们自己造成的。一味地抱怨什么也改变不了，也不能解决任何问题，如果想使生活多彩多姿、丰富有趣，我们一定得靠自己。没有人能帮我们解决自己的问题。要想消除厌烦，完全取决于你是否有勇气承担责任，有信心战胜困难，有决心直面痛苦，有行动改变现状。当我们做到这些时，厌烦就不再是问题了。

一位智者曾经说过："如果我觉得厌烦，我想那肯定是我自己的杰作。"记住这句话，如果你觉得厌烦，那是你自己令自己厌烦，一切问题都源于你，一切改变也只能依靠你。罗马政治家及哲学家塞尼加也说："如果你一直觉得不满，那么即使你拥有了整个世界，也会觉得伤心。"可见心情会决定一个人对待生活的态度。然而，并不是每个人都能以好心情来度过每一天，人们常常会遇到这样那样不愉快的事情，从而破坏心情，影响生活。

在我们的生活中，大概有90%的事还不错，只有10%不太好。如果我们要快乐，就要多想想90%的好，而不去理会10%的不好。

我们常常会面临那些给我们生活带来苦难而我们却无法控制的情况。对于这种情形，我们可以采用一种较为乐观的解决办法，将苦难看成是生活的一部分，没有一个人可以逃避得掉。

我们可以学着去应付问题，并且接受那不可避免的，但不必为苦难而忧虑，因为这比问题本身对我们更有害。

我们可以培养愉快的心情，虽然并不容易，但却是可以通过努力做到的。最重要的一点是，我们没有必要为那些已经发生而且无法改变的事情而烦恼。我们尽可以暂时忘却那些事情，发现工作和生活的快乐。长此以往，我们的心情就会获得持久的愉快感受。

我们在上一节中讲到，不论办公或经营，有很多态度很重要，其中之一便是以快乐的心情去工作。若对工作感到乏味，做买卖也提不起兴趣，是人生中很不幸的事，当然也不会有工作成果可言。因此，即便是再单调的工作，也要愉快地去从事。

那么要如何才能拥有这种心情呢？我认为，使人才适得其所是其中之一，但更重要的是使每个人喜欢自己的工作。如果认为自己的工作跟别人无关，也没什么意义，当然无法对工作感到乐趣。所以，自己应建立正确的经营理念，去执行工作，并互相扶持。

另外一个重要的方法就是多为自己寻找愉快的刺激。

你是不是属于那类能常常因持续的刺激而兴奋不已的人呢？就像一位在午餐时

碰见老朋友心情极为兴奋的人——他急急忙忙地冲向餐厅，扑向朋友的座位，眼光极为明亮地说：

"啊！我多久没有见到你啦！你知道吗，在这期间里发生了多少事？有好有坏。3天前我买了一栋房子，但也不幸地发生了车祸（车子报销了，幸亏车里的人都没有受伤），接着我匆忙地赶去芝加哥参加一项我梦想已久的工作的面试。唉！面试的情况不太乐观——我想我一定没希望得到那个工作了，真可惜啊！参加完面试之后我又匆忙地赶回这里参加个舞会。跳完舞后，又和别人一起出去玩，昨天晚上我大概只睡了4个小时。"

不见得每一个人都会觉得这个人所叙述的过去3天发生的事很有趣，事实上反而有些人会因为其中发生些不愉快的事而快快不乐。为什么会有这种差异呢？因为每个人对刺激的需要程度不一致：有些人需要很大的刺激才能感觉兴奋，并且很快就开始厌倦这种兴奋。一般情况下，低度需求的人不依赖密集的刺激。这并不意味着低度需求的人不会兴奋：一位对物质生活不太重视的哲学家和普通人比较起来，往往后者需要更多的刺激才能获得和前者一样程度的兴奋。

不管是兴奋或是厌烦，如果不断增加，超过了某一上限，结果将演变成紧张，尤其是厌烦的累积往往极容易演变成紧张。当然了，这并非绝对如此，要因个人而有不同。

有许多实验表明，当接受微量或适当的刺激时人们能感觉到有趣，而一旦刺激过强，先前所有的感受完全消失，为另一负向的感受所取代，就会产生紧张情绪。当刺激到达某一点之后，就出现了吃惊、害怕及不满足的情绪了。

吃惊可能带来极大的乐趣、赞叹，也可能是不愉快的震惊。而人类之所以会陷于如此复杂情况的原因，是无法预先得知究竟会发生什么事，或是他们是否能因此事而获得乐趣。一位任职于大公司的经理可以由他工作的多样性质而获得娱乐，有些人则从赌博中的不肯定性而获得趣味，更有许多人从冒险活动的刺激中得到极大的快乐——例如爬山、潜水以及其他花钱得到的冒险活动等等。又如在一场球赛中暂时受到挫折，不但不会使你觉得没意思，反而有股不服输的心理，从这种心理中产生出攻击对方弱点致胜从而带来的兴趣及趣味。但如果长久受挫折，则反而会变成痛苦与折磨。极大的害怕可能会引起极强的紧张情绪，但并非所有的害怕都一定会导致不愉快的感觉。轻微的害怕，就像当我们第一次从跳水板上往水里跳时的那种害怕，不但不会引起不愉快的感觉，反而有些兴奋呢！

如果我们长时期重复地使用一种刺激，它们就可能失去产生兴奋的作用了。因为那些能使我们兴奋、引起我们兴趣及让我们热切想得到的事物，已被我们所熟知及习惯，因而成为平凡生活里的一部分。就像是第一次学开车、第一次去听音乐会，及第一次坐上飞机——当你经历过第一次，以后就绝对无法使你像第一次时能获得那么强烈的兴奋与乐趣了。

今日的世界，新产品正以飞快的速度席卷整个社会及民众心理。由于人类本身所具有的善变性，及传播媒介的大肆渲染，人类毫无选择地被置于新奇事物的展示橱窗之前。面对这些五花八门的新奇时髦品，人类似乎已无法分辨，只能照单全收。由于速度太快了，不寻常的事物很快地又变成平常之物，然后我们又再接受另一新奇事物，就这样周而复始地接受与习惯。就如有一个人登上月球之后，会有许许多多的后继者，于是登陆月球也不再是件稀奇事了；又如现在所谓的世界纪录也并非很了不起的大事，因为也许下一分钟又有人打破先前的纪录。

现代人对这些现象的应对之策就是不断地接受，不断地寻找更多新奇的刺激。但问题是我们是否能源源不断地找到这些刺激以满足需求。而寻找这些刺激，可能需投入大量的时间、精力以及创造力——有时候辛劳还不一定能有收获呢。有钱人虽然能获得比普通人更多的刺激，但同时也发现，要寻找新刺激已成为倍加困难的事，因为他们已慢慢地耗尽刺激，最终由于刺激的来源被耗尽而感觉不愉快，甚至无法忍受。

为了追求刺激，味觉的享受也是重要的一环：我们食用大量的糖、咖啡因、酒精饮料及刺激性药品，以后就需更大量的上述刺激物才能获得刺激高潮。有的人还习惯于在紧张的场合服用刺激品以应付紧张的心情，例如有时候因我们前面堆积了许多待完成的事而心情烦闷时，会习惯地泡一杯浓咖啡以刺激精神保持清醒。但如此一来反致使体内血糖浓度下降，也可能因此变得更紧张，更无法集中精力。

快乐的顶点——如欢喜若狂、心醉神迷、手舞足蹈的时刻——都是心理学家马斯洛特别感兴趣的题目。他称这种经验为"尖峰感觉"，他发现拥有某些特殊性格的人容易于某些情况下达到这种感觉。

马斯洛发现音乐、性、舞蹈、婴儿的出生、数学以及对伟大作品的欣赏等容易触发尖峰感觉，所有这些感觉都是由极大的心理力量而来。美好的尖峰感觉不只在感觉当时带来阵阵不间断的乐趣，并且于一生中都留下了好的影响。马斯洛认为尖峰感觉能增加一个人的勇气，使我们纵使遭受不如意或责难，也不至于有自杀的念头或成为酒鬼。他也发现"卓越者"往往是最容易获得尖峰感觉的一群人。

寻求尖峰感觉是人类的本能之一，但许多人似乎未曾有过这种感觉，为什么呢？有一个重要原因就是现代社会似乎限制了许多尖峰感觉发生的条件，就像现代社会强调大量生产，因此就限制了以往物以稀为贵的满足心理，而大量生产的结果，使人们越来越依赖物质化的享乐。

心理暗示的魔力

◇一切的成就，一切的财富，都始于一个意念。

◇思想的运用和思想的本身，就能把地狱建造成天堂，天堂建造成地狱。

◇如果你感到不快乐，唯一能找到快乐的方法，就是通过积极的心理暗示，使言语和行为好像已经感觉到快乐的样子。

你我所必须面对的最大问题——事实上也是我们需要应付的唯一问题——就是如何选择正确的思想。而且，如果我们能做到这一点，就可以解决所有的问题。

不错，如果我们想的都是快乐的念头，我们就能快乐；如果我们想的都是悲伤的事情，我们就会悲伤；如果我们想到一些可怕的情况，我们就会害怕；如果我们想的是不好的念头，我们恐怕就不会安心了；如果我们想的净是失败，我们就会失败；如果我们沉浸在自怜里，大家都会有意躲开我们。

这是不是暗示对于所有的困难，我们都应该用习惯性的乐天态度去对待呢？不是的。生命不会这么单纯，不过大家应选择正面的态度，而不要采取反面的态度。换句话说，我们必须关注我们的问题，但是不能忧虑。关注和忧虑之间的分别是什么呢？关注的意思就是要了解问题在哪里，然后很镇定地采取各种步骤去加以解决，而忧虑却是发疯似的在小圈子里打转。

从事成人教育35年的经验使我深信思想对于一个人所能产生的巨大影响。一个人只要改变自己的想法，就能改变自己的生活，就能够消除忧虑和恐惧，就能走向成功。我们内心的平静，和我们由生活所得到的快乐，并不在于我们在哪里，我们有什么，或者我们是什么人，而只是在于我们的心境如何，与外在的条件没有多少关系。

思想的运用和思想的本身，就能把地狱造成天堂，把天堂造成地狱。

当你被各种烦恼困扰着，整个人精神紧张不堪的时候，你可以凭自己的意志力，改变你的心境。这可能要花一点力气，可是秘诀却非常的简单。

"如果你感到不快乐，那么唯一能找到快乐的方法，就是振奋精神，使行动和言词好像已经感觉到快乐的样子。"

这种简单的办法是不是有用呢？你不妨自己试一试。让你的脸露出一个很开心的笑容来，挺起胸膛，好好地深吸一大口气，然后唱一小段歌，如果你不能唱，就吹口哨，若是你不会吹口哨，就哼点别的。你就会很快地发现威廉·詹姆斯所说的是什么意思了，当你的行动能够显出你快乐的时候，根本就不可能再忧虑和颓丧下去了。

好多年以前，我看过一本小书，它对我的生活产生了深远而良好的影响，它的书名叫作《人的思想》，作者是詹姆斯·艾伦。下面是书里的一段：

"一个人会发现，当他改变对事物和其他人的看法时，事物和其他人对他来说就会发生改变——要是一个人把他的思想引向光明，他就很吃惊地发现，他的生活受到很大的影响。人不能吸引他们所要的，却可能吸引他们所有的……能变化气质的神性就存在于我们自己心里，也就是我们自己……一个人所能得到的，正是他们自己思想的直接结果……"

自我暗示就是自动暗示，它是人的心理活动中的意识思想的发生部分与潜意识的行动部分之间的沟通媒介。它是一种启示、提醒和指令，它会告诉你注意什么、追求什么、致力于什么和怎样行动，因而它能支配影响你的行为。这是每个人都拥有的一个看不见的法宝。

自有人类以来，不知有多少思想家、传教士和教育者都已经一再强调信心与意志的重要性。但他们都没有明确指出：信心与意志是一种心理状态，是一种可以用自我暗示诱导和修炼出来的积极的心理状态！成功始于觉醒，心态决定命运！

这是现时代的伟大发现，是成功心理学的卓越贡献。成功心理、积极心态的核心就是自信主动意识，或者称作积极的自我意识，而自信意识的来源和成果就是经常在心理上进行积极的自我暗示。反之也一样，消极心态、自卑意识，就是经常在心理上进行消极的自我暗示。就是说，不同的意识与心态会有不同的心理暗示，而心理暗示的不同也是形成不同的意识与心态的根源。所以说心态决定命运，正是以心理暗示决定行为这个事实为依据的。

不同的心理暗示，就会给你带来不同的情绪和行为。有一天，一位朋友给我讲了一个十分让我感动的故事，它让我深刻地感受到了心理暗示的巨大魔力：它可以挽救一个垂死人的生命。这个故事的主角就是一个名叫快乐的杰克的年轻人。

杰克是饭店经理，他的心情总是很好。当有人问他近况如何时，他回答："我快乐无比。"

如果哪位同事心情不好，他就会告诉对方怎么去看事物好的一面。他说："每天早上，我一醒来就对自己说，杰克，你今天有两种选择，你可以选择心情愉快，也可以选择心情不好，我选择心情愉快。每次有坏事情发生，我可以选择成为一个受害者，也可以选择从中学些东西，我选择后者。人生就是选择，你要学会选择如何去面对各种处境。归根结底，你自己选择如何面对人生。"

有一天，他被 3 个持枪的歹徒拦住了。歹徒朝他开了枪。

幸运的是发现较早，杰克被送进了急诊室。经过 18 个小时的抢救和几个星期的精心治疗，杰克出院了，只是仍有小部分弹片留在他体内。

6 个月后，他的一位朋友见到了他。朋友问他近况如何，他说："我快乐无比。想不想看看我的伤疤？"朋友看了伤疤，然后问当时他想了些什么。杰克答道："当我躺在地上时，我对自己说有两个选择：一是死，一是活。我选择了活。医护人员都很好，他们告诉我，我会好的。但在他们把我推进急诊室后，我从他们的眼神中读到了'他是个死人'。我知道我需要采取一些行动。"

"你采取了什么行动？"朋友问。

杰克说："有个护士大声问我对什么东西过敏。我马上答'有的'。这时，所有的医生、护士都停下来等我说下去。我深深吸了一口气，然后大声吼道：'子弹！'在一片大笑声中，我又说道：'请把我当活人来医，而不是死人。'"

杰克就这样活下来了。

心理上的自我暗示固然是个法宝，但这个法宝的巨大魔力，还需要通过经常地长期运用，形成一种意识，才会充分地显示出来。具有自信主动意识的人必然会长期进行积极的自我暗示，而具有自卑被动意识的人却总是使用消极的自我暗示。可以说，经常进行积极暗示的人在每一个困难和问题面前看到的都是机会和希望；而经常进行消极暗示的人在每一个希望和机会面前看到的都是问题和困难。很明显，正是这种由成千上万次的心理暗示所形成的意识决定了一个人有无发展，能否成功。

自我意识、自我评价本身确实能左右一个人的发展。一个孩子如果有了不良的自我意识，就会有不良的表现，也就很容易被人们看成是"没出息"、"没用"，甚至"有犯罪意图"。一个人的心理暗示经常是怎样，他就会真的变成那样。

人与人之间本来只有很小的差异，但这很小的差异却往往造成了巨大的差异！巨大的差异当然就决定了快乐、烦恼、幸福、不幸甚至是成功、失败。

所以，我们要调整自己的情绪心理，充分利用积极的心理暗示。

寻找快乐的"发源地"

◇建造心灵快乐园地的好方法就是储存快乐的来源并加以扩大。我们可以借助很多方式来收集贮藏这些来源。

近年来心理学界的一件大事，就是关于"快乐"的研究有许多令人兴奋的发现。所有的相关研究都预示着不久的将来人类将揭开大脑的神秘面纱，就如过去我们掀开层层宇宙面貌的面纱一样。每个人都有自己的问题和麻烦，但你是否曾注意到，某些人即使在处理一些伤脑筋的问题时也不像其他人整天愁眉苦脸，而比较乐观？这些快乐的人却不一定个个是幸运儿，相反的，大部分人都曾遭受一连串噩运的打击，并且并不富有。失恋的沮丧、失业的苦恼、负债的压力、上司的白眼、辛勤工作却得不到应有的报酬……种种的无奈能将一个人击倒，但他们为何仍是一副乐天派的模样呢？为何仍能苦中作乐呢？他们是如何办到的呢？关键就在于他们掌握了快乐，激励自己做得更好些。因为他们常怀着一颗满足的心，照亮了自己的世界，也缓冲了挫折的打击。这些快乐的人拥有充足的快乐理由使人生总是充满希望。他们能，为什么你不能？

快乐有快乐的"发源地"。

建造心灵快乐园地的好方法就是找到快乐的发源地，把这些储存快乐的来源加以扩大。你可以借助很多方式来收集贮藏这些来源。我们不要将快乐的来源看成一项特别不寻常的事或举动，而将它视为种种"满意的"累积结果。快乐的价值，无法用金钱来衡量，它是依据能带给我们多大影响力而定。

刺激与松弛在快乐中扮演着重要的角色。

刺激是快乐的最大来源之一，它以许多方式翩然降临在我们身上，包括从新食品、新认识的人、新观念，甚至于从神秘、惊人的冒险的过程中所得到的新奇感受与经验等等。

此外兴奋也是快乐不可或缺的重要来源。

拿动物做实验就可看出"兴奋"是一项强有力、不可抵挡的利器——如果在猩猩脑里接通电流至控制快乐兴奋的中枢，并给予猩猩一个可以连通这电流的按钮，使猩猩可以处于兴奋状态，则猩猩必然会不停地按这个按钮直到自己精疲力竭而后才停止。

兴奋的相反一面——松弛，对一般人而言就没有那么容易做到了。我们发现很难将松弛浇注于生活之中，而完全地放松也成为了奢望。不能自我松弛是快乐一项很大的威胁。如果你希望获得快乐，就必须暂时脱离压力的烦忧，保持一段时间的孤立，走出每日的琐事，使自己完全地平静与平衡。

每个人都应有自己的方式去获得介于兴奋与放松之间的平衡。

一般说来，如果你的满足感增加，你必然会更快乐。假设有一天，你因为凡事都不顺心而心烦意乱，觉得很不快乐，建议你不妨与烦心的事来一次竞赛，有意地堆积满意的心情，直到发现满足胜过你原有的不满意，如此你一定就不会觉得那么难过了。

又假设你和一位好友吵架，又因交通阻塞以致在一重要的业务会议上迟到。开完会后，公司宣布今年不给你加薪。上班时牙痛不得不请假去看牙医，好不容易回到家又看到邮箱里塞满了账单——这是多么令人不高兴的一天啊！此时最好的方法就是计划一个充满乐趣的傍晚。你可以拨电话和一些知心朋友聊天，打打球，到一间优雅的餐厅好好享受一顿晚餐；吃完饭后再去看场电影，放松放松身心。这样，你白天积压的不满意就会被晚间的满意所取代，会显得快乐一些。

也许有人认为这个方法实在是太简单了，不会有什么效力，不过多次的试验都证明还蛮管用的。尽管它无法解决你所有的问题，但至少可以稳定情绪，使你能心平气和地处理问题。

有的人在不顺心的日子里会刻意去制造快乐的情境，就像上面所提过的方法，但通常他们不会继续思考："现在该做什么事才能使我最快乐？"我们应该培养制造快乐的良好习惯，使快乐能随时随地自动出现，而不是一味地让自己沉溺于懒惰和被动之中。举个例子来说，当你想自娱一番时，你一定比较容易想到喝些饮料或是打开电视观赏节目，但不会想去骑脚踏车或是上法文课，而往往后者能带给我们更多的乐趣，只是一般人往往都忽略它们了。

还有一点也很重要，就是要多方面培养快乐的来源。因为多方面的来源能带来多层面的乐趣，并且如果你只有少数的快乐来源，它们可能不堪长期重复使用，而对仅有几个来源依赖过深也会造成乏味。如果你只靠一件事或物来追寻快乐，当你失去它时烦恼就会跟着来了。毕竟你在短时间内无法找到可以替代或填补它的东西。就如一个只专注于工作无其他嗜好的人，一旦他遭到解雇的命运或年老必须退休时，他一定会非常不快乐。

这也就是为什么有越多的快乐来源越好，因为种类多我们就不容易厌倦，假如不幸失去了其中一样，立刻有其他来源可以取代，快乐才能不受影响。

　　另外，我们使用一项来源时，还必须投下足够的时间使这来源确实有效，确实能使我们从中获得快乐。我们必须真正"进入"来源中才能领悟其中的乐趣。运动就是这样，门外汉怎可能体验到运动的乐趣？必须是你对某项运动已有相当的熟悉程度之后，才能从中获得乐趣。又比如工作也是必须在一段时间的接触后，才能令你觉得愉快。有些人虽然拥有许多快乐的来源，但因为不能专心于一件事情，并与这件事情融合一体，所以他们仍然觉得无聊，当然也就变得不快乐。许多人都有过这样的经验：如果我们企图在一天里做很多事，就算是这些事本身都很有趣，但由于分心太多，所以一天的快乐也降低不少。

　　现在你不妨看看自己的快乐来源，并作一个评估，看看你是否太依赖某一项来源。让我们努力去增加来源吧！也许令你快乐的一些事物或活动是挺花钱的，但当你仔细检查之后，你将惊讶地发现，有许多来源是由环境、朋友、增加见闻或是其他与钱无关的来源获得的。如果你有金钱方面的困扰，记住：不管价值多少，目标总是目标，期待还是期待，新奇品仍是新奇品，放松依旧是放松，刻意去制造富裕的环境以获得快乐是没必要的。豪华的度假别墅与公园、城市与森林又有何不同？只要你愿意，到处都有不同的活动供你享受啊！

从生活中捡拾情趣

　　◇只要生活有情趣，我们就不会老踩在马路的香蕉皮上。

　　◇世上有许多充满了情趣的事情可以让你去做，在这令人兴奋的世界中，不要过乏味的生活。

　　◇生活的艺术可以用多种方法表现出来。也许它可以用这几个字来概括：物尽其用。

　　一位哲人曾说过：在这地球上，那叫作"生命"的刺激冒险的机会，是你唯一能去做的。因此何不计划它，尽量设法活得丰富而又快乐？

　　世上充满了有趣的事情可以去做。在这令人兴奋的世界中，不要过乏味的生活。

　　生活要过得简单而不乏味，有情趣而不孤独，这需要生活的技巧。

　　一个有智慧的人，他到了40岁以后，生活就过得非常"简单化"了！所谓"简单化"，并不是说要过简单的生活，如古代西班牙式的生活。而是说，对于一切的事件，要能够得法而不随便浪费到无用的地方。

当然，仅仅生活简单化还不够，应该趁着年轻的时候，好好地学习一些技艺。一个人到了50岁以后，能力就将逐步衰退，换言之，学习进步的速度，就不得不减慢了。所以，50岁以后的人，想学习什么新的技艺，那是比较困难的。

有一位作家曾说法国人懂得"生活"的"技术"，而不是说他们懂"生活"的"艺术"。

懂得"生活技术"的人，不一定就是懂得"生活艺术"的人！所谓"生活技术"，也就是"职业技术"。你有"谋生"的本能吗？假如你回答说"有"，那么，你的"谋生本能"便是"生活技术"，因为没有这种"技术"，你便不能"生活"。

这并不是唱高调。

芝加哥的约瑟夫·沙巴土法官，他曾审理过4万件婚姻冲突的案子，并使2000对夫妇和好。他说："大部分的夫妇不和，根本是源于许多琐屑的事情。诸如，当丈夫离家上班的时候，太太向他招手再见，可能就会使许多夫妇免于离婚。"

劳·布朗宁和伊丽莎白·巴瑞特·布朗宁的婚姻，可能是有史以来最美妙的了。他永远不会忙得忘记在一些小地方赞美她和照料她，以保持爱的新鲜。他如此体贴地照顾她的残废的太太，结果有一次她在给姊妹们的信中这样写道："现在我自然地开始觉得我或许真的是一位天使。"

简单的生活琐事，可能会给你带来不同的结果，就看你怎样应用技术来处理了。

真正懂得乐观地去生活的人，是因为他的生活富有情致。

我们也许都这样认为：作家的生活就是贫困一词的诠释。我们却不可以否认：作家的精神生活是如此富有！

所以，我认为一个人40岁以后的"美满生活"，并不是指"职业"上有何成就，也不是指"谋生技术"上有何进展，而是说每个人努力的结果，心灵上必可得到一种安慰。

但这种"安慰"，不是宗教上的"抽象"，也非哲人的"玄虚"，而是"事实"的证明。

爱迪生的"电灯研究"成功后，他的名字立刻"誉满全球"，这样的"安慰"，是"生活艺术"上的安慰，是心灵上的安慰。一个作家成名之后，所得到的报酬，也和爱迪生相同。

追求个人生活的情趣，不仅可以得到精神上的慰藉，还可以得到情感的升华。

所以，生活从40岁开始，我们不应该消极、灰心，而要加倍努力，为自己的心灵营造一方净土——生活情趣是实现这个目的的最好方式。

任何人都想过幸福且充满活力的人生。要实现这个愿望，时时接受新事物的挑战就显得格外重要。

年龄虽大但依然精力充沛的人，多半是不断接受挑战的人。

年纪越大，越感到时光流逝之快。我曾在全美国进行过一项心理实验，也得出与这句话相同的结果。

生活的心境不同，是导致年纪稍大的人觉得时间过得快的主要原因。

因为，他们很久已没有尝试尝试新的事物、听听新鲜事了。

所以，40岁以上的人应努力对很多事物充满兴趣，寻找新的挑战，并且去体验一些新的发现——打破乏味的生活方式。

研究表明，一个人变得愉快，那么，他的行为也会变得令人欢快；一个人陷入忧郁的思绪和痛苦的状态中，那么，你就会发现他成了阴郁的、牢骚满腹的、怪僻的甚至是邪恶的人。因此，我们发现，粗暴和犯罪无一例外地都是出现在那些从不懂得欢乐的人身上，他们闭锁了心灵，对人与大自然融为一体的空明澄净的愉悦丧失了兴趣，对人与人之间互相启迪的愉快交往也就没了兴趣。

人有一种强烈地渴望轻松与娱乐的天然爱好，像其他天然的爱好一样，这种爱好之所以会植根在人身上，那是有它的特殊目的的。它不能被压抑，而会以这种或那种形式发泄出来。任何旨在促进纯洁无邪的娱乐活动的良好努力，其价值同旨在反对邪恶行为的一打布道训诫等值。如果我们不为享受健康的快乐提供机会，人们就会找到邪恶的活动来取代它们。西尼·史密斯说得很正确："为了有效地反对邪恶，我们必须用更好的东西取代它。"

戒酒运动的倡导者们根本就没有充分地意识到，这个国家的酗酒恶习是由粗俗的兴趣爱好，是由这个国家存在着太有限的用于娱乐的机会和改善自己兴趣爱好的途径等因素造成的结果。工人的兴趣爱好仍未得到良好的培养，眼前的暂时需要占据他全部的思绪，满足自己的胃口成了他最大的快乐。当他休息的时候，他只会把自己沉溺于啤酒或威士忌当中。德国人曾一度是酗酒最凶的，"像一位德国农民那样醉醺醺"曾经是一句流行的谚语。但他们现在过着最节制清醒的生活。他们是如何戒掉酗酒恶习的呢？主要是通过教育和音乐的手段。音乐具有一种最能使人变得仁慈博爱的效果。艺术的熏陶对公众的道德具有一种非常有益的影响。它为每个家庭提供了一个快乐的源泉，它给家增添了一种新的吸引力。它使人际间的社交活动更加令人愉快。马修神父用唱歌运动来加强他倡导的禁酒运动的效果。他发起了一场在爱尔兰全国各地建立音乐俱乐部的活动。因为他觉得，就像他曾经让人民远离威士忌一样，他必须用某些更健康的东西来取代它才行。他给他们带来了音乐。歌唱阶层出现了，他们提升了人们的兴趣爱好，使人们的品行更加温和谦恭，使爱尔兰人民更加仁慈博爱。但我们仍然担心：马修神父树立的典范恐怕早已被人们遗忘了。

钱宁教授说过："通过把我们周围的氛围变成美妙的声音，造物主在我们的视听能力所及的范围内赋予了我们多么丰富的乐趣啊！然而这一美好的造化在我们身上几乎丧失殆尽了，原因在于我们对承担这一快乐的组织机体长期以来缺乏开发和培养。"

任何图片、版画或雕刻，无论是代表了一种高贵的思想，还是描述了一种英雄行为，或者是能够给我们的屋子带来一些来自田野或街道的气息，这些作品都是老师，都是教育的方法，是自我修养的好帮手。它使得家里变得更令人愉快和有吸引力。它使家庭生活变得甜美，它使家中散发出优美雅致的氛围来。它使一个人从只关注个人的一己之利中解脱出来，在增强他同自己家庭的愉快交往的同时，也扩大了他对外部世界的友好联系。

举一个例子：一位伟人的肖像画有助于我们去理解他的人生。这幅画赋予了他一种个人的魅力。仔细端详他的相貌，我们觉得似乎我们对他了解得更多，与他更亲近了。在我们面前每天挂着这样的一幅画像，无论是在用餐时还是在闲暇时，它都浮现在我们的眼前，这会无形中提升我们的精神气质和心灵品性，是我们迈向更高人生境界的桥梁。

听说有这么一位信仰天主教的放债者：每当他要骗人的时候，他总是习惯性地用面纱把他最喜爱的圣徒像给罩起来。从某种程度上讲，一个伟大而有美德的肖像就是一种比我们自己还要优秀的伙伴；虽然我们不可能达到英雄的水平，但我们可以在他的影响下达到某种程度。

一幅画定价很高以便让人们觉得它很美好，这种做法是不必要的。我们看到许多价格高昂的东西被人们买下，但这些东西的价值还不及拉法叶的木刻画《圣母马利亚》价值的 1%，尽管这幅画只值两便士，但这幅画所蕴含的美，特别是圣母马利亚的头像，使人想起黑兹利特曾说过的话，即在这么一张美妙的肖像面前，要做出不文雅的行为几乎是不可能的。它是母爱、女性美和真挚虔诚的化身。正如曾有人对这幅画所表达的看法一样："看起来似乎有点天国的氛围在屋里。"

生活的艺术可以用多种方法表现出来。也许它可以用这几个字来概括：物尽其用。

没有任何东西可以不屑一顾，即使是普通得不能再普通的渺小之物都有它发挥作用的地方。我们吸入普通的空气，在普照大地的阳光下取暖。我们赞美茵茵的绿草、飘浮的白云和欢笑的鲜花。我们热爱我们共有的大地，聆听来自大自然的声音。它延伸到所有的社交活动中去。它产生善良的愿望和仁爱的真诚。在它的帮助下，我们使别人幸福，使自己被赐福。我们改善了我们的生存方式，升华我们的命运。我们高居于大地的爬行动物之上，渴望走向无限的永恒。由此，我们把时间与永恒结合在一起，在永恒之中，真正的生活艺术拥有它最完美的结局。

假装快乐，你真的就会快乐

◇假装快乐不能在 30 天中把一个内向的人变成一个开心的外向的人，但却是迈向正确方向的第一步。

◇你的兴趣在哪里，你的精力就在哪里，陪一个唠叨的太太走过 10 条街远比陪知心识趣的情人走上 10 英里路要辛苦得多。

◇你对工作厌倦吗？为什么不跟自己玩一个"假装"的游戏，也许你会得到意想不到的结果。

一位打字小姐发现，假装工作很有意思会使自己得到很多的报偿。她叫维莉·哥顿，家住伊利诺斯州爱姆霍斯特城。她在信上讲述了下面的故事：

"我们办公室一共有 4 位打字员，经常因工作量太大而加班加点。有一天，一个副经理坚持要我把一封长信重打一遍，我告诉他只要改一改就行，不需要全部重打。可他竟然说，如果我不重来他就另外雇人了。我气得要死，为了保住这个职位和薪水，我只好假装喜欢，重新打这封信。干着干着，我发现如果我假装喜欢工作，那我真的会喜欢到某种程度，而这时我的工作速度就加快。这种工作态度使我受到大家的好评，后来一位主管请我去做他的私人秘书，因为他了解我很愿意做一些额外的工作而不抱怨。

"结果我发现：心理状态的转变给我带来了奇迹。"

汉斯·威辛吉教授说，你不能只坐在那里，等待快乐的感觉出现；反之，你应该站起来，开始学习快乐的人的动作和谈吐。他说："假装快乐不能在 30 天中把一个内向的人变成一个开心的外向的人，但却是迈向正确方向的第一步。"

哥顿小姐运用的就是汉斯·威辛吉教授的"假装"哲学，他教我们要"假装"快乐。心理学家也曾建议我们有时不妨假装快乐，这样去做的人大都能改变心境，也随之能改变命运。实践证明，假装快乐很是有效，你最初也许会觉得那是假造的，但只要多练习，假造的感觉自然会消失。

假装绝对不是坏事，但一定要装得很像。假设您遇到了很不愉快的事情，而您想要假装自己很快乐，想想您该怎样假装呢？至少要面带微笑吧！为了做一个成功的假装者，您必须尽量想一些愉快的事情，为您的微笑补充能量，慢慢地，快乐的事情就会不断地涌出来，最后您会发现自己从不快乐变成了假装快乐，又从假装快乐变成了很快乐。

我们知道，造成疲劳的主要原因之一是无聊。我想这是很容易想见的事：假设你的邻居住了一个年轻的女孩，下班回家时她整个人都累坏了。她腰酸背痛，头疼欲裂，所以不吃晚饭就上床睡了。然后电话铃响，是男朋友打来的电话，邀她去跳舞。女孩眼睛一亮，立刻一跃而起，穿上她最美丽的衣服，一直跳舞到深更半夜才回来。累了吗？一点也不，她神采飞扬，兴致高得很，甚至还了无睡意，满脑子还都是那些活泼的音乐呢！

难道说，下班时那个女孩的筋疲力尽都是装出来的？不，她的确是累坏了，因为她觉得工作无聊，人生也很无聊。这样的人满街都是，不见得是你的邻居而已，说不定就是你自己。

前面已经说过，造成疲倦的情绪因素胜过单纯的生理因素。从前有人做过实验，证明了无聊的确是疲倦的主因。那个实验是对一组学生进行一连串显然枯燥无趣的测试，结果学生都昏昏欲睡，抱怨头痛眼酸，有些甚至还觉得胃痛。这些都是想象的毛病吗？不，经过详细检查，发现人在无聊的时候，血液中的氧燃烧的确比较慢。等到碰到有趣的事情时，功能就立刻恢复正常了。

我们在做有趣的事情时，就不容易觉得疲倦。像我上回到加拿大洛基山脉去度假，成天钓鱼、砍柴，可是一点也不觉得累，因为我有兴致，还有成就感，否则在海拔 7000 英尺做这许多事早就累得躺在那里了。

哥伦比亚大学的爱德华·东狄克教授做过一个实验，他让一群年轻人不眠不休一个星期，一直从事有趣的活动。经过详细研究之后他做成报告："无聊是怠职的真正原因。"

如果你是一个劳心的人，真正让你疲倦的不是你做完的工作，而是你还没做的工作。举例而言，你还记得上个工作不尽心的日子吗？老是有人来打断你的工作，信也没回，约会也取消了，到处都是麻烦，成天都不对劲。你一事无成，你下班回家像打了一场仗回来，头快炸了似的。

第二天一切又对劲了。你的工作量是昨天的 10 倍，而你回家的时候却觉得像凯旋而归的勇士。你一定有过这种经验，我也有。

我在撰写本章时，曾抽空去看了一场音乐喜剧，里面有一句最佳的警句说："能够做他们喜欢做的事的人都是幸运的家伙。"他们之所以幸运是他们因此能享有更多精力与快乐，减少烦恼和疲劳。

你的兴趣在哪里，你的精力就在哪里。陪一个唠叨的太太走过 10 条街，远比陪知心识趣的情人走上 10 英里路要辛苦得多。

可是那又有什么办法呢？也许你不妨参考一下下面这个速记员的做法。她在一家石油公司任职，一个月有好几天她得做一件最无聊的例行公事：整理各种数据表格。那个工作无聊到她本能地不服，决定非让它显得有趣一点不可。怎么做呢？她每天跟自己比赛。她数过每天早上整理过的表格，决定下午要超越早上的纪录，明天又要超越今天的纪录。如此这般，她的工作成绩比同一部门别的速记员的成绩都好。她这么做得到了什么吗？加薪？升迁？赞美？都没有。但是它的确帮她避免因无聊引发的倦怠，让她的心情常葆活力。也因为这种苦中作乐的心态，使她在闲暇时能做更多快乐的事。

我碰巧知道这个故事是真的。我娶了那个女孩。

十几年前，有一个年轻人也觉得他的工作很无聊。他在一家工厂当作业员，负责站在车床边转螺丝钉。那个工作无聊到令他想辞职，可是他又怕找不到别的事。既然无法辞职，他就决定苦中作乐，开始跟他旁边的同事比赛，看谁的工作快。结果领班对他的工作效率大为赞赏，不久就把他调到较好的岗位，结果一路升迁，今天他已经是一家大公司的老板了。要不是当初那一套苦中作乐的本事，也许他还在那家小工厂转螺丝钉呢，又哪有今日的斐然成就呢？

著名的电台新闻评论员凯丹顿也告诉我他苦中作乐的经过。在他 22 岁时，他在一艘运牛船上工作，负责喂牛吃草喝水，就这么漂洋过海到了欧洲。初到巴黎，他一文莫名，差点潦倒街头，好不容易在英文报上看到一则招聘启事，终于找到一个卖实体幻灯机的工作。

于是，他开始在巴黎街头挨家挨户推销他的产品，而他连一句法语都不会说。但是第一年他就赚到 5000 元的佣金，跻身当年巴黎业绩最好的推销员之列。更重要的是，那一年的经验教给他的东西比在大学念 4 年书还管用。他说自从做过那个工作之后，他觉得自己甚至可以把国会记录推销给法国的家庭主妇了。

这一年的经验使他对法国生活有了具体而微的了解，事后更证明了对他的报道有莫大的帮助。

话说回来，也许你觉得很奇怪，他既不懂法文，又怎么把东西推销出去呢？原来他先请雇主把推销词写好，他背下来，到时就去敲人家的门，等主妇出来应门时，他就背出一串奇怪的有外国腔的法文。他会把产品给那位主妇过目，而人家发问时，他就耸耸肩，说："我是美国人……美国人……"然后他就脱掉帽子，指着黏在帽顶的法文小抄。这一招通常把别人逗得忍俊不禁，他也跟着笑起来，趁机再拿更多产品给她过目，像这样成交的机会就多得多了。

凯丹顿先生说，这件事说来似乎很有趣，然而实在一点也不容易。他告诉我，唯一支持他做下去的动力是他下定决心要把它变成一件有趣的工作。每天早晨出发前，他会先对着镜子给自己来一段精神讲话：

"如果你想混口饭吃，就得去做这个工作，既然非做不可，为什么不做得快乐些呢！你何不想象你每按一个门铃，就是站在一座舞台上，有一个观众等着看你的表演？不是吗？你的工作其实也就跟舞台表演一样，为什么不好好发挥你的表演才华呢？"

凯丹顿先生告诉我，这种精神讲话对他的鼓励极大，使他有勇气有信心在人生地不熟的巴黎开拓前程，也终究造就了锦绣前程。

精神讲话效用宏大，千万不要等闲视之，它是极有心理学根据的。借着对自己进行精神讲话，你可以将自己的思想导向积极乐观的层面，你就会充满斗志。毕竟，是人的思想形成人的生活，好与坏全在你自己一念之间。

保持正确的思想，工作就不会再那么令人难以忍受。你的老板要你对工作感兴趣，他才能多赚钱。但是别管老板怎么想，快乐工作全是为了你自己。想想看，就算这一份工作不中你的意，换了别的事也可能都一样呀。一切都看你自己，高兴也是过日子，不高兴也是过日子，你怎么想呢？

第十四章 ～
CHAPTER 14

笑对讥讽批评，
从别人的镜子中打量自己

这是我的错

◇假如我们知道自己势必要遭到责备时，我们首先应自己责备自己，这样岂不比别人责备好得多么？

◇任何愚蠢的人都会尽力为自己的错误进行辩解——而且多数愚蠢的人都会这样去做。但承认自己的错误，感觉有别于他人，会有一种尊贵怡然的感觉。

◇用争夺的方法，你永远得不到满足，但用让步的办法，你可能得到比你所期望的更多。

我住的地方，几乎是在大纽约的地理中心点上，但是从我家步行一分钟，就可到达一片森林。春天，黑草莓丛的野花白茫茫一片，松鼠在林间筑巢育子，野草长到高过马头。这块没有被破坏的林地，叫作森林公司——它的确是一片森林，也许与哥伦布发现美洲那天下午所看到的没有什么不同。我常常带雷斯到公园散步，它是我的小波士顿斗牛犬。它是一只友善而不伤人的小猎狗，因为我们在公园里很少碰到人，我常常不给雷斯系狗链或戴口罩。

有一天，我们在公园遇见一位骑马的警察，他好像迫不及待地要表现出他的权威。

"你为什么让你的狗跑来跑去，却不给它系上链子或戴上口罩？"他申斥我道，"难道你不晓得这是违法的吗？"

"是的，我晓得，"我轻柔地回答，"不过我认为它不至于在这儿咬人。"

"你认为！你认为！法律是不管你怎么认为的。它可能在这里咬死松鼠或咬伤小孩。这次我不追究，但假如下回让我看到这只狗没有系上链子或套上口罩在公园里的话，你就必须去跟法官解释啦。"

我客客气气地答应照办。

我的确照办了，而且是好几回。可是雷斯不喜欢戴口罩，我也不喜欢那样，因此我们决定碰碰运气。事情很顺利，但接着我们撞上了暗礁。一天下午雷斯和我在一座小山坡上赛跑，突然间——很不幸地——我看到那位执法大人，跨在一匹红棕色的马上。雷斯跑在前头，径直向那位警察冲去。

我这下栽定了。明白这点，我决定不等警察开口就先发制人。我说："警官先生，这下您逮了我一个正着。我有罪，我无话可说。您上星期警告过我，若是再带小狗出来而不替它戴口罩就要罚我。"

"好说，好说，"警察回答的声调很柔和，"我知道在没有人的时候，谁都忍不住要带这么一条小狗出来溜达。"

"你这样的小狗大概不会咬伤别人吧？"警察反而为我开脱。

"不，它可能会咬死松鼠。"我说。

"哦，你大概把事情看得太严重了，"他告诉我，"我们这样办吧。你只要让它跑过小山，到我看不到的地方，事情就算了。"

那位警察也是一个人，他要的是一种重要人物的感觉。因此当我责怪自己的时候，唯一能增强他自尊心的方法，就是以宽容的态度表现慈悲。

但如果我有意为自己辩护的话，嗯，你是否跟警察争辩过呢？

我没有和他正面交锋，我承认他绝对没错，我绝对错了，我爽快地、坦白地、热诚地承认这点。因为我站在他那边说话，他反而为我说话，整个事情就在和谐的气氛下结束了。

如果我们知道免不了会遭受责备，何不抢先一步，自己先认错呢？听自己谴责自己不比挨人家的批评好受得多吗？

你要是知道有人想要或准备责备你，就自己先把对方要责备你的话说出来，那他就拿你没有办法了。十之八九他会以宽大、谅解的态度对待你，忽视你的错误，正如那位警察对待我和雷斯那样。

费丁南·华伦是一个卖艺术品的商人，曾使用这个办法，和一位暴躁的顾客化干戈为玉帛。

"精确而严谨的态度，在制作商业广告和出版品中是最重要的。"华伦先生事后说，"一些艺术编辑要求别人立刻实现他们设想，这样难免会发生一些偏差。我服务的某位艺术编辑就很挑剔，我从他的办公室出来时，心里总是很不舒服，倒不是因为他批评我，而是因为他对待我的方式。最近，我交了一件急件给他，他打电话说要我立刻到他办公室去，稿件有误。我到他办公室后，果然，他很高兴有了挑剔我的机会，而且满怀敌意。正在他滔滔不绝地数落我时，我运用了自我批评的方法。我说：'某某先生，你说的对，我的错误确实不可原谅，我为你工作了这么多年，还不知道怎么做，我真是不好意思。'

"于是他开始为我说话了：'你说得对，不过还没有那么严重。只是——'我马上插嘴道：'任何错误，都可能导致严重的后果，我怎么没看到呢？'我绝不让他为我开脱。这是我第一次因为批评自己而感到高兴。

"我说：'我应该更加细心，你给了我这么多的活，我却不能令你满意，我一定要重新做。'于是，他说不用那样麻烦，并夸奖起我的作品来，还说他再改一改就可以了，这点小错也不会让他的公司费几个钱。总之，小事一桩，不值一提。

"我的这种自我批评，不但使他没了脾气，而且他还请我吃了午饭，他又给我一张支票，让我再干别的活。"

当你坦然面对自己的错误时，会感到某种意义上的满足。因为这消除了自己的罪恶感，也在某种紧张的气氛下保护了自己，更有利于迅速准确地解决错误。

新墨西哥州阿布库克市某公司的一位负责人布鲁斯·哈威，有一次批准给一位请病假的员工支付了整月的工资。随后，他发现了这个错误，要在这位员工下次的工资中减去多发的金额。那位员工不同意，因为这样会给自己造成严重的财务问题，他请求分期扣回他多领的钱。哈威必须先征求上级的同意才能决定。"如果直接去向老板请求的话，"哈威说，"一定会使他很不高兴。要更好地解决这个问题，应找到合适的方法。我意识到一切混乱都是我造成的，必须在老板面前自我检讨。

"进了他的办公室，我告诉他我办了件错事，然后说了事情经过。他开始发火，先说这应该由人事部门来负责，又大声指责会计部门的疏忽，我一再地坚持这是我的错误，应该由我来负责。可他又开始批评办公室的另外两个同事，我还在解释这是我的错误。终于他看了看我说：'好吧，是你的错。交给你解决吧。'错误被改过来了，也没有造成其他的麻烦。我觉得很高兴，因为我有勇气不去找借口，妥当地处理了一件棘手的事情。而且，我的老板对我更加器重了。"

即使傻瓜也会为自己的错误辩护，但能承认自己错误的人，却会凌驾于其他人，而有一种高贵恰然的感觉。比方说，历史上对南北战争时的李将军有一笔极美好的记载，就是他把毕克德进攻盖茨堡的失败完全归咎在自己身上。

毕克德那次的进攻，无疑是西方世界最显赫、最辉煌的一场战斗。毕克德本身就很辉煌；他长发披肩，而且跟拿破仑在意大利战役中一样，他几乎每天都在战场上写情书。在那悲剧性的七月的一个午后，当他的军帽斜戴在右耳上方，轻盈地放马冲刺北军时，他那群效忠的部队不禁为他喝彩起来。他们喝彩着，跟随他向前冲刺。队伍密集，军旗翻飞，军刀闪耀，阵容威武、骁勇、壮大，北军也不禁为之赞赏。

毕克德的队伍轻松地向前冲锋，穿过果园和玉米田，踏过花草，翻过小山。同时，北军大炮一直没有停止向他们轰击，但他们继续挺进，毫不退缩。

突然，北军步兵从隐伏的基地山脊后面窜出，对着毕克德那毫无预防的军队，一阵又一阵地开枪。山间硝烟四起，惨烈有如屠场，又像火山爆发。几分钟之内，毕克德所有的旅长，除了一个之外，全部阵亡，5000 士兵折损 4/5。阿米士德统率其余部队拼死冲刺，奔上石墙，把军帽顶在指挥刀上挥动，高喊："弟兄们，宰了他们！"

他们做到了。他们跳过石墙，用枪把、刺刀拼死肉搏，终于把南军军旗竖立在基地山脊的北方阵地上。

军旗只在那儿飘扬了一会儿。虽然那只是短暂的一会儿，但却是南军战功的辉煌纪录。

毕克德的冲刺——勇猛、光荣，然而却是结束的开始。李将军失败了。他没办法突破北方战线，而他也知道这点。

南方的命运决定了。

李将军大感懊丧，震惊不已，他将辞呈呈送南方的戴维斯总统，请求改派"一个更年轻有为之士"。如果李将军要把毕克德的进攻所造成的惨败归咎于任何人的话，他可以找出数十个借口。有些师长失职啦，骑兵到得太晚不能接应步兵啦。这也不对，那也错了。

但是李将军太高明，不愿意责备别人。当残兵从前线退回南方战线时，李将军亲自出迎，自我谴责起来。"这是我的过失，"他承认说，"我，我一个人，败了这场战斗。"

历史上很少有将军有这种勇气和情操，承认自己独负战争失败的责任。

在香港卡耐基课程任教的麦克·庄告诉我们，某些时候应用某一项原则，可能比遵守一项古老的传统更为有益。他班上有一位中年同学，多年来他的儿子都不理他。这位做父亲的以前是个鸦片鬼，但是现在已经戒除了烟瘾。根据中国传统，年长的人不能够先承认错误。他认为他们父子要和好，必须由他的儿子采取主动。在这个课程刚开始的时候，他和班上同学谈到他从来没有见过的孙子孙女，以及他是如何地渴望和他的儿子团聚。他的同学都是中国人，了解他的欲望和古老传统之间的冲突。这位父亲觉得年轻人应该尊敬长者，并且认为他不让步是对的，而要等他的儿子来找他。

等到这个课程快结束的时候，这位做父亲的却改变了看法。"我仔细考虑了这个问题。"他说，"戴尔·卡耐基说：'如果你错了，你就应该马上并且明白地承认你的错误。'我现在要很快地承认错误已经太晚了，但是我还可以明白地承认我的错误。我错怪了我的儿子。他不来看我，以及把我赶出他的生活之外，是完全正确的。我去请求年幼的人原谅我，固然使我很没面子，但是犯错误的是我，我有责任承认错误。"全班都为他鼓掌，并且完全支持他。在下一堂课中，他讲述他怎样到他儿子家里，请求并且得到了原谅，并且开始和他的儿子、媳妇，以及终于见到面的孙子孙女建立起新的关系。

艾柏·赫巴是会闹得满城风雨的最具独特风格的作家之一，他那尖酸的笔触经常惹起对手强烈的不满。但是赫巴那少见的做人处世技巧，常常将他的敌人变成朋友。

例如，当一些愤怒的读者写信给他，表示对他的某些文章不以为然，结尾又痛骂他一顿时，赫巴就如此回复：

回想起来，我也不完全同意自己。我昨天所写的东西，今天不见得全部满意。我很高兴知道你对这件事的看法。下回你在附近时，欢迎驾临，我们可以交换意见。遥致诚意。

赫巴谨上

面对一个这样对待你的人，你还能说什么呢？

当我们对的时候，我们就要试着温和地、技巧性地使对方同意我们的看法。而当我们错了——若是对自己诚实，这种情形十分普遍——就要迅速而热诚地承认。这种技巧不但能产生惊人的效果，而且，信不信由你，任何情形下，都要比为自己争辩还有用得多。

别忘了这句古语："用争斗的方法，你绝不会得到满意的结果。但用让步的方法，收获会比预期的高出许多。"

争论之中没有赢家

◇天下只有一种方法能得到辩论的最大利益——那就是避免辩论。

◇如果你辩论、争强、反对，你或许有时获得胜利；但这种胜利是空洞的，因为你永远得不到对方的好感。

第二次世界大战结束后不久的一个晚上，我在伦敦得到了一个无价的教训。我当时是史密斯爵士的私人助理。在战争期间，他曾在巴勒斯坦做奥国的航空领袖，而在宣布和平不久之后，他因在 30 天内环绕地球半周而轰动了世界，因为向来未曾有人有过这样惊人的举动。这件事轰动一时，奥国政府奖给他 5 万先令，英国国王封他为爵士，此时，他成了在英国国旗下被谈论得最多的一个人。有一个晚上，我参加一个欢迎罗斯爵士的宴会，在席间，坐在我旁边的一个人讲了一个幽默的故事，这故事与这一句话有些关联："无论我们如何粗俗，有一位神，就是我们的目的。"

这位讲述故事的人提到这句话系出自《圣经》。他错了，我知道的，我确实知道，绝对肯定。所以，为了得到自重感并显示我的优越，我委任自己为一个未经请求、不受欢迎的人去矫正他。他坚持他的阵地：什么？出自莎士比亚？不可能！不近情理！那句话出自《圣经》！

这位讲故事的人坐在我右边，我的一位老朋友加蒙坐在我左边。加蒙先生曾用多年的功夫专心研究莎士比亚，所以我们同意由加蒙先生来解答这一问题。加蒙先生静听着，在桌下用脚碰碰我，然后说道："戴尔，你错了，这位先生是对的，是出自《圣经》。"

当晚回家的时候，我对加蒙先生说："老实说，你知道那句话是来自莎士比亚的。"

"是的，当然，"他回答说，"是在《哈姆莱特》第五幕第二场。但我是一个盛会的客人，为什么要证明一个人是错的？那能使他喜欢你吗？为什么不让他保住面子？他并没有征求你的意见，他也不要你的意见。那你为什么同他争辩？要永远避免正面的冲突。"

"永远避免正面的冲突。"说这句话的人现在已去世了，但他所给我的教训却一直留在我的记忆中，而且这一教训极其重要，因为我向来是一个执拗的辩论者。在我少年的时候，我曾同我弟兄辩论天下一切的事。当到大学的时候，我研究逻辑及辩论术，并加入辩论比赛。后来我在纽约教授辩论术。我羞于承认，我有一次曾计划写一本关于辩论的书，从那时以后，我曾静听、批评、从事数千次的辩论，并注意它们的影响。从这些结果中，我得出了一个结论：天下只有一种方法能得到辩论的最大利益——那就是避免辩论。

10次中有9次辩论结束之后，每个争论的人都比以前更坚信他是绝对正确的，你不能辩论得胜。你不能，因为如果你辩论失败，那你当然失败了；如果你得胜了，你还是失败的。为什么？假定你胜过对方，将他的理由击得漏洞百出，并证明他是神经错乱，那又怎样？你觉得很好，但他怎样？你使他觉得脆弱无援，你伤了他的自尊，他要反对你的胜利。

有这样一个例子。几年前，我的学员中，有一个叫欧·亨利的爱尔兰人。他受的教育不多，却总是喜欢争论。他给别人开过车，又做过汽车推销，但做得不好，于是来我这儿求教。经过简短的交谈，我知道他总是习惯于和顾客争论，如果对方说他的汽车哪儿不好，他立即会急躁地和顾客吵起来。他在这样的争论中取得了不少的胜利，但是，他的汽车却没卖出去几部。后来，他对我说："在离开他们的办公室时，我总是说：'我这次毕竟把那个驴给治了。'他的确被我治了一次，可他也没买我的东西。"

于是我明白，首要的不是让欧·亨利学怎样说话，而是教他学会克制，不和别人吵架。

现在，欧·亨利已成为纽约怀特汽车公司的推销明星。

他是如何走向成功的呢？听听他的话："假如我现在去向客户推销，但他说：'什么？怀特的汽车？不好！不要钱我都不要，何西公司的汽车才是我想要的。'我会说：'何西的东西确实好，买他们的货是不会错的，何西的车都是著名厂家生产的，而且业务员也很棒。'于是，在这点上他就没什么可说的了，因为我认同了他的看法，也就不用再谈论什么何西了。于是，我就开始说明怀特公司的好处。

"但是，要是当年我听到他这种话，我早就生气了。我就会开始说何西公司的毛病，结果是，我越挑何西的毛病，他就越说它好。越是争论，他就越喜欢我的竞争对手的东西。

"一想起那时候，真不知道我当初的推销是怎么做的。过去我用了那么多的时间在抬杠上，现在我懂得了自制，收到了效果。"

充满智慧的老富兰克林常说："如果你辩论、争强、反对，你或许有时获得胜利；但这种胜利是空洞的，因为你永远得不到对方的好感了。"

所以你自己打算打算。你宁愿要什么？是一种暂时的、口头的、表演式的胜利，还是一个人的长期好感？你很少能二者兼得。

在你进行辩论的时候，你也许是对的，绝对是对的。但在改变对方的思想方面，你大概毫无所得，一如你错了一样。

我认为，我们绝不可能对任何人——无论其智力的高低——用口头的争斗改变他的思想。

有一位所得税顾问巴森士与一位政府税收稽查员因为一项 9000 元的账单发生的问题争辩了一个小时之久。巴森士先生声称这 9000 元确实是一笔死账，永远收不回来，当然不应纳税。"死账，胡说！"稽查员反对说，"那也必须纳税。"

"这位稽查员冷淡、傲慢、固执，"巴森士先生在班里讲述事情的经过时说，"理由对他是毫无用处的，事实也没有用——我们辩论得越久，他越固执。所以我决定避免辩论，改变题目，给他赞赏。

"我说：'我想这事与你必须作出的决定相比，应该算是一件很小的事情。我也曾研究过税收问题，但我只是从书本中得到知识，而你是从经验中获得知识，我有时愿意从事像你这样的工作，这种工作可以教我许多。'我每句话都是出于真意。

"于是，那稽查员在椅上挺起身来，向后一倚，讲了许多关于他工作的话，告诉我所发现的巧妙舞弊的方法。他的声调渐渐地变为友善，片刻后他又讲起他的孩子来。当他走的时候，他告诉我他要再考虑我的问题，在几天之内，给我答复。

"3 天之后，他到我的办公室告诉我，他已经决定按照所填报的税目办理。"

这位稽查员表现的正是一种最普通的人性特点，他需要一种自重感。巴森士先生越是与他辩论，他越想扩大自己的权力，得到他的自重感。但一旦承认他的重要，辩论便立即停止，因为他的自尊心得到了满足，他立即变成了一个同情和友善的人。

拿破仑家中的管家常与约瑟芬打台球。这位管家在他所著的《拿破仑私生活的回忆》中说："我虽有相当的技艺，但我始终要设法使她胜我，这样她会非常欢喜。"我们要从这一故事里学到一个有用的教训。我们要使我们的顾客、情人、丈夫、妻子在偶然发生的细小讨论上胜过我们。

释迦牟尼说："恨不止恨，爱能止恨。"而误会永远不能用辩论停止，需用手段、外交、和解来使对方产生同情的欲望。

林肯有一次责罚一个青年军官，因为他与同僚激烈争执。"凡决意成功的人，"林肯说，"不能费时于个人的成见，更不能费时去承受结果，包括他损坏自己的脾气，丧失自制。你不能过分显示你自己，而要放弃。与其为争路权而被狗咬，不如给狗让路。即使将狗杀死，也不能治好受伤的伤口。"

《点滴》一书中的一篇文章，建议持不同意见者这样避免争论：

1. 欢迎异见

有这样一句话："人们不需要意见总是相同的伙伴。"如果有人提出了你没想到的东西，你就应该衷心感谢。不同的意见可以使你避免犯重大错误。

2. 不要盲信直觉

当有人提出不同意见的时候，你最开始的自然反应是自我保护。你要谨慎，心平气和，注意你的直觉反应，因为这可能是你特别不好的地方。

3. 控制情绪

记住，根据一个人在什么情况下会发脾气，可以判定这个人的气度以及作为。

4. 首先倾听

给予不同意见者表达的机会。不要打断他，让他把他的意思完整地表达出来。用心地倾听，增加沟通和了解。

5. 寻找相同点

在你听完了持不同意见者的话以后，首先去寻找你和他意见相同或相近的地方。

6. 诚实为本

发现自己的错误，就要勇于向对方承认，并为此而道歉，这有助于沟通和减轻对方的敌对心理。

7. 答应认真考虑不同的意见

要真心地承认，他的不同意见可能是对的。因此，答应考虑他们的意见是比较聪明的做法。不要等对方对你说"我早就对你说了，但是你却不听"，而让你感到难堪。

8. 感谢持不同意见者的关心

因为关心同一件事情，所以才产生不同的意见。把他们看作能给你带来帮助的人，也许他们会成为你的朋友。

9. 不急于行动，给双方时间

适当地停下来，把事情更仔细地考虑一下，再举行会谈。在准备期间，想一想：他们的意见，会不会是对的，或者部分是对的呢？他们的立场或理由是不是有道理呢？我的反应是基于客观问题本身还是自己的主观感受呢？对方因此和我的分歧是更大还是更小呢？我的反应会不会让别人对我的看法更好呢？我将会胜利还是失败呢？假如我胜利了，会让我付出什么样的代价呢？假如我保持沉默，分歧就会不存在了吗？这个难题是我的一次机会吗？

皮尔斯是歌剧男高音，他结婚快 50 年了。他说过："我和我太太很长时间以来有一个默契，那就是：当一个人大声吼叫时，另一个会平静地听。因为如果我们一块儿对着叫，那只有噪音和激动，根本就不可能沟通。"

没有人会踢一只死狗

◇如果你被人批评，那是因为批评你能给他一种满足感。这也说明你是有成就的，而且引人注意。

◇小人常为伟人的缺点或过失而得意。

◇不合理的批评往往是一种掩饰了的赞美。

1929 年，美国发生了一件震动全国教育界的大事，美国各地的学者都赶到芝加哥去看热闹。在几年之前，有个名叫罗勃·郝金斯的年轻人，半工半读地从耶鲁大学毕业，当过作家、伐木工人、家庭教师和卖成衣的售货员。现在，只经过了 8 年，他就被任命为美国第四有钱的大学——芝加哥大学的校长。他有多大？ 30 岁！真叫人难以相信。老一辈的教育人士都大摇其头。人们对他的批评就像山崩落石一样一齐打在这位"神童"的头上，说他这样，说他那样——太年轻了，经验不够——说他的教育观念很不成熟，甚至各大报纸也参加了攻击。

在罗勃·郝金斯就任的那一天，有一个朋友对他的父亲说："今天早上我看见报上的社论攻击你的儿子，真把我吓坏了。"

"不错，"郝金斯的父亲回答说，"话说得很凶。可是请记住，从来没有人会踢一只死了的狗。"

不错，这只狗愈重要，踢它的人愈能够感到满足。后来成为英王爱德华八世的温莎王子（即温莎公爵），他的屁股也被人狠狠地踢过。当时他在帝文夏的达特莫斯学院读书——这个学校相当于美国安那波里市的海军军官学校。温莎王子那时候才 14 岁，有一天，一位海军军官发现他在哭，就问他有什么事情。他起先不肯说，可是终于说了真话：他被军官学校的学生踢了。指挥官把所有的学生召集起来，向他们解释王子并没有告状，可是他想晓得为什么这些人要这样虐待温莎王子。

大家推诿拖延又支吾了半天之后，这些学生终于承认说：等他们自己将来成了皇家海军的指挥官或舰长的时候，他们希望能够告诉人家，他们曾经踢过国王的屁股。

大概很少有人会认为耶鲁大学的校长是一个庸俗的人，可是有一位担任过耶鲁大学校长的摩太·道特，却竟然能够责骂一个竞选上了总统的人。"我们就会看见我们的妻子和女儿，成为合法卖淫的牺牲者。我们会大受羞辱，受到严重的损害。我们的自尊和德行都会消失殆尽，使人神共愤。"

这听起来很像对希特勒的痛责，是吗？其实不然，这是对托马斯·杰斐逊的公开抨击，也许你会问，是哪一个杰斐逊？难道是那个《独立宣言》的起草者，民主政体的守护圣徒托马斯·杰斐逊？不错，那人攻击的正是这位杰斐逊。

你知道哪一个美国人被骂为"伪善者"、"骗子"或"比杀人凶手稍微好一点的人"？有份报纸的漫画描述这个人站在断头台前，台上的大刀正预备砍下他的头。当他被载往刑场行刑的时候，群众对着他叫骂。这个人是谁？是乔治·华盛顿。

但这都是很久以前的事了，也许现在人性已改进不少。让我们看看下面的皮尔利将军的例子。

皮尔利是个探险家，1899 年 4 月 6 日，他用狗拉着雪车到达北极，举世震惊。几个世纪以来，北极探险一直是各路英雄的目标，却无人写下纪录，反而因受伤、饥饿而丧生的人不少。皮尔利本人也差点死于严寒和断粮，他有 8 个脚趾因冻坏而不得不被锯掉，另有好几次因无法克服气候上的骤变而几乎精神崩溃。由于皮尔利声名大噪，广受群众欢迎，导致在华盛顿的几个海军高级长官对他不满而排挤他。他们指控皮尔利为科学研究募集捐款是"招摇撞骗、一事无成"的勾当。这些人可能相信皮尔利真如他们所指控的，人一旦想相信某事，就很难再让他们不信。他们极力诽谤皮尔利，阻止他的研究工作。最后还是麦肯利总统直接过问，才使皮尔利的工作得以继续下去。

假如皮尔利当时只在华盛顿的海军部办公，他会遭到如此无情的攻击吗？当然不会，因为他的重要性还不足以引起旁人的妒意。

格兰特将军（后成为美国第十八任总统）的遭遇更坏。1862 年南北战争时，格兰特的军队在北方赢得第一次大胜利——那一次大胜利使格兰特一夕之间成为全美崇拜的偶像；那一次大胜利使远方的欧洲都震惊不已；而且使得缅因州到密西西比河岸边的教堂钟声和庆祝营火不断。可是，6 个星期还不到，这位北方英雄格兰特将军就成了阶下囚，军队也解散了，他只有带着羞辱和绝望，空自悲叹。

为什么格兰特将军会在胜利的高潮时期被逮捕？大概因为他的胜利引起了某些长官的妒意吧！

因此，当你受到他人充满恶意的批评与攻击时，请记住平安快乐的第一大原则：不用理它，因为没有人会踢一只死狗。

给对方一个台阶下

◇伽利略说："你不可能教会一个人做任何事情，你只能帮助他自己学会做这件事情。"

◇苏格拉底在雅典一再告诫门徒："我只知道一件事，就是我一无所知。"

◇你如果先承认自己也许弄错了，别人才可能和你一样宽容大度，认为他有错。

西奥多·罗斯福承认说，当他入主白宫时，如果他的决策能有 75% 的正确率，就达到他预期的最高标准了。像罗斯福这么一位 20 世纪的杰出人物，最高希望也只有如此。

如果你肯定别人弄错了，而率直地告诉他，可知结果会如何？沙斯先生是一位年轻的纽约律师，最近在最高法庭内参加一个重要案子的辩论。案子牵涉了一大笔钱和一项重要的法律问题。

在辩论中，一位最高法院的法官对沙斯先生说："海事法追诉期限是 6 年，对吗？"

"庭内顿时静默下来，"沙斯先生后来在讲述他的经验时说，"似乎气温一下就降到冰点。我是对的，法官是错的。我也据实地告诉了他。但那样就使他变得友善了吗？没有。我仍然相信法律站在我这一边。我也知道我讲得比过去都精彩。但我并没有使用外交辞令。我铸成大错，当众指出一位声望卓著、学识丰富的人错了。"

没有几个人具有逻辑性的思考。我们多数人都犯有武断、偏见的毛病。我们多数人都具有固执、嫉妒、猜忌、恐惧和傲慢的缺点。因此，如果你很想指出别人犯的错误时，请在每天早餐前坐下来读一读下面的这段文字。这是摘自詹姆斯·哈维·罗宾森教授那本很有启示性的《下决心的过程》中的一段话：

"我们有时会在毫无抗拒或热情淹没的情形下改变自己的想法，但是如果有人说我们错了，反而会使我们迁怒对方，更固执己见。我们会毫无根据地形成自己的想法，但如果有人不同意我们的想法时，反而会全心全意维护我们的想法。显然不是那些想法对我们珍贵，而是我们的自尊心受到了威胁……'我的'这个简单的词，是做人处世的关系中最重要的，妥善运用这两个字才是智慧之源。不论说'我的'晚餐、'我的'狗、'我的'房子、'我的'父亲、'我的'国家或'我的'上帝，都具备相同的力量。我们不但不喜欢说我的表不准，或我的车太破旧，也讨厌别人纠正我们对火车的知识、水杨素的药效或亚述王沙冈一世生卒年月的错误……我们愿意继续相信以往惯于相信的事，而如果我们所相信的事遭到了怀疑，我们就会找尽借口为自己的信念辩护。结果呢，多数我们所谓的推理，变成了找借口来继续相信我们早已相信的事物。"

有时候，一句或两句体谅的话，对他人态度作宽大的谅解，这些都可以减少对别人的伤害，保住他的面子。

几年以前，通用电气公司面临一项需要慎重处理的工作：免除查尔斯·史坦因梅兹担任某一部门的主管。史坦因梅兹在电器方面是第一等的天才，但担任计算部门主管却彻底地失败。然而公司却不敢冒犯他。公司绝对奈何不了他——而他又十分敏感。于是他们给了他一个新头衔。他们让他担任"通用电气公司顾问工程师"——工作还是和以前一样，只是换了一项新头衔——并让其他人担任部门主管。

史坦因梅兹十分高兴。

通用公司的高级人员也很高兴。他们已温和地调动了这位最暴躁的大牌明星职员，而且他们这样并没有引起一场大风暴——因为他们让他保住了面子。

让他有面子！这是多么重要，多么极端重要呀，而我们却很少有人想到这一点！我们残酷地抹杀了他人的感觉，又自以为是，我们在其他人面前批评一位小孩或员工，找差错，发出威胁，甚至不去考虑是否伤害到别人的自尊。然而，一两分钟的思考，一句或两句体谅的话，对他人态度作宽大的谅解，都可以减少对别人的伤害。

下一次，我们在辞退一个佣人或员工时，应该记住这一点。

以下，我引用会计师马歇尔·格兰格写给我的一封信的内容：

"开除员工并不是很有趣，被开除更是没趣。我们的工作是有季节性的，因此，在3月份，我们必须让许多人离开。

"没有人乐于动斧头，这已成了我们这一行业的格言。因此，我们演变成一种习俗，尽可能快点把这件事处理掉，通常是依照下列方式进行：'请坐，史密斯先生，这一季已经过去了，我们似乎再也没有更多的工作交给你处理。当然，毕竟你也明白，你只是受佣在最忙的季节里帮忙而已。'等等。

"这些话为他们带来失望，以及'受遗弃'的感觉。他们之中大多数一生皆从事会计工作，对于这么快就抛弃他们的公司，当然不会怀有特别的爱心。

"我最近决定以稍微圆滑和体谅的方式，来遣散我们公司的多余人员，因此，我在仔细考虑他们每人在冬天里的工作表现之后，一一把他们叫进来，而我就说出下列的话：'史密斯先生，你的工作表现很好（如果他真是如此）。那次我们派你到纽约华克去，真是一项很艰苦的任务。你遭遇了一些困难，但处理得很妥当，我们希望你知道，公司很以你为荣。你对这一行业懂得很多——不管你到哪里工作，都会有很光明远大的前途。公司对你有信心，支持你，我们希望你不要忘记！'

"结果呢？他们走后，对于自己被解雇的感觉好多了。他们不会觉得'受遗弃'。他们知道，如果有工作的话，我们会把他们留下来。而当我们再度需要他们时，他们将带着深厚的私人感情，再来投效我们。"

在我们课程内有一个学期，两位学员讨论挑剔错误的负面效果和让人保留面子的正面效果。宾夕法尼亚州哈里斯堡的弗瑞·克拉克提供了一件发生在他公司里的事："在我们的一次生产会议中，一位副董事以一个非常尖锐的问题，质问一位生产监督，这位监督是管理生产过程的。他的语调充满攻击的味道，而且明显的就是要指责那位监督的处置不当。为了不在他的攻击者面前被羞辱，这位监督的回答含混不清。这一来使得副董事发起火来，严斥这位监督，并说他说谎。

"这次遭遇之前所有的工作成绩，都毁于这一刻。这位监督，本来是位很好的雇员，从那一刻起，对我们的公司来说已经没有用了。几个月后，他离开了我们公司，为另一家竞争对手的公司工作。据我所知，他在那儿还非常称职。"

另一位学员，安娜·马佐尼提供了在她工作上非常相似的一件事，所不同的是处理方式和结果。马佐尼小姐，是一位食品包装业的市场行销专家，她的第一份工作是一项新产品的市场测试。她告诉班上说："当结果出来时，我可真惨了。我在计划中犯了一个极大的错误。整个测试都必须重来一遍。更糟的是，在下次开会我要提出这次计划的报告之前，我没有时间去跟我的老板讨论。

"轮到我报告时，我真是怕得发抖。我尽了全力不使自己崩溃，我知道我决不能哭，以免让那些人以为女人太情绪化而无法担任行政业务。我的报告很简短，只说是因为发生了一个错误，我在下次会议，会重新再研究。我坐下后，心想老板定会批评我一顿。

"但是，他只谢谢我的工作，并强调在一个新计划中犯错并不是很稀奇的事。而且他相信，第二次的普查会更确实，对公司更有意义。

"散会之后，我的思想纷乱，我下定决心，我决不会再让我的老板失望。"

假如我们是对的，别人绝对是错的，我们也不应让别人丢脸而毁了他的自我。传奇性的法国飞行先锋和作家安托安娜·德·圣苏荷依写过："我没有权利去做或说任何事以贬抑一个人的自尊。重要的并不是我觉得他怎么样，而是他觉得他自己如何，伤害人的自尊是一种罪行。"

已故的德怀特·摩洛，拥有让双方好战分子和解的神奇能力。他怎么办得到呢？他小心翼翼地找出两方面对的地方——他对这点加以赞扬，加以强调，小心地把它表现出来——不管他做何种处理，他从未指出任何人做错了。

每一个公证人都知道这一点——让人们留住面子。

世界上任何一位真正伟大的人，绝不浪费时间满足于他个人的胜利。我举一个例子来说明：

1922 年，土耳其在经过几世纪的敌对之后，终于决定把希腊人逐出土耳其领土。

穆斯塔法·凯末尔，对他的士兵发表了一篇拿破仑式的演说，他说："你们的目的地是地中海。"于是近代史上最惨烈的一场战争终于展开了，最后土耳其获胜。而当希腊两位将领——的黎科皮斯和迪欧尼斯前往凯末尔总部投降时，土耳其人对他们击败的敌人加以辱骂。

但凯末尔丝毫没有显出胜利的骄气。

"请坐，两位先生，"他说，握住他们的手，"你们一定走累了。"然后，在讨论了投降的细节之后，他安慰他们失败的痛苦。他以军人对军人口气说："战争这种东西，最佳的人有时也会打败仗。"

即使是像罗斯福总统这样伟大的人物也难免会犯错误，所以，对待别人错误的讥评，我们应当怀着一颗宽容平静的心态来看待，即使对方错了，也要尊重他们，让他们保住面子。

让批评随风而去

◇只要相信自己做得对，就不要在意别人怎么说。

◇林肯说："只要我不对任何攻评作出反应，这件事就会到此为止。"

◇史密德里·柏特勒说："有人骂我是黄狗、毒蛇、臭鼬……我不会调转头去看是什么人在说这些话。"

◇凡事尽力而为，然后避开他人的批评之箭。

有一次我去访问史密德里·柏特勒少将——就是绰号叫作"老锥子眼"、"老地狱恶魔"的柏特勒将军。还记得他吗？他是所有统帅过美国海军陆战队的人里最多彩多姿、最会摆派头的将军。

他告诉我，他年轻的时候拼命想成为最受欢迎的人物，想使每一个人都对他有好印象。在那段日子里，一点点的小批评都会让他觉得非常难过。可是他承认，在海军陆战队里的 30 年使他变得坚强多了。"我被人家责骂和羞辱过，"他说，"骂我是黄狗，是毒蛇，是臭鼬。我被那些骂人专家骂过，会不会让我觉得难过呢？哈！我现在要是听到有人在我后面讲什么的话，甚至于不会调转头去看是什么人在说这些话。"

我们大多数人对不值一提的小事情都看得太过认真。我还记得在很多年以前，有一个从纽约《太阳报》来的记者，参加了我办的成人教育班的示范教学会，在会上攻击我和我的工作。我当时真是气坏了，认为这是他对我个人的一种侮辱。我打电话给《太阳报》执行委员会主席委尔·何吉斯，特别要求他刊登一篇文章，说明事实的真相，而不能这样嘲弄我。我当时下定决心要让犯罪的人受到适当的处罚。

现在我却对我当时的作为感到非常惭愧。我现在才了解，买那份报的人大概有一半不会看到那篇文章；看到的人里面又有一半会把它只当作一件小事情来看，而真正注意到这篇文章的人里面，又有一半在几个星期之后就把这件事整个忘记。

我现在才了解，一般人根本就不会想到你我，或是关心别人批评我们什么话，他们只会想他们自己——他们对自己的小问题的关心程度，要比能置你或我于死地的大消息高 1000 倍。

即使你和我被人家说了无聊的闲话，被人当作笑柄，被人骗了，被人从后面刺了一刀，或者被某一个我们最亲密的朋友给出卖了，也千万不要纵容自己自怜，应该提醒我们，想想耶稣基督所碰到的那些事情。他 12 个最亲密的友人里，有一个背叛了他，而他所贪图的赏金，如果折合我们现在的钱来算的话，也不过 19 块美金；他最亲密的友人里另外还有一个，在他惹上麻烦的时候公开背弃了他，还 3 次表白他根本不认得耶稣，一面说还一面发誓。出卖他的人占了 1/6，这就是耶稣所碰到的，为什么你我一定要希望我们的情况比他更好呢？

我在很多年前就已经发现，虽然我不能阻止别人对我做任何不公正的批评，我却可以做一件更重要的事：我可以决定是否要让我们自己受到那些不公正批评的干扰。

让我把这一点说得更清楚些：我并不赞成完全不理会所有的批评，正相反，我所说的只是不理会那些不公正的批评。有一次，我问依莲娜·罗斯福，她如何处理那些不公正的批评——老天知道，她所受到的可真不少。她有过热心的朋友和凶猛的敌人，大概比任何一个在白宫住过的女人都要多得多。

她告诉我她小时候非常害羞，很怕别人说她什么。她对批评害怕得不得不去向她的姑妈，也就是老罗斯福的姐姐求助，她说："姑妈，我想做一件这样的事，可是我怕会受到批评。"

老罗斯福的姐姐正视着她说："不要管别人怎么说，只要你自己心里知道你是对的就行。"依莲娜·罗斯福告诉我，当她在多年后住进白宫时，这一个小小的忠告，还一直是她行事的原则。她告诉我，避免所有批评的唯一方法，就是："只要做你心里认为对的事——你反正是会受到批评的。'做也该死，不做也该死。'"这就是她对我的忠告。

逝去的马修当年还在华尔街40号美国国际公司任总裁，我问过他是否对别人的批评很敏感？他回答说："是的，我早年对这种事情特别敏感，当时急于要使公司里的每一个人都觉得我特别完美。要是他们不这样想的话，就会使我忧虑。只要哪一个人对我有些怨言，我就会想法子去取悦他。可是我所做的讨好他的事情，总会使另外一些人生气。然后等我想要补足这个人的时候，又会惹恼了其他的，最后我发觉，我越想去讨好别人，以避免别人对我的批评，就越会使我的敌人增加，因此最后我对自己说：只要你超群出众，你就肯定会受到批评，所以还是趁早适应这种情况的好。这一点对我帮助很大。从那以后，我就决定只尽我最大能力去做，而把我那把破伞收起来。让批评我的雨水从我身上流下去，而不是滴在我的脖子里。"

狄姆士·泰勒再进一步，他让批评的雨水流进他的脖子，而对这件事情大笑一番——而且当众这样。有一段时间，他在每个星期天下午纽约爱乐交响乐团举行的空中音乐会休息时间，发表音乐方面的评论。有一个女人写信给他，说他是"骗子、叛徒、毒蛇和白痴"。泰勒先生在他那本叫作《人与音乐》的书里说："我猜她只喜欢听音乐，不喜欢听讲话。"在第二个星期的广播节目里，泰勒先生把这封信宣读给好几百万听众听了几天后，他又收到这位太太写来的另外一封信。"表达她一点没有改变她的意见，"泰勒先生说，"她仍然觉得，我是一个骗子、叛徒、毒蛇和白痴。"我们实在不能不佩服用这种态度来接受批评的人，我们佩服他的沉着、毫不动摇的态度和他的幽默感。

查尔斯·舒维伯对普林斯顿大学学生发表演讲的时候表示，他所学到的最重要的一课，是一个在他钢铁厂里做事的德国老者教给他的。那个德国老者和别的一些人为战事问题发生了争执，被那些人丢到了河里。

"当他走到我的办公室时，"舒维伯先生说，"满身都是泥和水。我问他对那些把他丢进河里的人怎样说？他回答说：'我只是报之一笑。'"

舒维伯先生说，最后他就把这个德国老者的话当作他的座右铭：只报之一笑。当你成为不公正批评的受害者时，这个座右铭特别管用。别人骂你的时候，你可以回骂他，但是对那些报之一笑的人，你能说什么呢？

林肯要不是学会了对那些谴责他的话置之不理，恐怕他早就承受不住内战的压力而崩溃了。他写下的怎样处理别人批评自己的方法，已经成为一篇文学意义上的经典之作。在二次大战期间，麦克阿瑟将军曾经把这些话抄写下来，挂在他总部写字桌的墙上，而英国首相丘吉尔也把这段话镶了边框，挂在他书房的墙上。这段话是这样的："假如我只是试着要去读——更不用说去回答所有对我的攻击，这店不如关了门，去做别的生意。我尽我所知的最好办法去做——也尽我所能去做，而我计划一直这样把事情做完。如果结果证明我是错的，那样即便花十倍的力来说我是对的，也没有什么用。"

用幽默化解危机

◇并非所有人都具有很强的攻击性，而有的人只是为了想要让别人发笑，以得到赞美，另外，他们会采用嘲弄的策略来引人注意。

◇如果你不喜欢被嘲弄，而且容易受到狙击的伤害，那么其实你非常容易成为狙击手的目标。

心理学研究表明，并非所有人都具有很强的攻击性，而有的人只不过是想要获得别人的注意。有时候只是因为了想要让别人发笑，来得到赞美，另外，他们会采用嘲弄的策略来引人注意。

有时候这种"奚落的幽默"反而能增加彼此的友谊。在今天电视媒介处处存在的情况下，这被人称之为情景喜剧。这种喜剧中每个人都无情地嘲弄别人，观众于是大笑不已，但是对真实的嘲弄一笑了之。但是有时候开玩笑的狙击，可能会造成致命的伤害。

让我们先来看下面一个实例。

达伦和杰伊同是工程师，而且又都在一家高科技公司任职。达伦的年纪比杰伊长 5 岁，而在公司的工龄也比杰伊多 3 年，众人都认为达伦升迁的可能性大。但是杰伊为人随和，工作努力，做事主动，并且有丰富的创造力。后来，他的努力终于获得上级的赏识而且得到回报了：他被提升为地区业务经理。

上任之后的第一个星期，有一回杰伊在停了车走进办公大楼，朝新办公室走的时候，看到整班的人都围着达伦站在走道上，他们似乎对达伦所说的每句话都很在意，而且笑得很开心。但是当杰伊走近这群人的时候，他们的笑声却戛然而止，不过杰伊却可以清楚地听到达伦对他恶毒的狙击。达伦注意到他的听众不再笑了，于是把头转向众人目光的方向，结果看到杰伊狼狈的表情："噢，原来是来了个大人物！"

"我怎么会遭到这样的待遇？"杰伊自问，又想着对这位"狙击手"的攻击该怎样回应？

狙击行为背后的动机各有不同。有些人对事情的发展感到愤怒，有些人则会对阻碍计划的人怀恨在心并采取狙击行为。有些人会利用狙击来打击任何可能阻碍他们计划的人。有些人狙击的目的只不过是想获得别人的注意。

想要做完事情的人，如果遇到事情没有照计划进行，或是遇到受到他人阻挠的情形，可能会通过狙击的手段来消除异己。为了避免遭人报复，狙击手常常会采取在暗中行动。暗暗地使用一些无礼的批评、讽刺的幽默、尖酸刻薄的口气和眼神等。狙击手也会说一些"张冠李戴"、风马牛不相及的话，使人摸不着头脑而出尽洋相，也就是说，他会把令人困惑当成是一种武器。

以达伦和杰伊的例子来说，达伦生气的原因就是因为自己没有获得升迁，而且把这件事怪到杰伊身上。

如果你不喜欢被嘲弄，而且容易受到狙击的伤害，那么其实你非常容易成为狙击手的目标。一旦这种个性被传出去，就会有人利用你的个性去狙击你了。如果你是那种无法忍受狙击的人，对方会利用你的弱点而变得毫无禁忌。受到这样的捉弄之后，你可能想要盲目地反击或是逃跑。如果你选择上两种中的任一种，也许你可以改变局面，不过要小心，如果你还没有学会以幽默的方式来对难缠人物说些令人不快的事，你多半会失败，因此你最好勇敢地面对狙击。要停止狙击，最好先学会与他们和平共处。因为如果你没有反应，狙击便变得毫无意义了。对付狙击手要先培养出好奇的态度，采取旁观者的姿态来看这样的行为。如果狙击手攻击你，不要把它当成是针对自己而发的，希望你有足够的好奇心。把注意力放在狙击手身上，而不是自己的身上。因为狙击行为的出现可能是缺乏安全感，你大可把头痛人物的行为看成是缺乏安全感的小学生行为。也许你还记得对讽刺最好的反应是："我知道你是这样，而我呢？"其次是"我们两个半斤八两，那么骂我和骂你是一样的"。这样做会很有帮助，虽然难以置信，不过确实有惊人的力量，说出来也是具有同样的力量。

　　玛丽有个同事叫罗恩，总喜欢在会议的时候狙击她。有一天，在受到狙击之后，她以天真的口气说："我知道你是这样的人，而我呢？"会议上除了罗恩，每个人都对他们的对话内容大笑不已。玛丽以幽默的方式让气氛轻松起来，不但化解了自己的不快，也从这么简单的一句话中让人看出了狙击手的幼稚。罗恩显然觉得自讨没趣，以后就再也不对她发动狙击了。

　　幽默是一个人应对危机的最佳态度。苏格拉底有一次在和自己的学生讨论哲学问题的时候，他的太太突然破门而入，当着众人的面，指着苏格拉底劈头盖脸地一顿臭骂，事后还不解气，将屋角的一盆凉水对着苏格拉底的头顶便浇了下去，众人都惊呆了。没有想到苏格拉底静静地擦了擦身上的水，微笑地说道："没什么，我知道打雷后通常都会下雨。"众人都被苏格拉底的幽默和睿智逗得大笑起来。一场尴尬一转眼便消解得无影无踪。

　　同样，生活中我们也难免会受到一些言语的攻击和伤害，如果我们能够以微笑应对，用幽默清洗不快，我们就会成为一个不被言语所伤的智者。

第十五章 ～
CHAPTER 15

逆风飞扬，舞出生命精彩

有悲伤的地方才会有圣地

◇伟人，就是像神那样无畏的普通人。

◇为自己的错而悲伤的人有福，因为他们必定会得到安慰。

◇坐在幸福的椅垫上，人会睡着；在被奴役、被鞭打而受苦的时候，人才会得到学习一些事物和道理的机会。

要成功并不容易。想要获得成功的人得像风筝，与强风对抗，方能升向高空。立基于成功的信念，以便坚定向前，无惧于沿途所遭逢的困难。

确定你的信念能支持你在迈向成功的旅程中，忍受一切艰难险阻。当你确知自己在做什么，当你有个明确的目标和实施计划，那么，你或许得与周遭的狂风搏斗，却不至于有被吹垮的顾虑。风势愈强，你会飞得愈高。

超越自然的奇迹，总是在对厄运的征服中出现。塞涅卡曾说："伟人就是像神那样无畏的普通人。"这是一句诗一样美的妙语。古代诗人在他们的神话中曾描写过：当赫克里斯去解救普罗米修斯的时候，他是坐在一个瓦盆里漂洋过海的。这个故事其实正是对于人生的象征：因为每一个人也正是驾着血肉之躯的轻舟，横渡波涛翻滚的生活之海的。幸运中需要的美德是节制，而厄运所需要的美德是坚忍，后者比前者更为难能。一切幸运都并非没有烦恼，而一切厄运也绝非没有希望。最美的刺绣，是以明丽的花朵映衬于暗淡的背景，而绝不是以暗淡的花朵映衬于明丽的背景。从这种图像中去汲取启示吧。人的美德犹如名贵的香料，在烈火焚烧中散发出最浓郁的芳香。正如恶劣的品质可以在幸运中暴露一样，最美好的品质也正是在厄运中被显示的。

"你如果是贫穷的，你是幸福的，因为神是属于你们的。""为自己的错而悲伤的人有福了，因为他们必定会得到安慰。"这是《圣经》里的话。前句的意思，当然不用细说，只有贫穷的人，才了解神是照顾他们的。只有经过悲伤的人，才会成长。

19世纪，英国诗人奥斯卡·怀路曾在监狱服刑期间写过这样的话：

"有悲伤的地方，才有圣地，相信社会中的每一个人早晚都会了解到这一点！还未了解这一点之前，可以说那是他还不了解人生！"

也就是说，突破眼前的悲伤或痛苦之后，才能到达豁然的境界。

著有《睡着成功》这本书的美国牧师马非先生，也曾说过："一切的灾祸中，一定匿藏着幸运的胚芽。"下面就是他写的一段文字：

"坐在幸福的椅垫上，人会睡着；在被奴役、被鞭打而受苦的时候，人才会得到学习一些事物和道理的机会。"

换句话说，先得到幸福的，后面就紧跟着不幸。伟大的哲学家老子，也曾说过"祸兮，福所倚；福兮，祸所伏"的至理名言。年轻的朋友们，先看一看这个人的经历吧，他一定会给你许多的启发。

1832年，他失业了；同一年里，他决心要做政治家，当上一名州议员，但不幸的是他的竞选又失败了。

于是，他又自己开办了一家店铺，可上帝总爱和他开玩笑。一年不到，店铺又倒闭了。他不得不在长达17年的时间里，为偿还债务而到处奔波，吃尽了苦头。

他又一次决定参加竞选州议员，这一次他成功了！但不幸并没有离他远去，第二年，在离他结婚仅有几个月的时候，他的未婚妻却不幸因病去世了，他也悲伤得卧床不起。次年，他因此而得了神经衰弱症。

两年之后，他又参加州议会的选举，可他又失败了。5年后，他又参加美国国会议员的选举，仍然是失败。

第二年，也就是1846年，他最终当上了国会议员，可在争取连任时，他却又一次落选了。

世上的失败事情几乎让他全撞上了：店铺倒闭，情人去世，竞选败北。他会怎么样呢？会不会放弃奋争呢？

现实中的他却没有服输。1854年，他竞选参议员，失败；1858年，再一次竞选参议员，仍然是失败！

他尝试了11次，可只成功了两次，但他一直没有放弃自己的追求，一直在做自己生活的主宰。1860年，他终于获得了成功，当选为美国总统。这个人就是林肯——美国历史上最伟大的总统之一。

要是生命中每一项我们所求的事物，都只要花极少的努力就可以得到预期的结果，我们将什么也学不到，而生命也将索然无味。做什么事都成功，人将会变得多么傲慢自大！失败才能使人谦虚。当自己面对失败，要理性地劝慰自己：这是绝佳的学习机会，诚然不易，但这的确是难得的经验。

在克里米亚的一次战争中，有一枚炮弹击中一个城堡后，毁灭了一座美丽的花园。可在那个炮弹落下的深穴里，竟不住地流出泉水来，后来这里竟然成了一个永久不息的著名喷泉。同样，不幸与苦难，也会将我们的心灵炸破，而在那炸开的缝隙里，也会时刻流出奋斗前进的泉水来。

对于一个人来说，假使你年轻时便知道怎样对付打击，那么以后再碰到打击的时候，便能处置得更为适当些。

苦难失败往往会激发人的潜力，唤醒沉睡的雄狮，引人走上成功的道路。有勇气的人，会把逆境变为顺境，如同河蚌能将恼它的沙泥化成珍珠一样。

一个真正勇敢的人，愈为环境所迫，反而愈加奋勇，不战栗不逡巡，昂首挺胸，意志坚定；他敢于对付任何困难，轻视任何厄运，嘲笑任何障碍，因为贫穷困苦不足以伤他毫发，反而增强了他的意志、品格、力量与决心，这使他成为一个卓越的人。对于这样的人，命运绝无法阻挡他们的前程。

所以，年轻的朋友们，一定要记住奥斯卡给我们留下的诗句："有悲伤的地方，才有圣地。"

学会赢在失败

◇已经得到第一名的人，不会遇到比得第一名更荣耀的事了，对他而言，顶多只能继续保持第一名而已，而且还可能有降到第二名或第三名的不幸事件。相反，得到最后一名的人，对他来说，最坏的结果也只是最后一名而已，但有进步到倒数第二、第三，甚至为第一名的可能。

◇那些能成功的人，只不过比别人多坚持了5分钟。

纵观人类历史上的伟人和杰出人物，他们中的相当一部分人曾经有过艰辛的童年生活，甚至还备受命运的虐待，但强者总是善于找到生命的支点。他们及时调整了自己的心态，坚韧地承受着生活的艰辛，在一贫如洗的岁月里安然走过，并用恒久的努力打破了重重的围困，在脱离了贫穷困苦的同时也脱离了平凡，造就了卓越与伟大。

有的苦难是如此的严重，一旦向它屈服，就等于输掉整场比赛。李奇威将军担任指挥官时，发现兵力推进太过，而受到敌军的猛烈攻击。但他坚持守住阵地而使美军免于被逼入海中，而且很快地进行反攻。挫折发生时，你也许没有时间来考虑修正错误以避免更进一步的失误。但千万别裹足不前，此刻最重要的是确定自己的目标，并采取能保存你所有的资源及希望的行动。要是你就此认输，你将失去自信且难以再恢复。

所以你必须坚守原则，最后你将知道，你保住了自身所拥有的最重要的东西。

要是你曾仔细地反省自己，并研究那些你所钦慕的成功者的一生，你就会发现所有最好的机会，都发生在处于逆境的时候。因为只有在面对失败的可能时，才会想要做一根本的改变，从险中求胜。当你经历一些暂时的挫折，你也知道这只是暂时的，你就可以抓住逆境带来的机会。

有一天，两个强盗偶然路过一座吊死犯人的绞架，其中一个便叫起来："如果没有这该死的吊死人的绞架，我们的职业是多么好呀！"另一个强盗接着说："呸！你这笨蛋，好在有这架子，如果没有的话，人人都要做强盗了，哪轮得到你我？"

其实，世界上的各种职业、技艺与事业，莫不如此，都是因为困难吓退了一些庸碌的竞争者。斯潘琴说："许多人的生命之所以伟大，都来自他们所承受的苦难。"最好的才干往往是从烈火中冶炼的，都是从坚石上磨炼出来的。

世界上有许多人因为没有经历苦难的磨炼，激发不出他们体内潜伏着的力量来，因此他们的才能竟然得不到淋漓尽致的发挥。而只有努力奋进才能帮助人们达到成功的境地，只有尽力奋斗的人才会获得自己心中期望的东西。

苦难与障碍并不是我们的仇人，而是我们的恩人。因为我们人人都有一种逆反的心理，这种逆反的心理在人体里发展了反对的力量。正是苦难与障碍的出现，使得我们体内克服障碍、抵制苦难的力量得以发展。这就好像森林里的橡树，经过千百次暴风雨的摧残，非但不会折断，反而愈见挺拔。正像暴风雨吹打橡树一般，人们所承受的种种痛苦、折磨和悲伤，也在启发人们的才能，都在锻炼他们。

芝加哥北密契根大道的一个地区现称为"富丽里"。1939 年，那里的办公楼群可说是日暮途穷了。一座座大楼只有空荡荡的地板。一座楼出租出去一半就算是幸运的，这正是商业不景气的一年。消极的心态像乌云一般笼罩在芝加哥不动产商的心头。那时，你常可以听到这样一些论调："登广告毫无意义，根本就没有钱。""我们没有必要工作了。"然而就在这时，一位抱着积极心态的经理进入了这个景象阴翳的地区。他有一个想法，他立即行动起来了！

这个人受雇于西北互助人寿保险公司，前来管理该公司在北密契根大道上的一座大楼。公司是以取消抵押品的赎取权而获得这座大楼的。他开始担任这项工作时，这座大楼只出租了10%。但不到一年，他就使它全部租出去了，而且还有长长的待租人名单送到他的面前。这其中有什么秘密呢？新经理把无人租用办公室作为一个挑战，而不是作为一个不幸。我们访问他时，他介绍了他所做的事情：

"我清楚地知道我要干什么，我要使这些房间100%地租出去，在当时的情况下，要做到这一点是很难的。因此我必须把工作做到万无一失，必须做到下列5点：

"（1）要选择称心的房客。

"（2）要激发吸引力，给房客提供芝加哥市最漂亮的办公室。

"（3）租金要不高于他们现在所付的房租。

"（4）如果房客按为期一年的租约付给我们同样的月租，我就对他现在的租约负责。

"（5）除此以外，我要免费为房客装饰房间。我要雇用富有创造性的建筑师和内装工，改造我们大楼的办公室，以适合每个新房客的个人爱好。

"我通过推理，可以得到下列结果：

"（1）如果一个办公室在以后几年中不能出租，我们就不能从那个办公室得到收入，但如果照我的方法做，我们到年底可能得不到什么收益，但这种情况总不会比我们没有采取任何行动时的情况更糟。而我们的境况应该好，因为我们满足房客的需要，他们在未来的年份中会准时如数地交付房租。

"（2）出租办公室仅以一年为基数，这是已经形成了的习惯。在大多数情况下，房间仅仅只空几个月就可接纳新的房客。因此，得到租金的希望就不至于太落空。

"（3）在一所设备良好的大楼里，如果一个房客一定要在他租约满期的那一年的末期退租，也比较易于再租。免费装饰办公室也不会得不偿失，因为这会增加全楼的股票价值，结果极好。每一个新近装饰过的办公室似乎都比以前更为富丽堂皇。房客都很热心，许多房客花费了额外的费用。有一个房客在改建工作中就花费了2）2万美元。

"这座大楼开始时只租出10%，到年底便100％地租出了。没有一个房客在他的租约满期后想走的。他们很高兴住上了超摩登的新办公室。第一年的租约期满后，我们也没有提高租金；这样，我们就赢得了房客的信任和友情。"

现在让我们回顾一下这个故事的始末。有一个人面临着一个严重的问题。他手上有一座巨大的办公大楼，可是这座大楼9/10的办公室都是空闲未租。然而，在一年内这座大楼便100％地出租了。现在，就在它的隔壁左右，仍有几十座大楼是空荡荡的。

这两种情况之间的差别当然就是每座大楼的经理对这个问题所持的不同的心理态度。一种人说："我有一个问题，那是很可怕的。"另一种人说："我有一个问题，那是很好的！"

如果一个人能够抓住他的问题尚未显露出真相的好机会，洞察它并寻求解决，那么他就是懂得积极心态之要义的人。

如果一个人能形成一种行之有效的想法，并紧接着付诸实行，他就能把失败转变为成功。

简单地说，已经得到第一名的人，不会有比得到第一名更荣耀的事了，对他而言，顶多只能继续保持第一名而已，而且还有可能会降到第二名或第三名的不幸事件。相反的，得到最后一名的人，对他来说，最坏的结果也只是最后一名而已，但有进步为倒数第二、第三名的可能。困境对我们来说反而是一种刺激，而且可以激励我们的成长与进步。

这里所指的贫穷或富裕，当然不单独指经济上的因素，也可以说是失败和成功、堕落和成长，也就是一般人常说的"顺境与逆境"。日本著名作家谷口雅春先生在他的著作《你是无限能力者》一书中曾说过——"坠落才是机遇"，其意义也是相同的。这些话，都是我们应该好好体会的。的确，如果一粒麦子不落地死亡，怎能再结出许多麦子呢？经历了越激烈的痛苦，在精神上、人格上，也会越早成熟、越早进步。

因此，一旦当我们面临困境时，不要畏惧退缩，心中只要牢牢记住一件事：不要被逆境所吞噬。纵使你面临着前所未有的激烈痛苦，也不要因此而被淹没。

要知道如果太过于沉溺于自怜自艾之中，将会因为这一次的堕落而失去一切，永不得翻身。我们应该庆幸逆境来临，因为这正是我们考验自己的最佳良机，坚强地渡过危险之后，一条坦荡的康庄大道将展现在我们面前。

"能够成功的人，只不过比别人多坚持了5分钟。"你我均应牢记这句话。

化劣势为优势

◇越研究那些有成就者的事业，人们就越加深刻地感觉到，他们之中有非常多的人之所以成功，是因为开始的时候有一些会阻碍他们的缺陷，促使他们加倍地努力而得到更多的报偿。正如威廉·詹姆斯所说的："我们的缺陷对我们有意外的帮助。"

◇如果你的 A 弦断了，就在其他三根弦上把曲子演奏完。

尼采对超人的定义是："不仅是在必要情况之下忍受一切，而且还要喜爱这种情况。"

越研究那些有成就者的事业，人们就越加深刻地感觉到，他们之中有非常多的人之所以成功，是因为开始的时候有一些会阻碍他们的缺陷，促使他们加倍地努力而得到更多的报偿。正如威廉·詹姆斯所说的："我们的缺陷对我们有意外的帮助。"

不错，很可能密尔顿就是因为瞎了眼，才能写出更好的诗篇来；而贝多芬是因为聋了，才能作出更好的曲子。

海伦·凯勒之所以能有光辉的成就，也就是因为她的瞎和聋。

如果柴可夫斯基不是那么的痛苦——他那个悲剧性的婚姻几乎使他濒临自杀的边缘——如果他自己的生活不是那么悲惨，他也许永远不能写出他那首不朽的《悲怆交响曲》。

"如果我不是有这样的残疾，"那个在地球上创造生命科学的基本概念的人写道，"我也许不会做到我所完成的这么多工作。"达尔文坦白承认他的残疾对他有意想不到的帮助。

达尔文在英国出生的那一天，另外一个孩子生在肯塔基州森林里的一个小木屋里，他的缺陷也对他有帮助。他的名字就是林肯——亚伯拉罕·林肯。如果他出生在一个贵族家庭，在哈佛大学法学院得到学位，而又有幸福美满的婚姻生活的话，他也许绝不可能在心底深处找出那些在盖茨堡所发表的不朽演说。他不会说出他第二次政治演说中所说的那句如诗般的名言——这是美国的统治者所说的最美也最高贵的话——"不要对任何人怀有恶意，而要对每一个人怀有爱……"

有一位大学毕业生曾经给一位报社编辑写了一封信。在信中，他写道：

我是一名大学毕业生，参加工作已 5 年。5 年来我工作顺利，深得领导赏识，按理该没有什么忧虑。但是，自古男大当婚，女大当嫁，我已到了恋爱结婚的年龄，就是这件事，弄得我好忧虑，好伤心。

我的身高只有 1.64 米，这是爹妈给的，并非我的过错。可人家帮我介绍过 3 个女朋友，最后都以"拜拜"告吹。她们说，学历、文凭和工作单位没说的，只是个子太矮了，没有风度，没气派。有位姑娘还很惋惜地说："可惜，只要再高 6 公分，有 1.70 米就好了。"

这 6 公分之差，使我非常痛苦。现在我有点心灰意冷，恨爹妈为什么不让我长高些。因此工作也无精打采，我不愿这样消沉下去，可我该怎么办呢？

其时，有些人之所以烦恼、忧虑，正是由于自卑。

其实身材矮小何必自惭形秽？一位国际舞台上的名矮子对此自有一番高论。他名叫罗慕洛，长期担任菲律宾的外交部长，他身高也只有 1.63 米。面对高大的对方，他一点不自卑，却以此自豪。他写了一篇在世界上出名的文章，叫《愿生生世世为矮人》。现在附在下面，读了以后，你就会知道矮子确有矮子的好处。

有一次，在巴黎举行的联合国会议上，我和苏联代表团团长维辛斯基激辩。我讥刺他提出的建议是"开玩笑"。突然之间，维辛斯基把他所有轻蔑别人的天赋都向我发挥出来。他说："你不过是个小国家的人罢了。"

在他看来，这就是辩论了。我的国家和他的相比，不过是地图上的一点而已。而且我自己穿了鞋子，身高只有 1.63 米。

即使在我家中，我也是矮子。我的 4 个儿子全比我高七八厘米。我的太太穿高跟鞋的时候，要比我高寸把。我们婚后，有一次她接受访问，曾谦虚地说："我情愿躲在我丈夫的影子里，沾他的光。"一个熟悉的朋友就打趣地说："这样的话，就没有多少地方好躲了。"

我身材矮小，和鼎鼎大名的人物在一起时，常常特别惹人注意。第二次世界大战期间，我是麦克阿瑟将军的副官，他比我高 20 厘米。那次登陆雷伊泰岛，我们一同上岸，新闻报道说："麦克阿瑟将军从深及腰部的水中走上了岸，罗慕洛将军和他在一起。"一位专栏作家立即拍电报调查真相。他认为如果水深到麦克阿瑟将军的腰部，我就要淹死了。

我一生当中，常常想到高矮的问题。我但愿生生世世都做矮子。

这句话可能会使你诧异，许多矮子都因为身材而自惭形秽。我得承认，年轻的时候也穿过高底鞋，但用这个法子把身材加高实在不舒服，并不是身体上的，而是精神上的不舒服。

这种鞋子使我感到，我在自欺欺人，于是我再也不穿了。

其实这种鞋子剥夺了我天赋的一大便宜。因为：矮小的人起初总被人轻视，后来，他有了表现，别人就觉得出乎意料，不由得佩服起来，在他们心目中，他的成就格外出色。

有一年我在哥伦比亚大学参加辩论小组，初次明白了这个道理。我因为矮小，所以样子不像大学生，就像小学生。一开始，听众就为我鼓掌助威，在他们看来，我已经居于下风，而大多数人都喜欢看居下风的人得胜。

我一生的境遇都是如此。平平常常的事经我一做，往往就似乎成了惊天动地之举，因为大家对我毫不寄以希望。

1945年，联合国创立会议在旧金山举行，我以无足轻重的菲律宾代表团团长身份，应邀发表演说。讲台差不多和我一样高，等到大家静下来，我庄严地说出这一句话："我们就把这个会场当作最后的战场吧。"全场登时寂然，接着爆发出一阵热烈的掌声。我放弃了预先准备好的演讲稿，畅所欲言，思如泉涌。后来，我在报上看到当时我说了这样一段话："维护尊严，言辞和思想比枪炮更有力量……唯一牢不可破的防线是互助互谅的防线！"

这些话如果是大个子说的，听众可能客客气气地鼓一下掌。但菲律宾那时离独立还有一年，我又是矮子，由我说出来，就有意想不到的效果。从那天起，小小的菲律宾在联合国大会中就被各国当作资格十足的国家了。

矮子还占一种便宜：通常都特别会交朋友。人家总想维护我们，容易对我们推心置腹。大多数的矮子早年就都懂得：友谊和筋骨健硕、力量强大一样重要。

早在1935年，大多数的美国人还不知道我这个人，那时我应邀到圣母大学接受荣誉学位，并且发表演说，那天罗斯福总统也是演讲人。事后他笑吟吟地怪我"抢了美国总统的风头"。

我相信，身材矮小的人往往比高大的人富有"人情味"而平易近人。他们从小就知道自视绝不可太高，身材魁梧的人态度冷峻，别人会说他有"威仪"。但是矮小的人摆出这种架子来，大家就要说他"自大"了。

矮子如果稍有自知之明，很早就会明白脾气是不好随便乱发的。大个子发脾气，可能气势汹汹，矮子就只像在乱吵乱闹了。

一个人有没有用，和个子大小无关。身材矮小可能真有好处。历史上许多伟大的人物都是矮子。贝多芬和纳尔逊都只有1.63米高，但是他们和只有1.52米高的英国诗人济慈及哲学大师康德相比，已经算高大的了。

当然还有一位最著名的矮子是拿破仑。好些心理学家说，历史上之所以有拿破仑时代，完全是拿破仑的身材作祟。人们说，他因为矮小，所以要世人承认他真正是非常伟大的人物，失之东隅，收之桑榆。

本文一开始，我就提到苏联代表维辛斯基因为我胆敢批评他的国家而出言相讥的事，我不喜欢别人以为我任凭他侮辱矮子，而不加反驳。他一说完，我就跳起身来，告诉联合国大会的代表说，维辛斯基对我的形容是正确的，但是我又说："此时此地，把真理之石向狂妄的巨人眉心掷去——使他们行为有些检点，是矮子的责任（《圣经》里的典故）！"

维辛斯基凶狠地瞪着眼，但是没有再说什么。

"我愿生生世世做矮人！"这就是罗慕洛流传于世的名言。他不仅正视生活中的自我，极力消除传统文化的偏见，而且因自己与别人的身体的不同而感到快乐和自足。

哈瑞·艾默生·福斯狄克在他那本《洞视一切》的书中说："斯堪的那维亚半岛人有一句俗话，我们都可以拿来鼓励自己：北风造就维京人。我们为什么会觉得，有一个很安全而且很舒服的生活，没有任何困难，舒适与轻闲，这些就能够使人变成好人或者很快乐呢？正相反，那些可怜自己的人会继续地可怜他们自己，即使舒舒服服躺在一个大垫子上的时候也不例外。可是在历史上，一个人的性格和他的幸福，却来自各种不同的环境，好的、坏的，只要他们肩负起他们个人的责任。所以我们再说一遍：北风造就维京人。"

假设我们颓丧到极点，觉得根本不可能把我们的柠檬做成柠檬水。那么，下面是我们为什么应该试一试的两点理由——这两点理由告诉我们，为什么我们只赚而不会赔。

理由第一条，我们可能成功。

理由第二条，即使我们没有成功，只是怀着要化负为正的企图，也就会使我们向前看而不会向后看。所以，用肯定的思想来替代否定的思想，能激发你的创造力，能刺激我们根本没有时间也没有兴趣去忧虑那些已经过去和已经完成的事情。

有一次，世界最有名的小提琴家欧利·布尔举行一次音乐会，他小提琴的 A 弦突然断了，可是欧利·布尔就用另外的那三根弦演奏完了那支曲子。"这就是生活，"哈瑞·艾默生·福斯狄克说，"如果你的 A 弦断了，就在其他三根弦上把曲子演奏完。"

这不仅是生活，这比生活更可贵——这是一次生命上的胜利。

不要认为自己一无所有

◇对于那些生来一无所有的年轻人，我想向他们表示祝贺，因为他们出生在一个令人荣耀的境地。这种环境注定了他们必须孜孜以求，不懈努力才能够改变自己的处境，才能出人头地。

◇如果我能够选择的话，我宁愿给一个年轻人留下一些磨难让他们去承受，去磨砺，而不是留给他们万能的金钱，让金钱成为他们的负担和重压。

美国钢铁大王安德鲁·卡内基在一次讲话中这么说过：

"对于那些生来一无所有的年轻人，我想向他们表示祝贺。因为他们出生在一个令人荣耀的境地，这种环境注定了他们必须孜孜以求、不懈努力，才能够改变自己的处境，才能出人头地。对于一个年轻人而言，他要挎的最重的篮子莫过于一个盛满了各种证券的篮子。他通常会让这个篮子压得摇摇晃晃、站立不稳。

"在我们的这个城市里有无数的青年，他们依靠自己的力量努力拼搏，站在了最优秀的人群的前列，成为对社会有用的公民。他们无愧于授予他们的所有荣誉。而大部分富豪的子孙们却难以抵制住先辈们留给他们的一大笔财富的诱惑，沦落为对社会没有任何价值的寄生虫。

"如果我能够选择的话，我宁愿给一个年轻人留下一些磨难让他去承受、去磨砺，而不是留给他万能的金钱，让金钱成为他的负担和重压。值得你们害怕的竞争对手不是来自这个富有的阶层，不是你的那些富有的合作伙伴的后代子孙们，你要时刻警惕的竞争对手是那些来自贫穷家庭的青年们，那些比你还要贫穷的青年人，他们的父母甚至没有能力负担他们在这个学院里上一门课的费用，而你们却拥有这个，能够让你们在自己的同类中有了立于前排的决定性优势。

"你们要重视这些看来不可能在你这一个职位上向你挑战或是超越你的年轻人，不要轻视那些从普通的学校里走出来，一头扎进工作中的年轻人，也不要轻视那些在办公室里干诸如端茶扫地一类最低等活的年轻人，他很可能就是一匹黑马，你最好还是密切注意他，终有一天他会向你挑战的。"

1913年1月5日，凯蒙斯·威尔逊诞生于美国南方孟菲斯市西北的奥西奥拉小城镇。他的父亲查尔斯·凯蒙斯·威尔逊曾在海军服役，当一名司炉工和办事员，后来离开了海军，在国民人寿和意外事故保险公司工作，推销保险。由于工作出色，于1912年接受公司的委派，前往奥西奥拉，在那里开设一个办事处。他的母亲多尔·威尔逊出生在孟菲斯市一个十分贫困的家庭，她十多岁时就去当卖杂货的营业员。他们的小男孩出生了，这时对于这位年纪轻轻又有雄心壮志的保险代理人及其新娘来说，前途看来一片灿烂光明。他们给儿子取名为小查尔斯·凯蒙斯·威尔逊。

可是，仅仅9个月后，悲剧突然袭来。29岁的老凯蒙斯患了重病，是得了一种叫作肌肉萎缩性侧索硬化症的不治之症，支配肌肉运动的神经细胞出现病变衰退，非常痛苦。1913年10月4日，他还来不及看到自己的儿子过3周岁生日便去世了，并留下多尔——年方18岁就成了寡妇和单身母亲。

老凯蒙斯有预见，生前买了一份保价为2000美元的保险单，死后赔款付给多尔。这笔钱在1913年时是一笔可观的金额。可是，一名没有道德的丧葬用品销售商在同多尔打交道时，利用了年轻寡妇的悲痛心情，劝说她给亡夫大办丧事，从而把根据保险单得到的全部款项耗用殆尽。老凯蒙斯的墓葬颇有气魄，但丧事过后，多尔几乎分文不剩。

正是在那个年代、那个地方，一个年方18岁的寡妇几乎身无分文，却下定主意：任何艰难困苦都阻挡不住自己抚养儿子，并把他培养成将来在世界上有所建树、留下印记的人。

多尔带了她的婴儿回到了孟菲斯市，迁往沃特金斯北街336号自己的母亲处居住。在取得政府补助之前的那段日子里，多尔别无选择，只有走出家门去工作，以养活自己和年幼的儿子。威尔逊后来回忆说："我的母亲找到了一份工作，给一位牙医当助手，每周工资11美元。后来，她当上了一名簿记员。可是，她一个月的收入从来没有超过125美元。此情此景，你能想象得出吗？回首当年，那是何等艰难的岁月，真是度日如年啊！"

在这种困窘的生活环境下，凯蒙斯·威尔逊在年幼时就开始干活挣钱了。经过艰辛的创业历程，威尔逊经营过爆玉米花和弹球机，经营过电影院，幼年艰苦的生活使他成为孟菲斯市最坚定不移、蒸蒸日上的青年企业家之一，而立之年未过，便已创下庞大的事业。

纵观那些世界知名企业家的成功历程，我们会发现他们无一例外都是从一无所有的困境中白手起家，依靠自己坚韧的品质和不懈的努力，创下了引以为傲的世界，由命运的弃儿变成众人称羡的天之骄子。因此，如果你觉得命运对自己太不公平，请记住下面一句话：

苦难是金，不要认为自己一无所有。

当太阳升起时再度充满精神

◇要树立对自己的信心，对于每一次的挫折与失败，都要微笑地面对，不要害怕，不要退后，因为毕竟你才是自己的主宰。

◇成功者之所以成功，正是在于他们不惧怕失败，能在失败之后重新鼓起奋斗的勇气。

一个身处逆境却依旧能含着笑的人，要比一个陷入困境就立即崩溃的人获益更多。处逆境而乐观的人，才具有获得成功的潜质，并且要比一般人更强；而有好多人往往一处逆境，便立刻会感到沮丧，因此达不到他们的目的。

我们生活于一个竞争激烈的世界，人们以成功者及失败者来衡量成就，并且强调每一个胜利都会产生对等的失败。要是一个人赢了，理论上必定有人输了。但事实上，你自己与自己的竞争才是真正重要的。

在通往成功的道路上，能不能经得住失败的考验，决定了能否达到成功的目标。有的人因为失败而徘徊不前，悲观失望，他们往往会由于害怕失败而遭受到更多的失败，最终落于人后；有的人却是微笑地面对失败，从哪里跌倒再从哪里爬起来，用信心和勇气来战胜失败，他们往往都是踏上了成功巅峰的出类拔萃的人。

在我们的社会上，绝没有郁郁不乐者、忧愁不堪者或陷于绝望者的地位。如果一个人在他人面前总是表现出郁郁不乐，就没有人愿意同他在一起，人们都要避而远之。

人类的天性是喜欢与和谐快乐的人相处。一个人不应该做情绪的奴隶，让一切行动皆受制于自己的情绪，人应该反过来控制自己的情绪。无论你周围的境况怎样的不利，你也应当努力去支配你的环境，把自己从黑暗中拯救出来。当一个人有勇气从黑暗中抬起头来，面向光明大道走去后，后面便不会有阴影了。

许多人在疲累或沮丧的时候，会面对自己日常的工作而感到困惑："究竟我做的这一切有什么用处？"

在这里，我把自己一生所获得的最切实的感受告诉大家：

"要树立自己的信心，对于每一次的挫折与失败，都要微笑地面对，不要害怕，不要后退，因为毕竟你才是自己的主宰。"

心态会带给你成功。当你在和失败战斗时，就是你最需要积极心态的时候。当你处于逆境时，你必须花数倍的心力，去建立和维持自己的积极心态。同时也应动用你对自己的信心以及你的明确目标，将积极心态化为具体行动。

在经过对无数成功者成功秘诀的深入探讨之后，我们更有理由相信这一点："成功者之所以成功，正是在于他们不惧怕失败，能在失败之后重新鼓起奋斗的勇气。"

只有在现实生活中拥有百折不挠的勇气的人，才能深刻地领会"失败是成功之母"这句话的真正含义。

1510 年，帕里斯出生在法国南部，他一直从事玻璃制造业，直到有一天看到一只精美绝伦的意大利彩陶茶杯。这一下，改变了他一生的命运。

"我也要造出这样美丽的彩陶。"这是他当时唯一的信念。

他建起烤炉，买来陶罐，打成碎片，开始摸索着进行烧制。

几年下来，碎陶片堆得像小山一样，可他心目中的彩陶却仍不见踪影，他甚至无米下锅了。他只得回去重操旧业，挣钱来生活。

他赚了一笔钱后，又烧了 3 年，碎陶片又在砖炉旁堆成了山，可仍然没有结果。

以后连续几年，他挣钱买燃料和其他材料，不断地试验，都没有成功。

长期的失败使人们对他产生了看法。都说他愚蠢，是个大傻瓜，连家里人也开始埋怨他。他也只是默默地承受。

试验又开始了，他十多天都没有脱衣服，日夜守在炉旁。

燃料不够了。他拆了院子里的木栅栏，怎么也不能让火停下来呀！

又不够了！他搬出了家具，劈开，扔进炉子里。

还是不够，他又开始拆屋子里的木板。劈劈啪啪的爆裂声和妻子儿女们的哭声，让人听了鼻子都是酸酸的。

马上就可以出炉了，多年的心血就要有回报了，可就在这时，只听炉内"嘭"的一声，不知是什么爆裂了。所有的产品都沾染上了黑点，全成了次品。

眼看到手的成功，又失败了！

帕里斯也感受到了巨大的打击，他独自一人到田野里漫无目的地走着。不知走了多长时间，优美的大自然终于使他恢复了心里的平静，他平静地又开始了下一次试验。

经过 16 年无数次的艰辛历程，他终于成功了，而这一刻，他却一片平静。

他的作品成了稀世珍宝，价值连城，艺术家们争相收藏。他烧制的彩陶瓦，至今仍在法国的罗浮宫上闪耀着光芒。

帕里斯的成功之路是艰辛而漫长的。他的成功来得何等不易。在一次又一次的失败中一次又一次地重新站起，这正是帕里斯的成功所在。

影响人类成功最坏的敌人，便是思想的不健康，便是以沮丧的心情来怀疑自己的生命。其实，一切事情，全靠我们的勇气，和我们对自己有信仰，全靠我们对自己有一个乐观的态度。唯有如此，方能成功。然而一般人处于逆境的时候，或是碰到沮丧的事情，处于充满凶险的境地时，他们往往会让恐惧、怀疑、失望的思想来捣乱，于是丧失了自己的意志，以致使自己多年以来的计划毁于一旦。有很多人如同从井底向上爬的青蛙，辛辛苦苦向上爬，但是一旦失足，就前功尽弃。

突破困境，首先在于要肃清胸中快乐和成功的仇敌，其次在于要集中思想，坚定意志。只有运用正确的思想，并抱着坚定的精神，才能战胜一切逆境。

一个在思想心智上训练有素的人，能够做到在几分钟内从忧愁的思想中解脱出来。但是大多数人却不能排除忧愁去接受快乐，不能消除悲观去接受乐观。他们把心灵的大门紧紧地封闭起来，虽然费力在那里挣扎，却没什么成效。

人在忧郁沮丧的时候，要尽量改换自己的环境。但是，对于使自己痛苦的问题，不要过多去思考，不要让它再占据你的心灵，而要尽力想着最快乐的事情。对待他人，也要表现出最仁慈、最亲热的态度，说出最和善、最快乐的话，要努力以快乐的情绪去感染你周围的人。

这样做了以后，思想上黑暗的影子，必将离你而去，而那快乐的阳光将映照你的一生。

诗人马伦在一篇名为《机会》的诗中写出了积极心态的力量：

我哭不是因为失去了宝贵的机会；
我流泪不是因为精华岁月已成云烟；
每天晚上我都烧毁当天的记录；
当太阳升起又再度充满了精神。
像个小孩子似的嘲笑已顺利完成的光彩，
对消失的欢乐不闻不问；
我的思考力不再让逝去的岁月重回眼前；
但却尽情地迎向未来。

恐惧、自我设限以及接受失败，最后只会像莎士比亚所说的使你"困在沙州和痛苦之中"，但是你可借着信心、积极心态和明确目标来克服这些消极心态。

如果你能在失败之后，重新鼓起奋争的勇气，你就会离成功越来越近。而做到这一点，则取决于你积极的心态。面对失败时，要记住让自己的灵魂"在太阳升起时再度充满精神"。

第十六章 ～
CHAPTER 16

迈向活力的巅峰

你为什么会疲劳

◇我们所感到的疲劳绝大部分是由于心理的影响。事实上，纯粹由生理引起的疲劳是很少的。

◇一个坐着工作的人，如果健康情形良好的话，他的疲劳100%是受心理因素，也就是情感因素的影响。

◇困难的工作本身很少造成好好休息之后不能消除的疲劳，忧虑、紧张和情绪不安才是产生疲劳的三大原因。

◇你在任何时候都能放松，任何地方也能放松，只是不要花费力气去让自己放松。

有一个很令人吃惊而且非常重要的事实：单单用脑不会使你疲倦。这句话听起来非常荒谬，可是几年之前，科学家曾试图了解，人类的脑子能够工作多久而不致使"工作效率降低"，也就是科学上对疲劳的定义。令这些科学家们非常吃惊的是，他们发现通过活动中的脑细胞的血液，毫无疲劳的迹象；但如果你由一个正在做工的人的血管里抽出血液，就会发现血液里充满了"疲劳毒素"和各种废物。但是如果你从爱因斯坦的脑部抽出血来，即使是在一天的终了，也不会有任何疲劳毒素在内。

如果只用脑的话，那么，"在8个甚至12个小时之后，工作能量还像开始时一样地迅速和有效率"，脑部是完全不会疲倦的……那么是什么使你疲倦呢？

心理治疗专家大都认为，我们所感到的疲劳，多半是由精神和情感因素所引起的。英国最有名的心理分析家 J.A.哈德非尔德在他那本《权力心理学》里说："我们所感到的疲劳绝大部分是由于心理的影响。事实上，纯粹由生理引起的疲劳是很少的。"

一位美国著名的心理分析家 A.A.布里尔博士说得更详细。他说："一个坐着工作的人，如果健康情形良好的话，他的疲劳 100%是受心理因素，也就是情感因素的影响。"

什么心理因素会影响到坐着不动的工作者，而使他们疲劳呢？是快乐？是满足吗？不是的，绝不是这样！而是烦闷、懊恨，一种不受欣赏的感觉，一种无用的感觉，过于匆忙、焦急、忧虑……这些都是使那些坐着工作的人精疲力竭的心理因素。它们使他容易感冒，减少他的工作成绩，而且会让他回家的时候带着神经性的头痛。不错，我们之所以感到疲劳，是因为我们的情绪使我们的身体紧张。

大都会人寿保险公司，在一本讨论疲劳的小册子上特别指出了这一点。"困难的工作本身，"这本小册子上说，"很少造成好好休息之后不能消除的疲劳，忧虑、紧张和情绪不安，才是产生疲劳的三大原因。通常我们以为是由劳心劳力所产生的疲劳，实际上都应该怪在这 3 个原因之上……请记住！紧张的肌肉，就是正在工作的肌肉，应该要放松，把你的体力储备起来，以应付更重要的责任。"

为什么我们在劳心的时候，也会产生这些不必要的紧张呢？丹尼尔·乔斯林说："我发现主要的原因……是几乎所有的人都相信，越是困难的工作，越要有一种用力的感觉，否则做出来的成绩就不够好。"所以我们一集中精神就皱起了眉头，耸起了肩膀，要所有的肌肉都来"用力"。事实上这对我们的思考，根本没有丝毫帮助。

碰到这种精神上的疲劳，应该怎么办呢？要放松！放松！再放松！要学会在工作时放轻松一点。

这很容易吗？那才不，你恐怕得把你养成了一辈子的习惯都改过来。可是花这种力气是值得的，因为这样可以使你的生活起革命性的变化。威廉·詹姆斯，在他那篇题名《论放松情绪》的文章里说："过度紧张、坐立不安、着急以及紧张痛苦的表情……这是一种坏习惯，不折不扣的坏习惯。"紧张是一种习惯，放松也是一种习惯，而坏习惯应该祛除，好习惯应该养成。

你怎样才能放松呢？是该先从思想开始，还是该从你的神经开始呢？二者都不是。你应该先放松你的肌肉。

让我告诉你应该怎么做。我们先从你的眼睛开始，先把这一段读完，当你读完之后，把头向后靠，闭起你的眼睛来。然后默不出声地对你的眼睛说："放松，放松；不要紧张，不要皱眉头；放松，放松。"如此慢慢地重复、再重复念一分钟……

你是否注意到，经过几秒钟之后，你眼睛的肌肉就开始服从你的命令了？你是否觉得，有一只无形的手把这些紧张的情绪都驱走了。噢，虽然看起来令人难以置信，可是在这一分钟里，你却已经试过了放松情绪艺术的全部关键和秘诀。你可以用同样的办法放松你的脸部肌肉、头部、肩膀、整个身体。但是你全身最重要的器官，还是眼睛。芝加哥大学的爱德蒙德·雅各布森博士曾说，如果你能完全放松眼部肌肉，你就可以忘记你所有的烦恼了。在消除神经紧张时，眼睛之所以这样重要，是因为它们消耗了全身散发出来能量的 1/4。这也就是为什么很多眼力很好的人，却感到"眼部紧张"，因为他们自己使眼部感到紧张。

以写长篇小说著名的女作家维基·鲍姆曾说，她小时候遇见一位老人，教了她一生所学过的最重要的一课。她摔了一跤，跌破了膝盖，还扭伤了手腕。那个以前在马戏团当小丑的老人把她扶了起来，在帮她把身上灰尘拂干净的时候，老人说："你之所以会碰伤，是因为你不知道怎样放松你自己。你应该假装你自己软得像一只袜子，像一只穿旧了的袜子。来，我来教你怎么做。"

那个老头子就教她和其他的孩子们怎么样跑，怎么样跳，怎么样翻斤斗，还一直教他们说："要把你自己想象成一只旧袜子，那你就能放松了。"

任何时候都能够放松，任何地方你也能够放松，只是不肯花费力气去让自己放松。所谓放松，就是消除所有的紧张和力气，只想到舒适和放松。开始的时候先想怎样放松你眼部的肌肉和脸上的肌肉，不停地说着："放松……放松……"放松，再放松。要感觉到你的体力，由你的脸部肌肉，一直到你身体的中心。要使你自己像孩子一样完全没有紧张的感觉。

这也是著名的女高音盖莉·库尔奇所用的办法。海伦·吉卜森告诉过我，他常常看见盖莉·库尔奇在表演之前坐在一张椅子上，放松全身的肌肉，而且下颚松得像脱臼似的。这种做法非常不错——可以使她在登台的时候，不至于感到太紧张，也可以防止疲劳。

下面是帮你学会怎样放松的 5 项建议：

（1）请看关于这方面的一些好书——大卫·哈罗·芬克博士所写的《消除神经紧张》。我也建议你看一看这本书——由丹尼尔·乔斯林所写的《为什么会疲倦》。

（2）随时放松自己，使你的身体软得像一只旧袜子。我工作的时候，常在书桌上放一只红褐色的旧袜子，提醒我应该放松到什么程度。如果你找不到一只旧袜子的话，一只猫也可以。你有没有抱过在太阳底下睡觉的猫呢？当你抱起它来的时候，它的头就像打湿了的报纸一样垮下去。印度的瑜伽术也教你，如果你想放松，应该多去学学猫。要是你能像猫一样地放松自己，大概就能避免这些问题了。

（3）工作时采取舒服的姿势。要记住，身体的紧张会产生肩膀的疼痛和精神上的疲劳。

（4）每天自我检讨5次，问问你自己："我有没有使我的工作变得比实际上更重？我有没有用一些和我的工作毫无关系的肌肉？"这些都有助于你养成放松的好习惯。就像大卫·哈罗·芬克博士所说的："那些对心理学最了解的人们，都知道疲倦有2/3是习惯性的。"

（5）每天晚上再检讨一次，问问你自己："我有多疲倦？如果我感觉疲倦，这不是我过分劳心的缘故，而是因为我做事的方法不对。""我算算自己的成绩，"丹尼尔·乔斯林说，"不是看我在一天完了之后有多疲倦，而是看我有多不疲倦。"他说："当那一天过完而我感到特别疲倦时，或者是我感觉我的精神特别疲乏的时候，我会毫无问题地知道，这一天不论在工作的质和量上都做得不够。如果每一位生意人都能学会这一点，因为神经紧张而引起疾病致死的比率，就会马上降低了，而且在我们的精神疗养院里，也不会再有那些因为疲劳和忧虑，导致精神崩溃的人。"

每日多清醒一小时

◇防止疲劳和忧虑的第一条规则是，经常休息，在你感到疲倦以前就休息，这样你每天清醒的时间就可以多增加一小时。

◇爱迪生认为他无穷的精力和耐力都来自他能随时想睡就睡的习惯。

◇休息并不是绝对什么事都不做，休息就是"修补"。

在这本谈论如何防止忧虑的书里，我为什么要写进防止疲劳的问题呢？很简单，因为疲劳容易使人产生忧虑，或者至少会使你较容易忧虑。任何一个还在学校里学医的学生都会告诉你，疲劳会减低身体对一般感冒和疾病的抵抗力；而任何一位心理治疗家也会告诉你，疲劳同样会减低你对忧虑和恐惧等等感觉的抵抗力，所以防止疲劳也就可以防止忧虑。

我是否说"可以防止不快乐"呢？这话说得太温和了些。艾德蒙·雅各布森医生说得更清楚。雅各布森医生是芝加哥大学实验心理学实验室的主任，他写过两本关于如何放松紧张情绪的书——《消除紧张》和《你必须放松紧张情绪》。他花过好多年的时间，主持研究放松紧张情绪的方法在医疗上的用途。他认为任何一种精神和情绪上的紧张状态，"在完全放松之后就不可能再存在了"。这也就是说，如果你能放松紧张情绪，就不可能再继续忧虑下去。

所以要防止疲劳和忧虑，规则第一条就是：经常休息，在你感到疲倦以前就休息。

这一点为什么重要呢？因为疲劳增加的速度快得出奇。美国陆军曾经进行过好几次实验，证明即使是年轻人——经过多年军事训练而很坚强的年轻人——如果不带背包，每一小时休息 10 分钟，他们行军的速度就会加快，也更持久，所以陆军强迫他们这样做。你的心脏也正和美国陆军一样的聪明。你的心脏每天压出来流过你全身的血液，足够装满一节火车上装油的车厢；每 24 小时所供应出来的能力，也足够用铲子把 20 吨的煤铲上一个 3 尺高的平台所需的能量。你的心脏能完成这么多令人难以相信的工作量，而且持续 50 年、70 年，甚至可能 90 年之久。你的心脏怎么能够承受得了呢？哈佛医院的沃尔特·加农博士解释说："绝大多数人都认为，人的心脏整天不停地在跳动着。事实上，在每一次收缩之后，它有完全静止的一段时间。当心脏按正常速度每分钟跳动 70 次的时候，一天 24 小时里实际的工作时间只有 9 小时，也就是说，心脏每天休息了整整 15 个小时。"

在第二次世界大战期间，丘吉尔已经六七十岁了，却能够每天工作 16 小时，一年一年地指挥大英帝国作战，实在是一件很了不起的事情。他的秘诀在哪里？他每天早晨在床上工作到 11 点，看报告、口述命令、打电话，甚至在床上举行很重要的会议。吃过午饭以后，再上床去睡一个小时。到了晚上，在 8 点钟吃晚饭以前，他要再上床去睡两个小时。他并不是要消除疲劳，因为他根本不必去消除，他事先就防止了。因为他经常休息，所以可以很有精神地一直工作到半夜之后。

约翰·洛克菲勒也创造了两项惊人的纪录：他赚到了当时全世界为数最多的财富，也活到 98 岁。他如何做到这两点呢？最主要的原因当然是，他家里的人都很长寿；另外一个原因是，他每天中午在办公室里睡半个小时午觉。他会躺在办公室的大沙发上——而在睡午觉的时候，哪怕是美国总统打来的电话，他都不接。

在那本名叫《为什么要疲倦》的书里，丹尼尔说："休息并不是什么事都不做，休息就是修补。"在短短的休息时间里，就能有很强的修补能力；即使只打 5 分钟的瞌睡，也有助于防止疲劳。棒球名将康尼·麦克告诉我，每次出赛之前如果他不睡午觉的话，到第五局就会觉得筋疲力尽了。可是如果他睡午觉，哪怕只睡 5 分钟，也能够赛完全场，并且一点也不感到疲劳。

我曾问过埃莉诺·罗斯福夫人，当她在白宫当第一夫人的 12 年里，如何应付那么紧凑的节目。她对我说，每次接见一大群人或者是要发表一次演说之前，她通常都坐在一张椅子或是沙发上，闭起眼睛休息 20 分钟。

我最近到麦迪逊广场花园，去拜访吉恩·奥特里这位参加世界骑术大赛的骑术名将。我注意到他的休息室里放了一张行军床。"每天下午我都要在那里躺一躺，"吉恩·奥特里说，"在两场表演之间睡一个小时。当我在好莱坞拍电影的时候，"他继续说道，"我常常靠坐在一张很大的软椅子里，每天睡两次午觉，每次 10 分钟，这样可以使我精力充沛。"

爱迪生认为他无穷的精力和耐力，都来自他能随时想睡就睡的习惯。

在亨利·福特过 80 岁大寿之前，我去访问过他。我实在猜不透他为什么看起来那样有精神，那样健康。我问他秘诀是什么，他说："能坐下的时候我决不站着，能躺下的时候我决不坐着。"

被称为"现代教育之父"的霍勒斯·曼在他年事稍长之后也是这样。当他担任安蒂奥克大学校长的时候，常常躺在一张长沙发上和学生谈话。

我曾建议好莱坞的一位电影导演试试这一类的方法，他后来告诉我说，这种办法可以产生奇迹。我说的是杰克·切尔托克，他是好莱坞最有名的大导演之一。几年前他来看我的时候，他是 M—G—M 公司短片部的经理，他说他常常感到劳累和筋疲力尽。他什么办法都试过，喝矿泉水、吃维他命和别的补药，但对他一点帮助也没有。我建议他每天去"度假"。怎么做呢？就是当他在办公室里和手下开会的时候，躺下来放松自己。

两年之后，我再见到他的时候，他说："出现了奇迹，这是我医生说的。以前每次和我手下的人谈短片的时候，我总是坐在椅子里，非常紧张。现在每次开会的时候，我躺在办公室的长沙发上。我现在觉得比我 20 年来都好过多了，每天能多工作两个小时，同时很少感到疲劳。"

你是如何使用这些方法的呢？如果你是一名打字员，你就不能像爱迪生或是山姆·戈尔德温那样，每天在办公室里睡午觉；而如果你是一个会计员，你也不可能躺在长沙发上跟你的老板讨论账目的问题。可是如果你住在一个小城市里，每天中午回去吃中饭的话，饭后你就可以睡 10 分钟的午觉。这是马歇尔将军常做的事。在第二次世界大战期间，他觉得指挥美军部队非常忙碌，所以中午必须休息。如果你已经过了 50 岁，而觉得你还忙得连这一点都做不到的话，那么赶快买人寿保险吧——最近葬礼的费用涨得相当高，而且这种事都来得非常突然，而那位小女人也许想拿你的保险金，去嫁一个比你年轻的男人呢。

如果你没有办法在中午睡个午觉，至少要在吃晚饭之前躺下休息一个小时，这比喝一杯饭前酒要便宜得多了。而且算起总账来，比喝一杯酒还要有效 5467 倍。如果你能在下午 5 点、6 点或者 7 点钟左右睡一个小时，你就可以在你生活中每天增加一小时的清醒时间。为什么呢？因为晚饭前睡的那一个小时，加上夜里所睡的 6 个小时——一共是 7 小时——对你的好处比连续睡 8 个小时更多。

从事体力劳动的人，如果休息时间多的话，每天就可以做更多的工作。弗雷德里克·泰勒，在贝德汉钢铁公司担任科学管理工程师的时候，就曾以事实证明了这件事情。他曾观察过：工人每人每天可以往货车上装大约 12.5 吨的生铁，而通常他们中午时就已经精疲力竭了。他对所有产生疲劳的因素做了一次科学性的研究，认为这些工人不应该每天只送 12.5 吨的生铁，而应该每天装运 47 吨。照他的计算，他们应该可以做到目前成绩的 4 倍，而且不会疲劳，只是必须要加以证明。

泰勒选了一位施密特先生，让他按照马表的规定时间来工作。有一个人站在一边拿着一只马表来指挥施密特："现在拿起一块生铁，走……现在坐下来休息……现在走……现在休息。"

结果怎样呢？别的人每天只能装运 12.5 吨的生铁，而施密特每天却能装运到 47.5 吨生铁。而当弗雷德里克·泰勒在贝德汉姆钢铁公司工作的那 3 年里，施密特的工作能力从来没有减低过，他之所以能够做到，是因为他在疲劳之前就有时间休息：每个小时他大约工作 26 分钟，而休息 34 分钟。他休息的时间要比他工作的时间多——可是他的工作成绩却差不多是其他人的 4 倍！

让我再重复一遍：照美国陆军的办法去做——常常休息；照你自己心脏做事的办法去做——在你感到疲劳之前先休息，这样你每天清醒的时间，就可以多增加一小时。

一张抗疲劳的良方

◇如果你在一天之中没有笑，那你这一天就算白活了。

◇"一笑解千愁"，"乐而忘忧"，笑能使人驱散忧虑和压抑的消极情绪，使人变得快乐。

笑口常开，青春常在。经常笑的人，会比心情郁闷、整天绷着脸的人拥有更多青春活力，同时，也更健康。

中国著名科普作家高士其曾高度评价笑的作用，他指出："笑，是治病的偏方，是健康的使者。"

传说神医华佗有一天路过一个村庄，看见一对小姐妹眼睛红肿如桃。华佗询问得知姐妹因失去双亲，日思夜哭，眼患重疾。华佗告诉他们："你们只要每日在足心抓49下，过半个月，病就会好的。不过，要当心，抓多了不灵，抓少了不行。"妹妹一有空就抓起来，手指一触足心就发痒，忍不住就笑，果然，不到半个月，眼疼就获痊愈，可谓"笑到病除"。可姐姐不相信，未按华佗医嘱去抓，两眼仍然红肿。

笑能使人精神愉悦，同时还对心脏大有好处；相反，心情沮丧则不利于身体健康，甚至会增加早死的危险。马里兰大学的迈克尔·米勒博士表示，笑给心血管带来的好处就像锻炼可以给心血管带来好处一样，因为笑可以促使血液流通。而北卡罗莱纳大学的另一项研究则表明，心情沮丧或缺少笑容常常与诸如抽烟、吸毒等不健康的生活习惯联系在一起，同时还能将死亡的危险增加44%。

在调查过程中，米勒选择了20部让人发笑的喜剧片或是会使人紧张不安的悲剧片，并让20名平均年龄为33岁的，不吸烟、身体健康的志愿者观看这些影片。当志愿者观看影片时，研究人员检测他们血管内发生的变化。研究显示，观看悲剧片时，20名志愿者中有14人胳膊上的动脉血流量减少；相反，在观看喜剧影片时，20人中有19人的血流量增加。研究人员得到的结论是，在笑的时候，血流量会平均增加22%；而当人们有了精神压力时，血流量则会减少35%。

由此，米勒博士得出这样的结论，笑和做有氧运动时差不多，但笑可以使我们远离由运动带来的伤痛和肌肉紧张等不良影响。但是，他也同时表示，笑也不可能取代体育锻炼，两者应该有规律地同时进行。他说："我们建议人们一周进行3次体育锻炼，每次30分钟；另外，每天要笑15分钟，这样会对人们保持活力和身体健康有好处。"

现在，世界各国的人们逐步认识到乐观幽默在生活和事业中的重要作用，于是都纷纷做出努力，千方百计地创造条件，让大家生活得快乐些。这些年，几乎在全世界都掀起了一股漫画热。尤其是在日本，漫画达到了风靡的程度，以至于形成了一种所谓漫画文化，使漫画成了与空气一样不可缺少的东西。现在日本最畅销的报刊就是漫画报刊。

据统计，漫画杂志一年可销售16.8亿册，平均每个日本人一年购买15册。人们认为，日本漫画热的形成首先是因为日本社会的高度紧张，人们都很疲劳，为了松弛一下，便纷纷逃到漫画世界里去。而现在，日本的一些漫画家甚至把一些难读难解的书籍如经济、历史等方面的著作也编成漫画。人们在轻松地阅读中领略到笑意，在笑意中理解书的内容，可真是寓教于乐。

我们在前文说过，笑是一种有益的健身锻炼，笑有利于消化、循环和新陈代谢，重要的是笑有助于乐观地对待现实。生活中如果没有了笑声，人就会生病，并使病情日趋严重，而幽默则能激起内分泌系统的积极活动进而有效地解除病痛。

乐观、愉快、喜悦、幽默和笑，都能使大脑皮层处于中等兴奋状态。这是一种最佳情绪和最佳心理状态。在这种最佳情绪和最佳心理状态下，大脑皮层对身体内外的刺激会产生最佳反应，并发出最佳指令，从而使身体各部分得到最佳调节，使生命活力和抵抗力得到最佳表现，从而最有利于心身，并能战胜各种疾病的侵袭；同时，它能使人的才能、智力、体力和创造力得到最佳发挥，所以又最有利于获得事业的成功和取得最佳的成就。

由此，我们认为，乐观的情绪是保健延年的最佳药方，是成就事业的最佳方法。健康的大笑是消除疲劳的最好方法，也是一种很愉快的发泄不良情绪的好方式。而看看喜剧或是听听笑话，从而引发内心的喜悦，让你由心底发出笑意也是一个松弛神经的好方法。

生理学家对笑的生理学原理进行了认真的研究，得出的结论是：笑具有很好的医疗效果。其中包括笑对血压的冲击力、对神经内分泌的反应、对呼吸的良好影响作用。

莎士比亚曾说过一句话："如果你在一天之中没有笑，那你这一天就算是白活了。"医学证明人在幽默欢乐的过程中，会引起荷尔蒙的改变，与长寿有着积极联系。

现在一些保健专家也建议：医生不要犹豫为病人开出"笑"的处方，给他们指出适当的笑的频率，教给病人一些发笑方法，这对健康和长寿是有益无害的。

归纳起来，笑有六大好处：

（1）增强肺的呼吸功能，清洁呼吸道；

（2）抒发健康的情感；

（3）消除神经紧张现象，使肌腱放松；

（4）散发多余的精力，驱除愁闷；

（5）减轻社会束缚感；

（6）克服羞怯心理，乐观地面对现实。

　　我相信，本书的很多读者会像奥尔嘉·加维一样，具有那种意志力和内在力量。她住在爱达和州，在最悲惨的情况之下，发现自己还能停止忧虑。我非常坚定地相信你和我也都能那样做，只要我们应用这本书里所讨论的一些很古老的道理。下面就是奥尔嘉·加维所写的故事：

　　"8年半以前，医生宣告我将不久于人世，会很慢、很痛苦地死去。国内最有名的医生——梅奥兄弟也证实了这个诊断。我走投无路，死亡就要扑向我。我还很年轻，我不想死，绝望之余，我打电话找到了我的医生，告诉他我内心的绝望。他有点不耐烦地拦住我说：'怎么回事，奥尔嘉？难道你一点斗志也没有吗？你要是一直这样哭下去的话，毫无疑问，你一定会死。不错，你碰上了最坏的情况。要面对现实，不要忧虑，然后想点办法。'就在那一刹那，我发了一个誓，我是如此坚决以至于连指甲都深深地掐进肉里，而且背上一阵发冷：'我不会再忧虑，我不会再哭泣，如果还有什么需要我常常想的，那就是我一定要赢！我一定要继续活下去！'

　　"在不能用镭照射的情况之下，每天只能用 X 光照射 10 分半钟，连续照 30 天。但他们每天为我照 14 分半钟的 X 光，照了 49 天。虽然我的骨头在我瘦削的身体里撑出来，像是荒凉山边的岩石，虽然我的两脚重得像铅块，我却不忧虑，也没哭过一次。我面带微笑，不错，我的的确确在勉强自己微笑。

　　"我不会傻到以为只要微笑就能治疗癌症。可是我的确相信，愉快的精神状态有助于抵抗身体的疾病。总之，我经历了一次治愈癌症的奇迹。在过去这些年里，我再也没有像现在这么健康过，这都多亏了这句富于挑战性和战斗性的话：'面对现实，不要忧虑，然后想点办法。'"

　　在这一节结束的时候，我要再重复一次亚历西斯·卡瑞尔博士的这句话："不知道怎样抗拒忧虑的人都会短命而死。"

4 个工作的好习惯

◇清除你桌上所有的纸张，只留下与你正要处理问题的有关东西。
◇根据事情的重要程度来做事。
◇当你碰到问题时，如果必须做决定，就当场决定，不要迟疑不决。
◇学会如何组织、分层管理和监督。

　　良好的工作习惯可以让一个人保持充沛的精力和持续高效地工作。下面我们为你推荐 4 种良好的工作习惯，可以让你高效工作，摆脱疲劳的困境。

良好的工作习惯之一：清除你桌上所有的纸张，只留下与你正要处理的问题有关的东西。

芝加哥与西北铁路公司的总裁罗兰德·威廉姆斯说："一个桌上堆满很多种文件的人，若能把他的桌子清理开来，留下手边待处理的一些，就会发现他的工作更容易，也更实在。我称之为家务料理，这是提高效率的第一步。"

如果你走进位于华盛顿特区的国会图书馆，你就可以看到天花板上悬挂着几个字，这是著名诗人波普曾写过的一句话："秩序，是天国的第一条法则。"

秩序也应该是商界的第一条法则。但是否如此呢？一般生意人的桌上，都堆满了可能几个星期都不会看一眼的文件。一家新奥尔良的报纸发行人有一次告诉我，他的秘书帮他清理了一张桌子，结果发现了一部两年来一直找不着的打字机。

光是看见桌上堆满了还没有回的信、报告和备忘录等等，就足以让人产生混乱、紧张和忧虑的情绪。更坏的事情是，经常让你想到"有 100 万件事情待做，可自己就是没有时间去做它们"，这样不但会使你忧虑得感到紧张和疲倦，也会使你忧虑得患高血压、心脏病和胃溃疡。

宾夕法尼亚大学医学院的教授约翰·斯托克博士，曾在美国医药学会全国大会上宣读过一篇论文——题目叫作"生理疾病所引起的心理并发症"。在这篇论文里，斯托克博士在一项"病人心理状况研究"的题目下，共列出了 11 种情况，下面就是其中的第一种：

"总是有一种必须去做或是不得不做的感觉，总是感到有做不完的事情，而且必须去做。"

像清理桌子，作出各种决定等等，这些简单的事情怎么能帮你避免那些很重的压力——那种"不得不做"，以及那种"必须做而且永远也做不完"的感觉呢？著名的心理治疗家威廉·萨德勒博士，就让一个病人用这种简单的办法避免了精神崩溃。这个病人是芝加哥一家大公司的高级主管，当他初到萨德勒博士诊所去的时候，非常紧张不安，而且很忧虑。他知道他可能精神崩溃了，可是他没有办法辞去工作。他需要有人帮助他。

"当这个人正把他的问题告诉我的时候，"萨德勒博士说，"我的电话铃响了起来，是医院打来的电话。我没有过多讨论这些问题，当场就下了决定。我总是尽可能当场解决问题。我刚把电话挂上，铃声又响了。这次又是一件很紧急的事情，我花了一点时间讨论。第三次来打扰的是我的一个同事，为了他一个病得很重的病人来问我的意见。当我和他讨论完了以后，我转过身来准备向我的病人道歉，因为我一直让他在旁边等着。可是他脸上的表情完全不一样，非常的开心。"不必道歉了，大夫，"这个人对萨德勒说，"在刚才的那 10 分钟里，我想我已经知道我的问题在哪里了。我现在要动身回到我自己的办公室里，改一改我的工作习惯……可是在我走之前，你能不能让我看看你的书桌呢？"

萨德勒博士打开他书桌的几个抽屉，里面都是空的，一只放了一些文具。"请你告诉我，"那位病人说，"你没有办完的公事都放在哪里？"

"都做完了。"萨德勒说。

"那么你还没有回的信放在哪里呢？"

"都回了，"萨德勒告诉他说，"我的规则是，信决不放下来。我都是马上口述回信，让我的秘书打字。"

6 个星期之后，那位高级主管把萨德勒博士请到自己的办公室去。他整个儿改变了，他的办公桌也不一样了。他打开办公桌的抽屉，抽屉里不再有还没做完的公事。"6 个星期以前，"这位高级主管说，"我在两个办公室里有 3 张写字台，我整个人都埋在工作里，事情永远也做不完。当我和你谈过以后，我回到办公室里，清出一大车报表和旧文件。现在我的工作只需要一张写字台，事情一到马上就办完。这样就不再会有堆积如山的没有做完的公事威胁我，让我紧张和忧虑。可是，最让我想不到的是，我完全恢复了健康，现在一点病也没有了。"

以前担任过美国最高法院大法官的查尔斯·伊文斯·休斯说："人不会死于工作过度，而会死于浪费和忧虑。"不错，死于浪费精力——而他们之所以忧虑，是因为他们的工作似乎永远做不完。

良好的工作习惯之二：按照事情的重要程度来做事。

查尔斯·卢克曼，从一个默默无闻的人，在 12 年之内，变成了派索登特公司的董事长，每年有 10 万美元的年薪，另外还能赚 100 万美元——他说这都是归功于他能够根据事情的轻重缓急行事的能力。

查尔斯·卢克曼说："就我记忆所及，我每天早上都在 5 点钟起床，因为那时候我的思想要比其他时间更清楚——那时候我可以考虑周到，计划一天的工作。计划去按事情的重要程度来决定做事的先后次序。"

弗兰克·贝特吉是美国最成功的保险推销员之一，他不会等到早上 5 点钟才计划他当天的工作。他在头一天晚上就已经计划好了。他替自己订下一个目标，订下一个一天要卖掉多少保险的目标。要是他没有做到，差额就加到第二天——依此类推。

我由长久以来的经验知道：一个人不可能总按事情的重要程度，来决定做事的先后次序。可是我也知道，按计划做事，绝对要比随兴之所至而去做事好得多。

如果萧伯纳没有坚持该先做的事情就先做的这个原则，他也许就不可能成为一个作家，而一辈子做一个银行出纳员了。他拟定计划，每天一定要写 5 页。这个计划使他每天 5 页地写了 9 年。虽然在这 9 年里他一共只得了三十几块美元——大约每天只得到一毛钱。就连漂流在荒岛上的鲁滨孙，也订出每天每一个钟点应该做些什么事的计划。

良好的工作习惯之三：当你碰到问题时，如果必须做决定，就当场决定，不要迟疑不决。

我以前的一个学生——已故的 H.P. 豪威尔告诉我，当他在美国钢铁公司任董事的时候，开起董事会总要花很长的时间——在会议里讨论很多很多的问题，达成的决议却很少。其结果是，董事会的每一位董事都得带着一大包的报表回家去看。

最后，豪威尔先生说服了董事会，每次开会只讨论一个问题，然后作出结论，不耽搁、不拖延。这样所得到的决议也许需要更多的资料加以研究，也许有所作为，也许没有，可是无论如何，在讨论下一个问题之前，这个问题一定能够达成某种决议。豪威尔先生告诉我，结果非常惊人，也非常有效。所有的陈年旧账都清理了，日历上干干净净的，董事也不必再带着一大堆报表回家，大家也不会再为没有解决的问题而忧虑。

这是个很好的办法，不仅适用于美国钢铁公司的董事会，也适用于你和我。

良好的工作习惯之四：学会如何组织、分层管理和监督。

很多生意人替自己挖下了个坟墓，因为他不懂得怎样把责任分摊给其他人，而坚持事必躬亲。其结果是，很多枝枝节节的小事使他非常混乱。他总觉得很匆促、忧虑、焦急和紧张。要学会分层负责，是很不容易的。我知道，我以前就觉得这个很难，非常的困难。可是分层负责虽然很困难，一个做上级主管的，如果想要避免忧虑、紧张和疲劳，却非要这样做不可。

远离亚健康

◇疲劳，是一种信号，它提醒你，你的机体已经超过正常负荷，出现疲劳感就应该进行调整和休息。如果长期处于疲劳状态，不仅降低工作效率，还会诱发疾病。

◇不会休息的人就不会工作，什么叫会休息呢？现代科学赋予的含义就是主动休息。这是一种积极的休息方式，比起累了才休息的被动休息法有着质的进步。

在竞争十分激烈的当代社会，人们的疲劳感正在蔓延，最流行的问候语由10年前的"吃了吗"变成了如今的"吃力吗"。在我们的周围，不乏这样的"工作狂"，他们早上班，迟下班，整日整夜地工作，连星期天、节假日也不休息。很多人年纪轻轻健康就已经严重损毁，甚至发生"过劳死"。

"过劳死"就是在慢性疲劳综合症基础上发展、恶化的结果。而慢性疲劳综合症，是以持续或反复发作至少半年以上的虚弱性疲劳为主要特征的症候群，特点是从生物学上（指临床体检、化验等）查不出明显的器质性病变，但自我感觉很累，工作时无精神，生活中缺少乐趣，而且常伴有抑郁、焦虑等情绪反应，也就是处于一种似病非病的第三状态，即亚健康状态。

刚过而立之年的美术师汤姆森先生，虽说工作、生活都还算过得去，但地位、收入都较平平。他不甘心，四处活动，做了好几个兼职，集艺术学校美术教师、广告公司创意总监、美展中心顾问于一身，一个星期几头跑，名声大了，腰包鼓了。正当他春风得意之际，身体向他抗议了，他用一个字来概括：累！每晚回到家里，觉得骨头都要散架了，一上床那些莫名其妙的梦便来烦他。

安东尼已近40岁，典型的上班族，最怕夜晚来临。因为不知从什么时候开始，她成了没有睡眠的人，几乎用尽了除药物以外的所有土法洋方，也未能解决失眠问题。不仅如此，食欲下降、神经衰弱、性欲减退等症状也相继赶来凑热闹，去医院又查不出什么问题。

疲劳，是一种信号，它提醒你，你的机体已经超过正常负荷，出现疲劳感就应该进行调整和休息，做到劳逸结合，张弛有度。如果长期处于疲劳状态，不仅降低工作效率，还会诱发疾病。

人体就像"弹簧"，劳累就是"外力"。当劳累超过极限或持续时间过长时，身体这个弹簧就会产生永久形变，导致老化、衰竭、死亡，所以每个人都要小心地保持它的弹性，不要超过它的弹性限度。因此，适当的休息和减压是保持"弹力"的良方。"过劳死"只能预防，"累"病没有特效药，病程越长越难治，病程要是超过三四年的话，治疗会相当困难。劳逸交替才能保持弹性，增加承受力，保持旺盛的生命力。人都要学会调节生活，短途旅游、游览名胜、爬山远眺、开阔视野、呼吸新鲜空气、增加精神活力、忙里偷闲听听音乐、跳舞唱歌、观赏花鸟鱼虫都是解除疲劳，让紧张的神经得到松弛的有效方法，也是防止疲劳症的精神良药。

日本"过劳死"预防协会列出"过劳死"十大信号：

（1）"将军肚"早现。30 ～ 50 岁的人，大腹便便，是成熟的标志，也是高血脂、脂肪肝、高血压、冠心病的潜在危险信号。

（2）脱发、斑秃、早秃。每次洗桑拿都有一大堆头发脱落，这是工作压力大，精神紧张所致。

（3）频频去洗手间。如果你的年龄在 30 ～ 40 岁之间，排泄次数超过正常人，说明消化系统和泌尿系统开始衰退。

（4）性能力下降。中年人过早地出现腰酸腿痛，性欲减退或男子阳痿、女子过早闭经，都是身体整体衰退的第一信号。

（5）记忆力减退，开始忘记熟人的名字。

（6）心算能力越来越差。

（7）做事经常后悔，易怒、烦躁、悲观，难以控制自己的情绪。

（8）注意力不集中，集中精力的能力越来越差。

（9）睡觉时间越来越短，醒来也不解乏。

（10）经常头疼、耳鸣、目眩，检查也没有结果。

日本"过劳死"预防协会还公布了自查方法，如下：

具有上述两项或两项以下者，则为"黄灯"警告期，目前尚无须担心。具有上述 3 ～ 5 项者，则为一级"红灯"预报期，说明已经具备"过劳死"的征兆。6 项以上者，为二级"红灯"危险期，可列为"综合疲劳症"——"过劳死"的预备军。

3 种人易"过劳死"：

（1）有钱（有势）的人，特别是其中只知消费不知保养的人。

（2）有事业心的人，特别是称得上"工作狂"的人。

（3）有遗传早亡血统又自以为身体健康的人。

人类为何会与"过劳伤害"或"过劳死"结缘呢？科学家归咎于以下诸方面因素：

一是信息技术革命带来的负面影响；

二是社会竞争的加剧；

三是人们错误地认为不加班或休假是工作态度不积极的表现，进而影响到工资待遇与晋升，因而不得不以健康为代价拼命工作。

我们常说，不会休息的人就不会工作。这句话精辟地概括了休息与工作之间的辩证关系，也是现代人防止"过劳伤害"的"灵丹妙药"。

什么叫"会休息"呢？现代科学赋予的含义是主动休息。近年来，科学家提出了一种全新的休息方式——主动休息。即在身体尚未感到疲乏和心境达到临界状态时就休息，包括主动休身和主动休心。这是一种积极的休息方式，比起累了才休息的被动休息法有着质的进步。

掌握生活平衡

◇生活的原则是和谐，因此，你要在工作和休息之间，事业和家庭之间取得平衡。

安妮花了 5 年时间思考，今年终于决定改变工作，重新安顿身与心。她领悟到，工作中的快不快乐，可能只是 5.1 ：4.9 的微差而已，中间有个阶梯，你可能爬到中间的梯子拥有恰好的平衡，也可能只走了一阶。即使如此，你也在进步，平衡尺上的浮标又往前游移一格。

安妮有个生命平衡法则，用来制衡工作与生活。她将生命切成健康、时间、自由与快乐等 4 块，视个人状况分配比重以及排序。如果每个元素都不缺，反映到工作中的态度与情绪，就比较平和，因而获得适当的平衡。长期处在平衡中，就能正向积极思考。许多专家呼吁，积极思考可以调适工作压力，清除不必要的情绪，上班族多亲近正向思考的人，能减少倦怠感。

具体做法是，如果将事情弄得很糟时，只允许情绪低落一下子。她很快会换个想法，太棒了，我们又学到一招，下次又有机会尝试其他处理方法，我们不因此认为自己很差劲。

学会工作也要学会休息。

在职场上学习让自己喘口气，是一门学问，郑淑敏，一个中型电脑公司的总经理，她一年至少休一次长达两星期的假，半年内会有几次短短两天的假，不一定出国，有时只是到山里或海边走走。

如果感觉莫名的倦怠迫在眉睫，休假又遥遥无期，试着忙里偷闲吧。一位女作家透露她平时如何排解倦怠："我偶尔请个半天假，溜去街上晃晃、逛书局或找个清幽的咖啡店想事情。在忙碌中留点空间给自己，因为塞得太满容易窒息。"

美国石油大王洛克菲勒在平衡工作与生活关系方面可谓是一个专家。谈起工作和生活，他说："这么多年以来，我执行的原则就是好好工作，好好享受，花一点时间来当父亲。但是回头看去，很显然我所选择的平衡对于我家里和办公室的其他人都有不利的影响。例如，我的孩子们主要是由他们的母亲独自带大的。"

尽管工作与生活的平衡问题一直是很多中年人所关心的问题，但似乎直到我退休之后，它才真正热门起来。在我过去的工作中，我听到了许多这方面的问题。最常见的是："你怎么会有那么多的时间去打球，还能继续干好总裁的工作？"

在个人应该如何排列生活中各部分的优先次序的问题上，我显然不是专家。何况我一直以为这些选择应取决于个人。

洛克菲勒认为要平衡好工作与生活的关系，首先应该处理好管理的优先秩序问题。他是这样说的，我们首先要谈谈所谓的"工作与生活的平衡"究竟指的是什么。它涵盖了我们所有人应该如何管理生活、支配时间的问题——关于优先次序和价值观的问题。基本上，这个平衡是关于"我们应该把多少精力消耗在工作上"的讨论。

工作与生活的平衡是一个交易——你和自己之间就所得和所失进行的交易。平衡意味着选择和取舍，并承担相应的后果。让我们站到你的老板的视角上，换个位置对工作与生活的平衡问题做些思考。

（1）你的老板最关心的事情是竞争力。当然他也希望你能快乐，但那只是因为你的快乐能够帮助他的公司赢利。实际上，如果他的工作做得好，他就可以让你的工作变得很有吸引力，使你的个人生活显得不那么拖后腿。

老板给你付工资的原因，是因为他们希望你贡献所有的一切——包括你的头脑、体力、活力和献身精神。

（2）绝大多数老板都非常愿意协调员工的工作与生活的矛盾，如果你能给他出色的业绩。这里的关键词是"如果"。

实际上，我倒愿意通过一个老式的积分系统来处理工作与生活的平衡问题。那些有突出业绩的人可以获得"积分"，用以交换自己工作的弹性。

（3）老板们很清楚，公司手册上面关于工作、生活平衡的政策主要是为了招聘的需要，而真正的平衡是由一对一的谈判决定的，其背景是一个相互支持性的企业文化，而不要总是强调"但是公司说过……"

公司手册是件华丽的宣传品，有醒目的照片、多项终身福利的介绍，也包括倒班或工作弹性等。然而许多聪明人很快就明白，手册上所列举的"工作与生活的平衡规划"主要是面向新人的招聘工具。

真实的平衡安排是在老板与员工之间就具体问题进行单独谈判得到的，使用的方法正好是我们刚介绍过的业绩与弹性交换的制度。

（4）那些公开为工作与生活的矛盾问题而斗争、动辄要求公司提供帮助的人会被当作动摇不定、摆资格、不愿意承担义务或者无能的人，或者以上全部。因此，那些消极抱怨的人最后总免不了被边缘化的命运。

所以，在你第五次开口，要求公司减少你的出差，要求在星期四上午请假，或者希望回家去照顾小孩之前，你应该知道自己是在发表一项声明。而且不管你用什么辞令，你的请求在别人听来都似乎是："我对这里的工作并不真的感兴趣。"

（5）即使最宽宏大量的老板也会认为，工作和生活的平衡是需要你自己去解决的问题。实际上，绝大多数人也知道，的确有一些策略能帮助你处理好这个问题，他们也希望你能采用。

毫无疑问，谈判、协调这种平衡关系要给经理人的工作再增加一层复杂性。但是你的经理人应该欢迎这种挑战，因为那会给他提供另外一套办法，来激励和挽留优秀的员工。这套新办法与高薪、红利、晋升或其他所有形式的认可一样有效。

不过，在此期间，你也可以并且应该学会帮助自己。有关工作与生活的话题已经讨论了相当长的时间了，也有不少好的经验被总结出来。那些非常老练的老板们都知道这些技巧，很多人自己已经开始采纳，他们也希望你能借鉴。

通过上面的一段话，我们知道平衡工作和生活是一个人取得事业上成功的关键因素，也是很多企业在招聘员工时的重要参照标准。一个能够出色处理工作与生活平衡的人既不会像工作狂那样拼命地忠于工作，不顾生活，也不会像一个碌碌无为、毫无事业心整日混日子的小职员那样打发时光。他应是一个高效工作、精力充沛、富于生活情趣的人。

第十七章

合理规划生活，跳出盲目的陷阱

生命中的重要决定

◇当你到了18岁时，你可能面临着两个重大的决定：你将如何谋生？你选择一个什么样的人生伴侣？

◇一个人只要无限热爱自己的工作，他就可能获得成功。

◇选择一个合适的工作，这对你的健康也十分重要。

◇让我们为那些找到自己心爱工作的人祝福，他们无须祈求其他幸福了。

如果你已经到了18岁，那么你可能要做出你一生中最重要的两个决定——这两个决定将深深改变你的一生，影响你的幸福、收入和健康，这两个决定可能造就你，也可能毁灭你。那么这两个重大决定是什么？

第一，你将如何谋生？也就是说，你准备干什么？是做一名农夫、邮差、化学家、森林管理员、速记员、兽医、大学教授，还是去摆一个摊子？

第二，你将选择一个什么样的人生伴侣？

对有些人来说，这两个重大决定通常像在赌博一样。哈里·艾默生·佛斯迪克在他的一本书里写道："每位小男孩在选择如何度过一个假期时，都是赌徒。他必须以他的日子做赌注。"

那么你怎样才能减低选择假期中的赌博性呢？

　　首先，如果可能的话，应尽量找到一个自己喜欢的工作。有一次，我请教轮胎制造商古里奇公司的董事长大卫·古里奇，我问他成功的第一要件是什么，他回答说："喜欢你的工作。"他说："如果你喜欢你所从事的工作，你工作的时间也许很长，但却丝毫不觉得是在工作，反倒像是游戏。"

　　爱迪生就是一个好例子。这个未曾进过学校的报童，后来却使美国的工业革命完全改观。爱迪生几乎每天在他的实验室里辛苦工作18个小时，在那里吃饭、睡觉。但他丝毫不以为苦。"我一生中从未做过一天工作，"他宣称，"我每天其乐无穷。"

　　所以他会取得成功！

　　我曾听见查理·史兹韦伯说过类似的话。他说："每个从事他所无限热爱的工作的人，都能取得成功。"

　　也许你会说，刚入社会，我对工作都没有一点概念，怎么能够对工作产生热爱呢？艾得娜·卡尔夫人曾为杜邦公司雇用过数千名员工，现为美国家庭产品公司的公共关系副总经理，她说："我认为，世界上最大的悲剧就是，那么多的年轻人从来没有发现他们真正想做些什么。我想，一个人如果只从他的工作中获得薪水，而别无其他，那真是最可怜的了。"卡尔夫人说，有一些大学毕业生跑到她那儿说："我获得了达茅斯大学的文学学士学位或是康莱尔大学的硕士学位，你公司里有没有适合我的职位？"他们甚至不晓得自己能够做些什么，也不知道希望做些什么。因此，难怪有那么多人在开始时野心勃勃，充满玫瑰般的美梦，但到了40多岁以后，却一事无成，痛苦、沮丧，甚至精神崩溃。事实上，选择正确的工作，对你的健康也十分重要。琼斯霍金斯医院的雷蒙大夫与几家保险公司联合作了一项调查，研究使人长寿的因素，他把"合适的工作"排在第一位。这正好符合了苏格兰哲学家卡莱尔的名言："祝福那些找到他们心爱的工作之人，他们已无须企求其他的幸福了。"

　　我最近曾和索可尼石油公司的人事经理保罗·波恩顿畅谈了一晚上。他在过去的20年中，至少接见了75万名求职者，并出版过一本名为《求职的六大方法》的书。我问他："今日的年轻人求职时，所犯的最大错误是什么？""他们不知道他们想干些什么，"他说，"这真叫人万分惊骇，一个人花在选购一件穿几年就会破损的衣服上的心思，竟比选择一件关系将来命运的工作要多得多——而他将来的全部幸福和安宁全都建立在这件工作上了。"

　　面对竞争日益激烈的社会，你该怎么办呢？你应如何解决这一难题？你可以利用一项叫作"职业指导"的新行业。也许他们可以帮助你，也许将会损害你——这全靠你所找的那位指导者的能力和个性了。这个新行业距离完美的境界还十分遥远，甚至连起步也谈不上，但其前程甚为美好。你如何利用这项新科学呢？你可以在住处附近找出这类机构，然后接受职业测验，并获得职业指导。

当然他们只能提供建议，最后作出决定的还是你。记住，这些辅导员并非绝对可靠。他们之间经常无法彼此同意。他们有时也犯下荒谬的错误。例如，一个职业辅导员曾经建议我的一位学生做一位作家，只不过因为她的词汇很广。多荒谬可笑！事情并不那样简单，好作品是将你的思想和感情传达给你的读者——要想达到这个目的，不仅需要丰富的词汇，更需要思想、经验、说服力和热情。建议这位有丰富词汇的女孩子当作家的这位职业辅导员，实际上只完成了一件事：他把一位极佳的速记员改变成一位沮丧的准作家。

我想说明的一点是，职业指导专家——即使是你和我，也并非绝对可靠。你也许该多找几个辅导员，然后凭普通常识判断他们的意见。

你或许会觉得很奇怪，为什么我尽在文章中说一些令人沮丧的话。但假如你了解多数人的忧虑、后悔和失落，都是由于不重视工作的选择而引起的话，你就不会觉得这是什么稀奇事了。你可以询问你的爸爸、邻居，或是你的上司。

约翰·史都家·米勒宣称，工人无法适应和喜欢他们的工作，是社会最大的损失之一。是的，世界上最糟糕的就是憎恨他们日常工作的产业工人。

你可了解在陆军中最先"崩溃"的是哪一类人？他们就是被分派到错误部门的人！我指的并不是在战斗中受到重创的军人，而是那些在普通任务中精神垮掉的人。威廉·孟宁吉博士，是我们当今最伟大的精神病专家之一，他在二战期间负责陆军精神治疗部门的工作，他说："我们在军中发现挑选和安置人员是非常重要的事情，就是说要使合适的人去从事一项合适的工作，最重要的是，要使人相信他所从事的工作的重要性。当一个人失去兴趣时，他会觉得他是被安排在一个极端错误的职位上，他会觉得他不受上级赏识，他会确信他的才能被埋没了。我们将会发现，在这样的情况下，他就是没有患上精神病，也会埋下精神病的前奏。"

是的，出于相同的理由，一个人也会在工商业中精神崩溃，假如他看不起他的工作和事业，他也可能把它搞砸了。

菲尔·强生的情况就是一个很有说服力的例子。菲尔·强生的父亲开了一家洗衣店，他把儿子叫到店中工作，希望他将来能承担起这家洗衣店。但菲尔非常憎恨洗衣店的工作，因此总是敷衍了事。他爸爸非常心痛，认为养了一个不求上进的儿子，使他在他的员工面前丢尽了颜面。

有一天，菲尔告诉他爸爸，他渴望做个专业的机械工，去一家机械厂任职。什么？一切又重新开始？这位老人非常吃惊。不过，菲尔还是坚持他自己的意见。他穿上油腻腻脏兮兮的粗布工作服，从事比洗衣店更为辛苦的工作，而且工作的时间更长。但他竟然兴奋得在工作中吹起口哨来。他选修工程学课程，装置机械，研究引擎。他在1944年时去世，当时是波音公司的总裁，而且制造出当时最先进的轰炸机，帮助盟军赢得了二战。假如他当年迫于父命的威严留在洗衣店不走，他和洗衣店——尤其是在他爸爸离开人世后——究竟会转变成什么样子呢？

我想，整个洗衣店都会垮掉，最后一无所获。

即便会引起家庭的纠纷，但我依然要奉劝各位有自己兴趣的年轻人：不要仅仅因为你家人希望你那样做，你就去勉强从事某一行业，除非你喜欢。尽管如此，你依然要认真考虑父母给你的建议，他们的年纪比你大很多，他们已获得那种唯有从众多经验及过去岁月中才能总结出的智慧。但是，到了最后决定的关头时，你自己必须作最后决定，因为在将来工作中，感到欢乐或悲哀的是你自己，而不是别人。

以上已说了很多，如今我向你提供下述建议，其中有一些劝告，方便在你选择工作时作为参考：

（1）阅读并研究下列有关选择职业的建议。这些建议是由最权威人士提供的，由美国最成功的一位职业指导专家基森教授所拟定。

① 如果有人告诉你，他有一套神奇的制度，可指示出你的职业倾向，千万不要找他。这些人包括摸骨家、星相家、个性分析家、笔迹分析家。他们的法子不灵。

② 不要听信那些说他们可以给你作一番测验，然后指出你该选择哪一种职业的人。这种人根本违背了职业辅导员的基本原则，职业辅导员必须考虑被辅导人的健康、社会、经济等各种情况；同时他还应该提供就业机会的具体资料。

③ 找一位拥有丰富的职业资料藏书的职业辅导员，并在辅导期间妥为利用这些资料和书籍。

④ 完全的就业辅导服务通常要面谈两次以上。

⑤ 绝对不要接受函授就业辅导。

（2）避免选择那些原已拥挤的职业和事业。在美国，谋生的方法共有两万种以上。想想看，两万多！但年轻人可知道这一点？除非他们借用一位占卜师的透视水晶球，否则他们是不知道的。结果呢？在一所学校内，2/3的男孩子选择了5种职业——两万种职业中的5项——而4/5的女孩子也是一样。难怪少数的事业和职业会人满为患，难怪白领阶层会产生不安全感、忧虑和"焦急性的精神病"。特别注意，如果你要进入法律、新闻、广播、电影以及"光荣职业"等这些已经人满为患的圈子内，你必须要费一番大工夫。

（3）避免选择那些维生机会只有 1/10 的行业，例如，兜售人寿保险。每年有数以万计的人——经常是失业者——事先未打听清楚，就开始贸然兜售人寿保险。根据费城房地产信托大楼的富兰克林·比特格先生的叙述，以下就是此一行业之真实情形。在过去 20 年来，比特格先生一直是美国最杰出而成功的人寿保险推销员之一。他指出，90% 的首次兜售人寿保险的人弄得又伤心又沮丧，结果在一年内纷纷放弃。至于留下来的，10 人当中的一人可以卖出 10 人销售总数的 90%，另外 9 个人只能卖出 10% 的保险。换个方式来说：如果你兜售人寿保险，那你在一年内放弃而退出的机会为 90%；留下来的机会只有 10%。即使你留下来了，成功的机会也只有 1% 而已，否则你仅能勉强糊口。

（4）在你决定投入某一项职业之前，先花几个星期的时间，对该项工作做个全盘性的认识。如何才能达到这个目的？你可以和那些已在这一行业中干过 10 年、20 年或 30 年的人士面谈。

这些会谈对你的将来可能有极深的影响。我从自己的经验中了解了这一点。我在二十几岁时，向两位老人家请求职业上的指导。现在回想起来，可以清楚地发现那两次会谈是我生命中的转折点。事实上，如果没有那两次会谈，我的一生将会变成什么样子，实在是难以想象。

你又该怎样获得这些职业指导呢？为了方便说明，姑且先假设你打算做一名建筑师。在你决定完之后，你应当花几个星期去拜访你附近的有一定资历的建筑师。你可以从电话黄页的分类栏里，找出他们的姓名和居住地点。不管有没有预约，你都能够打电话去他们的办公室。假如你希望能见见面，你可以写信给他们，内容大致如下：

"能否麻烦您帮个小忙？我今年 18 岁，正考虑进修做一名建筑师，我希望能接受您的指导，在我作出最终决定之前，很希望向您讨教一些问题。假如您没有时间，无法在办公室指导我，而愿意留出半个小时在您家中指导我，那我将万分感激。"

假如你不愿写信预约时间，那就可直接到那人的办公室去，对他说，假如他能向你提供一些专业的指导，你将不胜感激。

记住，你是在作你人生中最重要且影响最深远的两项决定中的一个。于是，在你采取行动之前，应该多花点时间探索事情的本来面目。假如你不这样做，你可能在下半辈子中后悔不已，假如经济条件允许，你可以付钱给对方，补偿他半小时的时间和建议。

　　克服"你只适合一种职业"的超级错误的观念！只要是正常的人，都能够在多种职业上成功。相同的，每个正常的人，也都有可能在多种职业上同时失败。拿我自己为例，假如我自己准备从事下列各项职业，我相信，成功的机会一定比其他职业多，并且对于所从事的工作，也一样深深地感到欢乐，它们包括：农艺、果树栽培、科学农业、医药、销售、广告、报纸编辑、教书、林业。另一方面，我坚信下述的工作，我一定不喜欢，并且也必定会失败：会计、速记、工程、旅馆或工厂的经理、建筑设计师、机械事务，以及其他数百类工作。

不要为工作和金钱烦恼

　　◇人类70%的烦恼都跟金钱有关，而人们在处理金钱时，却往往意外地盲目。

　　◇令多数人感到烦恼的，并不是他们没有足够的钱，而是不知道如何支配手中已有的钱。

　　◇即使我们拥有整个世界，我们一天也只能吃三餐，一次也只能睡一张床——即使一个挖水沟的人也能做到这一点，也许他们比洛克菲勒吃得更津津有味，睡得更安稳。

　　如果我懂得如何解决每个人的财务烦恼，我就不会写这本书，而将安坐在白宫内——坐在总统身旁。但我可以在此提供一些小贡献：我可以引述各方面专家权威的看法，并提出一些十分可行的建议，指出你可以从何处获得书籍和小册子，使你得到额外的指导。

　　根据《妇女家庭月刊》所作的一项调查，我们70%的烦恼都跟金钱有关。盖洛普民意测验协会主席盖洛普·乔治说，从他所作的研究中显示，大部分人都相信只要他们的收入增加10%，就不会再有任何财政的困难。在很多例子中确实如此，但是令人惊讶的是，有更多例子则并不尽然。我在撰写本章时，曾向预算专家爱尔茜·史塔普里顿夫人请教。她曾担任纽约及全培尔两地华纲梅克百货公司的财政顾问多年，她曾以个人指导员身份，帮助那些被金钱烦恼拖累的人。她帮助过各种收入的人，从一年赚不到1000美元的行李员，至年薪10万美元的公司经理。她如此对我说："对大多数人来说，多赚一点钱并不能解决他们的财政烦恼。"事实上，我经常看到，收入增加之后，并没有什么帮助，只是徒然增加开支——增加头痛。"使多数人感觉烦恼的，"她说，"并不是他们没有足够的钱，而是不知道如何支配手中已有的钱！"——你对最后那句话表示不屑一听,是吗?好吧,在你再度表示轻蔑之前,请记住,史塔普里顿并没有说"所有的人"。她说"大多数人"。她并不是指你而言。她指的是你姊妹和表兄弟,他们的人数可多了。

有许多读者可能会说:"我希望作者这小子来试试看:拿我的周薪,付我的账款,维持我应有的开支。只要他来试一试,我担保他会知道我的困难而不再说大话。"说得不错,我也有过我的财政困难:我曾在密苏里的玉米田和谷仓做过每天 10 小时的劳力工作。我辛勤地工作,直至腰酸背痛。我当时所做的那些苦工,并不是一小时1 元美金的工资,也不是 5 毛钱,也不是 10 分钱。我那时所拿的是每小时 5 分钱,每天工作 10 小时。

我知道一连 20 年住在一间没有浴室、没有自来水的房子里是什么滋味。我知道睡在一间零下 15 度的卧室中是什么滋味。我知道徒步数里远,以节省 1 毛钱,以及鞋底穿洞、裤底打补丁的滋味。我也尝过在餐厅里尽点最便宜的菜,以及把裤子压在床垫下的滋味——因为我没钱将它们交给洗衣店。

然而,在那段时间里,我仍设法从收入中省下几个铜板,因为如果我不那么做,心里就不安。由于这段经验,我终于明白,如果你我渴望避免负债以及避免金钱烦恼,就必须和一些公司一样:拟定一个花钱的计划,然后根据那项计划来花钱。可惜,我们大多数人都不这样做。例如我的好朋友黎翁·西蒙金,他指出人们在处理金钱事务时,会表现得意外盲目。他告诉我,有位他认识的会计员,在公司工作时,对数字精明得很,但等到他处理个人财务时……就让我们打个比喻吧,如果这个人在星期五中午拿到薪水,他会走到街上去,看到商店橱窗里有件叫他着迷的大衣,就毫不犹豫地将它买下来——从不考虑房租、电费,以及所有各项"杂"费,迟早都要由这个薪水袋里抽出来付掉。然而这个人却又知道,如果他所服务的那家公司以他这种贪图目前享受的方式来经营,则公司势必破产。

有件事你需要考虑:当牵涉到你的金钱时,你就等于是在为自己经营事业。而你如何处理你的金钱,实际上也确实是你"自家"的事,别人无法帮忙。

不过,什么是管理我们金钱的原则呢?我们如何展开预算和计划?以下有 10 条规则。

1. 把事实记在纸上

亚诺·班尼特 50 年前到伦敦,立志做一名小说家,当时他很穷,生活压力大。所以他把每一便士的费用记录下来。他难道想知道他的钱怎么花掉了?不是的。他心里有数。他十分欣赏这个方法,不停地保持这一类记录,甚至在他成为世界闻名的作家、富翁，拥有一艘私人游艇之后，也还保持这个习惯。

约翰·洛克菲勒也保有这种总账。他每天晚上祷告之前，总要把每便士的钱花到哪儿去了弄个一清二楚，然后才上床睡觉。

你我也一样，必须去弄个本子来，开始记录，记录一辈子？不，不需要。预算专家建议我们，至少在最初一个月要把我们所花的每一分钱作准确的记录——如果可能的话，可作三个月的记录。这只是提供我们一个正确的记录，使我们知道钱花到哪儿去了，然后我们就可依此作一预算。

哦，你知道你的钱花到哪儿去了？嗯，也许如此；但就算你真知道，1000人当中，只能找到一个像你这样的人。史塔普里顿夫人告诉我，通常，当人们花费几小时的时间把事实和数字忠实地记录在纸上后，他们会大叫："我的钱就是这样花掉的？"他们真是不敢相信。你是否也这样？可能。

2. 拟出一个真正适合你的预算

史塔普里顿夫人告诉我，假设有两个家庭比邻而居，住同样的房子，同样的郊区，家里孩子的人数一样，收入也一样——然而，他们的预算需要却会截然不同。为什么？因为人性是各不相同的。她说，预算必须按照各人需要来拟定。

预算的意义，并不是要把所有的乐趣从生活中抹杀。真正的意义在于给我们物质安全感——从很多情况下来说，物质安全感就等于精神安全和免于忧虑。"依据预算来生活的人，"史塔普里顿夫人告诉我，"比较快乐。"

但你怎么进行呢？首先，如同我所说的，你必须把所有的开支列出一张表来，然后要求指导。你可以写信到华盛顿的美国农业部，索取这一类的小册子。在某些大城市——密尔瓦基、克利夫兰、明尼亚波利斯，以及其他大城市——主要的银行都有专家顾问，他们将乐于和你讨论你的财务问题，并帮你拟定一项预算。

讨论此一题目的小册子中，我见过的最好的一本名叫《家庭金钱管理》，由"家庭财务公司"发行。顺便提一下，这家公司出版了一整套的小册子，讨论到许多预算上的基本问题，例如房租、食物、衣服、健康、家庭装饰，和其他各项问题。

3. 学习如何聪明地花钱

意思是说，学习如何使金钱得到最高价值。所有大公司都设有专门的采购人员，他们啥事也不做，只是设法替公司买到最合理的东西。身为你个人产业的男、女主人，你何不也这样做？

4. 不要因你的收入而增加头痛

史密斯夫人告诉我，她最怕的就是被请去为年薪5000美元的家庭拟定预算。我问她为什么。"因为,"她说,"每年收入 5000 美元,似乎是大多数美国家庭的目标。他们可能经过多年的艰苦奋斗才达到这一标准——然后,当他们的收入达到每年 5000 美元时,他们认为已经'成功'了,他们开始大肆扩张。在郊区买栋房子——'只不过和租房子花一样多的钱而已',买部车子,许多新家具,以及许多新衣服——等你发觉时,他们已进入赤字阶段了。他们实际上不比以前更快乐——因为他们把增加的收入花得太凶了。"

我们都希望获得更高的生活享受,这是很自然的。但从长远方面来看,到底哪一种方式会带给我们更多的幸福——强迫自己在预算之内生活,或是让催账单塞满你的信箱,以及债主猛敲你的大门?

5. 投保医药、火灾以及紧急开销的保险

对于各种意外、不幸,及可意料的紧急事件,都有小额的保险可供投保。但并不是建议你从澡盆里滑倒至染上德国麻疹的每件事皆投上保险,但我们郑重建议,你不妨为自己投保一些主要的意外险,否则,万一出事,不但花钱,也很令人烦恼。而这些保险的费用都很便宜。

6. 不要让保险公司以现金将你的人寿保险付给你的受益人

如果你投保人寿是为了在你死后能照顾家人,那么绝不可让保险公司一次将大批现钞付给你的受益人。

"不许多领钞票的新寡妇"将会如何?马利翁·艾伯是纽约市人寿保险研究所妇女组主任。她在全美国各地的妇女俱乐部演讲,指出不让寡妇领取人寿保险金,而改为领取终生收入的好处。她提及一位收到 2 万人寿保险现金的寡妇,她将钱借给儿子开创汽车零件事业。事业失败了,她现在穷困潦倒,三餐不继。她提到另外一位寡妇,被一位油腔滑调的房地产经纪人所诱,把她的大部分人寿保险金拿来购买一些"保证在一年之内增值一倍"的空地。3 年之后,她把土地卖掉,却只拿回最初投资的 1/10。她又提到另外一位寡妇,在领取了 1.5 万美金的人寿保险金的 12 个月以后,就必须向儿童福利协会申请补助款抚养她的儿子。像这样的悲剧,数以千计,不胜枚举。"2.5 万美元在妇女手中,平均不到 7 年就全部花光。"这是纽约时报经济编辑施维业·彼特在《妇女家庭月刊》上所发表的文章中提出的。

《星期六晚邮》多年以前在其社论中说:"众人皆知,由于妇女多半未受商业训练,又无银行替她拿主意,因此她很可能在第一个狡猾的掮客向她进行游说之后,就贸然把她丈夫的人寿保险金拿去购买不稳定的股票。任何一位律师或银行家都可举出许多这类例子:节俭的丈夫多年省吃俭用的终生存款,只因为他的寡妇或孤儿

相信某位靠骗取女人为生的骗子，而将之全部花光。"如果你想在死后保障妻子儿女的生活，何不向 J.P. 摩根学习？他是当代最伟大的金融专家之一。他把遗产分赠给 16 位受益人，其中 12 位都是妇人。他遗赠给这些妇女的是现金吗？不。他留给她们的是有价证券，使这些妇女每月都可得到固定收入。

7. 教育子女重视金钱

我永远都不会忘记我在《你的生活》中所读到的一篇文章。作者史带拉·威斯顿·托特叙述她怎样教导她的小女儿养成对金钱负责任的好习惯。她从银行里取得一本独特储钱本，交给她只有 9 岁的女儿。每当小女儿拿到每周的零花钱时，就将零花钱"存进"那本储钱本中，妈妈则自任银行的"出纳员"。然后在那几个星期之中，每当她需使用里面的钱的时候，就从本子中"取出"，把余款数目仔细记录下来。小女孩不但从其中得到许多别的孩子无法体会的乐趣，而且也学会了应该对金钱负责任。

这真是非常好的办法。假如你有正在就读高中的儿子或女儿，而你希望他们好好学习怎样负责任地处理金钱，我在此郑重向你推荐一本这方面的必读书。书名为《好好安排你的金钱》，对十几岁的孩子怎样合理地用钱，有很精辟而实际的见解——从上街理发至购买可乐无所不包。同时该书也提及如何计划预算，帮助他们顺利读完大学。确定无疑的是，假如我有一位正在上高中的儿子，我必定要他阅读这本书，然后我再学习一下，利于拟定家庭开销预算。

8. 家庭主妇可在家中赚一点额外收入

假如在你聪明地拟好精密的开支预算之后，你发现仍然无法填补开支，那么你能够选择下面两件事之一：你能够谴责、忧愁、担心、埋怨，你也可以想办法赚一点额外的钱。该怎么做呢？想赚钱的只需找到人们最需要而当前供不应求的东西。家住纽约杰克森山庄的娜丽·史皮尔夫人就是这么想也是这么做的。在 1932 年，她自己独住在一套有三个房间的公寓楼里，她的丈夫已经离开人世，两个儿子都已成家。有一天，她到一家饭店的柜台买冰淇淋，发现柜台同时也卖水果饼，但那些水果饼看起来实在有点差。她问老板愿不愿向她买一些真正的家制水果饼。最终他订了两块水果饼。"我自己也是个好厨师，"史皮尔夫人对我讲述她的故事时说，"但从前我们住在佐治亚州时，一直雇有女佣人，我亲手烘制饼干的次数大约只有几次而已。在那个老板向我预订了两块水果饼之后，我马上向邻居请教了烘制苹果饼的方法。结果，那家餐厅的顾客对我最初的两块水果饼——苹果饼和柠檬饼——大加称赞。餐厅第二天就预订了 5 块饼干，紧接着其他餐馆也开始向我订货。在两年之内，我就成为了每年烘制 5000 块饼的家庭主妇。我自己一人在我自己的小厨房内完成所有的烘制工作，我一年的收入已高达 1 万美元，除了一些制饼的材料成本之外，我一毛钱也没乱花。"

意料之中的是，对史皮尔夫人的烤饼的需求量越来越大，她只能把工作的地点搬出厨房，租下一间店面，雇了两个少女帮忙，制作水果饼、蛋糕、卷饼。在二战期间，人们排队一个多小时等着买她所烘制的食品。

"我一生中从来没有这样欢乐地生活过，"史皮尔夫人说，"我一天在店里工作12 ~ 14 小时，但我从不觉得疲倦，由于对我来说，那根本不算是工作。那是生活中的奇妙的体验。我只是尽我的能力和技巧使周围的人们更加兴奋，我非常忙，根本没有多余的时间忧虑。我的工作弥补了妈妈和丈夫离开人世后留下的情感空白。"

我请教史皮尔夫人，其他烹调技术比较高超的家庭主妇，是否也能够在空闲的时间以同样的办法，在一个 1 万人以上的小城市里赚取额外的收入。她回答说："完全可以，她们可以这样做。"

娜拉·史琳达夫人也有相同的想法。她住在一个 3 万人居住的小镇——伊利诺依州梅梧市。她就在厨房里以一毛钱成本的原料开创了事业。她的丈夫生病了，她必须赚点额外收入。但怎么办呢？没有经验和技术，没有启动资金，只不过是一名家庭主妇。她从一枚蛋中取出蛋清加上一点糖料，在厨房里做了一些饼干，然后她捧了一盘饼干站在学校附近，将饼干卖给正放学回家的小孩子们，一块饼干卖一分钱。"孩子们，明天多带点钱来，"她说，"我天天都会带着好吃的饼干在这儿等你们。"第一周，她不仅赚了 4.15 美元，还为生活带来了不一样的兴趣。她为自己和孩子们带来了欢乐，如今没有多余的时间去忧愁了。

这位来自伊利诺依州的冷静沉着的家庭主妇很有野心，她决定向外扩展——找个代理人在人声鼎沸的芝加哥出售她家制作的饼干。她羞怯而紧张地和一位在街头卖花生的意大利生意人接洽。他耸耸肩膀，表示拒绝，说他的顾客要的是花生，不是她的饼干。4 年后，她在芝加哥开了第一家饼干店，店面只有 8 尺来宽。她晚上制作饼干，白天摆出来卖。这位从前非常羞涩和胆怯的家庭主妇，从她厨房的炉子上开始，建立了自己的饼干工厂，如今已拥有 19 家连锁店——其中 18 家都设在芝加哥最繁华的鲁普区。

我在此想说明一点，娜丽·史皮尔和娜拉·史琳达不为金钱的烦恼所束缚，反而采取积极的行动。她们以最小的方式，从厨房出发——没有租金，没有广告成本。在这样的情况下，一名妇人要被财务烦恼拖到崩溃，大概是不会发生这样的事情的。

看看你的周围，你将会发现尚未达到饱和的行业实在是太多了。例如，假如你自己是一名非常有水平的厨师，你或许可开设教人烹饪的班级，就在你自己的厨房内教导一些女孩子们，这也是生财之道。说不定很快就门庭若市。

有无数本书籍教导你怎么利用余暇时间赚钱，你可到公立图书馆借来仔细看看。不管男人、女人，都有很多工作机会。但我必须提出一句忠告：除非你天生有推销的才能，否则不要尝试去挨家挨户地卖东西。大多数人都非常憎恨这份工作，都以失败告终。

9. 赌博等于送死

对于那些企图通过赌博、赛马及玩老虎机发笔横财的人，我总是感到非常诧异。我认识一个拥有几架这种"独臂大盗"机器并靠它们营生的人，他对于那些天真地以为能战胜早已设计好的专门用来骗他们钱的机器的傻瓜们，除了藐视之外，没有丝毫的同情。

我也知道一名美国赌马迷。他是我成人教育训练班上的学生。他告诉我，即使他对赛马的所有知识都了如指掌，也无法在赌马中发财。然而他并不是唯一的一个，实际上，每年都有众多的超级傻瓜，在赛马中扔下 60 亿美金，这个数目刚好是美国在 1910 年全国财政赤字的 6 倍。这位赛马迷同时对我说，假如他想干掉他的敌人，再也没有比说服那个人去赌赛马更好的办法了。我问他，假如某人根据赛马的情报内幕来下注，其结果会怎样，他的回答出人意料，他说："照这种办法来赌赛马，确定无疑的是，能够把美国所有制造钱币的工厂输掉！"

假如我们真的要决定赌博，至少也要学机灵一点。先让我们算一下我们的胜率怎样。如何来找呢？你可以阅读一本《如何计算胜率》的书，作者为奥斯华·贾柯比——桥牌及扑克方面的最高级的专家、权威，也是一家保险公司的统计顾问，该书总共 215 页，教会你在赌赛马、吃角子老虎、扑克、骰子、桥牌、轮盘、梭哈和股票市场时，算出胜率有几分。这本书同时还告诉你，在其他各种各样的活动中，你得胜的概率有多少，全有数字依据，对你会非常有帮助。它并不是故意教你怎么去赌博。作者没有那种想法，他只是想把在普遍流行的赌博中你可能失败的几率坦白地告诉你。当你看见了这些失败的比例之后，你将会无比同情那些易于受骗的人，他们把辛苦挣来的钱丢在赛马、纸牌、骰子、吃角子老虎之上。

10. 如果我们无法改善我们的经济情况，不妨宽恕自己。

如果我们不可能改善我们的经济情况，也许我们可改进心理态度。记住，其他人也有他们的财务烦恼。我们可能因为经济情况比琼斯家差而烦恼；但琼斯家可能因为比不上李兹家而烦恼；而李兹家又因为跟不上范德比家而懊恼。

美国历史上最著名的人物也有他们的财务烦恼。林肯和华盛顿都必须向人借贷，才能启程前往首都就任总统。

要是我们得不到我们所希望的东西，最好不要让忧虑和悔恨来苦恼我们的生活。最好让我们原谅自己，学得豁达一点。根据古希腊哲学家艾皮科蒂塔的说法，哲学的精华就是："一个人生活上的快乐，应该来自尽可能减少对外来事物的依赖。"罗马政治家及哲学家塞尼加也说："如果你一直觉得不满，那么即使你拥有了整个世界，也会觉得伤心。"

要想减少烦恼，请记住下面的原则：

不要总是为工作和金钱发愁。

男佐女佑：如何处理家庭职业冲突

◇最适合某个人的工作，或能够使他感到快乐的工作，并不一定就会使他富有或过得上好日子。

◇疑虑是我们心中的叛逆者，由于害怕去追求，将会使我们失去我们通常能够赢得的东西。

◇上帝的确偏爱勇敢和坚强的心灵。

19世纪70年代，我的祖父查理士·劳勃特森在堪萨斯州的农庄长大。他想要移居到印第安·泰里特利去，看看自己能够在这个边界殖民区里做出什么事业。于是他和他的妻子哈丽特就将他们的行装整理好，放进一辆敞篷马车里，带着孩子们往未知的前途出发。他们在锡马龙的河岸定居。这个地方，就是现在的奥克拉荷马州东北。我的祖父建造了一座木屋，用篱笆围起一片自己的土地。不久，他借了一些钱在这个小乡村开了一家小店，那就是现在奥克拉荷马州的杜尔沙市。

我的祖母哈丽特日子过得很艰苦，她要照顾9个小孩，身体不太好，而且生活很不方便。那里没有医生，只有一家一间教室的教会学校供小孩子念书。艰苦的生活、债务、寒冷的冬天和炎热的夏天，这就是他们全部的写照了——但是以边疆的生活标准来说，查理士·劳勃特森成功了。哈丽特活着看到她的丈夫变成一个成功的、受人敬重的居民，她的儿女们也都幸福地结婚了，而印第安·泰里特利也变成联邦政府的一州。

联邦政府这些州的发展，不仅由于有像查理士·劳勃特森这种男人的眼光——他们开拓了新的天地并且扩展疆界——而且也因为有了这些勇敢的妻子，就像哈丽特，她们勇敢地去尝试新机会。这些女人信仰上帝，信仰她们的丈夫，而且信仰她们自己。她们勇敢地面对着危险、困苦、疾病和死亡。当她们朝西部前进的时候，有没有怀念过她们离开的舒适的家？有没有后悔过离开了朋友、双亲、财富以及现在所面对的物质缺乏、害怕和劳苦的生活？如果她们没有后悔过，她们就是没有人性了。

但是就是这样，拓荒的人们跟随着自己的丈夫来到这些荒凉地区，写下了美国历史上光辉的一页。他们留给自己的儿女一笔巨大的遗产，包括一片土地、一座城市，以及一种不屈不挠的勇气和无法动摇的信心。

盼望丈夫成功的妻子，必须发扬我们的拓荒前辈的刻苦精神。妻子必须心甘情愿地让自己的丈夫去做他最喜爱的任何事情，纵然他的做法是很冒险的。不管遭到了什么挫折，她必须有深信丈夫的勇气，而且毫不畏惧地支持他。能够不顾一切地努力实现进取心和创造心的人，更不会为了其他的原因而退缩了。

例如，我认识的一个男人，在他所不喜欢的职位上工作了一辈子，只因为他的太太宁愿牺牲任何代价，来保住安定的生活。

开始的时候他是个记账员，后来他赚够了钱，可以开自己的汽车修理厂了，这时候他结了婚。而他的太太认为在他们还没有买下房子以前，他最好不要辞去工作。等到他们有了房子以后，他们正要生下第一个孩子，这位男士的妻子使他觉得，开创自己的事业将是一件多么辛苦的傻事——于是日子就这样过去了。他的薪水已经足够家庭开销，还有保险金可以供应孩子的教育费用。有必要开创自己的事业吗？太可笑了！如果失败了怎么办？他可能会失去在公司里的年资、公司的退休金、疾病津贴，以及一份中等而固定的薪水。于是这位男士就失去了创业的机会，因为他的妻子不愿意给他尝试的机会。

现在，他是个对生活感到厌倦的、庸庸碌碌的中年人，他把空闲的时间用来修补自己的汽车。他有张失意的脸孔，患有胃溃疡，此外再也没有什么东西可回想了。生命就这样过去了。他生命绝大部分的时间都用来压抑他对于工作的不满，他对自己的工作没有真正的兴趣，没有热心，没有完成的野心——这都是因为他的太太不愿意给他尝试的机会。

如果他放弃了不喜欢的工作，尝试努力去做自己选择的工作而失败了，事情又会怎样？至少他将会因为已经做过自己想要尝试的工作而感到满足，而且如果他尝够了失败的滋味，他就真的会成功了。

然而，使人感到兴奋的是，这种类型的妻子似乎只是少数而已。在雪佛酿酒公司最近的一项调查里，有 6000 名各种年龄的家庭主妇接受了访问。其中有一个问题问到，如果她丈夫想要从一个他不太喜欢的安定工作，转到另外一个较不安定而且薪水较低，但是却能够使丈夫感到高兴的工作上去，太太们是不是会赞成。接受访问的太太们只有 25% 说，她们不愿意让自己的丈夫改行。

我曾经替一位叫作查尔斯·雷诺兹的人做过事，他是奥克拉荷马州杜尔沙市一家大石油公司的财务助理。他是个活泼、能干又讨人喜欢的年轻人，看来一定可以一帆风顺地往上爬。他有太太、3 个小孩以及光辉的远景。

空闲的时候，查尔斯·雷诺兹喜爱绘画。他的许多风景油画，都悬挂在公司办公室的墙上。有时候他也把画卖给公司外面的人。

虽然雷诺兹先生喜欢自己的工作，但是他更渴望有更多的时间来绘画。他一向很喜爱新墨西哥州的陶欧斯城，那儿是艺术家的乐园，他想要放弃自己的工作，永久移居到那边去。当他和他的太太露丝谈到去开一家绘画用品店时，他太太鼓励他说："我们也可以卖画框，我照顾店面，你就可以画画了。我相信我们一定可以成功的。"

由于太太热心的鼓励，查尔斯·雷诺兹就下定决心辞掉工作，专心作画了。他们全家人都有了开创新事业的精神，年轻的小查尔斯放学以后也会帮忙店务。他画得非常好，终于成为西南部最成功的画家之一。他的作品曾经在整个美国展览过；他也曾经在许多画廊举办过个人画展。现在，他是陶欧斯城画家协会的会长；在新墨西哥州陶欧斯城闻名的济特·卡森街上，他还建造了自己的画廊和画室。这都是因为他和他的妻子有勇气去尝试一个机会。

这种冒险的成功并不值得惊讶——胜算的可能性是很高的。如同范狄格里夫特将军经常在战前对他的军队所说的："上帝偏爱那些勇敢和坚强的人。"

最适合于某个人的工作，或能够使他感到快乐的工作，并不一定就会使他富有或是过上好日子。然而除非一个人的工作能够带给他内心的满足，否则就不算是真正的成功了。当妻子的需要有精神上的耐力，才能够让她的丈夫自由自在地做他所喜爱的工作，而放弃他所不满意的、不高兴的、薪水较好的职位。

许多伟大的成就，可能都是因为不自私的妻子愿意尝试一个机会——而且愿意放弃物质享受，因此她们的丈夫才能够从事适合于他们个性的工作。

救世军不只是它伟大的创始者威廉·布斯的活纪念碑，而且也是威廉最具爱心的妻子凯瑟琳·布斯的活纪念碑，因为她曾奉献那么多的精力来推广这个运动。

　　威廉·布斯把传道当成自己的天职，他在伦敦的贫民窟对穷人、残废人和流浪汉讲道。他、他的妻子和孩子们都忍受着寒冷、饥饿和嘲笑。他努力于帮助穷人，以至于损害了自己的健康。他的妻子也从小就很瘦弱。凯瑟琳·布斯患有脊柱弯曲症，必须使用脊柱支柱。她还受着肺痨的威胁，晚年又受到了癌症的折磨。她临死前说："我从来就不知道有哪一天不是生活于痛苦之中的。"

　　然而这位孱弱、瘦小而多病的妇人，不只要做饭、洗衣和照顾他们的 8 个子女，还要帮助她的丈夫，为那些比他们更加穷困的人奉献出他们慈爱的努力。她也传教讲道。到了晚上，在白天的劳累之后，她还要到贫民窟去帮助那些饥饿、生病或是遭遇困难的人。她为那些怀有私生子而未出嫁的姑娘准备饭菜，找寻安身的处所。她和那些小偷、流浪汉与妓女说话。

　　你一定会想（难道你不这样想吗），凯瑟琳·布斯只要有适当的机会，一定会想离开这个悲惨的地方的。这种机会也曾出现过，有一次牧师会议为布斯的真诚所感动，就在一个比较富裕的地区，留给他一个舒服的讲道工作——这样他就可以放下他在贫民窟的工作了。

　　他们忽略了威廉的妻子。凯瑟琳·布斯马上站起来叫道："不要！不要！"

　　多亏她不怕艰难和有坚定的信心，现在才有救世军在各处工作。我真希望凯瑟琳能够活得更久一些，亲眼看到她为丈夫所做的贡献所得到的结果。我真希望她现在已经知道，在威廉·布斯的葬礼之中，当他的灵柩经过的时候，伦敦街头拥挤着 6.5 万多人向他表示敬意。伦敦市长也在他葬礼的行列中送行。欧洲的宫廷和美国总统也都送来花圈。在他的灵柩后面，有 5000 名年轻的救世军跟随着，并唱着赞美诗歌颂他们伟大的领袖。我宁愿相信凯瑟琳已经都知道了——这位瘦弱的女人完全不顾自己的安全，加入她丈夫献身的伟大工作。

　　帮助丈夫获得成功，这本身就是一个需要专业精神的工作，除非你相信帮助丈夫是一件非常重要、而必须付出你所有注意力的事，否则你就没有办法帮助你丈夫了。

　　以下是个迷人女孩子的真实故事，她本来认为自己的职业比较重要——直到后来有件事情改变了她的想法。美丽、碧眼金发的彩泰·威尔斯，是著名的探险家卡维士·威尔斯的太太，当她认识未来的丈夫的时候，自己已经拥有非常着迷的职业。

　　彩泰是个成功的广播讲演的经纪人，在业务上与许多名人的接触使她得到了乐趣。卡维士·威尔斯也是因业务关系和她认识的，卡维士爱上她并且和她结了婚——依照彩泰的条件，她可以继续从事使她着迷的工作，而且可以自由独立。

　　婚礼在 3 月举行。6 月，卡维士·威尔斯要动身前往苏俄和土耳其，去爬阿拉拉特山。彩泰本来希望留在家里工作，但是等到时间接近的时候，她竟然没有办法使自己独自留下来。"只这一次和你去就好。"她说。于是他们就出发去探险了，那是一个艰难和挫折的梦魇——虽然这次历险使卡维士写出了那本畅销的书——《卡普特》。

当彩泰回到自己的工作岗位以后，发觉这些工作和这次的探险经验比起来，真是太没有味道了，她曾经和卡维士共享过出生入死的经历啊。于是在一年半以后，她又和卡维士一同前往墨西哥，去爬帕帕卡提白特尔山。这又是一次严苛的体能考验。彩泰大部分的时间都在寒冷、饥饿、疲惫和极度的惊吓之中度过。但是她同时也感到非常兴奋。

那座山峰上冰凉的冷风，吹走了彩泰坚持要独立的最后一丝念头。她了解到，身为卡维士·威尔斯的妻子，是比自己的工作上，所可能得到的任何程度的成功，都要更有价值的。当他们从墨西哥回来以后，彩泰就关闭了自己的办公室。她现在有时间跟着她的丈夫到地球最远的一端了——而这也正是她所做到的事。马来半岛的丛林、非洲、日本、冰岛、喀什米尔山谷……游历各地的威尔斯夫妇，他们的生活就像是一部游记。

彩泰·威尔斯说："那时候我认为，拥有自己的事业是很重要的，我很奇怪自己那时候怎么会那么孩子气。和我与卡维士共享的这些丰富经历比起来，我自己的生活是多么的无味和狭小啊。我把我的兴趣和他的合并起来，和他共享胜利和成功，而当失望和麻烦来临的时候，我们就一起面对它们。

"我想，我所曾经接受的最大的嘉勉，就是卡维士在他那本《卡普特》书上所写给我的献辞：'献给我最好的朋友——我的妻子，彩泰。'从没有人给我的赞赏像我的丈夫给我的爱之献语这样，使我感到这么大的成功和满足。"

彩泰·威尔斯是在很戏剧化的情况之下改变心意的，但是，许多女人发觉，增进她们所爱的丈夫的幸福与最大的利益，就是使得任何一个妇女感到最有价值的职业生涯了，彩泰就是一个典型的例子。

我并没有忽略许多由于环境的驱使，而离开家里到外头工作的妻子们和母亲们。我要以最深的尊敬，向她们致意。我相信妇女们应该有能力，以她们自己的努力来赚钱维持自己的生活，可能会在什么时候变成负担家计的人，要负责家庭的食物、房租以及衣物。生病、死亡、失业和灾祸可能捣毁原先最好的计划。

但是，因为我们正在讨论妻子帮助丈夫成功的各种方法，我们不可以忘记，帮助丈夫是一个很大的工作，这件工作本身大得需要妻子全心全力去做。一个妻子如果尽责任地把她的努力放在自己的职业上面，她就不会有额外的能力为她的丈夫效力了。当然，每一件事情都有例外，仅是观察和经验使我相信，如果夫妇双方的目标和兴趣是一致的，丈夫与婚姻成功的机会就更大了。

是的，成功的真正意义，是找出你所热爱的工作并努力去做——在奋斗的途中必须不顾自身的安全与幸福，有时候只有这样做，才是获得我们真正想要的东西的唯一方法。

"上帝啊，请赐给我一个年轻人，他必须有足够的胆识去做别人心目中的傻事。"罗勃特·路易斯·史蒂文生说。

莎士比亚则是这样说："疑虑是我们心中的叛逆者，由于害怕去追求，将会使我们失去我们通常能够赢得的东西。"

上帝的确是偏爱勇敢和坚强的心灵。如果我们希望我们的丈夫，在他们觉得最有成就的工作之中成功，我们就该鼓励他们去尝试每一个机会——而且要有足够的勇气来共同克服危机。

消除工作和金钱烦恼的一个重要原则是：

处理好夫妻间有关职业方面的冲突。

不要入不敷出

◇没有计划地花钱就等于让肉贩、服装商、家具店……都来分享你的收入。

◇有计划的，或是有预算的花费，可以保证你和家人能够从你的收入里得到公平的分享。

◇预算是一张蓝图、一个经过计划的方法，可以帮助你从你的收入中得到更大的好处。

预算是一张有效蓝图、一个经过筹划的办法，用以帮助你从你的收入中获得更大的好处。对于金钱，一种易赚易花、毫不看重的乐观派哲学，曾经在书本上和戏院里带给我们很多非常有趣的笑料。在《你无法把钱带在身边》里，我们都会取笑那位老绅士，他绝不相信个人所得税，而且拒绝缴付其他相关款项。当大卫·科波菲尔要教他的年轻妻子朵拉按照收入计划预支开销的时候，朵拉就撅起小嘴唇撒娇——她也是个非常可爱动人的角色。我们也喜爱不朽的《与爸爸一起过日子》里所描写的母亲节，在妈妈每个月把家庭预算弄得一团糟而引起的争战里，爸爸在母亲节那天表现了最良好的风度。狄更斯笔下浪费成性的麦考柏先生，也是最使人感到有趣的文字形象之一。

的确，在小说里，迷人和不负责任经常会同时出现在一个特别的人身上。但是，在实际生活中，没有其他事情会比财务问题的失误更让人灰心或是讨厌了。入不敷出的人无法使人开心——他是个不负责任的冒险家。脑筋糊涂、奢侈浪费的妻子，也不会美丽动人，她是缠绕在丈夫脖子上的一个重重的担子。

如今，我们的钱所能兑换的东西，比10年前甚至是5年前都要少得多了。女士们面对着一个不合常理的挑战，必须充分利用手里的那些钱。价格上涨，生活水平提高了，我们的小孩所需的教育费用越来越复杂、越来越高。

大家都以为，只要我们的收入增多一些，我们所有的忧虑就会烟消云散，这是一个普遍存在的错误观点。据这方面的专家们说，事实并非如此。艾尔西·史泰普来顿曾经担任华纳莫克和吉姆贝尔百货公司职员的财务顾问。他确信，对大部人来说，增加一些收入只是造成更多的花费。我同意他的看法，这种做法不可能处理好一个人的收入。他的话里有一种动人与毫不在乎的意思，使我们想起小说里那些迷人的处理金钱极其随便的人——等到我们静下心里想想他话里的含义，才发觉事实真是不容乐观。

乱花钱就等于让每个人——包括肉贩、面包商和烛台制造商——都来瓜分你的收入。而有计划的花费，就能够保证你和你的家人从收入里得到公平合理的分享。

杰里·吉果斯在他所著的《钱爱》一书中提出的一种观点就是，你可以把借来的钱当作自己的收入。如果你一时还无法接受这种观点，是因为你觉得用自己的钱才能心安理得，才能真正轻松自在，那么你必须达到经济独立，即通过合理的财务预算，使自己不至于出现入不敷出的局面。事实上，要达到真正的经济独立以享受自在的生活，其实并不像人们通常想象的那么难，这并不需以庞大的财力为基础。

要想过悠闲轻松的快乐生活，并不一定要住大厦、开名车、穿金戴银。重要的是，你拥有什么生活态度。如果有了健康正确的心态，你即使靠着借来的钱，也能舒舒服服、痛痛快快地享受人生。

我认为，一个人要避免入不敷出，可以不用增加财产或收入，你所要做的只是改变自己的想法，重新想想什么是入不敷出，什么不是入不敷出。为了明确你对入不敷出的认识，你可以看看下面的几项选择中哪一个是避免入不敷出的重要因素。

（1）中了百万元的奖券？

（2）有一大笔公司退休金再加上政府的养老金？

（3）继承有钱亲戚的巨额遗产？

（4）和有钱人结婚？

（5）找财务顾问来协助做正确的投资？

我曾做过一项调查，我发现，将要退休的人最关心的事，按重要性依次排列是：财务保障、身体健康和可以共同分享退休生活的配偶或朋友。然而，有趣的是，这些人退休之后不久通常就改变了想法。健康成为他们最关注的头等大事，而经济状况则下降到了第三位。很明显，虽然他们所预期的收入还是不变，但他们对经济的看法却已经改变了。

调查结果显示，人们退休之后实际生活所需比他们原先想象的少得多，钱对高品质的生活没有那么大的影响和作用，同时，这个结果也证明了上述的几项因素没有一个是避免入不敷出的必要条件。

多明奎兹，1940年生于美国科罗拉多州一个富豪之家，从小过着优裕的生活。然而随着年龄的渐渐增长，他不愿再依赖家里。18岁的时候，多明奎兹靠着一份极其微薄的薪水实现了经济独立。在其他人尤其他家里人的眼中，这样的收入比贫民还不如。但多明奎兹觉得，只要自己愿意，不管收入多少，都可以达到经济独立。不要以为百万富翁才具有经济独立的能力，一个月500美元或者低于500美元就可以达到经济独立。如何能够？他说："真正的经济独立无非是量入而出，如果你每个月只挣500元，但能够把开支控制到499元，你就是经济独立了。"多明奎兹多年来每个月就靠500美元生活，并拒绝家里人的援助。到1969年他29岁的时候，就经济独立地退休了。退休之前，他是华尔街的股票经纪人，看到许多人虽然社会地位颇高，收入丰厚，但却活得艰辛劳苦，一点也不快乐，这使他感到这种生活一点也没有意思。多明奎兹决定脱离这种工作环境，于是他设计了个人的财务计划，过一种简化的生活方式。他的生活舒适轻松，而且从来没有什么负担和压力，但一年却只需要6000美元，这等于他把积蓄投资在国库债券的利息。由于多明奎兹的生活中没有过多的物质需求，他把从1980年以来主持公开研讨会"扭转你和钱的关系并达到真正经济独立"的额外收入，以及在《新生活杂志》上发表指导人们正确运用金钱的文章的稿费，全数捐给了慈善机构。

生活中，我们其实不需要那么多物质和财富，对于金钱，只要使我们能吃饱肚子、有水喝、有衣服取暖，再加一个可以遮风避雨的地方足矣。现代人大都过着奢侈的生活却不自觉。两套以上的替换衣服可以算是奢侈，拥有一幢房子也是奢侈，一台电视机是奢侈品，一辆车也是奢侈品。很多人会大声疾呼这些都是必需品，但它们并不是必需品，如果它们是，在还没有这些东西出现的古代，人们是不是无法生活了，至少也是无法快乐。显而易见，事实并不是这样。

当然，这并不是要每个人的思想都必须有 180 度的大转弯，只维持最起码的需求，更不是要人们都去当清教徒、苦行僧。我自己在过去几年来也时常收入低微，生活里还是保持着某些奢侈享受，而且不愿放弃。重点是在于，一般人至少可以减少一些花费。许多奢侈品其实没有任何意义，只能带给人们虚伪的自我膨胀。招摇阔绰地展示奢华和富有是一种浅薄的手段，想要借着炫人的财富——大房子、移动电话、豪华轿车以及最先进的音响——在别人面前，尤其是比较没有钱的人面前，证明自己高人一等，这种行为显示出缺乏自尊和内在素质。

人们那种追求金钱、炫耀金钱的虚荣心态实在该改一改了，疯狂地攫取金钱，买一些只能说是垃圾的东西，目的就是展现给别人看，以此来显示自己的价值，而实际上却失去了生命中更为宝贵的东西：本质、自尊以及真实的生活。

住在阿巴达锁镇阿巴达街的莫瑞德夫妇，有两个小女儿，他们是一个真正经济独立但并不富裕的家庭。他们靠着一份差不多只有一般家庭一半的收入，就能过着很好的生活。莫瑞德夫妇都是只受过专业训练的学校老师，如果他们想，一年加起来可以挣 10 多万美元，可是只有丈夫布兰特在工作，而且是一份半职的工作，他们一家四口，一年只用不到 3 万美元就过得很舒服，因为他们学会了聪明地花钱，所以能够达到经济独立。莫瑞德一家过去 10 年来都过着简单的生活，他们说这种生活一点都不难过，他们觉得自己很好，因为他们对环保尽了一份力量。事实上，他们的哲学已经变成了"少就是多"。他们的收入虽然比一般人低，但却买到了一个珍贵的东西，很多收入比他们高上 10 倍的人却还买不起这个东西。这个珍贵的东西就是大量的休闲时间，他们可以用来做自己想做的事情。

一项统计表明，只要稍微谨慎一点用钱，大多数人都能减少可观的花费，人们如果能充分运用创造力和机智，不花什么钱，都可以过上逍遥快活的生活。

可喜的是，现在已有一部分人逐渐认识到了他们内在的真正价值，开始寻求平稳的生活步调和较少的物质享受。

要实现经济上的独立，不再为捉襟见肘的经济困境而犯愁，我们就应该做好财政上的预算，量入而出。

预算并不是一件束缚行动的紧身衣，也不是毫无目的地把花用掉的每一分钱都做个记录。预算是一张蓝图、一个经过计划的方法，用以帮助你从你的收入中得到更大的好处。正确的预算方式，将会告诉你如何达成目标——自己的家、你家小孩子们的大学教育费用、你老年的保险金、你梦想中的假期。

预算开销将会告诉你，可以删减哪些比较不重要的项目，去填补你想要做的大花费。

如果你从没有做过预算，就应该马上开始学习如何处理家庭财务。帮助丈夫成功的一个最重要方法，就是要知道如何使他的收入发挥最大的效用。如果他会赚钱但是不会节省，你就可以帮助他管紧钱包。如果他本来就节省，你可以在用钱方面与他一致，并为他增加信心。

如何才能使你自己成为家庭财务的专家？这里有个好消息：你家附近的银行可能有一种预算或咨询服务，他们将会告诉你如何做好预算计划，以适应你特殊的需要和收入。

《妇女时代》杂志对于家庭的经济知识，是一个很好的来源。它将会告诉你如何缝补旧衣服，如何烹调有营养而价格低廉的餐点，甚至还告诉你如何制造自己的家具。

不可以依赖你无意中发现的、任何一种已经印好的预算计划表。为了要显得更有价值，一个预算计划必须是专门为你订做的，不适合于其他任何人。没有其他的家庭会和你们家庭完全相同，你的经济问题就像你的脸孔和身材那样，是完全不同的，是独具特色的。

以下有些想法，可以帮助你完成你自己的家庭预算计划：

1. 记录每一笔开销，使你对于支出情形有个清楚的了解

除非我们知道错在哪里，否则我们就无法改进任何情况。如果我们不知道在何处删减，为什么要删减，以及删减什么，节约就是毫无意义的事。所以，我们应该在一段示范期间，记录下所有的家庭开销——例如，记录 3 个月看看。

亚尔诺德·白尼特和约翰·D. 洛克菲勒都是精明的记账专家。我也是这样。虽然我都以开支票的方式付款，我仍然喜欢按月把我的花费记录成一张整齐的单子。每年一次，我把这些每月花费加起来。结果呢？我能够很精确地告诉你，于某某年我们在食物方面花了多少钱——如燃料费、水电费、娱乐费，等等。我还可以使用这些记录，查出我家的生活费增加的情况。一旦你知道你的钱花到哪里去以后，就不必再做这种记录了。但是，我很喜欢手边有这种资料。例如，如果我怀疑我花太多钱买衣服了，我只要瞥一眼我的记录就知道真相了。

我认识的一对夫妻，当他们开始记录花费情形以后，很惊讶地发现他们每个月花掉大约 70 美元去买酒！然而，他们并不是酒鬼，只不过是一对热情的夫妇，很欢迎自己的朋友在兴致好的时候就"到家里来喝一杯"——这种事情时常会发生。他们做了一个明智的决定，认为他们不能再开免费酒吧了，于是，那 70 美元就用于更好的项目开支。

2. 根据家庭的特殊需要，设计出自己的预算

首先，把你这一年里固定的开销列出来——房租、食物预算、利息、水电费、保险金。然后计划你其他的必要开销——衣服、医药费、教育费、交通费、交际费，等等。

每个人都知道，这是件不容易的事情。拟定计划需要决心、家庭合作，有时候还需要严谨的自制力。我们不能买下每一件东西，但是我们可以决定什么东西对我们最重要，而牺牲掉最不重要的东西。你愿意拥有一个舒适的家而放弃买昂贵的衣服吗？你宁愿自己做衣服，将节省下来的钱买一台电视机吗？显然，这些决定必须由你和你的家人自己来做。

3. 至少要把每年收入的 10% 储蓄起来

规定你自己——也就是你的家庭——一个固定开销；至少要把 1/10 的收入储蓄起来，或拿去投资。也许你还可以想办法建立一笔额外资金，拿来做特殊用途，譬如买房子或汽车。

财务专家说过，如果你能节省你丈夫收入的 1/10，虽然物价高昂，不到几年你也就可以获得经济上的舒适。

我认识一个女人，她嫁给了一个顽固、保守的新英格兰人。她的丈夫宁愿在中央车站广场脱光了衣服，也不愿放弃节省 1/10 薪水的计划。这位太太告诉我，在经济不景气的那几年，她们可真吃足了苦头，她先生的薪水被删减得太多了。她买日用品的时候，必须想尽办法节省每一毛钱，而她丈夫每天要步行 20 多条街，以省下公共汽车费。但是，节省 1/10 薪水的老习惯，仍然照样进行。

"有时候，"这位女士承认，"当我们非常需要钱用的时候，我十分后悔还要把钱搁在一边。但是，我现在很高兴我们维持了储蓄计划。节约的结果，使我们到中年的时候拥有了自己的家和一些享受。"

4. 准备一笔意外或紧急用途的资金

大部分的预算专家都劝告每一个年轻家庭，至少要存下 1 ~ 2 个月的收入，用于紧急事件。

但是，这些专家警告说，想要存太多钱的人，会发觉很难办到，结果根本就存不了钱。与其要断断续续地隔几周才一次存 5 元，倒不如每周固定地存下 2.5 元，效果会更好。

5. 使预算计划成为全家人的事

预算顾问相信，预算计划必须得到全家人的合作。经常举行家庭预算讨论会，往往可以减除情绪上的不和——因为我们大家对于金钱的态度，都会受到自己的经验、气质与教育程度的影响。

6. 要考虑人寿保险的问题

玛莉昂·史蒂芬斯·艾巴利，是人寿保险协会妇女部的主任。对全国的女士来说，她所说的话就是人寿保险专家的看法，具有独特的权威性。当我访问艾巴利女士的时候，她建议当妻子的应该自问以下这些问题：

你可知道，经过人寿保险，你的家庭能够得到什么基本需要？你可知道，一次付款和分期付款有何不同——而各有各的好处？你可知道，关于付款的方法有许多不同的选择？你可知道，现代人寿保险具有双重目的——如果一个男人过早去世了，人寿保险就可以保护这个人的家庭；如果他活着要享受余年，人寿保险就可以供给他独立的基金？

这些问题，以及其他许多相似的问题，对于你的家庭非常重要。只让你的丈夫知道所有的答案，这还不够，你也应该知道这些答案。有一天也许你会变成寡妇——有关人寿保险的知识，可以解除你的困难和忧虑。

贾得生和玛丽·南狄斯，在他们合写的《建立成功的婚姻》一书中告诉我们，家庭收入的花费，往往是婚姻生活里必须调节、适应的主要地方。

金钱并非万能，这句话可真不错。但是，如果知道如何聪明地处理我们的金钱，就可以带给我们的丈夫和家庭更多心境的安宁、幸福与利益。

所以，我们不可幻想着自己的丈夫能够像我们本来能嫁、但是后来没嫁的那个男人那样，带回来一大袋薪水，这只会浪费我们的时间，损毁我们的青春。我们的工作就是使自己变成财务能手，好好处置他赚回来的钱——如果我们想要激励他赚更多的钱。怎么做呢？只要依照以下的规则去做：

（1）记录每一件开销，使你了解花费的情形。

（2）以一年为单位，设计出一个预算计划。

（3）储蓄家庭收入的1/10。

（4）准备一笔意外事件资金。

（5）使预算计划成为全家人的事。

（6）要考虑人寿保险的问题。

因此，消除工作和金钱烦恼的一个重要原则就是：

合理开支，不要人不敷出。

克制自己，驾驭金钱

◇金钱能买到一条不错的狗，但是买不到它摇尾巴。挥霍无度的恶习恰恰显示出一个人没有抱负，没有理想，甚至就是向失败自投罗网。

◇如果一个年轻人养成了花钱入账的好习惯，能把每次的花费都清楚地记在账本上，能够仔细地核对计算，细心筹划，这对他未来的事业发展和家庭生活，一定有不可估量的帮助。

一个人要是想获得财富，首先要善于克制自己的花钱欲望，自我克制的力量必不可少。在我们开创的事业中，资本往往有赖于自己往日的储蓄和积累。

英国著名文学家罗斯金说："一般来讲，人们觉得节俭这两个字的真正含义应该是省钱的方法。其实不对，节俭应该解释为学会用钱的方法。也就是说，我们应该学会怎样去采购必要的生活用品；怎样把钱花在刀刃上；怎样合理安排自己的衣、食、住、行的花费和娱乐等方面的花费。总的说来，我们应该把钱用在最应该用的地方，而且一定要产生良好的效果，这才是真正的节俭。"

托马斯·利普顿爵士曾经说："有许多人向我请教成功的秘诀，我告诉他们，对一个人来说，最重要的就是养成节俭的习惯。成功者大都有储蓄和积累的好习惯。任何好朋友对他的帮助和雪中送炭，都比不上一张薄薄的小存折。只有储蓄才是一个人成功的基础，才具有使人站稳脚跟的力量。储蓄能够使一个青年人挺立在事业和生活的风雨中，能使他鼓起巨大的勇气，振作精神去战胜困难，拿出力量成就人生。"

有很多年轻人由于挥霍无度的恶习，竟然把自己的前途都抵押出去了。他们全身的服饰都要装成贵族绅士的模样，而且要紧跟服装的时尚。他们整天考虑的事情就是怎样去花钱，随后，他们就有了这样的念头：怎样用非法手段去尽快地弄些钱来。结果，他们不但债台高筑，而且常常会丢掉好的职位。因此，他们原本更有意义的生活——似锦的前程、快乐的享受和高尚的理想，一切都像昨日黄花一样，悄悄逝去。那些不愿意量入为出的年轻人经常还要掩掩饰饰，自欺欺人。他们不了解，这样的习惯会使他们成功的基础毁灭殆尽，而且将来也决计无法挽回。你不考虑眼前的问题，难道将来可以从头做起吗？你认为今年将田地荒废不顾，明年仍然可以重新耕种吗？你认为过了今天还有明天吗？时间老人是毫不留情的，你一旦造成了错误，他决不会再给你一个从头开始的机会。未来的收获都得看你年轻时播的种子怎样；假如你播的是杂草，将来也休想收获丰硕的果实。

当然，节俭不等同于吝啬。但是，即便是一个生性吝啬的人，他的前途也仍然大有希望；但假如是一个挥金如土、毫不珍惜金钱的人，他们的一生可能将因此而断送。不少人尽管以前也曾经刻苦努力地做过很多事情，但至今依然是一穷二白，主要原因就在于他们没有储蓄的好习惯。

如果每个年轻人都有储蓄和积累的习惯，世界上就不知要少多少个伤天害理、坑蒙拐骗的人。晚年的约翰·阿斯特先生说，如今他赚 10 万元比以前赚 1000 元还容易，但是，如果没有当初的 1000 元，他也许早已饿死在贫民窟里了。

很多人只因为用钱一点也不算计，没有计划性，所以就在不知不觉中花完了身上所有的钱。如果一个青年养成了花钱入账的好习惯，能把每次的花费都清楚地记在账本上，能够仔细核对计算、细心筹划，这对于他未来的事业发展和家庭生活，一定有不可估量的帮助。这样不但能使他学会记账，还可以使他熟悉金钱往来的各种手续和流动的规律，从而获得宝贵的生活个人经验。

这种账本最好能够随身携带，以便你能随时随地地把自己的每一笔花费记在本子上。这样坚持下去，对改正挥霍无度的坏习惯一定有很大的帮助。账本能够明确无误地告诉你，过去的钱都花在哪些地方，什么地方是完全可以节省的，什么地方是非要用不可的。

一般来讲，农村的孩子比城市里的孩子要懂得节俭得多。最重要的原因是城里充斥着各种各样专门引诱小孩去消费的商品、质量低劣的玩具和缺乏卫生保证的糖果食品。但乡下的孩子就不同了，他们更看重金钱，也没有受到这么多东西的诱惑，他们往往不会像城里的小孩那样花起钱来毫不考虑。他们会非常珍惜自己口袋里不多的几个钱，不时地从口袋里拿出来数弄着，决不舍得花钱去买那些流行的玩意，以博得自己一时的欢喜。等到他们积累到 100 块时，就非常兴奋，甚至欢呼叫喊。这些乡下小孩的父母们时常地细心地教导他们，使他们明白储蓄和积累的好处，还鼓励他们把钱到银行里存起来，不要放在身上。而城里的孩子们往往不大把钱当作一回事，他们一有了钱就要把它们立刻花掉，否则很不舒服。

就像很多城里的孩子宁愿把钱放在口袋里，方便使用，也不愿存在银行里一样，有很多青年人也习惯把所有的钱都带在身上，这样往往就使他们养成了随随便便花钱、胡乱挥霍、毫无节制的坏习惯。虽然把钱存到银行里以后，用起来就没有在身上的口袋里那样方便，但是后者太不清醒了，因为习惯把钱放在身上的人基本上都会失去节制，动不动就翻口袋买东西。

所以，节俭的最重要的有效果的办法就是把所有的钱全部放到银行里，而且最好存到一家离你住的地方远一点的银行。这样一来，等你心急火燎要用钱时就必须到那家很远的银行去取，这时你就会考虑要花的钱是否值得？能否省下来？

富兰克林说："致富的唯一方法就是支出低于收入。"他还说："如果你不想因有人讨债而心虚气短，想避免饥饿和寒冷的痛楚，那样你最好和'忠'、'信'、'勤'、'苦'四个字交朋友。并且，不要让你辛苦赚来的任何一分钱从你的指缝间轻易地溜走。"

以前有一个小伙子到印刷厂里去学习基本的技术。其实，他的家庭经济状况挺不错的，他爸爸却要求他每晚必须在家里睡，不许乱跑，但是他每月要付给家里一笔住宿费。一开始，那个年轻人觉得父亲这样太苛刻了，因为他每月的收入，基本就能够支付这笔住宿费，他没有任何其他的零花钱了。但是，几年以后当这个年轻人想创办一个印刷厂的时候，他的爸爸把他叫到面前说："好孩子，现在你可以把你这几年付给家里的住宿费拿回去了。我之所以这样做，是为了能够让你把这笔钱保存起来，并非真的向你索要住宿费。好啊，现在你可以拿这笔钱去发展你的事业了。"那年轻人至此才明白爸爸的良苦用心，对爸爸的智慧感激不已。如今，那青年人已经当上了美国的著名印刷厂的总裁，而他当年的小伙伴却因毫无节制地花钱，如今仍然挣扎在贫困线上。

以上所述是一个富有教育意义的真实故事。它给你的启示是：唯有养成储蓄和积累的习惯，将来才有希望享受到成功与财富。

有位作家的一段话说得非常好，他说，在我们的社会中，"浪费"两个字不知使人们失去了多少快乐和幸福。浪费的原因不外乎 3 种：

（1）对于任何物品都想讲究时髦，比如服饰、日用品、饮食都要最好的、最流行的。总之，生活的一切方面都愈阔气愈好。

（2）不善于自我克制，无论有用没用，想到什么就去买什么。

（3）有了各种各样的嗜好，又缺乏戒除这些嗜好的意志。总结起来就是一个问题，他们从来没有考虑过要修养自己的性格，克制自己的欲望。造成如今社会上事事追求浮华虚荣的最大原因就是人们习惯于随心所欲、任性为之的做法。

很多年轻人往往把他们本来应该用于发展他们事业的必备资本，用到雪茄烟、香槟酒、舞厅、戏院等等无聊的方面。假如他们能把这些不必要的花费节省下来，时间一久一定大为可观，能够为将来发展事业奠定一个资金上的基础。

不少青年一踏入社会就花钱如流水一般，胡乱挥霍，这些人似乎从不明白金钱对于他们将来事业的价值。他们胡乱花钱的目的仿佛是想让别人说他一声"阔气"，或是让别人感到他们很有钱。

当他与女友约会时，即便是在隆冬季节，他也非得买些价格很贵的鲜花，或各种糖果、小玩意儿不可。他却从来不曾想到，要这样费心机、花费钱财追来的老婆，将来决不会帮他积蓄钱财，而一定是花钱如流水、挥金如土。

如此的年轻人一旦用钱把场面撑起来后，一切烦恼苦闷的事情就会接踵而至。为了顾全面子，他们就再也不能过节俭日子了。他们也不会认识到自己已经沦落到怎样的地步了。有些人入不敷出以后，就开始动歪脑筋，挪用公款来弥补自己的财政缺口。久而久之，耗费越大，亏空也就越多，渐渐地就陷入了罪恶的深渊，难以自拔。到了这时，他才想到自己不该胡乱花费，不该为此干那违背天理良心的事情，不该挪用公款，可是为时已晚！为了满足这种喜欢花架子、空排场的恶习，不知有多少人到头来要挨饿，甚至有许多人因此丢了性命，更有无数人因此而丧失了职位！

正如一句谚语中所讲到的，金钱能买到一条不错的狗，但是买不到它摇尾巴。挥霍无度的恶习恰恰显示出一个人没有抱负，没有理想，甚至就是向失败自投罗网。如果你想在工作和生活中摆脱金钱的困扰，请记住下面一句话：

克制自己，驾驭金钱。

第十八章

拥有美好家庭生活

为什么婚姻会出现问题

◇当你的婚姻出现裂痕时，你是意气用事、大吵一顿，还是心平气和地问问自己："为什么婚姻会出问题？"

狄克斯是关于婚姻问题的美国第一权威，他宣称50%以上的婚姻是失败的，他知道这么多罗曼史的梦，会在离婚的石上撞碎的一个原因，就是因为批评——令人心碎的批评。所以如果你要保持你的家庭生活快乐，记住不要批评。除了批评，事实上我们还有更多的事情要做。

美国杂志在1933年6月份刊出艾麦特·克鲁西一篇叫作"婚姻为什么出问题"的文章。下面那些问题，就是从这篇文章中转载过来的。当你答复这些问题的时候，你或许会发现这些问题很值得一答。如果每个问题你的答复是"是"的话，一题就可得10分。

问丈夫的问题：

（1）你是否还在"追求"你的太太？如偶尔送她一束花，记住她的生日和结婚纪念日，或出乎她意料的殷勤，非她所预期的体贴。

（2）你是否注意永远不在他人面前批评她？

（3）除了家庭开支以外，你是否还给她一些钱，让她随意使用？

（4）你是否花精神去了解她各种女性方面的情绪问题，并帮助她度过疲倦、紧张和不安的时期？

（5）你是否至少空出你一半的娱乐时间，跟你太太共度？

（6）除了可以显示她的长处，你是否机智地避免将你太太的烹调手艺和理家本领跟你母亲或某某人的太太相比较？

（7）对于她的知识生活，她的俱乐部和社团，她所看的书，和她对地方行政的看法，你是否也有一定的兴趣？

（8）你是否能够让她和其他男人跳舞，接受他们的友谊照顾，而不会说些吃醋的话？

（9）你是否经常注意找机会夸奖她，表示你对她的赞赏？

（10）关于她为你做的小事情，如缝纽扣、补袜子、把衣服送去洗，你是否会谢谢她？

问太太的问题：

（1）你会让丈夫在处理他自己的工作方面有完全的自由吗？比如尽量不去议论和他交往的人、他选的秘书，给他一定的自由时间等。

（2）你是否使家庭更有情趣？

（3）你是否在做饭时，经常注意调节搭配？

（4）你是否对你丈夫的事业有一定的了解，能和他做良性的探讨？

（5）你是否能勇敢地、愉快地面对家庭财政出现的危机，而且不会抓住他的错误不放，或用不满的态度把他和成功的人做比较？

（6）你是否尽力地和他的母亲或其他亲戚很好地相处？

（7）你在买衣服时，是否考虑他对颜色和样式喜不喜欢？

（8）你是否会为了家庭和睦，而不那么固执己见？

（9）你是否培养对丈夫的爱好的兴趣，能和他一起玩得很高兴？

（10）你是否注意社会上新的信息，以便能和丈夫有趣地交流？

婚姻是幸福的温床

◇步入婚姻的殿堂比单身生活更有安全感，尽管两个人生活不一定更舒适，但它确实更令人感到安全。

◇最伟大的英雄行为都成于四壁之内——家庭的隐秘当中。

"爱与被爱都是世界上最美好、最幸福的感觉。"19世纪俄国最伟大的作家托尔斯泰曾这样说过。

霍尔姆斯说："美是伟大的，但是衣物、房子和家具之美仅仅是用于衬托家庭之爱的装饰，即使把世界上所有华丽的东西堆积起来都比不上一个美好的家庭。因此，我将对自己的家庭更多地付出我的真爱，哪怕一点点，也胜过很多的家具和世界上所有的设计师能够提供的最华丽的物品。"

杰勒米·泰勒则说："步入婚姻的殿堂比单身生活使人更有安全感，尽管两人生活不一定更舒适，但它确实更令人感到安全。婚姻可能使你更快乐，也可能使你更感悲伤；婚姻可能使生活有更多的欢乐，也可能使生活有更多的痛苦；婚姻会使你背负更重的担子，但是同样会以爱和宽厚的力量来支撑你。无论如何，婚姻仍然令人感到非常愉快。同样，婚姻也是人类之母，使人类延续，使国家强大。"

一位思想家曾说过，女人是来自于天堂的珍贵礼物，带着连无所不能的上帝都无法给予的伟大的爱；她会净化、抚慰和照亮我们的家庭、社会和国家；很少有人能意识到女人的这些价值，除非那个人的母亲与他共同生活了相当长的时间，或是因为发生了一些重大的人生变故，当他连续失意、遭到所有人的抛弃时，他的妻子却坚定地站在他的身边，使他重新树立了对生活的全新信念，才会使他明白。

稳固的婚姻，使男女之间建立了一种在两性之间无法用其他方式建立的情感和兴趣的联系。

拉法耶特将军在美国时，认识了两个年轻人。"你结婚了吗？"拉法耶特将军问其中一个。"是的，长官。"这位年轻人回答说。"你是个幸福的男人。"拉法耶特将军说。随后，他用同样的问题问了另一个年轻人，得到的回答是："我还是一个单身汉。""多么不幸的家伙啊！"将军说。这就是对婚姻问题的最好评论。

对于一个由于对婚后生活心存顾虑而逃避婚姻的男人来说，他事实上是由于对微不足道的烦恼的恐惧，而与一生的幸福擦肩而过。这种人和那些为了免除鸡眼带来的疼痛而将整个脚或手切除并且还沾沾自喜的人不相上下。

有一些男人从来没有结婚，而且按通常的标准来衡量，他们的生活是成功的。但是，那些了解他们或者详细阅读过他们资料的人会感到，这样的人生尽管成功却算不上完整。

"'家'这个词包含着许多内容，"一位诗人说，"它可以唤醒我们心中最美好的情感，不仅仅是给予你'家'的亲人们才会使你感到亲切，而且从小居住地周围的小山、岩石、小溪也会使人迷恋。弹起悠扬的竖琴，唱起'家，甜蜜的家'，这是多么自然而然的感觉。"饱含感情的路德在谈及他的妻子时说："只要和她在一起，即便再怎么清贫，我也甘之如饴；如果失去她的话，万贯家财对我也毫无意义。"

家庭是社会的细胞，是幸福的温床、神圣的乐园。很多人把家庭当成自己成功的动力，事实确实如此，如果一个人有一个幸福美满的家庭，那么他在自己的工作上也容易取得很大的成就。反之，如果整天困扰于家庭纠纷之中，就很难把工作做得出色。人人都需要并追求一个幸福的家庭，以爱情为基础的婚姻是家庭幸福的基础，美满的家庭能使人享受天伦之乐。

家庭的建立以婚姻为前提。婚姻是男女两性之间的一种特殊社会关系，家庭既体现着以两性关系为特征的社会关系，又体现着以血缘关系为特征的社会关系。婚姻是家庭赖以存在的前提，家庭是婚姻的必然结果。

无论社会怎样发展，家庭作为人类情感的避风港这个职能在当今社会越来越受到重视。高质量的家庭——以爱为基础的幸福美满的家庭——是当今社会人们的共同奋斗目标。

家庭是幸福的温床，但它又不是静止的，而是变动的，它是随着社会的发展而变化的。当今，世界上科学技术的巨大进步和生产力的发展，社会的深刻变革给家庭这座亘古以来便给人以慰藉的快乐宫殿带来了巨大的冲击：离婚率上升，少年犯罪增多，代沟裂痕扩大，未婚同居、家庭暴力等现象越来越严重。这些使人们不由得想到这样的问题：什么样的家庭才算美满幸福的家庭？如何才能得到一个美满幸福的家庭？探讨这些问题，必须与社会的变化对家庭的影响相联系。

首先，家庭幸福需要相互了解。

要幸福，就要了解别人。要认识到别人不会和你完全相同。他不可能和你一样思考，他所喜欢的东西不一定就是你所喜欢的东西。当你认识到这一点时，你更易于发展积极的心态，更易于做一些事情，使得别人能作出称心的反应。

磁铁相反的两极互相吸引，而具备相反性格特点的人们也是这样。一个有进取心、乐观、有雄心、有信心，并且具有巨大的内驱力、能力和毅力的人，与一个易满足、胆怯、害羞、机智和谦逊，还可能包括缺少自信心的人在一起时，经常会互相吸引，互相补充、加强和完善。他们联合以后，便可融合他们的性格，这样，每个人的缺点也就互相抵消了。

假如你同一个性格恰好与你相同的人结了婚，你会感觉幸福和受到鼓舞吗？你如果作出真实的回答，那也许是"不"。

同样，父母和子女之间也应当通过互相了解，增进沟通。家庭中许多不幸正是因为孩子们不了解、不尊重他们的父母所造成的。但这是谁的过失呢？是孩子的，还是父母的？或者是双方的？

不久以前，在一次培训课结束之后，我曾和一位大企业的总裁单独做了一次交谈。这位大企业家因为工作卓越，大名曾出现在美国各大报显要的版面上，但是，在我见到他的那一天，他却满脸忧愁，无精打采，事业上的风光并不能掩盖他生活中的失败。"没有人喜欢我！甚至我的孩子们也恨我！这是为何呢？"他问道。

实际上，他是一个心地善良的人。他给了孩子们金钱所可能买到的所有东西，为他们创造了安逸的生活。但是，他灭绝了孩子们奋斗的必要性，让他们不再像他过去那样必须进行奋斗。当他的儿女还是孩子的时候，他从未要求或盼望他们尊重他，而他也从未得到过尊重。然而他确定，孩子们了解他，并不必要努力去探索。

事情本来会与此迥然不同，假如他真的教育孩子们要尊重人，并且至少部分地依靠艰苦奋斗，依靠自己的力量安排自己的生活。他给了孩子们幸福，却没有教育他们使别人幸福，因而使自己更幸福。假如在他们成长的时候，他就信任他们，并且告诉他们，为了他们的利益，自己曾历尽坎坷，或许他们早就更加了解他了。

可是，这位企业家，或者和他处在同样境况中的任何人，没有必要依然处在不愉快中。他能把他法宝的积极的心态那一面翻过来，尽力使自己为他亲爱的人所熟悉和了解。

假如他能表明他热爱孩子的方式是同他们分享他自己的优点，而不是只给他们提供那些物质的东西；假如他能同他们自由地分享他的优点，正像分享他的金钱一样，他就会体验到孩子们由于爱和了解所回报的丰富报酬。

其次，用语言浇开幸福之花。

无论你是谁，你都能够是一个绝妙的人！但是某些个别的人可能不这样想。假如你觉得他们对于你所说的话、所做的事反应不当，并含有不应有的对立，你对这事就要采取一些措施。他们，正与你一样，也是通情达理的。

别人对你作出的令人不快乐的反应，可能是因为你所说的话以及你说这些话的方式或态度不当。话音经常能反映说话人的语气、态度和心中潜在的思想。你要认识到过失在于你，这可能是困难的，当你认识到过失确实在于你时，你要采取主动，改正错误，这或许是同样困难的——可是你能做到这一点。

假如别人说的话或者说话的方式使你的感情受到伤害，那就很可能是因为你自己说了什么错话或者说话的方式不对而冒犯了别人。断定了你的感情受到伤害的真正原因，你才能避免使得别人作出同样的反应。

假如你发觉某人对你说话的声调和态度不大喜欢，你就应该避免使用这样的声调和态度，以免冒犯别人。

假如某人用一种发怒的声音向你叫喊而使你感觉十分不快，你就要想到假如你用那种声音对别人叫喊，也会使别人感到不快——即便他是你 5 岁的儿子，或者很亲密的亲戚。

假如一个人误解了你的好意，你就该表明你的真心，以消除误会。假如你喜欢受到称赞，假如你喜欢人家记住你，如果你得悉某人在怀念你，你就觉得愉快。你应该确信：假如你称赞别人，或者写一封短信，让他们了解你在想念他们，他们一定是很高兴的。

再次，利用书信增进幸福。

彼此分离的人，假如常有书信往来，反而会觉得更亲密。有许多分居两地的人之所以举行了婚礼，就是因为在分别之后，他们的爱情通过书信反而变得更深厚的缘故。

通过书信交流，双方能够增强理解。每个人都能在信件中表达自己正直的内心思想。表达爱情的信件不必、也不应当因结婚而中止。马克·吐温天天都给他的妻子写情书，甚至当他们都在家的时候，也是如此，他们在一起过着非常幸福的生活。

你要写信，就一定思考，把你的思想提炼在纸上。你能够借助回忆过去、分析现在和展望将来发展你的想象力。你越是常写信，你就越对写信感兴趣。你写信时最好采用提问的方式，这样，易使收信人给你回信。当他回信的时候，他就成了作者，你就能够体验到收信人的欢乐。

你的收信人是依据你的思路进行思考的。假如你的信是经过周详考虑写下的，它就能使收信人的理智和情绪沿着你指引的路径前进。收信人读你的信时，信中令人鼓舞的思想被记录在他的下意识心理中，将不可磨灭地深印在他的记忆里。

最后，乐在知足。

有一位作家写过一篇文章，它的标题是《满足》。我觉得它可能会给你带来一定的启发，下面是我对其中一些精辟见解的摘录：

全世界最富有的人住在"幸福谷"。

他富有历久不衰的人生理想，富有他所不能失去的东西，这些东西可以给他提供满足、健康、宁静的心情和内心的谐和。

以下是他的财产清单，它们本身明确了他是怎样获得这些财产的：

我获得幸福的办法就是帮助别人获得幸福。

我获得健康的办法就是生活有节制，我只吃维持我的身体健康所必需的食物。

我不怨恨任何人，不嫉妒任何人，而是热爱和尊敬全人类。

我从事我所喜爱的劳动，我还把游戏与劳动相结合，所以我很少感到疲劳。我每天祈祷，不是为了更多的财富，而是为了更多的智慧，用以认识、利用、享受我所已经拥有的诸多财富。

我不应用辱骂的语言。我不要求所有人的恩赐，只要求我有权把我的幸事分享给那些需要帮助的人。

我和我良心的关系良好，所以它总是指导我正确处理一切事情。我所拥有的物质财富多于我的需要，因为我清除了贪婪之心。

我的财富取自因分享了我的幸福而受益的那些人。

我所拥有的"幸福谷"的资产当然是不能课税的。

它主要以无形财富的形式存在于我的心里，这种财富无法估计价值，也不能被占用，除去那些能接受我的生活方式的人。我用了一生的时间，尽力观察自然的规律，形成了遵循自然规律的习惯，因而创造了这种财产。

"幸福谷"中的人的成功信条是没有版权的。这些信条也可以给你带来智慧、宁静和满足。

宾斯托克在他的著作《信任的力量》中谈到幸福的问题时说："人类是一起诞生的，整个人类原是一个整体。正是人类所形成的世界把人类分开了。多么愚蠢的世界！多么虚伪的世界！多么恐惧的世界！假如人类有了信任的力量，就可让人类重新聚集到一起——信任他自己，信任他的同胞，信任他的命运，信任他的上帝。那时，仅在那时，人类才能真正成为一个整体。那时，仅在那时，人类才能找到幸福和宁静。"

认识爱情，结识幸福

◇一个享受爱情的人，就像一艘加满燃料和食物、淡水的船只，有足够的信心和力量向自己的目标行驶。

◇爱情是人生重要的生活领域之一。我们只有正确地认识爱情，才能更好地享受爱情。

爱情是人生重要的生活领域之一。

人从少年时代开始朦胧地产生了爱情，它也许会历经磨难，饱受沧桑，但是它会持续到人生的最后一刻……

爱情生活，决不只是局限在家庭范围内，停留在休闲时间里，它会融进人的所有的领域，所有的时间里。谁都知道，一个享受爱情的人，会在精神上怎样地满足。他就像一艘加满燃料和食物、淡水的船只，有足够的信心和力量向自己的目标行驶。

那么，一对男女为什么会互相倾慕，也就是说，爱情的动力是什么呢？

人是自然界的人，那么人就具有自然性，自然性表现在两个方面，其一就是人和其他动物一样有生存的欲望，延续种族的需要是生命意志的最高表现。这种需要深深地埋藏在每一个发育正常的人身上。到成年时，人们对这种欲望要求得非常迫切，如果缺乏这方面的满足，就会影响人们身体和精神的健康。由此可见，爱情首先具有一种自然属性。人同时又是社会的人，因而，包括爱情，其本质属性是社会性。爱情的本质属性——社会性表现在以下几个方面：一是，爱情中爱的力量是从非性欲的爱的素养中培养出来的，爱情中的主要动力并不是来源于性欲。一个人，如果不爱他的父母、同志和朋友，他就永远不会爱他所选来作为爱人的那个人；他的非性欲的爱范围越广，他们的爱情价值就越高。二是，爱情关系是一种由自然关系连接起来的人与人之间最亲密的特殊的社会关系，是历史的、具体的，是随着社会的发展而不断向前发展的。三是，爱情把两个人的命运紧密联系在一起。四是，爱情的表达方式是具有社会性的，它是以一种丰富的不断变化的社会方式进行的。

以上这一切，都说明爱情和社会性是紧密相连的，其本质属性是社会性。由此可见，禁欲主义和纵欲主义都是错误的。事实上，禁欲主义根本无视人的自然欲望，从而也就否定了人类社会本身，因为社会的人是由自然的人发展而来的；纵欲主义则片面强调人的自然欲望的合理性，把人的本来是具有社会意义的爱情和性行为，完全等同于动物的本能冲动，根本否定了人的社会存在本质，颠倒了自然性和社会性的关系。社会学家认为，两性间的爱情不但是人的生理欲望的满足，而且上升到精神的需求，它不再由性欲支配，而体现了人性的特征。

我们知道，爱情是两个异性间感情的升华，为两个异性间共同拥有的。因而，爱情与相爱双方的个人素质特别是思想道德素质有着直接的关系。

爱情作为一种社会关系，具有双重的价值，一方面，具有个人价值，它体现在有利于双方的身心健康和全面发展上。另一方面，爱情又具有社会价值，它体现在有利于社会风貌的进步和文明程度的提高上。

爱情作为一种社会关系，首先表现为一种特殊关系。相爱的男女双方彼此依存、彼此渗透，促进着相爱双方的身心健康和全面发展，从而形成了爱情的个人价值。爱情从个人价值来说，是爱者（爱情主体）和被爱者（爱情客体）之间的关系，它表明了被爱者对爱者的意义。在爱情中，男女双方各自既是爱情客体，又是爱情主体；既是爱者，又是被爱者；既有爱的需求，又能满足爱的需求。相爱的男女双方，从爱情主体来说，对方所给予的，正是自己所需求的；从爱情客体来说，自己所给予对方的，正是对方所需求的。因此，爱情价值绝对不同于一般的价值，它表现为相爱双方的需求和满足这种需求的行为、活动及方式的统一。真正的爱情，不是单纯的给予，也不是单纯的满足，而是给予和满足的统一。

爱情从社会价值来说，是相爱双方和社会之间的关系，它表明爱情对社会的意义。如果相爱双方的个人自身需求与社会发展的需求相一致，爱情就具有崇高的社会价值，就有利于社会的发展，同时还有利于社会文明程度的提高。从根本上说，爱情的个人价值与社会价值具有一致性。凡是有利于相爱双方身心健康和全面发展的爱情，必将有利于社会的进步和社会文明程度的提高。但是，爱情的个人价值有时和社会价值也存在矛盾。因为爱情的主客体的个人利益和社会的整体利益，或多或少存在不一致的情况。因此，为了保持和真正实现爱情的价值，每一对相爱的男女都应当注意社会发展和自己需求的关系，要及时地引导和调整自身的需要，使其与社会发展相一致，而不要为所欲为。

每天增进爱情的深度

◇如果没有爱情，成功又有什么意义呢？缺乏爱情，财富和权势也就等于废物和灰烬了。

◇爱情是一种精神食粮，我们的精神靠着它生存和成长，如果没有爱情，我们的心就变得乏味。

◇爱情在人类社会里的潜力就像原子能那样大。爱情能够产生，而且的确每天都产生着奇迹。

"小孩子觉得没有人爱他，这是少年犯罪的主要原因之一。"纽约市少年家庭董事会秘书、社会工作专家艾西尔·H.怀特先生在社会工作讨论会上说了这样的话。

我和我的妻子发觉这种说法是正确的，我们曾经在奥克拉荷马州艾尔·雷诺的联邦少年感化院，对少年犯们讲授有关人际关系的课程。

渴望爱心，似乎是所有这些不幸的孩子们的普遍问题。有个少年说，他的母亲从不给他回信，后来他写信告诉他母亲，说他正在上一些课，这些课程使他觉得已经把自己的外貌改变得比以前好多了。不久他母亲写信给他，说她认为没有东西能够对他有好处——监狱是他最适合去的地方。

另一个男孩，19岁男孩汤米，他的生命里有10年以上的时间是在孤儿院和感化院度过。他说："我们最需要的，就是有人来爱我们。但是从来就没有人爱我或要我。在我16岁以前，我没有得到过一件圣诞礼物。"

毫无疑问，这些忍受着情感缺乏的孩子们，常常会开始犯罪，以补偿这种基本的缺陷——就像一个饿昏了的人，当他找不到食物的时候，他也会吃下对身体有害的杂物的。

爱是一种最适当的食粮，我们的精神靠着它生存和成长，如果没有爱情，我们的道德心就会弯曲变质。

"一个普通人所能说的最正确的话就是，"心理学家高登·W.沃尔波特说，"他从来不会觉得，他的爱或是别人给他的爱已经使他满足了。"

真的，爱在人类社会里的潜力，就如同原子能那样大。爱情能够产生，而且的确每天都产生了奇迹。你给你丈夫的爱，是他成功的基本因素——因为，如果你真心爱他，你就会心甘情愿地尽你所能去做每一件事，使他快乐或成功。

你给了你丈夫哪一种爱情，也会影响到子女的幸福。保罗·柏派诺博士是美国家庭关系协会会长，他在全国教师家长联谊会上讲演说："教师家长联谊会，如果愿意在年会里完全不谈小孩子的事情，而讨论如何使丈夫和妻子更加相爱，也许对小孩子的幸福会有更大的贡献呢。"

那么，我们怎样做才能提升爱情的深度呢？以下有一些特殊的建议：

1. 每天都要表现出爱心

最可悲的事情，就是在事情过了以后才发觉自己曾经享受过人生最珍贵的东西。

许多女人碰到危机的时候，都能够高明地应付自如，可是，很可悲地，她却很少知道带给丈夫最渴望的每天的爱情面包。假使丈夫失业了、患上结核病或是被关进监狱时，这位小女士都能够像直布罗陀海峡的岩石那么坚强，不断地帮助丈夫；而当生活正常平稳地进行的时候，妻子就忘了告诉她的丈夫：你在我的心目中是何等重要。

大部分的女人相信，她们是应该被爱护、听人讲些甜言蜜语的。因而通常有些女人会抱怨自己的丈夫忽略她们，不知道赞扬她们的女人，往往也吝于对丈夫赞赏示爱。她们时常挑剔和批评错误。她们的丈夫从来就不赞美她们，或注意她们身上所穿的衣服，或是给她们任何在外表看得出来的爱的表示。但是，这些女人对待她们丈夫的态度也是同样冷淡，然后，她们才感觉奇怪，为什么自己的丈夫会追求那些懂得称赞他们英俊、雄伟、健壮的迷人的女人。爱情的饥渴并不是女性专有的一种疾病。男人也会患这种病的。

曾经有人把夫妻间对爱情的冷淡叫作"精神食粮不足"。这是一个很恰当的比喻。因为，男人不是只靠面包就活得下去；有时候，他也需要一块爱的蛋糕——还要在上面加一点糖霜。

2. 培养一种好心情——把事情看开一点

有责任心的妻子，常常会患有一种完美主义者的毛病。孩子们的行为总是要管教好；晚餐要做得美味可口；家里要一尘不染。完美主义者常常过分注重细节，而忽略了重要的大事。事情发生的时候，要以好的心情去接受，不要把小事搅得天翻地覆，这样就可增强夫妇间的爱情。

3. 要有宽大的胸怀

没有其他的事情，能够像互相深爱的人结婚那么迷人。爱情就是给予，要给得丰富与慷慨。有些妻子愿意在许多事情上面做出牺牲，但是却常常在许多小地方缺乏精神上的慷慨——例如，嫉妒丈夫从前的女朋友。

如果你的丈夫无意间提及他今天碰见了一个过去的女友，而如果你问他，那个女孩子是不是还扎着辫子说着不成熟的话，那你就太吝啬太不够慷慨了。你应该赞美她的好处——如果你能够想出一些；如果你想不出来，也应该编造一些。

4. 对于每一件小事，都要表示谢意

男人在结婚以后，带妻子到戏院过了一个愉快的晚上，送给妻子一束紫罗兰，甚至只是每天早晨倒个垃圾，他也很希望听到妻子的道谢的。如果他所做的每件事情，妻子都视为理所当然而不加致谢，无疑地，这个丈夫就会停止取悦他的妻子了。

我们之中有些人，不知道丈夫每天为我们做了多少小服务，这只是因为我们习惯于让丈夫为我们做这些工作。一位妻子曾经认为她丈夫没有帮过她什么忙。她说要他去弄杯水来喝，也是个大工程，他不会换小孩子的尿布，或是弄紧一支漏水的水龙头。然而，有个夏天他到欧洲去了，她才很惊讶地发现，他每天都为我做了许许多多的琐事——她却没有向他说过一声谢谢——现在她必须自己去做那些事了。

5. 要互相谅解和体贴

当丈夫想要换上拖鞋休息一会儿的时候，我们却穿好衣服想要出门，这是不行

的。具有深挚爱心的妻子，应该先了解她丈夫每天在外面工作后的需要，然后才跟着盘算自己的需要。

上面说的这些，是不是就像许多妻子所做的、没有报酬的努力？妻子在一生中慷慨地奉献给丈夫的爱情，难道丈夫会不知道感谢吗？

丈夫会感谢的！我就看过一个十全十美的妻子，得到了丈夫的敬爱。安格斯先生所说的话，也是为其他许许多多幸福的丈夫们说的："很可能因为我娶了这个女子，所以我才比大部分的男人更加幸福。我所能给她的最大赞赏就是对她说，如果我能够回到 32 年前，而且了解我现在了解的事情，我仍然愿意再和她结婚——只要她愿意再嫁我！我所获得的任何成功，都直接来自于这位可爱的妻子的陪伴。"

如果没有爱情，成功又有什么意思呢？缺乏爱情，财富和权势也就等于废物和灰烬了。如果你的丈夫从你深挚的爱情里得到了安心和幸福，那么，他带给你更高的生活水准的机会也就大大地增加了。

第十九章 ～
CHAPTER 19

有了梦想，你才伟大

人生因为梦想而伟大

◇不能保持正确目标而奋斗的人，就有如玩耍得意志消沉的儿童一样，他们不知道自己所要的是什么，总是茫然地撅着嘴。

◇设定明确的目标，是所有伟大成功的出发点。很多人之所以失败，就是因为他们都没有明确的目标，并且也从来没有踏出他们的第一步。

◇目标绝对重要，它不但调动我们的积极性，而且维持我们的人生。

不能抱持正确目标而奋斗的人，就有如玩耍得意志消沉的儿童一样，他们不知道自己所要的是什么，总是茫然地撅着嘴。

行动的本身左右着人生。确定明确的人生目标，不论是对人生，或是对任何的行动，都是至关重要的。

在生活中，有不少人缺乏明确的目标。他们就像地球仪上的蚂蚁，看起来很努力，总是不断地在爬，然而却永远找不到终点，找不到目的地。同样，在生活中没有目标，活动没有焦点，也会使你白费力气，得不到任何成就与满足。

没有目标的活动无异于梦游，没有目标的生活只不过是一种幻象。许多人把一些没有计划的活动错当成人生的方向，他们即使花费了九牛二虎之力，由于没有明确的目标，最后还是哪里都到不了。

要攀到人生山峰的更高点，当然必须要有实际行动，但是首要的是找到自己的方向和目的地。如果没有明确的目标，更高处只是空中楼阁，望不见更不可及。如果我们想要使生活有突破，到达很新且很有价值的目的地，首先一定要确定这些目的地是什么。只有设定了目的地，人生之旅才会有方向、有进步、有终点、有满足。

设定明确的目标，是所有成就的出发点。很多人之所以失败，就在于他们都没有设定明确的目标，并且也从来没有踏出他们的第一步。

社会无疑具有强大的同化作用，使得我们许多人都背离了人生的真谛，丧失了真情和本性。但唯有我们自己真正想要的才能使我们得到满足。放弃了自身的愿望和需要，我们就变得麻木不仁，对任何事都无动于衷。

每个人都做过梦。真实的梦，睡眠中的梦，小时候在作文本上写出的梦，与朋友闲聊时做的白日梦。然而，做梦的年龄过了之后，面对现实，为什么会有惆怅或失落？当然，最理想的是"美梦成真"，虽然不是每个人都能如此，但也并非做不到。

人一旦有梦想有目标，自然就会为了实现它而发挥更大的心力，人生的光辉由此粲然可见。为什么呢？在为实现理想而奋斗的过程中，人生的乐趣昭然若揭，而生活就会更加的精力充沛，此时人类原已潜在的脑力也会得到发挥。经常有意识地创造出这样的情势，使人生更成功、更丰富且充满乐趣的原则，就是所谓的目标催化作用。

1952 年的《生活》杂志曾登载了约翰·戈德的故事。

戈德 15 岁时，偶然地听到年迈的祖母非常感慨地说："如果我年轻时能多尝试一些事情就好了。"戈德受到很大震动，决心自己绝不能到老了还有像老祖母一样有无法挽回的遗憾。于是，他立刻坐下来，详细地列出了自己这一生要做的事情，并称之为"约翰·戈德的梦想清单"。他总共写下了 127 项详细明确的目标。里面包括着 10 条想要探险的河、17 座要征服的高山。他甚至要走遍世界上每一个国家，还想要学开飞机、学骑马。他甚至要读完《圣经》，读完柏拉图、亚里士多德、狄更斯、莎士比亚等十多位大学问家的经典著作。他的梦想中还要乘坐潜艇、弹钢琴、读完《大英百科全书》。当然，还有重要的一项，他还要结婚生子。戈德每天都要看几次这份"梦想清单"，他把整份单子牢牢记在心里，并且倒背如流。戈德的这些目标，即使从半个多世纪后的今天来看，仍然是壮丽且不可企及的。但他究竟完成得怎么样呢？在戈德去世的时候，他已环游世界 4 次，实现了 127 个目标中的 103 项。他以一生设想并且完成的目标，述说他人生的精彩和成就，并且照亮了这个世界。

每当我们读起戈德的故事，便会不由自主地想到一句话：人生因梦想而伟大。

我曾有一只名叫"花生"的混血小狗，它活泼、聪明、可爱，是我们家庭的开心果。一次，儿子提出要我和他一起为"花生"盖一间狗屋。于是，我们便立刻动手，很快就把狗屋盖好了。但是，由于手艺太差，狗屋盖得很糟糕。狗屋盖好不久，有一位朋友来访，朋友忍不住问我："树林里那个怪物是什么？难道是狗屋吗？"我说："没错，那正是一间狗屋。"朋友随即指出了狗屋的一些毛病，又说："你为什么不事先计划一下呢？如今盖狗屋都要照着蓝图来做的。"

不知你能从这个狗屋的故事中学到些什么？

一位大学生经常在报纸上发表作品，他从事新闻工作的天分很高，有从事新闻事业的潜力。这位大学生在毕业时却没有选择从事新闻行业，他觉得新闻工作就是报道一些琐琐碎碎的事情，而不愿去做。可是5年后，他却不无懊悔地说："老实说，我现在的待遇也不算低，公司也有前途，工作又有保障，但是我压根儿心不在焉，我很后悔没有一毕业就参加新闻工作。"从这位学生的身上，你可以看出，他对于现在的工作心存不满，三五年就对自己的工作产生了厌恶情绪。他将来根本没有什么前途。除非他立刻辞职，参加新闻工作。

如果这位学生当初在新闻行业上制定准确的目标的话，或许他早就在这方面小有成就了。他失败的根本原因就在于：没有早日定下事业的目标。有了目标才会成功。目标是你所期望的成就与事业的真正动力。

威廉姆·玛斯特恩，一位非常杰出的心理学家曾经向3000人问过同样的问题："你为什么而活着？"结果表明有94%的人说他们没有明确的生活目标。94%啊！正像有句谚语所说的："每个人都会死，但并非每个人都真正地活着。"玛斯特恩的调查也不幸证实了这一点。许多人过着如梭罗所说的"宁静的绝望生活"。他们忍耐，等待，彷徨于生活的真谛，期望他们的人生目标在某个神灵的激发下瞬间降临。同时，他们只是在生存着，重复着生活的机械动作，他们从未感受过生命的闪光。他们看着自己的生命之光迅速地飞逝，变得越来越恐惧，害怕他们还没有体会到任何真正的喜悦和生命的内涵，就走到了人生的尽头。

从发现目标到拥有目标，这是一个过程，整个过程并不是一夜之间就可以完成的。它需要自省和耐心——这两种品质对我们多数人来讲很难做到。但一旦确定了自己的目标，就像为自己的灵魂注入了一股新的活力，安定和方向感顿时产生。

确定你自己的目标也会对你产生同样的效果！下面的练习是我自己在寻找目标时确立的步骤，您不妨一试，看看效果如何。

取出一张白纸写下"我希望给人留下什么印象"。列出你愿意让你的朋友、配偶、孩子、合作伙伴、团体，甚至是整个世界所希望记住你的品质、行为和特征。如果你与其他一些团体有特殊的关系的话，如教堂、俱乐部、球队等，把他们也列入表中。在列表的过程中你将渐渐地发现你自己真正的价值和生活意义的源泉。

例如，你可以这样写（如果您是一位女性）：我希望我的丈夫认为我是一个非常可爱的妻子，是永远相信他、鼓励他扩展他可能的追求、使他的生命发挥最大潜能的伴侣。我希望我的儿子认为我是深爱和相信他的母亲，我能帮助他认识到，只要他下定决心去做某事，他就能作出巨大的贡献和成就，成为任何他梦想成为的人。

写完之后再回顾自己生活中的其他人时，一个表明你最可贵价值的清晰模式便会渐渐地显现出来。相信此时你也会知道自己的目标所在了，动力也会自然产生。

确定了自己的目标后，你便会从现在手头从事的无谓的工作中解脱出来，全身心地追求自己所选择的道路。怀着从未体会到的激情和快乐向自己的人生目标不断地迈进。在这过程中你所感到的肯定是欢悦、充实和满足。

当你研究那些已获得永久成功的人物时，你会发现，他们每一个人都各有一套明确的目标，都已定出达到目标的计划，并且花费最大的心思和付出最大的努力来实现他们的目标。

美国著名的诗人弗洛斯特在第一次接触到雪莱的诗时，深受触动："啊！这个东西正是我所要的。"他觉得自己与雪莱的作品一见钟情，以至心心相印。他不但找到了指定的读物，还找到了图书馆中收藏的所有英国诗集。读了雪莱、济慈等人的诗集之后，越读越觉得：诗，才是他选择的目标。从此，他迈向了诗坛，有了诗作发表后，便一发不可收。

人们一般都知道，优秀的企业或组织都有 10 年至 15 年的长期目标。毫无疑问，一个人也应该从这样的企业规划与发展战略中得到某种成功的启示，那就是：你也应该计划 10 年以后的事情。如果你希望 10 年以后变成怎样，那么现在你就必须变成怎样。

一个心中有目标的人，会成为创造历史的人；一个心中没有目标的人，只能是个平庸的人。

"目标绝对重要，它不但调动我们的积极性，而且维持我们的人生。"你应该今天就开始制定目标，为自己的未来而规划航向。思想家罗伯特·F.梅杰说："如果你没有明确的目的地，你很可能就走到不想去的地方了。"因此，你应该尽一切努力去实现自己的理想，而不要走到不想去的地方。

我开的成人教育班上有一位学生，就为自己制定了一个未来 10 年的工作与生活计划目标。从他的目标中，你可以感觉到，他已经看到未来生活的影子了。或许我们大家都可以从中受到某种启示！

"我希望有一栋乡下别墅，房屋是白色圆柱构成的两层楼建筑。四周的土地用篱笆围起来，说不定还有一两个鱼池，因为我们夫妇俩都喜欢钓鱼。房子后面还要盖个都贝尔曼式的狗屋。我还要有一条长长的、弯曲的车道，两边树木林立。为了使我们的房子不仅是个可以吃住的地方，我还要尽量做些有价值的事，当然绝对不会背弃我们的信仰，尽量参加教会活动。10 年以后，我会有足够的金钱和能力供全家坐船环游世界，这一定要在孩子结婚独立以前早日实现。如果没有时间的话，我就分成四五次，做短期旅行，每年到不同的地方去游览。当然，这些要看我的工作是不是很成功才能决定，所以要实现这些计划，必须加倍努力才行。"

这个计划是 5 年以前制定的。他当时有两家小型的"一元专卖店"，现在已经有了 5 家；而且已经买下 17 英亩的土地准备盖别墅。他的确是在逐步实现他的目标。

对于你来说，你的过去或现在是什么样并不重要，你将来想要获得什么成就才是最重要的。你必须对你的未来怀有远大的理想，否则你就不会做成什么大事，说不定还会一事无成。

渴望通过自己的奋斗走向成功的人，不容回避目标定位的课题。人，确实需要一个高度，一个超越自我的高度，一个追寻真理的高度。人，应该为自己的一生确立一个高层次目标，一个不达目的誓不罢休的高层次目标。

让我们为自己寻找一个梦想，树立一个目标吧，因为——人生因梦想而伟大！

人生的精彩来自于目标的精彩

◇目标能唤醒人，能调动人，能塑造人，目标的力量是难以估量的。有了目标，内心的力量才会找到归宿。

◇人生的精彩来自目标的精彩。一个人之所以能够拥有一个精彩的人生，就在于他们有一个精彩的目标。

◇正如贸易巨子 J.C. 宾尼所说："给我一个心中有目标的普通职员，我能使他成为创造历史的人；给我一个心中没有目标的人，我只能给你一个平凡的职员。"

每一个奋斗成功的人，无疑都会有一个选择方向、确定目标的问题。正如空气、阳光之于生命那样，人生须臾不能离开目标的引导。

有了目标，人们才会下定决心攻占事业高地。有了目标，深藏在内心的力量才会找到"用武之地"。若没有目标，绝不会采取真正的实际行动，自然与成功无缘。只要你选准了目标，选对了适合自己的道路，并不顾一切地走下去，终能走向成功。确立了目标并坚定地"咬住"目标的人，才是最有力量的人。目标，是一切行动的前提。事业有成，是目标的赠与。确立了有价值的目标，才能较好地布局好自己的时间和精力，较准确地寻觅突破口，找到聚光的"焦点"，专心致志地向既定方向猛打猛冲。那些目标如一的人，能抛除一切杂念，会聚积起自己的所有力量，成为工作狂，全力以赴向目标的高地挺进。

一个人只要不丧失远大的使命感，或者说还保持着较为清醒的头脑，就决然不能把人生之船长期停泊在某个温暖的港湾，而应该重新扬起风帆，驶向生活的惊涛骇浪中，领略其间的无限风光。人，不仅要战胜失败，而且还要超越胜利。只有目标始终如一，才能焕发出极大的生存活力；只有超越了生命本身，人生才可以不朽。

有目标的人，就有一股巨大的、无形的力量，将自身与事业有机地"化合"为一体。

心中拥有目标，可以给人生存的勇气，可以在困苦艰难之际赋予我们坚忍不拔的毅力。有了具体目标的人少有挫折感。因为比起伟大的目标来说，人生途中的波折就微不足道了。

目标，能唤醒人，能调动人，能塑造人，目标的伟力是难以估量的。有明确目标的人，生活必然充实有劲，决不会因无所事事而无聊。目标能使人不沉湎于现状，激励人不断进取，能引导人不断开发自身的潜能，去摘取成功之冠。

有了目标，内心的力量才会找到归宿。漫无目标的漂荡终会迷路，这样，你心中的一座无价的金矿，因无开采的动力，只能等同于平凡的尘土。

可以说，目标对于成功，犹如空气对于生命一样，目标是成功的生命线。对于成功来说，一个人过去或现在的情况并不重要，而未来想要获得什么成就，有什么样的追求才是最重要的。

洛克菲勒——美国著名的石油大王，在他的自传中，曾提出了一个有趣的设想：

若是将目前全世界所有的现金以及所有产业全都混合在一起，平均地分给全球的每一个人，让每个人所拥有的财富都一样多，经过半个小时之后，这些财富均等的人们，他们的经济状况就会开始有显著的改变。有的人在这时候已经丧失了分到的那一份；有的人会因为豪赌输光；有的人会因为盲目的投资而一文不名；有的人则会受到欺骗而迅速破产。于是财富分配又重新开始了，有些人的钱会变少，有些人的钱又开始多了起来，这种情形会随着时间的拖长而变得差别更大，经过3个月之后，所谓贫富悬殊的情况将会变得十分惊人。

洛克菲勒十分自信地说："我敢打赌，再经过两年时间，全球财富的分配情况就将和以前没什么区别。有钱的人仍然是那些人，而以前贫困的人依然贫困。"

洛克菲勒把这种现象的原因归结于人们的目标不同。他说："说这是命运也好，是机会使然或自然法则也好；总之，有些人的目标与行动，一定会使自己比其他人所受到的尊敬更多，他所拥有的财富也将会更多。"

通常，奋斗者要想成功，最重要的因素是选择目标并做出抉择。

同为有目标的人，有人成功了，有人未成功；有人大成功，有人小成功。这与目标的大小有很大的关系。

大目标使人的生活是干事业，小目标使人的生活仅是过日子。古希腊哲学大师亚里士多德很尖刻地区分了两种人，即"吃饭是为了活着"和"活着就是为了吃饭"。

人生的精彩来自于目标的精彩。一个人的人生之所以精彩，就在于他有精彩的目标。

所谓精彩的目标，就是要做大事，考虑更多的人，更多的事，在更大的范围内解决更多的问题，在更大的空间时间里产生更大的影响。

你的目标越精彩，你所要解决的问题就越大，你就得有大本事，要有很多知识、技能，有时甚至要超越个人的得失，做出某些重大牺牲。在这一过程中，你逐渐获得了超乎常人的知识和能力，你已经变得那样胸怀宽广、大公无私，你也会取得超越常人的成就，你的人生也就变得更加绚丽多彩。

Q世界农产品公司的董事长霍华德·马古勒斯是美国加利福尼亚州的新一代农民。他的成就就是他订立了自己精彩的人生目标并且努力完成目标的结果。多年来，农产品市场的繁荣与萧条几乎无法做任何的预估和控制，时而热火朝天，时而寒若冰霜。至少，所有的人都认为这本来就是靠天吃饭的行业。

马古勒斯却从来不这样想，他给自己定下了一个精彩的目标：发展出一个新颖独特的品种，用来影响消费者的购买行为。他当然有自己充足的目标：这个行业其实和其他行业没什么区别，当市场处于低谷时，除非你有自己独特的产品，否则你就完了。农业市场也是这个道理，如果你也像大家一样生产萝卜白菜，只有市场上供小于求的时候，你才可能获利。我们的目标就是要想法调整市场，靠自己的独特性打开市场，创造更多的机会。

马古勒斯想到了改良甜椒。没错，就是改良甜椒。如果能发展出比其他的甜椒风味更为独特的品种，马古勒斯深信，不论零售市场如何，商店一定非常喜欢这种风味独特的品种。

于是，马古勒斯发展出一种"皇家红椒"。这种长形叶式的甜椒，一上市就取得了巨大的成功，人们吃过以后，就会继续购买它。

马古勒斯用目标为自己的人生抹上了精彩的一笔。

人一旦有梦想有目标，自然就会为了实现它而发挥更大的心力，人生的光辉由此粲然可见。为什么呢？在为实现理想而奋斗的过程中，人生的乐趣清清楚楚，而生活就会更加的精力充沛。

当你已经养成制定精彩的个人成功计划的习惯后，你事实上就已经与你的过去判若两人了。或许，你已经制定了一个一个的成功计划，并将它们一个一个地付诸实践。这时，你不妨回过头来反省一下自己所走过的道路，你会十分惊讶地发现，即便你离所确定的远大目标还有一段距离，但是你无论怎样再也不是过去那个平平淡淡的人了，你已经取得了过去连想都不敢想的成就了。必须明白，这便是制定精彩计划并付诸行动的威力。

目标远大会给人带来创造性的火花，使人有可能取得成就。正如约翰·查普曼所说："世人历来最敬仰的是目标远大的人，其他人无法与他们相比……贝多芬的交响乐、达·芬奇的《蒙娜丽莎》、莎士比亚的戏剧以及人们赞同的任何人类精神产品……你热爱他们，是因为，这些东西不是做出来的，而是由他们创造性地发现的。"

对于那些奥运金牌的获得者来说，他们的成功并不仅靠他们的运动技术，而且还靠其远大目标的推动。商界领袖也一样，政界精英亦然。伟大的目标就是推动人们前进的梦想。

一位医生对活到百岁以上的老人所拥有的共同特点做过大量研究。他叫大家思考一下什么是这些百岁老人共同的特点。大多数人以为医生会列举饮食、运动、节制烟酒以及其他会影响健康的东西。然而，令听众惊讶的是，医生告诉他们，这些寿星在饮食和运动方面没有什么共同特点。他们的共同特点是对待未来的态度——他们都有人生目标。

制定人生目标未必能使你活到100岁，但必定能增加你成功的机会。人生倘若没有目的，你也许会一事无成。正如贸易巨子J.C.宾尼所说："给我一个心中有目标的普通职员，我能使他成为创造历史的人；给我一个心中没有目标的人，我只能给你一个平凡的职员。"

目标具有神奇的推动力，但是，当人们觉得自己的目标并不重要时，他们为达到目标所付出的努力就没有什么价值。如果他们觉得自己的目标很重要，情况就会相反。为什么人们必须把目标建立在自己的理想上面呢？这就是原因之一。如果你的各个目标组合成了你所珍视的理想，那么你会觉得为之付出的努力是有价值的。

同样，目标对于一个组织团体来说是必不可少的，对于组织团体里的每一个人都是很重要的，有些企业运作欠佳，最常见的问题是员工缺乏热情。这些人终日兢兢业业，除了完成手头的日常工作外，并无明确目标。没有热情的人是不会有大作为的。

相反，一些机构里的员工心中有目标的话，大家就有士气，热情高涨。目标使人们心中的想法更具体化，更易实现。同事们能明确要瞄准什么，干起活来心中有数。

奋斗者一旦有了目标，总是能主动出击，而不是亡羊补牢。他们提前谋划，而不是等别人的指示。他们不允许其他人操纵他们的工作进程。不事前谋划的人是不会有进展的。《圣经》中的挪亚并没有等到下雨才开始造他的方舟。

目标使人们产生事前谋划的动力，目标迫使人们把要完成的任务分解成可行的步骤。正如富兰克林在自传中说的："我总认为一个能力很一般的人，如果有个好计划，是会有大作为，为人类作大贡献的。"

目标给予人们把握现在的力量。人在现实中通过努力实现自己的目标。正如希拉尔·贝洛克说："当你为将来做梦或者为过去而后悔时，你唯一拥有的现在却从你手中溜走了。"

虽然目标是朝着将来的，是有待将来实现的，但目标使我们能把握住现在。为什么呢？因为大的任务是由一连串小任务或小的步骤组成的。要实现任何理想，都要制定并且达到一连串的目标。每个重大目标的实现都是几个小目标小步骤实现的结果。所以，如果你集中精力于当前手上的工作，心中明白你现在的种种努力都是为实现将来的目标铺路，那你就能成功。

还是道格拉斯·列顿说得好："你决定人生追求什么之后，你就做出了人生最重大的选择。要能如愿，首先要弄清你的愿望是什么。"有了理想，你就看清了自己最想取得的成就是什么。有了目标，你就会有一股顺境也好逆境也罢都勇往直前的冲劲，你的目标使你能取得超越你自己能力的东西。你必须要有精彩的目标。当你有了精彩的目标时，你才会有伟大的成就，你的人生才够精彩。

每次只走一英里

◇生命比盖房更需要蓝图，然而一般人从来没有计划过生命，每天只是醉生梦死地度过。

◇经过周密思考后，特意不采取行动。因为胸有成竹，所以不轻举妄动。时机尚未成熟便想一步登天，结果成事不足，败事有余。

人生宛若一艘轮船，如果在大海中失去了方向舵而在海上打转，那么它很快就会把燃料用完，仍然到达不了岸边。事实上，它所用掉的燃料，足以使它来往于海岸及大海好几次。

一个人的行为总是与他意志中的最主要思想相互配合，这已是大家公认的一项心理学原则。

特意植在脑海中并维持不变的任何明确的主要目标，在下定决心要将它予以实现之际，这个目标将渗透到整个潜意识，并自动地影响到我们身体的外在行动，使我们一步步地接受它。

在心理学上有一种方法，你可以利用它把你的明确的主要目标深刻印在潜意识中，这个方法就是所谓的"自我暗示"，也就是你一再向自己提出暗示。这等于是某种程序的自我催眠，但不要因为如此就对它产生恐惧。林肯就是借助于这样的方法，跨越了一道宽广的鸿沟，使他走出肯塔基山区的一栋小木屋，最后成为美国总统。

只要你能确定，你所努力追求的目标，将能为你带来永久的幸福，你就用不着害怕这种"自我暗示"的方法。但一定要先弄清楚，你的明确目标是建设性的，它的获得不会给任何人带来痛苦及悲哀，它将给你带来安详及成功，然后，你就可以按照你了解的程度运用这项方法，以求迅速达成这项目标。

潜意识也许可以比作是一块磁铁，当它被赋予功用，在彻底与任何明确目标发生关系之后，它就会吸引住达成这项目标所必备的条件。

请大家先做一个实验吧。

组织两组人，分别沿着两条10公里的路向同一个村子前进。

两组的差别在于：第一组不知道村庄的名字，也不知道路程的远近。只告诉他们跟着向导走就行。而第二组的人不仅知道村子的名字、路程，而且公路上每一公里就有一块里程碑，请你来猜想一下他们完成任务的情况吧！

你大概想不到，第一组的人刚走了两三公里就有人叫苦，走了一半时有人几乎愤怒了，他们抱怨为什么要走这么远，何时才能走到。走了一多半时有人甚至坐在路边不愿走了，越往后走他们的情绪越低。

而第二组的人呢，他们边走边看里程碑，每缩短一公里大家便有一小阵的快乐。行程中他们用歌声和笑声来消除疲劳，情绪一直很高涨，所以很快就到达了目的地。

这个实验对你会有一定的启迪吧！只有具体、明确并有时限的目标才具有指导行动和激励自己的价值。只有充分地了解自己在特定时限内完成的特定任务，你才会集中精力，开动脑筋，调动自己和他人的潜力，从而为实现自己的目标而奋斗。如果没有明确具体目标的时限，任何人都难免精神涣散、松松垮垮，要完成自己所制定的目标也就只是一句空话。

25岁的时候，雷因因失业而挨饿。他白天就在马路上乱走，目的只有一个，躲避房东讨债。一天他在42号街碰到著名歌唱家夏里宾先生。雷因在失业前，曾经采访过他。但是，他没想到的是，夏里宾竟然一眼就认出了他。

"很忙吗？"他问雷因。

雷因含糊地回答了他，他想他看出了他的遭遇。

"我住的旅馆在第103号街，跟我一同走过去好不好？"

"走过去？但是，夏里宾先生，60个路口，可不近呢。"

"胡说，"他笑着说，"只有5个街口。是的，我说的是第6号街的一家射击游艺场。"

这里有些所答非所问，但雷因还是顺从地跟他走了。

"现在，"到达射击场时，夏里宾先生说，"只有11个街口了。"

不多一会儿，他们到了卡纳奇剧院。

"现在，只有5个街口就到动物园了。"

又走了12个街口，他们在夏里宾先生的旅馆停了下来。奇怪得很，雷因并不觉得怎么疲惫。

夏里宾给他解释为什么要步行的理由：

"今天的走路，你可以常常记在心里。这是生活中的一个教训。你与你的目标无论有多遥远的距离，都不要担心。把你的精神集中在5个街口的距离。别让那遥远的未来令你烦闷。"

不要迷失自己的目标，每次只把精力集中在面前的小目标上，这样，遥不可及的目标便近在眼前了。

著名的作家、战地记者希达·赖德先生曾用这种方法救了自己的生命，听听他讲的亲身经历吧：

"第二次世界大战期间，我跟几个人不得不从一架破损的运输机上跳伞逃生，结果迫降在缅印交界处的树林里。当时我们唯一能做的就是拖着沉重的步伐往印度走，全程长达 140 英里，必须在 8 月的酷热中和季风所带来的暴雨侵袭下，翻山越岭，长途跋涉。

"才走了 1 个小时，我一只长筒靴的鞋钉就扎了脚。傍晚时双脚都起泡出血，像硬币那般大小。我能一瘸一拐地走完 140 英里吗？别人的情况也差不多，甚至更糟糕。他们能不能走呢？我们以为完蛋了，但是又不能不走。为了节省体力，我们每次只走 1 英里，休息 10 分钟后，再继续下一个 1 英里的路程。我们就这样走着，有一天，我们竟然惊奇地发现我们已走出了这一段魔鬼旅程……"

大海是由一滴一滴水汇集而成的，房屋是由一砖一瓦砌成的，大力神杯是靠赢得一场又一场的比赛才获得的……每个重大的成就都是一系列的小成就累积而成的。

按部就班做下去是唯一的实现目标的聪明做法。有些时候，某些人从表面看来似乎是一夜成名，但是如果你仔细看看他们的历史，就知道他们的成功并不是偶然的。

据说现代马拉松比赛，每隔 5 公里就有一个标识牌。也就是说，一开始以 5 公里外的标识牌为目标，按照自己的配速跑，到了之后，再以下一个 5 公里外的标识牌为目标……像这样，将 42.195 公里的长距离区分为许多个小段，而不是一口气跑完全程。

一位奥运会长跑冠军在自传中这样说道：

"每次比赛之前，我都要乘车把比赛的线路仔细地看一遍，并把沿途比较醒目的标志画下来，比如第一个标志是银行；第二个标志是一棵大树；第三个标志是一座红房子……这样一直画到赛程的终点。比赛开始后，我就以百米的速度奋力地向第一个目标冲去，等到达第一个目标后，我又以同样的速度向第二个目标冲去。40 多公里的赛程，就被我分解成这么几个小目标轻松地跑完了。"

这个方法也可以用到工作或是读书方面。人既然活在世上，就应该有值得努力的目标。然而，如果目标过于远大，令人觉得不太可能实现，无论是谁都不会有努力的欲望。即使好不容易勉强自己去做，我想终究还是会半途而废，因为一直无法感受到成功的滋味。

目标如果设定在可见的距离，就会使人怀抱希望，持续努力。名著《夜与雾》的作者法兰克，曾以精神分析医生的眼光，冷静观察因禁在纳粹犹太人集中营的同胞的心理。其中，有件很有意思的事。

有个犹太人一心想要从集中营活着出来。但是，这种希望怎么想都不太可能实现。于是，他把目标设定为"几月几日联军将会来拯救我们，在此之前，我一定要忍耐"，而延续生存的希望。结果，在他预定的联军将会到来的日子之前，无论环境多么恶劣，令人惊讶地，他都能坚强地活下去。然而，一过他预定联军会来的日期，他就急速地衰弱而死亡了。

也许我们所遭遇的没有这么极端，但同样的道理在我们的日常生活中都能发现。无论工作或是读书，只要我们觉得目标可能实现，自然就会充满干劲和希望。相反的，如果不知道工作什么时候才能完成，就提不起继续努力的念头。

想要实现自己的目标，先把目标订为每天可以完成的目标。像马拉松的标识牌一样，区分目标，订立计划。亦即，将目标分为大目标、中目标、小目标，或是称作终生目标、中期目标、近期目标。

譬如，一生的大目标是成为政治家，为人民服务。然而，这目标虽然远大，却不是一朝一夕可以实现的，必须先铺路作准备。因此，要设定中期目标。譬如，通过高考，或是就读名牌大学等等。为了达成中期目标，每天所应做的努力，就是近期目标。

《圣经·旧约》中记载：阿西德无论走到哪里，都播下苹果种子。我建议生活中的每一个人都能够向他看齐，不过，要记住，你们播的是成功的种子！无论走到哪里，都要为成功播种，然后再证实有足够的时间茁壮成长，你便有了成功的果实、成功的收获了。

当然，越快成功越好，但是不要操之过急。操之过急的人，往往会有麻烦。避免麻烦比摆脱麻烦容易得多。所以，你要想顺利地、轻松地实现"未来远景"，就必须一步一个脚印，制定每一个事业发展阶段的"短期目标"。这样，你就可以踏着这些台阶，拾级而上，奔向成功的目标了。

专心致志，直到成功

◇一次做好一件事的人比同时涉猎多个领域的人要好得多。

◇如果把一亩草地所具有的全部能量聚集在蒸汽机的活塞杆上，那么它所产生的动力可以推动世界上所有的磨粉机和蒸汽机。

◇无论做什么事，我们都要"咬紧"一处，坚持不懈地进攻，才会有所突破，做出成就。

"无论做什么，不管是学习、工作还是游戏，对每件事情都要全身心地投入。年轻人一定要记住：做事情不要三心二意，更不要见异思迁。不要当无所不能的废品。"这是一位成功商人给儿子的忠告。

实际上，这也是所有奋斗成功者的秘密。

英国政治活动家、小说家爱德华·立顿说："有许多人看到我整日里如此忙碌，事无巨细、无不顾及，竟然还能有时间来从事学问研究，他们都免不了奇怪地问我：'你怎么会有那么多时间来完成了这样多的著述呢？你究竟有什么分身之术，可以做完这么多工作呢？'或许我的回答会令你大吃一惊，答案就是——'我之所以能做到这一点，是因为我从来不同时做好几件事情。'一个能从容自若地安排好工作的人肯定不会让自己过于劳累；换句话说，如果他在今天疲于奔命的话，那么随之而来的必定是疲劳和困乏，这样的话，他明天就不得不减慢工作节奏，所以结果就是得不偿失。我认为，我真正专心致志的学习是从离开大学校园跨入社会之后开始的。到现在为止，我觉得在生活阅历和各种知识的积累方面，跟同时代的绝大多数人相比，自己毫不逊色。我游历了大量地方，所见甚广；在政界和各种各样的社会事务中，我也收获颇丰；除此之外，我在各地出版了大约 60 本著作，其中涉及的许多课题是需要深入研究的。你认为通常一天中我会有多少时间用来研究、阅读和写作呢？我可以告诉你，不到 3 个小时；在国会开会期间，可能连 3 个小时都没有。然而，在这 3 个小时之内，我却是全神贯注地投入我的工作的，心无旁骛，用心极专。"

生活中之所以有许多人最终无法实现少年时代的梦想，原因就是他们同时涉足了太多的领域，由此难免会分散精力，这就阻碍了他们的进步，使得他们最终一事无成。他们没有采取一种更明智的做法，集中心志于某一个领域，咬定青山不放松，最终成为该领域所向无敌的行家里手；相反，他们选择了在很多领域成为三脚猫似的人物，他们四处出击，什么东西都有所涉猎，却又都是浮光掠影，浅尝辄止，最终只懂一点皮毛。

一个人要"有所为"必须同时要"有所不为"，严格约束自己"有所不为"的人，方能大有所为。一个人只有做到以超脱的态度对待世事的纷繁和扰动，才有可能倾其全力攻关于重点领域，在这一领域做出突破。

无论做什么事，我们都要"咬紧"一处，坚持不懈地进攻，才会有所突破，做出成就。每一位渴求成功的人，尤其是处于创业阶段的奋进者，务要时时防范自己，不要滥铺摊子，滥用精力，不要以为到处出击才有收获，而应当像锥子那样，钻其一点，各个击破，让自己在某一方面展示出自己的特长，这样才能赢得更大的成功。那些自认为是多才多艺、精力超群的人，结果反而是看起来样样通，实际上什么都不懂，这样，别人以令人耀眼的特长立足于世，而你却难以与其匹敌，因此痛失获得成功的各种机会。

有一次，一个青年苦恼地对昆虫学家法布尔说："我不知疲劳地把自己的全部精力都花在我爱好的事业上，结果却收效甚微。"法布尔赞许说："看来你是一位献身科学的有志青年。"这位青年说："是啊！我爱科学，可我也爱文学，对音乐和美术我也感兴趣。我把时间全都用上了。"法布尔从口袋里掏出一块放大镜说："请把你的精力集中到一个焦点上试试，就像这块凸透镜一样。"

马休斯博士说过，那些同时有着很多目标、精力分散的人会很快地耗尽他们的精力，随着精力的耗尽，随之而来的就是原先雄心壮志的消磨。

欧文·伯克斯顿曾说过，如果一个人在生活中只追求一个目标——一个唯一的目标，那么在有生之年，他极有可能会实现自己的愿望；但是，如果他事事喜好，见异思迁，那就好像到处撒播种子，到头来只会一无所获，抱憾终生。

有一个热心肠的人，看到有人正要将一块木板钉在树上当搁板，便走过去管闲事，说要帮他一把。

他说："你应该先把木板头子锯掉再钉上去。"于是，他找来锯子才锯两三下又撒手了，说要把锯子磨快些。于是他又去找锉刀。接着又发现必须先在锉刀上安一个顺手的手柄。于是，他又去灌木丛中寻找小树，可砍树又得先磨快斧头。磨快斧头需将磨石固定好，这又免不了要制作支撑磨石的木条。制作木条少不了木匠用的长凳，可这没有一套齐全的工具是不行的。于是，他到村里去找他所需要的工具，然而这一走，就再也不见他回来了。

那些对奋斗目标用心不专、左右摇摆的人，对琐碎的工作总是寻找遁词，懈怠逃避，他们注定是要失败的。

让我们吸取鲍勃的教训吧。鲍勃没受过什么教育，但他的父亲为他留下了一大笔钱。他拿出 10 万美元投资办一家煤气厂，可造煤气所需的煤炭价钱昂贵，这使他大为亏本。于是，他以 9 万美元的售价把煤气厂转让出去，开办起煤矿来。可这又不走运，因为采矿机械的耗资大得吓人。因此，鲍勃把矿里拥有的股份变卖 8 万美元，转入了煤矿机器制造业。从那以后，他便像一个内行的滑冰者，在有关的各种工业部门中滑进滑出，没完没了。几年过去了，鲍勃一事无成，10 万美元也化为乌有。更可怕的是，他甚至在生活中也是这种见异思迁的态度。

他对一位姑娘一见钟情，十分坦率地向她表露了这段感情。为使自己匹配得上她，他开始在精神品德方面陶冶自己。他去一所星期日学校上了一个半月的课，但不久便自动逃遁了。两年后，当他认为问心无愧、无妨启齿求婚之日，那位姑娘早已嫁给了一个愚蠢的家伙。不久他又如痴如醉地爱上了一位迷人的、有5个妹妹的姑娘。可是，当他上姑娘家时，却喜欢上了二妹。不久又迷上了更小的妹妹，到最后一个也没谈成功。

福威尔·伯克斯顿把自己的成功归因于勤奋和对某个目标持之以恒的毅力。在追求某个目标时，他从来都是全身心地投入。正是对自身奋斗目标的清楚认识和执着追求，造就了他最后的成功。正如人们所说的，持之以恒，锲而不舍，则百事可为；用心浮躁，浅尝辄止，则一事无成。

不知你是否注意到，针尖虽然几乎细不可见，剃刀或斧头的刀刃虽然薄如纸片，然而，正是它们在披荆斩棘中起着决定性的开路先锋的作用。如果没有针尖或刀刃，那么针或刀都无法发挥作用。在生活中，能够克服艰难险阻，最后顺利到达成就巅峰的人，也必是那些能够在某一领域学有所专、研有所精因而有着刀刃般锐利锋芒的人。

一方面，我们应当避免那把自己局限在某一死角的狭隘观点，因为那会阻碍我们心智的全面发展，但另一方面，我们也必须避免自己成为普瑞德笔下那个"无所不能的悲剧人物"——

> 他的谈话就像是一条奔腾湍急的河流，
> 不停地转弯，在岩石之间碰撞。
> 一会儿是严肃的政治，一会儿又是诙谐的调侃：
> 一开始是深奥的天体运行规律，
> 告诉我们行星为何发光发热；
> 忽而话题转到了琐碎的生活俗事，
> 诸如如何给赛马钉马掌、如何给黄鳝剥皮。

如果你从小教育你的孩子学习走路时要专心致志，视线集中，那么，他通常会顺利地到达目的地而不会有跌倒的现象。相反，如果他精力分散，那么大半会跌倒在地，弄得灰头土脸。坚持酿你的酒，你就会成为伦敦最伟大的酿酒师。但是，如果你既要酿酒，又要当银行家，又要做贸易，还要当制造商，那么你最终将无所适从、一事无成。

不要博而泛，要精而专，这是当今时代的要求。在这个社会分工越来越细，专门领域越来越精的时代，如果一个人把自己的精力分散开来，那他注定是不会成功的。

"我搬运过货物，记录过信息，制作过地毯，还写过诗"，这是伦敦一个在这些领域都表现平平的人写下的话，他让人想起了巴黎的一位科纳德先生，他是一位"小有名气的作家，懂一点会计业务，通一点植物学，还会炸薯条"。

成功与失败的最大区别不在于一个人做了多少工作，而在于他做了多少有意义的工作。在失败者当中，相当多的人所付出的努力本来足以取得显赫的成就；但是，他们的含辛茹苦就像边建设边破坏一样，最后的结果仍然是支离破碎的一堆。他们没有适应环境，把自己的工作成果转化成潜在的机会。他们也没有能够把小的失败转化为大的成功契机。他们能力不可谓不够，时间不可谓不多——这些是成功的经纬线条，但是，他们用力推来推去的却是个空无一物的纺织机，真正的生活之网上一根线都没有挂上。

如果你询问其中一个人，他的生活目标和理想是什么，他会回答你："我还不大清楚自己到底适合做什么，但是，我确信勤奋是成功的关键，我决心一生勤勤恳恳地努力工作。我想我总会得到些什么的。"

有些人的目标用笼统的词句表达，比如说："当一名成功的医师。"有的则比较具体，如："要发明能有效治疗胃痛或头痛的药物。"广泛的事业目标也有用，因为它们有整体的观点，可以解放想象力，帮助我们探究所有可能的选择。但是，广泛的目标却不能使我们确定自己所要做的是什么。由于这个缘故，我们需要具体的事业目标。

每个人都有自己的事业心像，并以能实现自己的理想心像为满足。对此，史蒂芬·柯维博士建议说："你必须先确定自己的目标，让思想为你绘制一幅最好的事业心像，使它栩栩如生。然后，运用想象力使它和你形影不离，同起共坐，并且同心协力，达到目标。"

为什么要拥有一个具体事业的目标心像呢？因为有了具体的理想之像，你就不再孤独和寂寞。彼此心灵相通，可以互相关心鼓励，切磋讨论，创立事业，培养品性。

事实上，在发展个人事业的过程中，具体目标与你个人是一合二、二合一，浑然一体的。所以，首先你必须充实自己的知识，丰富自己的人生经验，发展起高尚的理想和正确的人生观，从而拟定自己的理想人生。但是，只有理想，只有所谓的具体事业目标是不够的，你必须采取切实的行动。不过，潜意识已把具体的事业目标化成心像，闪动在你眼前，提醒你、督促你继续未做的工作。通过紧密的合作，直到目标变成现实。

"永远不要抱着投机的态度来学习，"沃特斯语重心长地告诫我们，"这种学习态度只能导致一无所获。首先要给自己制订一个计划，确定一个奋斗目标，然后脚踏实地地为之努力；把你所有精力和才干都用在上面，这样你就离成功不远了。我所说的投机的学习态度，是指那种由于认为所学的东西未来某个时候可能会带来好处而毫无方向地进行学习的态度。"

你大概玩过这样的游戏吧！在夏天最炎热的某一天，把放大镜拿出放在报纸上，中间隔一小段距离。很快你就会发现，如果放大镜是移动的话，你永远也无法点燃报纸。但是，如果放大镜不动，你把焦点对准报纸，很快你就能利用太阳的威力，把报纸点燃。

化学家告诉我们，如果把一英亩草地所具有的全部能量聚集在蒸汽机的活塞杆上，那么它所产生的动力足以推动世界上所有的磨粉机和蒸汽机。但是，因为这种能量是分散存在的，所以从科学的角度来说，它基本上毫无价值可言。这也说明，能量一旦聚焦于一点，将会产生多么大的动力。

伊格·劳拉有一句名言："一次做好一件事情的人比同时涉猎多个领域的人要好得多。"在太多的领域内都付出努力，我们就难免会分散精力，阻碍进步，最终一无所成。圣·里奥纳多在一次给一名爵士的信中谈到他的学习方法，并解释自己成功的秘密。他说："开始学法律时，我决心吸收每一点有用的知识，并使之同化为自己的一部分。在一件事没有充分了解清楚之前，我绝不会开始学习另一件事情。"

耶鲁的教授乔治·戴维森就是靠专注才取得了成功。

乔治从小就有一个梦想，希望能像他心目中的这些英雄那样能改变世界，服务于全人类。不过，要实现他的目标，他需要受最好的教育，他知道只有在美国才能得到他需要的教育。要命的是，他身无分文，没办法支付路费，而到美国足有 1 万公里的距离。而且，他根本不知要上什么学校，也不知道会被什么学校招收。

但乔治还是出发了。他必须踏上征途。他徒步从他的家乡尼亚萨兰的村庄向北穿过东非荒原到达开罗，在那儿他可以乘船到美国，开始他的大学教育。他一心只想着一定要踏上那片可以帮助他把握自己命运的土地，其他的一切都可以置之度外。

在崎岖的非洲大地上，艰难跋涉了整整 5 天以后，乔治仅仅前进了 25 英里。食物吃光了，水也快喝完了，而且他身无分文。要想继续完成后面的几千英里的路程似乎是不可能的，但乔治清楚地知道回头就是放弃，就是重新回到贫穷和无知。他对自己发誓：不到美国我誓不罢休，除非我死了。他继续前行。

有时他与陌生人同行，但更多的时候则是孤独地步行。大多数夜晚过着大地为床、星空为被的生活。他依靠野果和其他可吃的植物维持生命。艰苦的旅途生活使他变得又瘦又弱。由于疲惫不堪和心灰意懒，乔治几欲放弃。他曾想说："回家也许会比继续这似乎愚蠢的旅途和冒险更好一些。"他并未回家，而是翻开了他的两本书，读着那熟悉的语句，他又恢复了对自己和目标的信心，继续前行。

要到美国去，乔治必须具有护照和签证，但要得到护照他必须向美国政府提供确切的出生日期证明，更糟糕的是要拿到签证，他还需要证明他拥有支付他往返美国的费用。乔治只好再次拿起纸笔给他童年时起就曾教过他的传教士们写了封求助信。结果传教士们通过政府渠道帮助他很快拿到了护照。然而，乔治还是缺少领取签证所必须拥有的那笔航空费用。乔治并不灰心，而是继续向开罗前进，他相信自己一定能通过某种途径得到自己需要的这笔钱。

几个月过去了，他勇敢的旅途事迹也渐渐地广为人知。关于他的传说已经在非洲大陆和华盛顿佛农山区广为流传。斯卡吉特峡谷学院的学生们在当地市民的帮助下，寄给乔治640美元，用以支付他来美国的费用。当他得知这些人的慷慨帮助后，他疲惫地跪在地上，满怀喜悦和感激。

1960年12月，经过两年多的行程，乔治终于来到了斯卡吉特峡谷学院。手持自己宝贵的两本书，他骄傲地跨进了学院高耸的大门。

乔治凭着自己的专注，终于实现了自己的目标。

从千百万个成功者身上，我们可以发现一个共同的事实，他们几乎都是从自己的兴趣、特长起步，果断执行自己的战略决策，明确自己的主攻目标，再"缩小包围圈"，向此目标步步逼近，最后终于一举成功。

把明确目标写下来，可使你更清楚地了解你所希望的是什么，它可提醒你明确目标的力量，同时暴露出目标的缺点。

如果你写不出心中所想的明确目标，则可能意味着，你对这些目标的确信程度还不够。

一旦你写出计划之后，便应每天对自己至少大声念一次，这样做不但可以加强你的执着信念，同时也可以强化你内心里的力量。

当你面临选择执行的方法时，念出写好的明确目标，可使你对目标本身有更清楚的了解，并使你仍然朝着目标前进。

当然，我们也可以利用书面计划，来确保每一位团队成员都能为相同的目标努力。个人的能力有限，但若能以共同的明确目标为基础，集合众人的才智，并以和谐的态度迈进目标，则能成就伟大的事业。

带上你的职业地图

◇如果你不知道你要到哪儿去，通常你哪儿也去不了。

◇征服世界的将是这样一些人：开始的时候，他们试图找到梦想中的乐园。当他们无法找到的时候，他们亲手创造了它，就像在出外旅游之前你会很自然地带上地图一样。

◇成功的人生需要正确的规划。事实上，你今天站在哪里并不重要，但是你下一步迈向哪里却很重要。

乔治·萧伯纳说过："征服世界的将是这样一些人：开始的时候，他们试图找到梦想中的乐园。当他们无法找到的时候，他们亲手创造了它，就像在出外旅游之前你会很自然地带上地图一样。"

个人职业生涯规划就是带领我们穿越迷雾，走向成功的地图，我们只有依靠它的指导，才能够顺利地到达成功的彼岸。一个职业目标与生活目标相一致的人是幸福的，职业生涯设计实质上是追求最佳职业生涯的过程。

职业生涯即事业生涯，是指一个人一生连续担负的工作职业和工作职务的发展道路。成功的职业生涯规划要求你根据自身的兴趣、特点，将自己定位在一个最能发挥自己长处的位置，可以最大限度地实现自我价值。个人职业规划要在了解自我的基础上确定适合自己的职业方向、目标并制定相应的计划，以避免就业的盲目性，降低从业失败的可能性，为个人走向职业成功提供最有效率的路径。

著名管理专家诺斯威尔对职业生涯规划内涵的界定是这样的：个人结合自身情况以及眼前的制约因素，为自己实现职业目标而确定的行动方向、行动时间和行动方案。

职业规划的好处主要有3点：

第一，它可以减少许多焦虑与情绪波动（高涨与低落）。

第二，它可以使生活与工作的效率更高，更易获得成就。

第三，它可以使自己集中优势资源，避免一切干扰，使自己更容易获得成功。

那么，我们该如何才能做好自己的职业规划呢？

1. 了解你自己

成功的人生需要正确规划，事实上，你今天站在哪里并不重要，但是你下一步迈向哪里却很重要。一个有效的职业生涯设计，必须在充分且正确地认识自身的条件与相关环境的基础上进行。对自我及环境的了解越透彻，越能做好职业生涯设计。因为职业生涯设计的目的不只是协助你达到和实现个人目标，更重要的也是帮助你真正了解自己。

你需要审视自己、认识自己、了解自己，并作自我评估。自我评估包括自己的兴趣、特长、性格、学识、技能、智商、情商、思维方式、思维方法、道德水准以及社会中的自我等内容。详细估量内外环境的优势与限制，设计出自己的合理且可行的职业生涯发展方向，通过对自己以往的经历及经验的分析，找出自己的专业特长与兴趣点，这是职业设计的第一步。

了解自己，我们可以采用对自己的 5 个追问来实现这一点，此种方法依托的是归零思考的模式：即从问自己是谁开始，然后一路问下去。共有 5 个问题：

我是谁？

我想做什么？

我会做什么？

环境支持或允许我做什么？

我的职业与生活规划是什么？

回答了这 5 个问题，找到它们的共同点，你就可以对自己有一个清楚的了解了。

如果你有兴趣，现在就可以试试。先取出 5 张白纸、一支铅笔、一块橡皮。在每张纸的最上边分别写上以上 5 个问题。然后，静下心来，排除干扰，按照顺序，独立地仔细思考每一个问题。

对于第一个问题"我是谁"回答的要点是：面对自己，真实地写出每一个想到的答案；写完了再想想有没有遗漏，确实没有了，按重要性进行排序。

对于第二个问题"我想干什么"可将思绪回溯到孩童时代，从人生初次萌生第一个想干什么的念头开始，然后随年龄的增长，回忆自己真心向往过想干的事，并一一地记录下来，写完后再想想有无遗漏，确实没有了，就进行认真的排序。

对于第三个问题"我能干什么"则把确实证明的能力和自认为还可以开发出来的潜能都一一列出来，认为没有遗漏了，就进行认真的排序。

对第四个问题"环境支持或允许我干什么"的回答则要稍做分析：环境，有本单位、本市、本省、本国和其他国家，自小向大，只要认为自己有可能借助的环境，都应在考虑范畴之内；在这些环境中，认真想想自己可能获得什么支持和允许，搞明白后一一写下来，再以重要性排列一下。

如果能够成功回答第五个问题"我的职业规划是什么"，您就有了最后答案了。

做法是：把前四张纸和第五张纸一字排开，然后认真比较第一至第四张纸上的答案，将内容相同或相近的答案用一条横线连起来，您会得到几条连线，而不与其他连线相交又处于最上面的线，就是您最应该去做的事情，您的职业生涯就应该以此为方向。在此方向上以 3 年为单位，提出近期、中期与远期的目标；再在近期的目标中提出今年的目标；将今年的目标分解为每季度目标、每月目标、每周目标、每天目标。这样，您每天睡前就可以对照自己的目标进行反省，总结当日的成就与失误、经验与教训，修正明天的目标与方法，第二天醒过来后稍加温习就可以投入行动了！这样日积月累，没有不能实现的规划。

值得注意的是，很多人往往认为选择最热门的职业就意味着对自己最有前途，对此，有关专家提醒：选择职业重要的是能正确地分析自己，找到自己最适合做的专业，然后努力成为本行业的佼佼者。

2. 清楚目标，明确梦想

如果你不知道你要到哪儿去，那通常你哪儿也去不了。

确立目标是制定职业生涯规划的关键，有效的生涯设计需要切实可行的目标，以便排除不必要的犹豫和干扰，全心致力于目标的实现。

制定自己的职业目标并没有想象的那么难，只要考虑一下你希望在多少年之内达到什么目标，然后一步一步往回算就可以了。

目标的设定要以自己的最佳才能、最优性格、最大兴趣、最有利的环境等信息为依据。

通常目标分短期目标、中期目标、长期目标和人生目标，但是有一点，就是说你要保证这个目标至少在你本人看来是伟大的。没有切实可行的目标作驱动力，人们是很容易对现状妥协的。

3. 制定行动方案

你的职业正在帮助你实现人生的最终目标吗？你是否有一种途径可以让你现有的职业与你的人生基本目标相一致？

正如一场战役、一场足球比赛都需要确定作战方案一样，有效的生涯设计也需要有确实能够执行的生涯策略方案，这些具体的且可行性较强的行动方案会帮助你一步一步走向成功，实现目标。

通常职业生涯方向的选择需要考虑以下 3 个问题：

我想往哪方面发展？

我能往哪方面发展？

我可以往哪方面发展？

如果你现在是一个销售人员，但你的 5 年、10 年或 20 年个人职业规划是希望成为一个营销主管。那么，你应该问自己下列几个问题：

我需要哪些特别的培训和学习才能使我够资格做一名营销主管？

为使自己的发展路上顺畅坦荡，需要排除的内部和外部障碍有哪些？

我目前的上司在这方面能给我帮助吗？我周围的人在这方面能给我帮助吗？

目前的公司对我最终成为营销主管的可能性有多大？是否比在其他公司机会更大？

作为某一级主管这个职位的经验水平和年龄层次是怎样的？我是否符合这个范围？

4. 停止梦想，开始行动

立即行动。这是所有生涯设计中最艰难的一个步骤，因为行动就意味着你要停止梦想而切实地开始行动。如果动机不转换成行动，动机终归是动机，目标也只能停留在梦想阶段。正如一场战役、一场足球比赛都需要确定作战方案一样，有效的生涯设计也需要有确实能够执行的生涯策略方案，这些具体的且可行性较强的行动方案会帮助你一步一步走向成功，实现目标。

职业规划成功的案例都是在有明确的职业目标后，在求职过程中不断与那个目标看齐。当然，并不是每一个人都具有远见，定下自己的目标，并有计划地不断朝这个方向努力的，但这一点对职业发展起着至关重要的作用。

5. 修正你的计划

计划不如变化快。影响你职业生涯规划的因素诸多，有的变化因素是可以预测的，而有的变化因素难以预测。要使职业生涯规划行之有效，就须不断地对职业生涯规划进行评估，修正生涯目标、生涯策略，使方案更为恰当，以适应环境的改变，同时可以作为下轮生涯设计的参考依据。

成功的职业生涯设计需要时时审视内外环境的变化，并且调整自己的前进步伐。目标的存在只是为你的前进指示一个方向。而你是它的创造者，你可以在不同时间不同环境下更改它，让它更符合你的理想。

在今天，我们的工作方式不断推陈出新，除了学习新的技能知识外，还得时时审视自己人生的资本，并意识到其不足的地方，不断修正自己的目标，才能立于不败之地。

第二十章 ～
CHAPTER 20

做好一生的规划

目标是人生的灯塔

◇心中拥有目标，便会使自己不会太留意与之不相关的烦恼，不会与一般的不相关的小麻烦计较，这会使你变得豁达、开朗。

◇一个人之所以伟大，首先在于他有一个伟大的目标。

每一个奋斗成才的人，无疑都会有一个选择、确定目标的问题。正如空气、阳光之于生命那样，人生须臾不能离开目标的引导。

有了目标，人们才会下定决心攻占事业高地；有了目标，深藏在内心的力量才会找到"用武之地"。若没有目标，绝不会采取真正的实际行动，自然与成功无缘。

首先，心中拥有目标，给人生存的勇气，在困苦艰难之际赋予我们坚忍不拔的毅力。有了具体目标的人少有挫折感。因为比起伟大的目标来说，人生途中的波折就是微不足道的了。因此，拥有科学的目标可以优化人生进程。

其次，由于目标事物存在脑海某处，所以即使我们从事别的工作，潜意识里依然暗自思量图谋对策。遂在不觉之间接近目标，终于梦想成真。拥有目标的人成大功立大业的几率，无疑要比缺乏志向的人高。目标激励人心，产生活动能源。

再者，实现目标好像攀登阶梯一般，循序渐进为宜，尽管前途险阻重重，也要自我勉励，不断做出更大的挑战。当时认为不可能做到的事情，往往几年之后，出乎意料之外地简单达成了。

不甘做平庸之辈的人，必须要有一个明确的追求目标，才能调动起自己的智慧和精力。

心中拥有目标，便会使自己不会太留意与之不相关的烦恼，不会与一般的不相关的小麻烦斤斤计较，这会使你变得豁达、开朗。因为人的注意力是很有限的，一旦他全身心地为自己的目标而努力，去冥思苦想时，其他的事情是很难在其脑子里停留的，这个道理极其明显。

心中有了目标，人就会专门去找一些相关的麻烦来解决，以便自己为实现目标而进行一些必要的锻炼，这样，使人在不知不觉中培养起了积极的人生态度和勇于迎接困难的优良品质。

在现实生活中，确有许多"平庸之辈"有不甘平庸之心，这是一个积极入世的人不容回避的问题。作为一个平凡的人，尽管不可能都轰轰烈烈，但是能使平凡的人生较常人稍许不平凡一些，尽可能比别人强一些，是肯定能办到的。

我们需要提升生存的智慧，思考成功，追求卓越，对人生的意义、人生的价值、人生的幸福等问题交出较完美的答卷。不甘平庸，崇尚奋斗，正是人生之歌的主旋律。

没有明确的目标，没有目标的努力，显然如竹篮打水，终将一无所有。

目标是获得成功的基石，是成功路上的里程碑。目标能给你一个看得见的靶子，你一步一个脚印去实现这些目标，你就会有成就感，就会更加信心百倍，向高峰挺进。

成功，是每一个追求者的热烈企盼和向往，是每一个奋斗者为之倾心的夙愿。在目标的推动下，人就能够被激励、鞭策，处于一种昂扬、激奋的状态下，去积极进取、创造，向着美好的未来挺进。

目标是一种持久的热望，是一种深藏于心底的潜意识。它能长时间调动你的创造激情，调动你的心力。你一旦想到这种强烈的愿望，就会产生一种原子能般的动力，就会有一种钢铸般的精神支柱。一想到它，你就会为之奋力拼搏，就会尽力完善自我，在艰难险阻面前，决然不会轻易说"不"字。为了目标的实现，去勇敢地超越自我，跨越障碍，踏出一条坦途。

目标是信念、志向的具体化，奋斗者一定要有梦想，并敢于做大梦，梦想正是步入成功殿堂的动力源。许多精英俊杰都是出色的梦想者，他们无一不是笃信大梦能成真的。他们梦想的目标一旦确立，就会万难不屈、坚毅果敢，充分发掘自己的潜能，将自己的才华优势发挥到极致，以百倍的努力冲刺、攀登。

正如美国成功学家拿破仑·希尔所言："你过去或现在的情况并不重要，你将来想获得什么成就才最重要。除非你对未来有理想，否则做不出什么大事来。一有了目标，内心的力量才会找到方向。"

可以说，一个人之所以伟大，首先在于他有一个伟大的目标。

在人的成长过程中，必经历胎儿期、继承期、创造期和发展期几个阶段，在第二、三阶段中，有一个目标选择期。即从学校毕业到就业前后，是确定奋斗目标的阶段。

一个人能否成功，确定目标是首要的战略问题。目标能够指引人生，规范人生，是人成功的第一要义。目标之于事业，具有举足轻重的作用。忽视目标定位的人，或是始终确定不了目标的人，他的努力就会事倍功半，很难达到理想的彼岸。确立目标，是人生设计的第一乐章。

确立人生的起跑点

◇不少人青年时代就功成名就，不能不说与他的人生起跑点选择的准确有关。

人生的全流程，虽是一个连续不断的时空整体的客观存在，但它明显地划分为几个阶段。把人生流程中生理年龄、人的成熟和发展过程以及主要内容的更替综合起来看，分为 4 个大阶段较为科学，每个大阶段内又分几个小段。自降生至 18 岁，我们称之为人生流程的补建期。如果说任何人对自己所获得的遗传因素、母体条件都无法选择，那么我们就可以降生为界。降生以前主要是获得先天的生理预应力，出生后社会环境便开始施加影响以造就其社会适应力，以使他提高对社会的适应能力。第二个阶段是成熟期，即 18 ~ 25 岁左右，是充满理想、浪漫色彩和激情的青年期。这个时期，努力总结在补建期所得到的一切知识和社会经验、实践体会，中心任务是使自己初步成熟起来。这一时期有两个明显标志：一是初步形成世界观，即获得社会观、人生价值观，认识方法协调统一化，形成对客观世界的整体性认识；二是基本选定了一生所从事的事业的目标。在这个阶段上，人生的中心任务就是要全力促进成熟，早成熟早立志，就可以早进入创造期，早出成果，为社会多做贡献。第三个阶段是创造期，即 25 ~ 55 岁左右这个年龄段。这是人生全程中的黄金时代，无论从事什么工作的人，这个阶段都是进行创造性工作的最佳时期。不仅因为这个年龄段上的人年富力强，而且因为他们积累了丰富的经验，历经了磨炼，使他们有稳定的情绪和持久的耐力。第四个阶段是总结期，即 55 岁以后。这个时期，因年龄增长所发生的心理变化，以及体力精力的减退，迫使人不得不离开第一线，做一些总结切身经验的工作。

如果把人生比作是运动场上的竞赛，那么，补建期就好像运动员竞赛前的预备活动期，而成熟期就是运动员在选择自己的起跑点，创造期就是正式竞赛中的角逐。不同点在于，运动上的竞赛是练兵千日于瞬间决一雌雄，而人生的竞争则是集千万个瞬间的科学灵感和运动场上的冲刺比高低。要说哪一个容易哪一个难，不好分辨；但有一点可以肯定：人生漫长的征途上更需要持久的耐力。

人生起跑点的选择，对于一生有重要作用。如果一开始起跑点就选得准确，总比几经周折年近迟暮还在徘徊之中要好得多，不少人青年时代就功成名就，不能不说与他的人生起跑点选择的准确有关。

有的人说"选择目标，实际上是自己设计自己的过程"，"自己设计自己，首先要考虑社会的需要，时代的需要，还要考虑自己的所长和爱好"。持这种主张的人认为，选择人生目标就是自己设计自己。我们并不完全同意这种主张，因为选择人生目标仅仅是人生设计的一项内容，而不是人生设计的全部内容，人生设计除目标设定外，还包括阶段规划、环境分析、反馈和核心内容的研究等。而目标的选择，仅是确定人生起跑点的前提之一。

该如何确定自己的人生起跑点呢？用我们的话来说，就是在对自身条件优劣和环境利弊的自觉认识的基础上，根据扬长避短的原则，按照社会需要所指示的方向，在环境的最大容许度上确立自己的人生起跑点较为妥当。

身处顺境，依自己对于宏观和微观的自觉认识的水平，对自己的长处短处的自觉认识，确立一生所从事的事业（范围或更具体到特定项目）的目标，这就是人生起跑点。

身处逆境，同样也应依照对环境和自身的自觉认识水平，确立一生所从事的事业的目标，不过有两种情况：一种是在微观环境容许度以内确立，叫作安全性人生起跑点；另一种是在微观环境容许度之外，依自己对宏观需要的自觉认识确立所从事的目标，叫作风险性人生目标。

上述关于人生起跑点的思想在确立过程中所涉及的因素和判断过程是一致的，不同仅在于担风险还是找安全。

描绘生命的蓝图

◇成功人士与平庸之辈的差别，就在于前者为生命计划，决定一生的方向。

◇只有你知道需要什么，这样你才能更肯定地实现目标。

生命比盖房更需要蓝图，然而很多人从来没有计划过生命，每天只是醉生梦死地度过。

成功人士和平庸之辈的差别，就在于前者为生命计划，决定一生的方向。我们可以为生命做出计划，如拟订 10 年、5 年、3 年计划；或拟订最接近此刻的 1 年的计划；最后是短期计划，如 1 月、1 周、1 天。

（1）订出一生大纲：你这一辈子要做什么？当然，有很多事只能订出个大概，但你可以好好选择自己所喜欢做的事。

你退休后要做什么？你的第二阶段要怎么过？也许你要终日徜徉于山水之间。如果现在你还不到 30 岁，以后也不想退休，那就不必为这些烦恼。

（2）20 年大计：有了大概的人生方向，就可以拟订细节。第一步是 20 年。订下这 20 年内你要成为什么样子，有哪些目标完成。然后想想从现在起，10 年后你要成为什么样的人。

（3）10 年目标：20 年大计一定要 20 年才能完成吗？不一定。你越富裕，就越快达到目标。

（4）5 年计划：只需要一台计算机和几秒钟时间，你就知道 5 年内要赚多少钱。

（5）3 年计划：3 年是重要的一环，一生大计通常只是简单的方向，而 3 年计划是最重要的决定点。

（6）下年计划：这是你每周至少要检视一次的预算表和工作计划。每年都要有计划，尽量简单扼要，以数字为主。像赚得的金额、认识的人数等。12 个月的计划不是论文，而是行动大纲。

（7）下月计划：认真地执行下个月的计划。以每月 15 号开始算起，是最适合的日子。

（8）下周计划：对大多数人而言，这是时间计划的关键所在。

（9）明日计划：这是最具体的生命计划。

别被 20 年大计吓倒了。好好写下来，修改是难免的。订计划是件愉快的事，而非一项任务，如果你的计划是一串上升的数字，你很快会对它发生兴趣。

如果短期计划超过了 90 天，你会对它丧失兴趣，把它分散成单项，然后逐一在 90 天内完成。

只有你知道自己需要什么，这样你才能更肯定地实现目标。

改变你一生的决定

◇当你到了 18 岁时，你可能面临着两个重大的决定：你将如何谋生？你将选择一个什么样的人生伴侣？

◇一个人只要无限热爱自己的工作，他就可能获得成功。

如果你已经到了 18 岁，那么你可能要作出你一生中最重要的两个决定——这两个决定将深深改变你的一生，影响你的幸福、收入和健康，这两个决定可能造就你，也可能毁灭你。那么这两个重大决定是什么？

（1）你将如何谋生？也就是说，你准备干什么？是做一名农夫、邮差、化学家、森林管理员、速记员、兽医、大学教授，还是去摆一个摊子？

（2）你将选择一个什么样的人生伴侣？

对有些人来说，这两个重大决定通常像在赌博一样。哈里·艾默生·佛斯迪克在他的一本书里写道："每位小男孩在选择如何度过一个假期时，都是赌徒。他必须以他的日子做赌注。"

那么你怎样才能减低选择假期中的赌博性呢？

如果可能的话，应尽量找到一个自己喜欢的工作。有一次，我请教轮胎制造商古里奇公司的董事长大卫·古里奇，我问他成功的第一要件是什么，他回答说："喜欢你的工作。"他说："如果你喜欢你所从事的工作，你工作的时间也许很长，但却丝毫不觉得是在工作，反倒像是游戏。"

爱迪生就是一个好例子。这个未曾进过学校的报童，后来却使美国的工业革命完全改观。爱迪生几乎每天在他的实验室里辛苦工作 18 个小时，在那里吃饭、睡觉。但他丝毫不以为苦。"我一生中从未做过一天工作，"他宣称："我每天其乐无穷。"

所以他会取得成功！

我曾听见查理·史兹韦伯说过类似的话："每个从事他所无限热爱的工作的人，都能取得成功。"

也许你会说，刚入社会，我对工作都没有一点概念，怎么能够对工作产生热爱呢？艾得娜·卡尔夫人曾为杜邦公司雇用过数千名员工，现为美国家庭产品公司的公共关系副总经理，她说："我认为，世界上最大的悲剧就是，那么多的年轻人从来没有发现他们真正想做些什么。我想，一个人如果只从他的工作中获得薪水，而别无其他，那真是最可怜的了。"卡尔夫人说，有一些大学毕业生跑到她那儿说："我获得了达茅斯大学的文学士学位或是康莱尔大学的硕士学位，你公司里有没有适合我的职位？”他们甚至不晓得自己能够做些什么，也不知道希望做些什么。因此，难怪有那么多人在开始时野心勃勃，充满玫瑰般的美梦，但到了40多岁以后，却一事无成，痛苦沮丧，甚至精神崩溃。事实上，选择正确的工作，对你的健康也十分重要。琼断霍金斯医院的雷蒙大夫与几家保险公司联合作了一项调查，研究使人长寿的因素，他把"合适的工作"排在第一位。

我为你提供下述建议——其中有一些是警告——以便你选择工作时作参考：

（1）阅读并研究下列有关选择职业的建议。这些建议是由最权威人士提供的，由美国最成功的一位职业指导专家基森教授所拟定。

如果有人告诉你，他有一套神奇的制度，可指示出你的"职业倾向"，千万不要找他。这些人包括摸骨家、星相家、"个性分析家"、笔迹分析家。他们的法子不灵。

不要听信那些说他们可以给你作一番测验，然后指出你该选择哪一种职业的人。这种人根本就已违背了职业辅导员的基本原则，职业辅导员必须考虑被辅导人的健康、社会、经济等各种情况；同时他还应该提供就业机会的具体资料。

找一位拥有丰富的职业资料藏书的职业辅导员，并在辅导期间妥为利用这些资料和书籍。

完全的就业辅导服务通常要面谈两次以上。

绝对不要接受函授就业辅导。

（2）谨慎选择那些原已拥挤的职业和事业。在美国，谋生的方法共有两万多种以上。想想看，两万多！但年轻人可知道这一点？除非他们雇一位占卜师的透视水晶球，否则他们是不知道的。结果呢？在一所学校内，2/3的男孩子选择了5种职业——两万种职业中的5项——而4/5的女孩子也是一样。难怪少数的事业和职业会人满为患，难怪白领阶级之间会产生不安全感、忧虑，和"焦急性的精神病"。特别注意，如果你要进入法律、新闻、广播、电影以及"光荣职业"等这些已经过分人满为患的圈子内，你必须要费一番大功夫。

（3）谨慎选择那些维生机会只有1/10的行业。例如，兜售人寿保险。每年有数以千计的人——经常是失业者——事先未打听清楚，就开始贸然兜售人寿。根据费城房地产信托大楼的弗兰克林·比特格先生的叙述，以下就是此一行业之真实情形。在过去20年来，比特格先生一直是美国最杰出而成功的人寿保险推销员之一。他指出，90%首次兜售人寿保险的人弄得又伤心又沮丧，结果在一年内纷纷放弃。至于留下来的，10人当中的一人可以卖出10人销售总数的90％，另外9个人只能卖出 10%的保险。换个方式来说：如果你兜售人寿保险，那你在一年内放弃而退出的机会比例为九比一；留下来的机会只有 10%。即使你留下来了，成功的机会也只有1%而已，否则你仅能勉强糊口。

（4）在你决定投入某一项职业之前，先花几个星期的时间，对该项工作做个全盘性的认识。如何才能达到这个目的？你可以和那些已在这行业中干过 10 年、20 年或30 年的人士面谈。

这些会谈对你的将来可能有极深的影响。我在二十几岁时，向两位老人家请教职业上的指导。可以说那两次会谈是我生命中的转折点。事实上，如果没有那两次会谈，我的一生将会变成什么样子，谁都难以想象。

索可尼石油公司的人事经理保罗·波恩顿在他过去的 20 年中，至少接见了 75000名求职者，并出版过一本名为《求职的六大方法》的书。我问他："今日的年轻人求职时，所犯的最大错误是什么？""他们不知道他们想干些什么，"他说，"这真叫人万分惊骇，一个人花在选购一件穿几年就会破损的衣服上的心思，竟比选择一件关系将来命运的工作要多得多——而他将来的全部幸福和安宁全都建立在这件工作上了。"

面对竞争日益激烈的社会，你该怎么办呢？你应如何解决这一难题？你可以利用一项叫作"职业指导"的新行业。也许他们可以帮助你，也许将会损害你——这全靠你所找的那位指导者的能力和个性了。这个新行业距离完美的境界还十分遥远，甚至连起步也谈不上，但其前程甚为美好。你如何利用这项新科学呢？你可以在住处附近找出这类机构，然后接受职业测验，并获得职业指导。

当然他们只能提供建议，最后作出决定的还是你。记住，这些辅导员并非绝对可靠。他们之间经常无法彼此同意。他们有时也犯下荒谬的错误。

职业指导专家，也并非绝对可靠。你也许该多找几个辅导员，然后凭普通常识判断他们的意见。

智慧家约翰·史都家·米勒宣称，工人无法适应工作，是"社会最大的损失之一"。是的，世界上最不快乐的人，也就是憎恨他们日常工作的"产业工人"。

你可知道在陆军"崩溃"的是哪种人？他们就是被分派到错误单位的人！我所指的并不是在战斗中受伤的人，而是那些在普通任务中精神崩溃的人。威康·孟宁吉博士，是我们当代最伟大的精神病专家之一，他在第二次世界大战期间主持陆军精神病治疗部门，他说："我们在军中发现挑选和安置的重要性，就是说要使适当的人去从事一项适当的工作……最重要的是，要使人相信他手头工作的重要性。当一个人没有兴趣时，他会觉得他是被安排在一个错误的职位上，他会觉得他不受欣赏和重视，他会相信他的才能被埋没了，在这种情况下，我们发现，他若没有患上精神病，也会埋下精神病的种子。"

是的，为了同一个原因，一个人也会在工商企业中"精神崩溃"，如果他轻视他的工作和事业，他也可以把它搞砸了。

如果你很害羞，不敢单独会见"大人物"和他们面谈，这里有两项建议，可以帮助你。

第一，找一个和你同年龄的小伙子一起去。你们彼此可以增加对方的信心。如果你找不到跟你同年龄的人，你可以请求你父亲和你一同前往。

第二，记住，你向某人请教，等于是给他荣誉。对于你的请求，他会有一种被奉承的感觉。记住，成年人一向是很喜欢向年轻的男女提出忠告的。

如果你不愿写信要求约会，那么不需约定，就可直接到那人的办公室去，对他说，如果他能向你提供一些指导，你将万分感激。

假设你拜访了5位会计师，而他们都太忙了，无暇接见你（这种情形不多），那么你再去拜访另外5位。他们之中总会有人接见你，向你提供宝贵的意见。这些意见也许可以使你免去多年的迷失和伤心。

你应该记住，你是在从事你生命中最重要且影响最深远的两项决定中的一项。因此，在你采取行动之前，多花点时间探求事实真相。如果你不这样做，在下半辈子中，你可能后悔不已。

如果能力许可，你可以付钱给对方，补偿他半小时的时间和忠告。

（5）克服"你只适合一项职业"的错误观念！每个正常的人，都可在多项职业上成功，相对地，每个正常的人，也可能在多项职业上失败。

拥有自己的计划

◇谁没有用以检查其行为标准的计划，那他的行为就会为眼前的影响所支配；他认为今天所寻求到的自信说不定明天就又会失去。

◇有了计划，就意味着有了保障。

一位著名的外交官曾说过："日常事情一件一件地向我们涌来。如果我们没有一个可以将之加以检查的计划，那么我们就会遇到许多困难。"

他所陈述的这种道理在外交、政治以及我们每个人的工作和生活中统统适用。应该按照自己的标准，去检查每天发生在我们身边的事情，谁若不懂得这一点，谁就将陷入不稳定的漩涡之中。他自己的个人意愿将难以实现，所定目标也将停滞不前。

所以，影响我们生活的有两件事情。其一就是日常之事，这是我们社会不断强加给我们的对立；其二就是拥有一份计划，我们按照这份计划来评判日常之事对我们自己是否有利，我们是否有能力处理好这些事情。

谁没有用以检查其行为标准的计划，那他的行为就会为眼前的影响所支配；他认为今天所寻求到的自信说不定明天就又会失去。谁拥有一份长期计划，谁就会凭借它创造有利的前提，正确看待眼前的一切诱惑。

在此，还应进一步说明一下，拥有一份检视我们行为的计划到底有哪些好处：

拥有一份计划并贯彻它，意味着可以事先知道应该怎样度过这繁忙的一天。拥有一份长期计划，就如同建立了一个安全网，当我们在日常生活中遇到困难时，它会及时地给予我们保障，就如空中飞人表演遇险而由安全网接住一样。也意味着，可以及时界定我们的能力和可能性的范围，以期更接近我们所期望的目标。这样，我们就不会受外界影响和诱惑。

谁没计划，谁就会陷入危险之中。

在过去的几年里我遇到过一些人，他们给我留下的印象是：他们生活得比别人好，这时我总会向他们讨教几招。其中一个人给我举了一个印象颇深的例子。这个例子说明，计划如何帮助人们去克服生活中大大小小的问题。

我有一个朋友，他是在乡下一个贫苦的家庭中长大的，他父亲早逝。之后他上了大学，毕业后当了一名法官，再之后又当了外交官和部长。

当我在他的办公室拜访他时，我问他："您曾经说过，您是个心满意足的人。您是怎样做到这一点的呢？"

他思考了一会儿，然后以他那独特的、从容不迫的方式回答道："严格地说，我几乎可以称得上是个心满意足、十分幸福的人。这当然有多方面的原因。但其中有两点是肯定的：人必须自信。同时也必须能够独立做事，而且不要过分依赖于外部事物。"

对某些人来说，读了这几句话后，会感觉它们只是空洞的说教或者只是抽象的愿望、幻想。但对以它为原则而生活的我的朋友来说，这是他获得几乎可以称得上是心满意足、十分幸福的生活的关键因素。从这个伟大的生活计划中，他推导出解决日常问题的许许多多小计划。

举一个他向我讲述过的例子，是关于他怎样控制体重的。当别人都在大量地吞服药片或偶尔接受减肥疗法并向别人推荐时，他却用自己的方式来解决问题：

"每周日洗完澡后，我就称体重。如果称的是 80 公斤，那么在接下来的一周内，我接着吃与上周同量的东西；如果称得的体重大于 80 公斤，那么一周内我只吃一半的东西。在这段时间内，我的体重又可以减到适合于我的体型的最理想的 80 公斤。"

你或许会问："这样一件无关紧要的小事和他幸福的计划有什么内在的联系？"非常之简单：举一反三。他说："人必须自信并且不要过多地依赖于外部事物。"

他不问："谁帮我解决我的体重问题呢？哪些药片能帮我，哪些疗法能有效呢？"而是更多地去寻求一种不依赖于任何人的解决之道。他控制自己每天吃多少东西，不受偶然因素或所提供的食物的影响，而是严格按照计划行事。他这样做使他充满自信。

这是考察内在联系的一个方面。

在前面，我列举了大量事例，阐述了如何制定一个最适合自己的计划，同时也阐述了坚定不移地贯彻计划的优点。但你要认识到，计划并不是一剂灵丹妙药，光靠它还不能解决问题，它只是为解决问题而创造尽可能最好的前提条件。

有了计划，就意味着有了保障。由此而得出的最重要的结论是：

我不再相信，当自己碰到问题时，总能想出解决问题的办法或者总会有贵人相助；或者认为"还没这么糟糕！"或者"到目前为止，一切都挺好！"而是为解决问题做好充分准备。不靠碰运气，不只顾眼前，不依赖别人，而是自己为此担负起责任。

拥有一份计划就意味着：

今天就考虑好明天和后天会出现什么样的情况及应对策略。就像一个优秀的战略家，在真正采取行动之前，先练习沙盘作业，直至他认为已能圆满完成任务为止。或者像一名消防队员，平时坚持不懈地练习，以使自己在紧急情况下能应付自如。

一旦真的发生紧急情况，他早已做好了充分准备。他很清楚自己应做什么，并投入全部精力尽量做好，而不是惊慌失措，急于为自己的失败找替罪羊或为自己寻找托辞。

这就是有计划的优点之一。另一个优点是，知道自己想做什么。在这种情况下，我可能这样做，而另一种情况下也许会采取完全相反的做法。不管怎样，我每次只做有利于更接近我所设定的目标的事情。

在这儿，我就不一一列举其他优点了，为的是你能自己勾画自己的生活，而不是让别人牵着鼻子走。

所有该说的，我想我都已经说过了。

现在就看你的了。读到这儿，如果你只说一句："是的，是的，这样活着，就不错了！"这是远远不够的。之后，你会很快就翻过这一页，而不是尝试着去实际做点什么。你也许会说："听起来都很美，但是……"还会成百上千次地说"如果"和

"但是"，你应该知道，说这些都没用，坐着说，不如起来行动。

如果你已确定了一个目标，制定了一份最适合你的计划并下定决心：从今天开始，没有任何事情可以阻止我去执行我的计划，那么你就已经向成功又迈进了一大步了。

如果你制定了这项计划，你就将它写在一张纸上，放在书桌上。这样你就可以每天早上和晚上都能看到它了。早上你会说："我要这样去做。"晚上，你会问："我是这样做的吗？"

当然，你可在下周利用一周的时间，每天晚上都回顾一下自己的生活。之后，确定新的目标，并制定出实现目标的方案。

或者你现在就开始，寻找每次失败的原因。从自己的认识出发，制定出具体方案，以使自己在以后的日子里不会重蹈覆辙。

对自己进行"盘点"

◇这些问题的目的，在于使你发现哪些地方应进行改善，而不是要给什么奖赏。
◇没有人是一夜之间就成功的。想要获得成功是需要花时间的。

对自己提出下列问题并诚实作答，切勿故意说假话来满足自己的虚荣心，因为这些问题的目的，在于使你发现哪些地方应进行改善，而不是要给什么奖赏。

（1）你确定了明确目标了吗？制定执行计划了吗？每天花多少时间在执行计划上？主动执行或是想到了才执行？

（2）你的明确目标是一种强烈欲望吗？多久振奋一次这个欲望？

（3）为了达到明确目标你做了什么付出？正在付出吗？何时开始付出？

（4）你采取了什么步骤来组织智囊团？你多久和成员接触一次？你每个月、每周、每天和多少成员谈话？

（5）你有接受一些小挫折作为促使自己做更大努力之挑战的习惯吗？你从逆境中找出等值利益的种子的速度有多快？

（6）你是把时间花在执行计划上或是老想着你所碰到的阻碍？

（7）你经常为了将更多的时间用来执行计划而牺牲娱乐吗？或者经常为了娱乐而牺牲工作？

（8）你能把握每一分钟时间吗？

（9）你把你的生活看成是你过去运用时间的方式的结果吗？你满意你目前的生活

吗？你希望以其他方式支配时间吗？你把逝去的每一秒钟都看成是生活更加进步的机会吗？

（10）你一直都葆有积极心态吗？是大部分时候都保持积极心态或有的时候积极？你现在的心态积极吗？你能使自己的心态立刻积极起来吗？积极之后呢？

（11）当你以行动具体表现了积极心态时，经常会展现你的个人进取心吗？

（12）你相信你会因为幸运或意外收获而成功吗？什么时候会出现这幸运或意外收获呢？你相信你的成功是努力付出所换得的结果吗？你何时付出努力？

（13）你曾经受到他人进取心的激励吗？你经常受到他人的影响吗？你经常真正地以他作为榜样吗？

（14）你何时表现出多付出一点点的举动？每天都为付出或只有在他人注意时才会表现多付出？你在表现多付出一点点的举动时心态正确吗？

（15）你的个性吸引人吗？你会每天早晨照镜子，并且改善你的微笑和脸部表情吗？或者你只是单纯地洗脸刷牙而已？

（16）你如何应用你的信心？你何时奉行得自无穷智慧的激励力量？你经常忽视这些力量吗？

（17）你培养自己的自律能力吗？你的失控情绪经常使你失去做一些会令你很快就感到遗憾的事情吗？

（18）你能控制恐惧感吗？你经常表现出恐惧吗？你何时以你的信心取代恐惧？

（19）你经常以他人的意见作为事实吗？每当你听到他人的意见时你会抱着怀疑的态度吗？你经常以正确的思考来解决你所面对的问题吗？

（20）你经常以表现合作的方式来争取他人的合作吗？你在家里？在办公室？在你的智囊团？

（21）你给自己发挥想象力的机会吗？你何时运用创造力来解决问题？你有什么需要靠创造力才能解决的问题吗？

（22）你会放松自己的运动并且注意你的健康吗？你计划明年才开始吗？为什么不现在开始？

这份检讨问题单的目的，在于促使你对自己做番思考。你对于各项事情的运用方式充分反映出你将成功原则化为你生活一部分的程度。如果你对上述问题的回答不能令你满意时，请不要气馁。曾经有好几百万人买过我的书，而且我也对成千上万人举行过演讲。虽然这些人当中有许多人都获得成功；但是没有人是一夜之间就成功的。想要获得成功是需要花时间的。

第二十一章

踏上轻松快乐之旅

演奏你自己的乐器

◇你一定得维持你自己的本色，不论你的错误有多少，能力多么有限，你也不可能变成别人。

◇要在生命的交响乐中演奏你自己的乐器。

一个人想要集他人所有的优点于一身，是最愚蠢、最荒谬的行为。

我有一封伊笛丝·阿雷德太太从北卡罗来纳州艾尔山寄来的信。"我从小就特别地敏感而腼腆，"她在信上说，"我的身体一直太胖，而我的一张脸使我看起来比实际上还胖得多。我有一个很古板的母亲，她认为把衣服弄得漂亮是一件很愚蠢的事情。她总是对我说：'宽衣好穿，窄衣易破。'而她总照这句话来帮我穿衣服。所以我从来不和其他的孩子一起做室外活动，甚至不上体育课。我非常地害羞，觉得我跟其他的人都'不一样'，完全不讨人喜欢。

"长大之后，我嫁给一个比我年长好几岁的男人，可是我并没有改变。我丈夫一家人都很好，也充满了自信。他们就是我应该是而不是的那种人。我尽最大的努力要像他们一样，可是我办不到。他们为了使我开朗而做的每一件事情，都只是令我更退缩到我的壳里去。我变得紧张不安，躲开了所有的朋友。情形坏到我甚至怕听到门铃响。我知道我是一个失败者，又怕我的丈夫会发现这一点。所以每次我们出现在公共场合的时候，我都假装很开心，结果常常做得太过。我知道我做得太过分，事后我会为这个而难过好几天。最后不开心到使我觉得再活下去也没有什么道理了，我开始想自杀。"

出了什么事才改变了这个不快乐的女人的生活？只是一句随口说出的话。

"随口说的一句话，"阿雷德太太继续写道，"改变了我的整个生活。有一天，我的婆婆正在谈她怎么教养她的几个孩子，她说：'不管事情怎么样，我总会要求他们保持本色。''保持本色'……就是这句话！在那一刹那之间，我才发现我之所以那么苦恼，就是因为我一直在试着让自己适合于一个并不适合我的模式。

"在一夜之间我整个改变了。我开始保持本色。我试着研究我自己的个性，试着找出我究竟是怎样的人。我研究我的优点，尽我所能去学色彩和服饰上的问题，尽量按照能够适合我的方式去穿衣服。我主动地去交朋友，我参加了一个社团组织——起先是一个很小的社团——他们让我参加活动，使我吓坏了。可是我每一次发言，就增加了一点勇气。这事花了很长的一段时间，可是今天我所有的快乐，却是我从来没有想到可能得到的。在教养我自己的孩子时，我也总是把我从痛苦的经验中所学到的结果教给他们：'不管事情怎么样，总要保持本色。'"

"保持本色的问题，像历史一样的古老，"詹姆斯·高登·季尔基博士说，"也像人生一样地普遍。"不愿意保持本色，即是很多精神和心理问题的潜在原因。安吉罗·帕屈在幼儿教育方面，曾写过 13 本书，和数以千计的文章。他说："没有人比那些想做其他人，和除他自己以外其他东西的人，更痛苦的了。"

这种希望能做跟自己不一样的人的想法，在好莱坞特别流行。山姆·伍德是好莱坞著名的导演之一。他说在他启发一些年轻的演员时，所碰到最头痛的问题就是：要让他们保持本色。他们都想做二流的拉娜透纳，或者是三流的克拉克盖博。"这一套观众早已受够了，"山姆·伍德说，"最安全的做法是：要尽快抛开那些装腔作势的人。"

最近我问素凡石油公司的人事室主任保罗·鲍延登，来求职的人常犯的最大错误是什么。他回答说："来求职的人所犯的最大错误就是不保持本色。他们不以真面目示人，不能完全地坦诚，却给你一些他以为你想要的回答。"可是这个做法一点用也没有，由于没有人要伪君子，也从来没有人情愿收假钞票。

有一个电车车长的女儿，特别辛苦地学会这一点。她想要成为一位歌唱家，但是她的脸长得并不好看。她的嘴很大，牙齿很暴露，每一次公开演唱的时候——在新泽西州的一家夜总会里——她一直想把上嘴唇拉下来盖住她的牙齿。她想要表演得"很美"，最终呢？她使自己大出洋相，注定了失败的命运。

但是，在那家夜总会里听这个女孩子唱歌的一个人，却以为她很有天分。"我跟你说，"他很直率地说，"我一直在看你的演唱，我知道你想掩藏的是什么，你觉得你的牙齿长得很难看。"这个女孩子顿时觉得无地自容，可是那个男的继续说道："这是怎么回事？难道说长了暴牙就罪大恶极吗？不要想去遮掩，张开你的嘴，观众看到你不在乎，他们就会喜欢你的。再说，"他很犀利地说，"那些你想遮起来的牙齿，说不定还会带给你好运呢。"

凯丝·达莉接受了他的忠告，不再去注意牙齿。从那时候起，她只想到她的观众，她张大了嘴巴，热情而高兴地唱着，使她成为电影界和广播界的一流红星。其他的喜剧演员如今都还希望能学她的样子呢。

著名的威廉·詹姆斯曾经谈过一些一直没有发现他们自己的人。他说一般人只发挥了10%的潜能。"跟我们应当作到的来比较，"他写道，"我们等于苏醒了一半；对我们身心两方面的能力，我们只使用了很小的一部分。再扩大一点来说，一个人等于只活在他体内有限空间的一小部分。他具有多种的能力，却习惯性地不知道怎么去利用。"

你和我也有这样的能力，因此我们不该再浪费任何一秒钟，去忧虑我们不是其他人这一点。你是这个世界上的新东西，以前从没有过，从开天辟地一直到现在，从来没有任何人完全跟你一样；而将来直到永远，也不可能再有一个完完全全像你的人。新的遗传学告诉我们，你之所以是你，必是因为你从父亲的23个染色体，和你母亲的23个染色体所遗传到的是什么。"在每一个染色体里，"据阿伦·舒恩费说，"可能有几十个到几百个遗传因子——在某些情况下，每一个遗传因子都能改变一个人的一生。"一点也不错，我们是这样"既可怕又奇妙地"造成的——我们每个人都是独一无二的。

即使在你母亲和父亲相遇而结婚之后，生下的这个人正好是你的机会，也是1/30亿万。换句话说，即使你有30亿万个兄弟姐妹，也可能都跟你完全不一样。这是光凭想象说的吗？不是的，这是科学的事实。

如果你想对这一点知道得更详细的话，不妨到图书馆去，借一本叫作《遗传与你》的书，这本书的作者就是阿伦·舒因费。我可以和你深谈保持本色这个问题，因为我对这一点的感想非常深。我很清楚我自己所谈的问题，因为我有过代价相当大的痛苦经验。我在这里要说明一下，当我由密苏里州的乡下到纽约去的时候，我进了美国戏剧学院，希望能做一个演员。我当时有一个自以为非常聪明的想法——一条成功之路的捷径，这个想法非常之简单，非常之完美，所以我不懂为什么成千上万富有野心的人居然没有发现这一点。这个想法是这样的，我要去学当年那些有名的演员怎样演戏，学会他们的优点，然后把每一个人的长处学下来，使我自己成为一个集所有优点于一身的名演员。多么愚蠢！多么荒谬！我居然浪费了很多的时间去模仿别人，最后终于明白，我一定得维持本色，我不可能变成任何人。

　　这次痛苦的经验，应该能教给我长久难忘的一课才对，可是事实不然。我并没有学乖；我太笨了。后来我希望写一本所有关于公开演说的书本中最好的一本。在写那本书的时候，我又有了和以前演戏时一样的笨想法。我打算把很多其他作者的观念，都"借"过来放在那本书里——使那一本书能够包罗万象。于是我去买了十几本有关公开演讲的书，花了一年的时间把它们的概念写进我的书里，可是最后我再一次地发现我又做了一次傻事：这种把别人的观念整个凑在一起而写成的东西非常做作，非常沉闷，没有一个人能够看得下去。所以我把一年的心血都丢进了纸篓里，整个地重新开始。这一回我对自己说："你一定得维持你自己的本色，不论你的错误有多少，能力多么有限，你也不可能变成别人。"于是我不再试着做其他所有人的综合体，而卷起我的袖子来，做了我最先就该做的那件事：我写了一本关于公开演讲的教科书，完全以我自己的经验、观察，以一个演说家和一个演说教师的身份来写。我学到了——我希望也能永远持久下去——华特·罗里爵士所学到的那一课。我说的华特·罗里爵士，是 1904 年的时候在牛津大学当英国文学教授的那位。"我没有办法写一本足以与莎士比亚媲美的书，"他说，"可是我可以写一本由我写成的书。"

　　保持你自己的本色，像欧文·柏林给已故的乔治·盖许文的忠告那样。当柏林和盖许文初次见面的时候，柏林已经大大有名，而盖许文还是一个刚出道的年轻作曲家，一个星期只赚 35 美金。柏林很欣赏盖许文的能力，就问盖许文要不要做他的秘书，薪水大概是他当时收入的 3 倍。"可是不要接受这个工作，"柏林忠告说，"如果你接受的话，你可能会变成一个二流的柏林。但如果你坚持继续保持你自己的本色，总有一天你会成为一个一流的盖许文。"

　　盖许文注意到这个警告，后来他慢慢地成为这一代美国最重要的作曲家之一。

　　卓别林、威尔·罗吉斯、玛丽·玛格丽特·麦克布蕾、金·奥特雷，以及其他好几百万的人，都学过我在这一章里想要让各位明白的这一课，他们也学得很辛苦——就像我一样。卓别林开始拍电影的时候，那些电影的导演都坚持要卓别林去学当时特别有名的一个德国喜剧演员，但是卓别林直到创造出一套自己的表演方法之后，才开始成名。鲍勃·霍帕也有相同的经验。他多年来一直在演歌舞片，结果毫无成绩，一直到他发现自己讲笑话的本事之后，功成名就。威尔·罗吉斯在一个杂耍剧团里，不说话光表演抛绳技术，持续了好多年，最后才发现他在讲幽默笑话上有特殊的天分，于是开始在耍绳表演的时候说话，并一举成名。玛丽·玛格丽特·麦克布蕾最初进入广播界的时候，想做一个爱尔兰喜剧演员，结果失败了。后来她发挥了她的本色，做一个从密苏里州来的、很平凡的乡下女孩子，最终成为纽约最受欢迎的广播明星。

金·奥特雷刚出道的时候，企图改掉他克萨斯的乡音，想象个城里的绅士，自称是纽约人，结果大家只在他背后笑话他。后来他开始弹五弦琴，唱他的西部歌曲，开始了他那了不起的演艺生涯，成为全世界在电影和广播两方面最有名的西部歌星。

你在这个世界上是个新东西，应当为这一点而庆幸，应当尽量利用大自然所赋予你的一切。归根结底说起来，全体的艺术都带着一些自传性质；你只能唱你自己的歌，你只能画你自己的画，你只能做一个由你的经验、你的环境和你的家庭所造成的你。无论好坏，你都得自己创造一个自己的小花园；无论好坏，你都得在生命的交响乐中，演奏你自己的小乐器。

就像爱默生在他那篇《论自信》的散文里所说的："在每一个人的教育过程之中，他肯定会在某个时期发现，羡慕就是无知，模仿就是自杀。不论好坏，他必须保持本色。虽然广大的宇宙之间充满了好的东西，但是除非他耕作那一块给他耕作的土地，否则他绝得不到好的收成。他所有的能力是自然界的一种新能力，除了他自己之外，没有人知道他能做出些什么，他能知道些什么，而这都是他必须去尝试求取的。"

上面是爱默生的说法；下面是一位诗人——已故的道格拉斯·马罗区——所说的：

假如你不能成为山顶的一棵青松，

就做一丛小树生长在山谷中，

但须是溪边最好的一小丛。

假如你不能成为一棵大树，

就做一丛灌木。

假如你不能成为一丛灌木，

就做一片绿草，

让公路上也有几分欢娱颜色。

假如你不能成为一只麝香鹿，

就做一条鲈鱼，

但须做湖里最好的一条鱼。

我们不能都做船长，

我们得做海员。

世上的事情，多得做不完，

工作有大的，也有小的。

我们该做的工作，就在你的手边。

假如你不能做一条公路，

就做一条小径。

假如你不能做太阳，

就做一颗星星。

不能凭大小来断定你的输赢，

无论你做什么都要做最好的一名。

顺应生命的节奏

◇当我们处于休息和平静的状态时，我们的行为和感觉就不会杂乱无章地发生，而呈现一种和谐的流动。

◇你必须学习了解你生命中的波涛和节奏，并顺着生命的节奏表现你的爱，以期能和大自然和谐共处。

当我们紧张时，身体上和情绪上通常有耗尽的感觉：嘴巴会觉得干，身体会觉得衰弱，而且神经如我们所说的是绷紧的。只有当我们放松和表达情绪之后，才能得到一个比较平顺的状态。有时候我们甚至会被眼泪淹没，或溶于欲望当中，这些代表流动状态的隐喻并不是绝对的，它们和我们的身心状态（和水）有密切的关系。当我们处于休息和平静的状态时，我们的行为和感觉就不会杂乱无章地发生，而呈现一种和谐的流动。无止息的水舞（生命的普遍象征）可以被视为是健康快乐的状态。

古代瑜珈文献建议人们可以在靠近瀑布、河流和湖边做静心冥想。荣格有许多对湖的描述："那湖向远方一直延伸出去，那广博的水面给我一种令人难以置信的愉悦，令人无法抗拒的光彩。在这一刻我在心中有了一个想法，我一定要住在湖边。我想如果没有水没有人可以活下去。"我们从洗澡、游泳、海洋景观所得到的快乐证明了我们和水之间深厚的关系，或许这呼唤起我们在母亲子宫羊水的状态，或者也和潜意识自己有如海洋般深不可测的意象有关吧。

这样的想法指出水在放松中的特殊价值，经由感官，或以下提供的练习可以更直接地体验到。我们也应该考虑其他的因素，像空气虽有较多限制，但是也可以被想象成和飞行及云联系在一起；风或微风可以被用来作为感官练习的基础。

在一个安静的房间里舒适地躺下来。举起你的手臂，甩甩手，然后让手臂自然地在身体两侧垂下来。闭上眼睛，想象你正躺在海边一个空旷的沙滩上。

潮水正涌过来，小小浪花轻拍你的脚和脚踝，慢慢地移动你的身体让它浸在浅水里。当海水继续上升时，让自己感觉漂浮起来，并被有节奏的海潮带入海里。

感觉缓缓起伏的海浪在你下面汹涌，你随着海潮的起伏而滑动。

让你的身体正面朝上，想象你正在一个浪头上，当浪潮下降，你在明亮的海水隧道中翻滚着。

现在你被浪冲回岸边，躺在舒服温暖的沙滩上。不要动，此刻享受一下在自由和兴奋交替之后的宁静吧。

当你看到海洋的波涛、季节的变换和月亮的盈亏时，便看到了自然的节奏。人的生命也同样有一定的节奏：从出生，经过儿童期、青少年期到完全成熟、年老，最后又有新的一代诞生。光、能源和任何事物都有一定的波动起伏，这种起伏使它们偏离节奏，或者像中子一样永远围绕着原子核运动。

生命中的任何事物绝对不会静止，运动是持续不断而且有一定节奏的。这就是为什么我们喜欢音乐的原因之一，因为音乐反映出我们的生命节奏。你必须学习随着生命的节奏摇摆，而不是站在那里以不动的姿态和它对抗。沙岸随着波涛运动和变化而能够永远不灭，但防波堤很快就会被冲垮。

注意观察你的生命，它有一定的节奏吗？你在工作之后会娱乐吗？在劳心之后会从事劳力活动吗？饮食之后会禁食吗？严肃之后会表现幽默吗？性交之后会把性交转变成具有创造性的努力吗？当你的意识处于休息状态时，就是你的潜意识发挥最大作用的时候，当你的潜意识承担任务，而且你的意识被其他事物（亦即放轻松）占据的时候，就是出现真正鼓舞作用的时候。

当阿基米德在努力寻求解决两个物体相对重量的复杂问题时，始终得不到解答，但当他决定放松自己并泡一下澡时，他的潜意识便被浴盆中的热水激发出来。他立刻从浴盆中跳出来，并且大声叫着现在一个很有名的欢呼词：我找到了！同时也找到了问题的答案。你曾经给你的思想休息的机会吗？

干扰正常节奏模式会造成许多问题，如果你在工作之后不给你思想休息的机会，你的身体就会一直处于一种被刺激的状态，这种情况可能会使你因为紧张而失调。

你不必希望永远快乐，因为果真如此的话，那种快乐一定会变得枯燥乏味。婚姻顾问的一项重要目的就是要使夫妻了解二人之间的爱不可能没有高低潮。你必须学习了解你生命中的波涛和节奏，并顺着生命的节奏表现你的爱，以期能和大自然和谐共处。

大自然传达宁静的感觉。凝视自然地形、色彩变化、地质构造、自然的香味和声音，我们可以获得和大自然融合为一的感觉。让眼睛看向远方的地平线，我们就能放松生活压力的焦点。下次当你凝视天际时，想象你眼睛的肌肉已释放所有的紧张，想想如此一来对你有多好。如同风景画中的人物，我们得以用更宽广的角度看自己，并调整我们看事情的角度。在古典浪漫时期，面对大自然的渺小感几乎是令人害怕的，今天我们对于戏剧性的瀑布或高耸的悬崖峭壁依然感到敬畏。即使在一个温和平静的风景中，我们看自己的方式不同了，我们的问题似乎也变得比较简单，或觉得昨天的事不过是幻象罢了。奇妙之事继续发生：我们花越多时间在大自然美景中，就有越多的焦虑消失掉。

自然宁静的效果部分是和绿荫有关，心理作用上和休息联想在一起。如果你有一个小小的庭院，试着在院中种满不同叶形、不同颜色的植物。当然，花匠可以提供很好的服务，但是你可能宁愿自己修剪树叶，或自己动手采集果实和种子，做做园艺什么的。你可能放着花园某个角落不整理，作为鸟儿和昆虫的天堂。认识你种植的植物或花的名称，去认识它们个别的个性。同时学习它们的学名和俗名，并大声念出那些奇怪的音节，想象它们像种子一样躺在你心灵中的花园。

从你的庭院或附近的公园树木收集不同种类的树叶。

舒适地坐下来并认真地研究它们——树叶的形状、颜色和纹理。压在手掌心里感觉它们的凉爽，用手指循着每片叶子的叶脉移动，然后闭眼冥想你所看到的叶子形态。

闭上眼睛，感觉并闻一闻手中的叶子，借触摸和气味来分辨每一片叶子的不同。

让自己完全专注在树叶上，让所有的担心、焦虑和负面思想都从意识中消退。

放掉包袱

◇在我们之中有许多人不只是急着找出谁让我们感到备受压力与痛苦，而且还将这些资讯储存分类，以便日后运用。

◇我们之中有许多人将精力耗费在记恨上，仿佛需要维持那些使我们感到不好的事情。

在我们之中有许多人不只是急着找出是谁让我们感到备受压力与痛苦，而且还将这些资讯储存分类，以便日后运用，我们将之称为"包袱处理"。因为不久后我们会累积许多痛苦，需要将之封入行李箱中，倘若我们有一整批这样的包袱，甚至需要雇人携带着它们。

林达还是再一次为我讲述了她祖母的往事：

"我的祖母法兰西卡对回忆过去非常在行（大部分是负面的），足够担任稀有矿物博物馆馆长了。当我还小时，总会问她为何如此不快乐，我所得到的答案一直都是'因为我受苦'。然后就不再多说了。但当她需要时总会对着神朗诵她的愿望，这时脸色会更加地悲伤，双手会举向空中。

"祖母的痛苦总有些神秘的气氛围绕着，只能意会，不能言传。

"每次她都会嘲讽地补充说：'我的母亲遗弃了我！'这话在意大利人间普遍流传着，添增了许多戏剧色彩。假使她用意大利语说：'我的胸罩害死了我！'听来也像个噩耗。

"我持续追问我母亲关于祖母的事情，但她轻描淡写地说：'那是有缘由的，你不会懂的。'几年后，一个叔叔告知我整个内幕，精彩得足以搬上电视荧幕。事情大概是这样：法兰西卡的父亲在她 11 岁时便去世了，一年后，她的母亲嫁给一个小她 20 岁的男人。在当时的意大利，这是前所未有的事情，因为两人年龄差距过大，而且那时祖母也即将成年。

"法兰西卡的阿姨、婶婶们都认为，倘若法兰西卡的母亲和小她 20 岁的男人生活在一起将有辱家门，而且这个小伙子也可能会对法兰西卡心怀不轨。因此法兰西卡被送到隔壁的阿姨家住。法兰西卡的母亲甘希塔总是与她温文儒雅、常取悦法兰西卡的丈夫古希波陪在法兰西卡的身边。但即使法兰西卡结了婚，并带着甘希塔和古希波一起移民美国后，她依旧把甘希塔当作瘟疫般对待。法兰西卡被遗弃的争议变成她一切苦恼的中心，从未释放、改善它。当然，这也因为那些和法兰西卡住在一起的女人而搞得更糟。她们令我想起《麦克白》里的巫婆，'再来、再来更多的烦恼与忧愁'。即使祖母确实有其悲伤的理由，但也无需在她的余生里添加更多的惨白。"

我们之中有许多人将精力耗费在记恨上，仿佛需要维持那些使我们感到不好的事情。在我的公司中，有一项练习是使名人了解自己包袱处理的癖性，很多人都被结果给吓着了。我要大家各自找一个搭档，并描述多年来累积的负面事情，聆听的那一方必须回说："那真可怕，再多说一些。"5 分钟后，则接着叙述发生过的美好事情。当我要他们停止叙述负面事情时，他们都表示自己还可以说得更多、更多，然而在停止分享正面的事情前，很多人早就讲不出来了。她们承认要分享美好的事物比较困难。若只单单回想自己上周的心绪，我猜大家马上可以记起那些令自己烦心的事，然而若是要我们回想美好的部分，我们可能说不出话来。

很重要的是区分什么需要在意，什么需要放弃？

一只倒霉的狐狸被猎人用套套住了一只爪子，它毫不迟疑地咬断了那只小腿，然后逃命。放弃一只腿而保全一条生命，这是孤独的哲学。人生亦应如此，当生活强迫我们必须付出惨痛的代价以前，主动放弃局部利益而保全整体利益是最明智的选择。智者曰："两弊相衡取其轻，两利相权取其重。"趋利避害，这也正是放弃的实质。

人之一生，需要我们放弃的东西很多，古人云，鱼和熊掌不可兼得。如果不是我们应该拥有的，我们就要学会放弃。几十年的人生旅途，会有山山水水，风风雨雨，有所得也必然有所失，只有我们学会了放弃，我们才拥有一份成熟，才会活得更加充实、坦然和轻松。

比如大学毕业分手的那一刻，当同窗数载的朋友紧握双手、互相轻声说保重的时候，每个人都止不住泪流满面……放弃一段友谊固然会于心不忍，但是每个人毕竟都有各自的旅程，我们又怎能长相厮守呢？固守着一位朋友，只会挡住我们人生旅程的视线，让我们错过一些更为美好的人生山水。学会放弃，我们就有可能拥有更为广阔的友情天空。

放弃一段恋情也是困难的，尤其是放弃一场刻骨铭心的恋情。

譬如说，你爱上了一个人，而她却不爱你，你的世界就微缩在对她的感情上了，她的一举手、一投足及衣裙细碎的声响，都足以吸引你的注意力，都能成为你快乐和痛苦的源泉。有时候，你明明知道那不是你的，却想去强求，或可能出于盲目自信，或过于相信"精诚所至，金石为开"，结果不断的努力，却遭来不断的挫折，弄得自己苦不堪言。世界上有很多事，不是我们努力就能实现的，有的靠缘分，有的靠机遇，有的我们能以看山看水的心情来欣赏，不是自己的不强求，无法得到的就放弃。

懂得放弃才有快乐，背着包袱走路总是很辛苦。

我们在生活中，时刻都在取与舍中选择，我们又总是渴望取，渴望着占有，常常忽略了舍，忽略了占有的反面：放弃。懂得了放弃的真意，也就理解了"失之东隅，收之桑榆"的妙谛。多一点中和的思想，静观万物，体会与世界一样博大的诗意，我们自然会懂得适时地有所放弃，这正是我们获得内心平衡，获得快乐的好方法。

一个人老是背着沉重的包袱，许多状况不过是徒耗精力罢了。我常要人们写下他们的压力来源，一定有人会说当他们的同事延长午餐时间，就会扰乱他们，有个女人一再地表示这有多么恐怖。我问她这状况持续多久了，她说已20年了，20年来她一直为此生气，并就此点警告周围的同事。

接着我问她如何解决这个难题，她说没有一种有效，没人能使得上力。现在我们有了一个混合的例子——带着包袱的烈士。我们的行为就如轮回般重复不停，总教我惊讶不已。

当然，这会让他人有机会掌控我们的心情。我们不是常说些"你让我感到……（不快乐、生气、伤心、烦心）"，或是"你让我发狂，我无法忍受你的行为"。

我母亲就是最好的例子。每当我们争执时，她就会提及生我时的往事，她说："当初生你是个痛苦，直到现在还是一样。"50年后，她还是这句老话！

当我们有许多包袱时，要逃离它们总是困难重重。愤怒教我们的生活变得迟缓、无心工作、无心和孩子们说话，或是计划度假。倘若我们一心一意地徘徊在昨夜与老婆的争吵中，那么，是放掉这些包袱的时候了。

一旦我们察觉到他人的行为影响到我们时，我们有许多选择。我们可以心平气和地议论它或改变自己的态度，甚至是释放它（任由它去、不管它）。自从我们喜欢凡事追根究底后，释放可能是人性中最难以做到的行径之一。

下述有些点子，能试着把包袱处理这个想当然的感觉变为毫无意义：

（1）有时想一想那些结果证明是如意的事情。这样的思考方式能够创造幸福的感觉和乐观的心情。我时常回想祖父母为我做的一切，祖父将我从小马车抱出来，赏我冰淇淋的景象时常出现在我的脑海里，令我感到被爱，感受到自己充满祝福。

（2）每当我们无法超越过去的罪愆时，把它们想象成栖息在自己背后的一只怪兽，并大声地喊出："滚开！"

（3）倘若生活中遗留给我们悲伤与不满，也许趁现在找个代理人，再次创造出令自己满足的生活也是个不错的方法。许多人自愿被收养，在这样给予爱的家庭里，充满着爱我们的父母、祖父母、叔叔阿姨等，专门关爱那些来到这里的访客，这些人可能一生都未曾得到关爱与呵护。这样的社会服务机构有待被发掘。

（4）为自己和家人创造一套价值体系。这样的体系能够帮助我们活出更一致的生命。别再用过往的包袱责备自己。避免说："我不要再像老爸一样白痴了！"而是"我珍重内在的宁静与和谐，所以我会保持镇静"。别对孩子们说："把自己背后清理清理，否则你会像你叔叔一样地邋遢。"而是教导他们负责的价值观。

（5）写下自己的悼念文和墓志铭。我们最能使上力的事情之一是什么，认真地思考，我们希望人们记得自己什么，这会给予我们方向与目标。让我们期待人们在哀痛我们辞世的同时，还能发现我们留下这一页充满爱、欢笑以及活力的回忆。

让心平静

◇如果你无法获得平静，生活将没有意义。所以你必须使你的灵魂获得安宁，并且平静生活。

◇你愈能够接受自己，就愈容易容忍自己的弱点，也愈能够接受心灵上的平静。

你在早晨醒来之后，可能打开大门，弯身拿起牛奶和报纸。

你可能把牛奶放进冰箱，然后坐在椅子上开始看报。粗黑的大标题赫然出现在眼前——核子武器、外交威胁、违法犯罪、政府滥权等等。

"瞧，"你可能会这么说，"这就是最好的证明，你根本无法在这个世界里静静休息。全世界动乱不堪，已经无法控制了。"

你错了。你可以轻松下来，也可以获得心灵的平静——即使别人都在焦虑不安。

你可以学习容忍这些压力，甚至在生活的奋斗中获得胜利。如果你无法获得平静，生活将没有意义。所以，你必须使你的灵魂获得安宁，并且平静生活。

古希腊哲学家柏拉图说："人间万事，没有任何一件值得过度焦虑。"

首先你一定要相信，内心的平静是可以达到的一个目标。这也许不像表面上那般容易，如果你已经习惯于骚扰、打击及指责你四周的人，那你可能认为心情的平静是无法获得的。

一些重要的杂志与报纸，经常报道今日青少年内心的焦虑不安，以及他们紧张情绪的爆炸性。

一些最受尊敬的社会学家也告诉我们，现代生活充满许多不正常的焦虑。

哲学家、精神学家以及宗教领袖皆同意今天的生活缺乏精神上的平静，充满冲突，并受到怨恨的骚扰。

数以百万计的人以焦虑来折磨自己。他们优柔寡断，充满恐惧，甚至无法接受自己的感觉或缺点。他们对任何事情都不敢作决定，对于所谓的生活中的"失败"感到愧疚。他们的行为太矛盾——否则就是害怕得不敢采取任何行动。焦虑已经成为他们的生活方式。恐惧和精神上的毛病充满他们脑中，取代了他们应有的成功与信心的感觉。我就知道有些人，竟然已经好几年不曾享受过真正平静的一星期。

这是不是证明生活中的宁静无法达到？不是。我提到上面这些令人沮丧的例子，是要向你再度说明，如果你感到焦虑不安，也不必泄气，因为跟你同样的人太多了。在今天这个世界中，确实有些情况会产生焦虑与不安，因此若想获得心灵上的平静，首先就要接受你的焦虑与不安，不要因为它们而责备自己。你愈能够接受自己，就愈容易容忍自己的弱点，也愈能够接近心灵上的平静。

你可以获得平静的，请相信我。我将提出很多建议帮你达到这个目标。

首先，从事一些能够令你满足的活动，大部分是属于个人的活动。某些嗜好或仪式可以成为某些人的"心灵镇静剂"，却可能令其他人感到烦闷无比。

有个老太太——她是我们家的老朋友，已在几年前去世——告诉我说，每当她感到焦虑不安时，她就去阅读《圣经》，因为这样可以减轻她的紧张。她只要坐在摇椅上前后摇动，一面读着《圣经》，就能使自己心情平静。

我有一位医生朋友，每天下班后，仍然可以感受到工作上的压力，因而觉得精神十分紧张，但他只要弹弹钢琴，就能平静下来。他所弹的大部分是肖邦的作品，我有时也到他的公寓里坐坐，点上一根雪茄，看着他弹钢琴，在优美的琴声中，不知不觉和他一起轻松起来。

"我不知道这是怎么回事，"他有一次对我说，"只要我弹起钢琴来，我就觉得十分轻松，忘掉了生活压力。我能够自得其乐，不再担心那些痛苦的病人，也忘了那些身患绝症的人，我这样也许不对。"

"不，"我说，"你必须轻松下来，甚至忘掉最可怜的病人，否则你不但不会成为好医生，也会降低你帮助病人的能力。钢琴给了你心灵上的平静——接受这份礼物吧。"

人人都有这种振奋精神的潜力。把它找出来——然后看看它为你带来什么好处，并充分利用及发展。

拿自己开开玩笑

◇愤世，强化了命运的可怕；嫉俗，弱化了自我的信心。自我解嘲，以另一种坦然的心境向着光明走，黑暗，永远只会留在我们的脚后。

◇成功的人士从不试图掩饰自己的弱点，相反，有时他们会拿自己的弱点开开玩笑。

人生的横逆与挫折，除了来去无踪以外，最为高深莫测的是它毫无迹象地"了无缘由"；世事的无常、人情的冷暖，除了现实与无情以外，更为无奈的是它无法与人分担的"点滴心头知"。

与其愤世嫉俗地自怨自艾，何不谈笑风生地自我解嘲，坚强振作地迎向挑战、面对挑战。

愤世，强化了命运的可怕；嫉俗，弱化了自我的信心。自我解嘲，以另一种坦然的心境向着光明走，黑暗，永远只会留在我们的脚后。

这是我妻子陶乐丝给我讲的一个真实的故事：

那时，我在镇上的中学上八年级。在当年，各级的学生都必须选修工艺课。八年级的工艺课程上的是金工。我们每个学生都得在学期结束以前，完成由一块生铁和一只木柄做的螺丝起子。

工艺老师年约五十开外，挂在嘴角的烟斗终日不停地冒出浓烈的黑烟，使得身上总是带着一股令人不甚愉快的强烈气味；他外表严肃，从来没有笑容，训起话来又总是尖酸中带着几分刻薄。他在学校一向以"当人"为乐事，更使得我们每个学生上起课来个个如临深渊，如履薄冰。

一开学，工艺老师就开宗明义地宣布，金工是我们日后日常生活中经常使用的必需技巧，绝对不可等闲视之。学期结束的时候，每个人都得做一个螺丝起子。他会一一公开地讲评给分，并择定最优和最劣的成果，分别加以适当的鼓励与惩罚；不及格的学生，别看只是一门小小的工艺课，还是得老老实实地花上一年的时间重新补修过。

我一向手拙，对于像美术、劳作、工艺之类必须心灵手巧的课程，有着"心有余而力不足"的无奈，视之为畏途。在结业课上，尽管费了九牛二虎之力，累得满头大汗，我精心创造的杰作，依旧不折不扣地只是个"略似螺丝起子形状的大型铁钉"。

期末讲评的最后宣判终于到了。

我们端正地坐在桌前，工整地将我们的作品放在桌上，静待老师的检查。

老师依旧以严肃的面容，不急不徐地端着手中的烟斗，一一来回穿梭于我们的座位之间。他仔细观察每一个人的成果，不时弯下身来慎重地打量一些造型突出、颇具创意的杰作，举止之间流露出了悠然自得的满意表情。

终于，他背着双手走回到了讲台，清清喉咙，开始讲评："大家的作品都各有千秋，颇具创意，只是，这么些年来，我从来没有看过像陶乐丝同学这么造型独特的成果了……"全班同学的目光，顿时不约而同地飘向了我，使我羞愧得简直无地自容。

"陶乐丝，请你上来。"老师颔首致意叫我前去，更使我慌乱地手足无措。

他举起我偌大的"螺丝起子"，兀自上下不断地打量着，并且不时以诡异的表情展示给同学们观赏；全体同学爆笑如雷地看着我，以万分期待的心情等待着我上台接受老师的"表扬"。

我不得不承认我的"螺丝起子"确实有几分畸形，它扭曲的金属头即使在热胀冷缩之后，依旧显得硕大无比；它活生生地插在不相衬的狭小木柄上，更是十足地毫不协调。

"经过我仔细的评审，我决定将这学期的最高荣耀颁给陶乐丝同学，她得到了我们的'金锉奖'，因为她做的根本就不是'起子'，而是木工每日必备的'锉子'……"我羞赧地站在台上，望着笑得东倒西歪的全班同学，暗自愤恨着老师无情的奚落，我更以无比悲愤的心情埋怨自己的无能，怒视着全场幸灾乐祸的同学。

"陶乐丝同学的作品确实'别具创意'，我们请她解释解释她的创意，并请她发表一下她的'得奖感言'。"

我脑海一片空白，在这慌乱的一刻，突然灵机一动地体会到了我人生最为宝贵的第一个教训——"自我解嘲"。我何不利用这个难得的机会，自我解嘲地化解所有的危机与困窘，与其自怨自艾地静待失败的挑战，何不英勇果敢地迎向挑战、面对挑战？

我正经严肃地四顾环视了全场，模仿着电视上转播奥斯卡金像奖的情景，傲然自信地伸出了我的双手向当时愕然的老师握手致意，并且面对着突然沉静的全体同学，以极其感性的口吻说："谢谢，谢谢。首先，我得感谢我伟大的父亲，是他给了我如此的聪明才智，能够十足荣幸地来到这里上最好的工艺课；我更得感谢我可爱的母亲，是她给了我如此粗枝大叶的个性，使我随手就产生了这样美好的创意。当然，我更得感谢谆谆教诲我们的工艺老师，没有他老人家'伯乐'的眼光，又哪会识出我这匹'千里马'的无限潜力……"

全场同学在短暂错愕之后，完全笑翻了。

"最后，我不得不说明，我其实一心只想做个'锉子'，但是由于老师英明的指导和全体同学协助的鼓励，我十分高兴它仍旧幸运地保留了'起子'的基本形象。然而，这是公平的'金锉奖'，确实是完完全全地'名副其实'，而我的得奖更是'实至名归'。"我在欢声雷动的掌声中，深深地鞠了一躬，然后自信满满地回到了我的座位。

"自我解嘲"的心态，化解了我妻子生涯中最为尴尬的一刻。

正如人们喜欢谈论一些关于别人的笑话一样，在适当的时候，也要像陶乐丝那样拿自己开开玩笑，要善于自嘲。

美国著名的律师乔特是最善于讲自己笑话的人。有一次，哥伦比亚大学的校长蒲特勒在请他做演讲时，曾极力称赞他，说他是"我们的第一国民"。

这实在是一个卖弄自己的绝好机会，他可以自傲地站起来，一副得意洋洋的神气，仿佛是要对听众说："你们看，第一国民要对你们演讲了。"

但是聪明的乔特并没有如此。他似乎对这种称赞充耳不闻，却转而调侃自己的"无知"。这种自嘲很快博得了听众的热情与好感。

他说："你们的校长刚才偶然说了一个词，我有点听不太懂。他说什么'第一国民'，我想他一定是指莎士比亚戏剧里的什么国民。我想，你们的校长一定是个莎士比亚专家，研究莎士比亚很有心得，当时他一定是想到莎士比亚了。诸位都知道，在莎氏的许多戏剧中，'国民'不过是舞台的装饰品，如第一国民、第二国民、第三国民等等。每个国民都很少说话，就是说那一点点话，也说得不太好。他们彼此都差不多，就是把各个国民的号数彼此调换，别人也根本看不出有什么分别的。"

这是一种非常聪明的方法，它使自己与听众居于同等的地位，拉近了自己与听众的距离。他不想停留在蒲特勒所抬举的那种高高在上的地位上。如果他换一种说法，用庄重一点的言词，比如，"你们校长称我为第一国民，他的意思不过是说我是舞台上的一个无用的装饰品而已。"虽然表达的意思是一样的，但是绝对不能把那种礼节性的赞词变为一种轻松的笑话，也绝对不会取得那样的效果。

无论是在一帮很好的朋友中，还是在一大群听众中，能够想出一些关于自己的笑话，能够适当地自嘲，是赢得别人尊敬与理解的重要方法，远远要比开别人的一个玩笑重要得多。拿自己开开玩笑，可以使我们对世事抱有一种健康的态度，因为如果我们能与别人平等地相待，就可以为我们赢得不少的朋友。相反，如果我们为显示自己是怎样地聪明，而拿别人开玩笑，以牺牲别人来抬高自己，那我们一生一世也难以交到一个朋友，更不用说距离成功有多遥远了。

在美国的20世纪三四十年代，有个政界要人叫凯升。他首次在众议院里发表演说，却打扮得土里土气，因为他刚从西部乡间赶来。

一位善于挖苦讽刺的议员，在他演讲时插嘴说：

"这个伊利诺伊州来的人，口袋里一定装满了麦子呢。"这句话引起哄堂大笑。凯升并没有因此怯场，他很坦然地开了自己一个玩笑：

"是的，我不仅口袋里装满了麦子，而且头发里还藏着许多菜籽呢！我们住在西部的人，多数是土里土气的，不过我们虽然藏的是麦子和菜籽，但却能够长出很好的苗子来！"

凯升不以自己的土气为耻，而以自己来自艰难创业的西部为荣，因而拿自己开玩笑，不否认口袋里装满麦子，进而还说连头发里也藏着菜籽。他的自嘲非但没有招来其他议员的嘲笑，相反却赢得了他们的尊敬，其大名也传遍全国，人们亲切地送给他一个外号：伊利诺伊州的菜籽议员。

成功的人士从不试图掩饰自己的弱点，相反，有时他们会拿自己的弱点开开玩笑。而现实生活中，我们却经常可以遇到一些专喜欢遮掩自己弱点的人，他们也许脸上有些缺陷，也许所受教育太少，也许举止粗鲁，他们总要想出方法来掩饰，不让别人知道。但这样做以后，他们却于无形中背弃了诚恳的态度，毫无疑问，与之交往的朋友会对他们形成一种不诚恳的印象，使人们不敢再与他交往。

世界上最不幸的就是那些既缺乏机智又不诚恳的人。很多人常常自以为很幽默，经常喜欢拿别人开玩笑，处处表现出小聪明，结果弄得与他交往的人不敢再信任他，以前的朋友也会敬而远之，纷纷躲避。

适当地拿自己开开玩笑吧，这不仅是一种机智，更是驱散忧虑、走向成功的法宝。

拿开捂住眼睛的双手

◇过去的所有不愉快绝不会因为自欺欺人地捂上自己的眼睛，就可以"我看不见你，你就看不见我了"。

◇谎言的结果会驾驭我们的生命，而我们终究会发现吐露真相是明智的方法。

心境恰似容器，无法面对现实就容不得对未来的美好期望；满满的水杯如何还能承受重新注入的甘美果汁。放下身段，方才得以率真地正视自我；抛弃世俗虚伪名利、面子的顾忌，坦然的胸怀，正是我们迈向美好未来的终南捷径。

过去的所有不愉快绝不会因为自欺欺人地捂上自己的眼睛就可以"我看不见你，你就看不见我了"；坦率方见真情、纯真始得真义，只有不计过去曾经的坦率、不计世俗眼光的纯真，我们才得以以最大的勇气面对现实。

我的女儿乔伊三四岁刚学会走路的时候，在家里最爱跟我们玩"捉迷藏"的游戏。

当时她是家里唯一的孩子，我们当然成了她唯一的玩伴。乔伊老是喜欢叫我们"做鬼"，由她四处躲起来，让我们找她。

我每次总是故意慢慢地数着一、二、三、四……同时从指缝中偷偷地看她那只胖嘟嘟的小腿慌慌张张地在家中的房间到处乱窜；她一会儿想藏到窗帘里面、一会儿想躲到壁橱后头，她总是觉得不大放心地再三改变她的主意，她总是觉得不大满意地屡次更改她隐藏的地方。即使确实是找到了绝佳的阴密地方，她又总是在我问她"躲好了没"，奶气十足地回答说"好了"的时候，充分暴露了她的行踪。

我故作谨慎仔细地搜寻，使我都能听到她紧张的呼吸声；我夸张地缓步前行慢慢接近她藏身的地方，连她扑通扑通的心跳悸动都可以明显地感觉出来。而当我每次找到她，拉开了窗帘，或是翻开了壁橱的时候，她十分天真可爱地以小小的双手立即捂住了她的眼睛，以为"她看不见我，我就看不见她"，兀自烂漫无邪地静静站立在我的眼前。直到我以双手拉开了她肥嘟嘟的小手以后，她这才死心塌地地发现我已经找到了她，而不断吱吱咯咯、手舞足蹈地开怀大笑。

乔伊这种愚蠢可爱的举动，经常是当时我们一些亲朋好友来家做客时，作弄逗笑的最好题材；直到如今，乔伊虽然已经出落得亭亭玉立，颇有大家闺秀的气质，我们仍不时以这些童年的往事取笑她。乔伊说，她依稀还能记得当时情景的一二；她说，她一直将这种"我看不见你，你就看不见我"的躲迷藏哲学奉为圭臬，直到进了幼儿园，才在接触了其他的小朋友、面对了真实严肃的"游戏规则"，知道不再有人像父母一般的宽让以后，才知道过去奉行的哲学有多荒谬与错误。

我常想，这真是一个最好的人生启示。其实，我们许多人，直到成年以后，不还一直在生活中继续犯着这个"我看不见你，你就看不见我"不敢面对现实的严重错误吗？

漫漫人生，充满了喜乐、充满了快慰，喜乐时我们高歌，快慰时我们欢笑。然而，漫漫人生也充满了悲伤、充满了挑战，而我们却经常在悲伤来临的时候只知痛苦、在挑战来临的时候只会愚蠢地以"我看不见你，你就看不见我"的自我欺骗心态，一意回避，而不知如何拿开捂住眼睛的双手，面对现实、迎接挑战。

人们不是因为他们不诚实而撒谎。他们不诚实是因为他们害怕真相。这是恐惧发生在谎言之前的原因。我们选择撒谎，因为我们相信真相可能开启我们害怕而希望逃避的反应。内疚随之而来，因为我们的内在认知立即明白我们主动逃避一次学习爱的机会，而且我们正在造成内在的另一个障碍。

谎言的结果会驾驭我们的生命，而我们终究会发现吐露真相是明智的方法。

逐步迈向成功

跌倒不算失败

◇跌倒不算失败，跌倒了站不起来，才是失败。

◇世界上有无数人，已经丧失了他们所拥有的一切东西，然而还不能把他们叫作失败者，因为他们仍然有着不可屈服的意志，有着坚忍不拔的精神。

要检验一个人的品格，最好是看他失败以后如何行动。失败以后，能否激发他的更多的策略与新的智慧？能否激发他潜在的力量？是增强了他的决断力，还是使他心灰意冷呢？

爱默生说："伟大高贵人物最明显的标志，就是他坚强的意志，不管环境变化到何种境地，他的初衷与希望，仍然不会有丝毫的更改，而终至克服障碍，以达到所企望的目的。"

"跌倒了再爬起来，从失败中求胜利。"这是历代伟人的成功秘诀。

有人问一个孩子，他是怎么学会溜冰的？那孩子回答道："哦，跌倒了爬起来，爬起来再跌倒，就学会了。"之所以个人成功，之所以军队胜利，实际上就是这样的一种精神。跌倒不算失败，跌倒了站不起来，才是失败。

可能过去的一切，对一些人来说是一部非常痛苦、非常失望的伤心史。所以，有的人在回忆从前时，会觉得自己处处失败、碌碌无为，他们竟然在非常希望成功的事情上失败了，或是他们所至亲至爱的亲属朋友，竟然离他而去，或是他们已经失掉了职位，或是营业失败，或是因为各种原因而不能使自己的家庭得以维系。在这些人看来，自己的前景似乎是十分的渺茫。然而即便有上述的种种不幸，只要你永不甘屈服，那么胜利就在前方，就在向你招手。

失败是对一个人人格的考验，在一个人除了自己的生命以外，一切都已失去的情况下，潜在的力量到底还有多少？没有勇气继续奋争的人，自认失败的人，那么他所有的能力，就会全部消失。而只有毫无畏惧、勇往直前、永不放弃人生责任的人，才会在自己的生命里有伟大的进展。

有人也许要说，早已失败多次了，所以再试也是徒劳无功，这种想法真是太自暴自弃了！

对意志永不屈服的人，根本就没有所谓失败。无论成功是多么遥远，失败的次数是多少，最后的胜利仍然在他的希望里。狄更斯在他小说里讲到一个守财奴斯克鲁奇，最初是个爱财如命、一毛不拔、残酷无情的家伙，他甚至把全副的精神都钻在钱眼里。可是到了晚年，他竟然变成一个慷慨的慈善家、一个宽宏大量的人、一个真诚爱人的人。狄更斯的这部小说并非完全虚构，世界上也真有这样的事实。人的根性都可以由卑鄙变为善良，人的事业又何尝不能由失败变为成功呢？现实生活中这样的例子并不少，许多人失败了再起来，沮丧而又不认输，抱着不屈不挠的无畏精神，向前奋进，最终竟然获得了成功。

世界上有无数人已经丧失了他们所拥有的一切东西，然而还不能把他们叫作失败者，因为他们仍然有着不可屈服的意志，有着坚忍不拔的精神。

世间真正伟大的人对于世间所说的种种成败并不介意，所谓"不以物喜，不以己悲"。这类人无论面对多么大的失望，绝不失去镇静，这样的人终能获得最后的胜利。在狂风暴雨的袭击中，那些心灵脆弱的人们唯有束手待毙，但这些人的自信精神、镇定气概、却仍然存在，而这种精神使得他们能够克服外在的一切境遇，去获得成功。

温特·菲力说："失败，是走上更高地位的开始。"许多人所获得最后的胜利，只是来自于他们的屡败屡战。对于没有遇见过失败的人，有时反而让他不知道什么是大胜利。一般来说，失败会给勇敢者以果断和决心。

从做愚人开始

◇艾尔特伯·哈伯特说过："每个人一天起码有 5 分钟不够聪明，智慧似乎也有无力感。"

◇我们经常把自己的错误怪罪到别人身上，随着年龄的增长，我们将会发现：最应该怪罪的是我们自己。

我要告诉你关于一位深谙自我管理艺术的人物的故事，他的名字是豪威尔。1944 年 7 月 31 日，他在纽约大使酒店突然身亡的消息震惊了全美。华尔街更是骚动，因为他是美国财经界的领袖，曾担任美国商业信托银行董事长，兼任几家大公司的董事。他受的正式教育很有限，在一个乡下小店当过店员，后来当过美国钢铁公司信用部经理，并一直朝更大的权力地位迈进。

我曾请教豪威尔先生成功的秘诀，他告诉我说："几年来我一直有个记事本，登记一天中有哪些约会。家人从不指望我周末晚上会在家，因为他们知道，我常把周末晚上留作自我省察，评估我在这一周中的工作表现。晚餐后，我独自一人打开记事本，回顾一周来所有的面谈、讨论及会议过程。我自问：'我当时做错了什么？''有什么是正确的？我还能干什么来改进自己的工作表现？''我能从这次经验中吸取什么教训？'这种每周检讨有时弄得我很不开心。有时我几乎不敢相信自己的莽撞。当然，年事渐长这种情况倒是越来越少，我一直保持这种自我分析的习惯，它对我的帮助非常重大。"

豪威尔的这种做法可能是向富兰克林学来的。不过富兰克林并不等到周末，他每晚都自我反省。他发现过 13 项严重的错误。其中 3 项是：浪费时间、关心琐事及与人争论。睿智的富兰克林知道，不改正这些缺点，是成不了大业的。所以，他一周订一个要改进的缺点作目标，并每天记录赢的是哪一边。下一周，他再努力改进另一个坏习惯，他一直与自己的缺点奋战，整整持续了两年。

如果有人骂你愚蠢不堪，你会生气吗？愤愤不平吗？我们来看看林肯如何处理。林肯的军务部长爱德华·史丹顿就曾经这样骂过总统。史丹顿是因为林肯的干扰而生气。为了取悦一些自私自利的政客，林肯签署了一次调动兵团的命令。史丹顿不但拒绝执行林肯的命令，而且还指责林肯签署这项命令是愚不可及。有人告诉林肯这件事，林肯平静地回答："史丹顿如果骂我愚蠢，我多半是真的笨，因为他几乎总是对的。我会亲自去跟他谈一谈。"

林肯真的去看史丹顿。史丹顿指出他这项命令是错误的，林肯就此收回成命。林肯很有接受批评的雅量，只要他相信对方是真诚的，有意帮忙的。

我的档案中有一个私人档案夹，标示着"我所做过的蠢事"。夹中插着一些我做过的傻事的文字记录。我有时口述给我的秘书做记录，但有时这些事是非常私人的，而且愚蠢到我没有脸请我的秘书做记录，因此只好自己写下来。

每次我拿出那个"愚事录"的档案，重看一遍我对自己的批评，可以帮助我处理最难处理的问题——管理我自己。

一般人常因为受到批评而愤怒，而有智慧的人却想办法从中学习。《草叶集》的作者惠特曼曾说："你以为只能向喜欢你、仰慕你、赞同你的人学习吗？从反对你、批评你的人那儿，不是可以得到更多的教训吗？"

我们经常把自己的错误怪罪到别人身上，随着年龄的增长，我们将会发现，最应该怪罪的是我们自己。连伟大的拿破仑被放逐到圣海伦岛时，也曾经说过："我的失败完全是自己的责任，不能怪罪任何人。我最大的敌人其实是我自己，也是造成我悲惨命运的原因。"

每个人都不是完美的，都有各种各样的缺点。与其等待敌人来攻击我们或我们的工作，倒不如自己动手，我们可以是自己最严苛的批评家。在别人抓到我们的弱点之前，我们应该自己认清并处理这些弱点。达尔文就是这样做的。当达尔文完成其不朽的著作——《物种起源》时，他已意识到这一革命性的学说一定会震撼整个宗教界及学术界。因此，他主动开始自我评论，并耗时15年，不断查证资料，向自己的理论挑战，批评自己所下的结论。

同样，来自他人的批评，也可以记入我们的"愚事录"，这同样对我们管理自我有很大的作用。

一位成功的推销员，甚至主动要求人家给他批评。当他开始推销香皂时，订单接得很少。他担心会失业，他确信产品或价格都没有问题，所以问题一定是出在他自己身上。每当他推销失败，他会在街上走一走想想什么地方做得不对，是表达得不够有说服力，还是热忱不足？有时他会折回去，问那位商家："我不是回来卖给你香皂的，我希望能得到你的意见与指正。请你告诉我，我刚才什么地方做错了，你的经验比我丰富，事业又成功。请给我一点指正，直言无妨，请不必保留。"他这样做的结果，是他获得了巨大的成功。

法国作家拉劳士福古曾说："敌人对我们的看法比我们自己的观点可能更接近事实。"

我了解这句话常常是正确的，可是被人批评的时候，如果不提醒自己我还是会不假思索地采取防卫姿态。每次我都对自己极为不满。不管正确与否，人总是讨厌被批评，喜欢被赞赏的。我们并非逻辑的动物，而是情绪的动物。我们的理性就像在狂风暴雨的情绪汪洋中的一叶扁舟。

听到别人谈论我们的缺点时，想办法不要急于辩护。因为每个没头脑的人都是这样的。让我们放聪明点也更谦虚一点，我们可以气度不凡地说："如果让他知道我其他的缺点，只怕他还要批评得更厉害呢！"

我曾讨论到如何应对恶意的攻讦。现在提出的是另一个想法：当你因恶意的攻击而怒火中烧时，何不先告诉自己："等一下……我本来就不完美。连爱因斯坦都承认自己99%都是错误的，也许我起码也有80%的时候是不正确的。这个批评可能来得正是时候，如果真是这样，我应该感谢它，并想法子从中获得益处。"

美国一家大公司的总裁查尔斯·卢克曼曾经用100万美元请鲍伯·霍伯上广播节目。鲍伯从不看赞赏他的信，因为他知道不可能从中学到一点东西。

福特汽车公司为了了解管理与作业上有何缺失，特地邀请员工对公司提出批评。

不行动，只会让事情更糟

◇成熟就是在需要行动的时候，立即采取行动。要能果断，并付诸实行，这才是成人应有的表现。当然，我们对问题本身要研究清楚，要从各个角度去看问题，然后，便是采取行动去解决。

◇做出决定进而采取行动的这种能力是做好自我保护的要素之一。

许多人害怕负起做决断的责任——决定不下要采取什么样的行动。因为他们担心，事情若是做不成功，他们便要成为承担者的对象。因此，他们尽可能避免负责，如有必要，他们会陷入忧愁、疑惧，或不知所措。这种焦虑和紧张，往往使身体和精神趋于崩溃。1942年，有位住在加拿大尼加拉瓜瀑布地区的年轻小伙子，名叫柯思迪罗。他退伍之后，立刻在安大略水力发电代办处找到一份修理机械的工作。18个月以来，他一直表现良好，而且工作得很愉快。一天，上司告诉他一个好消息——他被升任为领工，负责管理厂内重机油的设备。

"从那时起，我便开始忧愁了。"柯思迪罗描述道，"我曾是个快乐的机械工，但调升为领工之后，日子便不再快乐了。我所负的责任带给我许多压力，不论是清醒时或在睡梦里、不论在厂内或家里、焦虑常是我最亲密的伴侣。

"然后，事情发生了——我一直埋怨的紧急变故终于发生了。我当时正走向一个碎石坑，那里应有四部牵引机在工作。但坑里那时是一片宁静，我急忙跑过去看，原来四部牵引机都发生故障。

"我从没碰到这样的大事故，因此脑子空空不知如何是好。我跑去找监督，告诉他这个天大的不幸消息，然后静等着他向我大发雷霆。

"但屋顶并没有掉下来，相反，这位监督转过身来，若无其事地向我微微一笑，然后说了几个字眼——假如我有幸活到 1000 岁的话，也永远不会忘记这些字眼。他对我说：'把它修好啊！'

"就从那一刻开始，我所有的忧愁、恐惧和焦虑，完全一扫而空，整个世界又恢复了正常。我急忙拿了工具出去，马上开始修理那四部牵引机。这几个神妙的字眼可说是我一生的转折点，并且改变了我的工作态度。感谢那位监督，我不但再度对工作燃起了热忱，也下定决心——遇事不要惊慌，不要忧烦，只要赶紧'把它修理好'，就可以了！"

住在印第安纳州的泰德·史坦堪普先生便是位幸运人士。他的父亲不仅了解积极行动的价值，并且知道如何把这个观念和习惯传授给儿子。事情的经过是这样的：

泰德·斯坦坎普 12 岁时曾被邻居一个孩子欺负，所以，他决心不再出门，这样比较保险。过了几天，作为他帮忙割草的奖励，泰德的父亲给了他一些钱要他去看电影和买冰淇淋。泰德把钱放进口袋，但没有去看电影——虽然他是那么渴望去看电影——怕会遇见那个邻居的孩子。

"我父亲以为我是生病了，"泰德·斯坦坎普说，"我含糊地回答他的问话。第二天傍晚我到巷子里去玩弹子。这时候我发现了我的敌人——他此时像《圣经》里被大卫王杀死的菲利斯丁巨人那样可怕——向我冲来。我吓得调过头拼命跑回我家的车库，谁知我爸爸正站在我面前。他问我究竟是怎么了，我谎称我们在捉迷藏。这时候一个声音传进来：'出来，胆小鬼。'

"我爸爸手中多了一根两英尺长的厚厚的汽车皮带，语气平静地对我说，如果我不敢面对那个大块头，就必须等着挨皮带。我稍一犹豫，皮带就打在我的屁股上，那种疼痛比打架时挨过的拳头厉害多了。

"我像炮弹被发射般窜出车库，出其不意地冲向那个家伙。第一拳打得他没有心理准备，接二连三地又是几下，他只有狼狈逃窜。

"后来的几天成为我童年最快乐的记忆，勇气带给我的报偿是一种享受，我重获自尊，而且我得出一个有用的结论——不要逃避现实，要勇敢地面对它。一条汽车皮带和一个睿智的父亲叫我明白了一个真理。"

作出决定进而采取行动的能力是做好自我保护的要素之一。虽然多数人在大半生的时间里都循着常规生活，但没有人能预知紧急情况的发生，所以时刻准备行动，权衡利弊。选择最有利的办法付诸实施的习性的养成，可能会成为未来某天掌握我们自己以及以我们为支柱的人的生死关键。

住在俄亥俄州春田市的艾尔·比夏先生便曾遇到这样的危机。比夏先生和妻子及3岁大的女儿一同开车到科罗拉多欢度圣诞佳节。那一天，风雪交加，高速公路上的车子都减速慢行。忽然，开在他们前面的几部车子都停住了，比夏也急忙煞车停下来，并试着倒转车子往回开。但风雪实在太大了，他们一不小心便陷入车道的积雪当中，动弹不得。

"我们停在那里几乎有一个钟头，内心实在焦虑不已。"比夏先生回忆当时的情况时说道，"在那一个钟头里，我们担忧的程度超过了所有以往的经历。夜色降临了，气温愈来愈低，风雪也变得更厉害了。路上的积雪愈来愈厚，我们的车子是绝对无法再开动了。我望着太太和女儿，心里知道必须赶紧采取行动，以求取生存。

"我记得方才开车的时候，曾路过一栋农舍，距离我们停留的地方约1/4英里远。假如我们能走到那里，生存或许有望。于是，我把女儿抱在怀里，便和太太一同向农舍出发。这真是一趟艰苦的路程！积雪高到我们的臂部，得费极大的力气才能向前走一小步。那真是痛苦的经历，但我们终于走到了农舍！

"接着的24小时，我们都留在那栋有四间房的农舍里，还有另外33个人也因风雪而困在那里。但我们都觉得十分温暖、安全，简直就像到了天堂一样。事过境迁之后我们回想，假如那时我们没有毅然决然采取行动，而只呆坐在车里等候，相信我们早就冻死在风雪中了。"

是的，紧急的情况往往迫使我们要当机立断，及时采取行动，不能多有犹豫、考虑的时间，否则情况将难以补救。

英雄总是谦卑的

◇历史上曾出现过的那些最受人尊敬的伟人们承认，他们的伟大并非来自他们自己，而是一种更强大的力量在他们身上起作用的结果。

◇为了在生活中显示出我们的伟大，我们应该学会谦卑。

在现代西方文化中，人们普遍低估了谦卑的价值。流行的观点认为，谦卑只适用于与宗教有关的方面；至于在"现实"世界，它就不能对你有所助益了。许多人将骄傲与无所畏惧视为美德，而将谦卑视作软弱。这也许是由于他们并不懂得谦卑的真正含义。他们将谦卑与自视过低或自卑等量齐观了，事实上，真正的谦卑并非如此。

其实，真正的谦卑恰好与此相反。真正伟大的人物都是十分谦卑的。历史上曾出现过的那些最受人尊敬的伟人们承认，他们的伟大并非来自他们自己，而是一种更强大的力量在他们身上起作用的结果。真正的谦卑即是认识到个人不过是这个更大的力量作用的工具罢了。耶稣曾说："我对你们所说的话，不是凭着自己说的，乃是住在我里面的父亲做他自己的事。"许多宗教导师也都承认这一点，真正的天才人物大都怀有很深的谦卑。犹太教最伟大的学者本·西拉说："人越伟大，行事越谦卑。"

世界上一位最伟大的自然科学探索者伊萨克·牛顿爵士暮年曾慨叹道："我就像个在沙滩上戏耍的小孩子，面前则是一片未知的真理的海洋。"另一位自然科学的巨人爱因斯坦也以其孩子般的朴素而著称于世。沃尔特·拉塞尔博士，一位在许多领域都获得成就的科学家说道："一个人只有学会了忘掉自我，他才可能发现自我。个人的自我必然消融，而由宇宙的自我所取代。"他的话简直就是耶稣上面所说的话的回声。

什么是宇宙的自我，它与个人的自我又有哪些不同呢？首先，个人的自我即我们大多数人所认同的"自己"，即我们相信，我们就是这个"自我"，它包括我们赋予自我评价的各种显现方式。个人的自我与我们的外貌、我们的成就及我们的私有财产相一致，就是我们自身的这个自我倾向于与他人竞争；如果未能达到它所希望的目标，就会感到恼怒或受到了伤害。这个本性的自我要求受人尊重，喜欢显得正确，并喜欢控制他人，这个本性的自我还促使人们仅仅依靠自己的努力去解决问题，而不是转而求助于他人的智慧。这个自我听起来有些熟悉吗？

有些人可能会说："你说的恰好就是人类的天性。"也许，我们上面所说的正是人类天性中我们最熟悉的部分。然而，我们的天性中还有另一部分，一个"更高的自我"，它像神圣的火花存在于我们每个人的身上。不幸的是，在大多数时间里，这个更高的自我被我们上面描述的那个自我掩盖住了。我们往往看不到这个宇宙的自我或称"更高的自我"，因为，我们的双眼往往被个人的自我这个身份所蒙蔽。这就好比我们仰视天空，天空中一直布满着群星，但在白天，它们被太阳的强光遮掩，我们用肉眼是见不到的；直到太阳落山之后，我们才会看到星斗满天。

为了在生活中显示出我们的伟大，我们应该学会谦卑。随着我们日渐变得谦卑起来，我们便开始明了谦卑的真正内涵。谦卑地承认，我们对真理的认识还所知不多，这不会使我们变成不可知论者。如果一位医生能够坦率承认，他并不通晓所有的疾病、症状与治疗方法，那么，我们当然也应谦卑地承认，我们每一个人都必须更多地学习真理。

对不公正的批评——报之一笑

◇我可以决定是否要让我自己受到那些不公正批评的干扰。

◇让批评的雨水从身上流过而不是滴在脖子里。

有一次我去访问史密德里·柏特勒少将——就是绰号叫作"老锥子眼"、"老地狱恶魔"的柏特勒将军。还记得他吗？他是所有统帅过美国海军陆战队的人里最多彩多姿、最会摆派头的将军。

他告诉我，他年轻的时候拼命想成为最受欢迎的人物，想使每一个人都对他有好印象。在那段日子里，一点点的小批评都会让他觉得非常难过。可是他承认，在海军陆战队里的 30 年使他变得坚强很多。"我被人家责骂和羞辱过，"他说，"骂我是黄狗，是毒蛇，是臭鼬。我被那些骂人专家骂过，在英文里所有能够想得出来的而印不出来的脏字眼都曾经用来骂过我。这会不会让我觉得难过呢？哈！我现在要是听到有人在我后面讲什么的话，甚至于不会调转头去看是什么人在说这句话。"

也许是"老锥子眼"柏特勒对羞辱太不在乎，可是有一件事情是肯定的：我们大多数人对这种不值一提的小事情都看得过分认真。我还记得在很多年以前，有一个从纽约《太阳报》来的记者，参加了我办的成人教育班的示范教学会，在会上攻击我和我的工作。我当时真是气坏了，认为这是他对我个人的一种侮辱。我打电话给《太阳报》执行委员会的主席季尔·何吉斯，特别要求他刊登一篇文章，说明事实的真相，而不能这样嘲弄我。我当时下定决心要让犯罪的人受到适当的处罚。

现在我却对我当时的做法感到非常惭愧。我现在才了解，买那份报的人大概有一半不会看到那篇文章；看到的人里面又有一半会把它只当作一件小事情来看；而真正注意到这篇文章的人里面，又有一半在几个星期之后就把这件事情整个忘记。

我现在才了解，一般人根本就不会想到你我，或是关心别人批评我们的什么话，他们只会想到他们自己——在早饭前，早饭后，一直到半夜 12 点过 10 分。他们对自己的小问题的关心程度，要比能置你或我于死地的大消息更关心 1000 倍。

即使你和我被人家说了无聊的闲话，被人当作笑柄，被人骗了，被人从后面刺了一刀，或者被某一个我们最亲密的朋友给出卖了——也千万不要纵容自己只知道自怜，应该要提醒我们自己，想想耶稣基督所碰到的那些事情。他 12 个最亲密的友人里，有一个背叛了他，而他所贪图的赏金，如果折合我们现在的钱来算的话，只不过 19 块美金；他最亲密的友人里另外还有一个，在他惹上麻烦的时候公开背弃了他，还 3 次表白他根本不认得耶稣——一面说还一面发誓。出卖他的人占了 1/6，这就是耶稣所碰到的，为什么你跟我希望我们能够比他更好呢？

我在很多年前就已经发现，虽然我不能阻止别人对我做任何不公正的批评，我却可以做一件更重要的事：我可以决定是否要让我自己受到那些不公正批评的干扰。

让我把这一点说得更明白些，我并不赞成完全不理会所有的批评，正相反，我所说的只是不理会那些不公正的批评。有一次，我问依莲娜·罗斯福，她怎么处理那些不公正的批评——老天爷知道，她所受到的可真不少。她有过的热心的朋友和凶猛的敌人，大概比任何一个在白宫住过的女人的都要多得多。

她告诉我她小时候特别腼腆，很怕别人说她什么。她对批评，害怕得使她去向她的姑妈，也就是老罗斯福的姐姐求助，她说："费姑妈，我想做一件这样的事，但是我怕会受到批评。"

老罗斯福的姐姐正视着她说："无论别人怎么说，只要你自己心里知道你是对的就行。"

依莲娜·罗斯福告诉我，当她在多年后住到白宫之后，这一点点忠告，还一直是她行事的指路明灯。她告诉我避免所有批评的唯一方法，就是："只要做你心里认为是对的事——由于你反正是会受到批评的。'做也该死，不做也该死。'"这就是她对我的忠告。

逝去的马修·布拉许，当年还在华尔街 40 号美国国际公司任总裁的时候，我问过他是否对别人的批评很敏感？他回答说："是的，我早年对这种事情特别地敏感。我当时急于要使公司里的每一个人都认为我特别完美。要是他们不这样想的话，就会使我忧虑。只要哪一个人对我有一些怨言，我就会想法子去取悦他。可是我所做的讨好他的事情，总会使另外一些人生气。然后等我想要补足这个人的时候，又会惹恼了其他的一两个人；最后我发觉，我越想去讨好别人，以避免别人对我的批评，就越会使我的敌人增加。因此最后我对自己说：'只要你超群出众，你就肯定会受到批评，所以还是趁早适应这种情况的好。'这一点对我帮助很大。从那以后，我就决定只尽我最大能力去做，而把我那把破伞收起来。让批评我的雨水从我身上流下去，而不是滴在我的脖子里。"

狄姆士·泰勒更进一步，他让批评的雨水流下他的脖子，而为这件事情大笑一番——而且当众如此。有一段时间，他在每个星期天下午到纽约爱乐交响乐团举行的空中音乐会休息时间，发表音乐方面的评论。有一个女人写信给他，说他是"骗子、叛徒、毒蛇和白痴"。泰勒先生在他那本叫作《人与音乐》的书里说："我猜她只喜欢听音乐，不喜欢听讲话。"在第二个星期的广播节目里，泰勒先生把这封信宣读给好几百万的听众听。几天后，他又接到这位太太写来的另外一封信，"表达她丝毫没有改变她的意见，"泰勒先生说，"她仍然认为，我是一个骗子、叛徒、毒蛇和白痴。"我们实在不能不佩服用这种态度来接受批评的人。我们佩服他的沉着，他毫不动摇的态度和他的幽默感。

查尔斯·舒伟伯对普林斯顿大学学生发表演讲的时候表示，他所学到的最重要的一课，是一个在他钢铁厂里做事的老德国人教给他的。那个老德国人跟其他的一些工人为战事问题发生了争执，被那些人丢到了河里。"当他走到我的办公室时，"舒伟伯先生说，"满身都是泥和水。我问他对那些把他丢进河里的人怎么说？他回答说：'我只是笑一笑。'"

舒伟伯先生说，后来他就把这个老德国人的话当作他的座右铭："只笑一笑"。

当你成为不公正批评的受害者时，这个座右铭尤其管用。别人骂你的时候，你可以回骂他，可是对那些"只笑一笑"的人，你能说什么呢？

林肯要不是学会了对那些骂他的话置之不理，恐怕他早就受不住内战的压力而崩溃了。他写下的如何处理对他批评的方法，已经成为一篇文学上的经典之作。在二次大战期间，麦克阿瑟将军曾经把这个抄下来，挂在他总部的写字台后面的墙上。而丘吉尔也把这段话镶了框子，挂在他书房的墙上。全段话是这样的："如果我只是试着要去读——更不用说去回答所有对我的攻击，这间店不如关了门，去做别的生意。我尽我所知的最好办法去做——也尽我所能去做，而我打算一直这样把事情做完。如果结果证明我是对的，那么即使花10倍的力气来说我是错的，也没有什么用。"

走出失败者的阴影

◇失败者失败的一个原因在于他们在潜意识里把自己当作是一个永远的失败者。

◇只有具有积极心态的人才能抓住机会，甚至从厄运中获得利益。

事业失败者失败的一个原因在于他们在潜意识里把自己当作是一个永远的失败者，不能走出这个阴影。他们根本就无法正视自己并且为改善付出努力。

一个叫南茜的女学生，原来最大的愿望是成为一名女演员。在她的房间里塞满了戏剧方面的书籍；墙上贴满好莱坞伟大传奇人物的海报；那些登载有明星秘闻的期刊杂志南茜更是多不胜数。然而她的愿望却没有实现。她说："我痛恨办公室的工作，可是我没有别的选择。我知道我是个失败者，可是我已无力挽回什么，我感到到处都是失败的气味！"

我们来看看南茜的父母和朋友的态度，他们也只把她的梦想视为是不可理喻的、根本不可能实现的幻想。于是南茜现在的文书工作，成为她倾泻生活中各种不满的容器。她自己认为，也许她乐于做个失败者，并且在一事无成中找寻自怨自艾的满足。

这个女学生的遭遇中有意义的是：南茜自认在事业上一败涂地，而她自己却没有做到这几点：

（1）找出自己真正想要的是什么；

（2）认清自己真正的长处与短处；

（3）没有有计划地发展自己的优势；

（4）没有有计划地改正错误，改善短处；

（5）没有努力为理想寻找机会；

（6）没有全心全力追求成功；

（7）没有建立自己的信心；

（8）没有协调希望与现实。

南茜对理想的态度是消极的，她只是一个命运的接受者而不是一个挑战者。

美国南方的一个州，一直用烧木柴的壁炉作为冬天取暖的主要工具。在那里住着一个樵夫，他给某一人家供应木柴已经两年多了。这位樵夫知道木柴的直径不能大于18厘米，否则就不适合那家人的壁炉。可是，一次这位樵夫给这家人送去的木柴直径却大部分都超过了18厘米。当主顾发现后，打电话要求调换或重新把那些不合标准的木柴拿回去加工。但樵夫却没有答应主顾的要求。

这个主顾只好亲自来做劈柴的工作。他卷起袖子，开始劳动。大概在这项工作进行了一半的时候，他发现了一根非常特别的木头。这根木头有一个很大的节疤，节疤明显地被凿开又塞住了。这是什么人干的呢？他掂量了一下这根木头，觉得它很轻，仿佛是空的。他就用斧头把它劈开了。一个发黑的白铁卷掉了出来。他蹲下去，拾起这个白铁卷，把它打开。他吃惊地发现里面包有一些50美元和100美元的钞票。

他数了数恰好有 2250 美元。

很明显，这些钞票藏在这个树节里面已有许多年了。这个人唯一的想法是使这些钱回到它真正的主人那里。他拿起电话找那位樵夫，问他从哪里砍了这些木头。这位樵夫的消极心态让他采取一种排斥态度。他回答道："那是我自己的事，没有人会出卖自己的秘密。"然后他不问个究竟就把电话挂断了。那位主顾无法知道钱的来历只好无可奈何地接受这份"礼物"了。

这个故事并不是为了讽刺，而是让人们认识到机会在每个人生活中都存在的，然而以消极的心态对待生活却会阻止佳运造福于他。只有具有积极心态的人才能抓住机会，甚至从厄运中获得利益。

从许多事例中我们可以得出这样一个结论："凡是把自己的事业列为成绩平平或不成功的人，都是早就把成功的理由，置于他们控制力之外的人。他们觉得自己是永远的失败者，而这种逆来顺受的心态是不成功的主要原因。"

不少家庭为了谦虚，当别人夸奖自己孩子聪明时，经常反驳："哪里，哪里，这孩子笨得很。"这些谦虚的父母不知道这种美德也许会使自己孩子的自我观向畸形方向发展，最终真的如父母"所愿"变得毫无斗志。

人们给自己下定义的方式可以称之为自我观，自我观对于从个人角度去解释"成"与"败"非常重要。而人给自己下定义当然是极富于主观性的。有的人认为自己富于智慧与能力，有的人则认为自己智力平平无所作为，而这种自我感觉即使与事实不符，却大多数与结果相符。曾经有一位大学教授做过这样的实验，他教的两个班中学生的智力水平基本上一样，但是他在甲班上课时，不断称赞甲班学生聪明。而在乙班时则不时讽刺、嘲笑乙班学生。结果受到鼓励、自信心大增的甲班在成绩上大大超过了自信心受到打击的乙班。这事实上也是一种自我感觉的影响作用。

第二十三章

成就完美与和谐

最高形式的美

◇对最高形式的美来说，温柔的、高贵的性情无疑是最不可缺的，它可以令最平凡的面孔焕发光彩。

◇如果你的脑海中时时拥有美好的思想和善良的愿望，那么无论你到任何一个角落，你都会给人留下优美和谐的印象，没有人会注意到你的长相是多么的普通或是你的身体有什么缺陷。

如果我们希望自己的外表更美的话，我们必须首先美化自己的心灵，因为我们内心的每一个思想、每一个动机都会清晰而微妙地反映在我们的脸上，决定着它的丑陋或美丽。内心的不和谐将歪曲世上最美的容颜，使其黯然失色。

莎士比亚说过："上帝给了你一张面孔，而你自己却另造了一张。"我们的心灵可以随意地制造美丽或丑陋。

对最高形式的美来说，温柔的、高贵的性情无疑是最不可缺的，它可以令最平凡的面孔焕发光彩。相反地，暴戾的性情、恶劣的脾气和嫉妒的心理，会毁坏世界上最美丽的容颜，使得它丑陋无比。毕竟，没有什么东西能够与优雅可爱的个性产生的美相媲美。无论是化妆、按摩，还是药品，都无法改变和遮掩由错误的思维习惯所导致的偏见、自私、嫉妒、焦虑以及精神上的摇摆不定反映在脸上的痕迹。

美产生于内在的心灵。如果所有的人都能够培养一种优雅宽宏的精神状态，那么不仅他所表达的思想观点具备一种艺术美，他的体魄同样是健美的。因为内在的美会使外在的美愈加耀眼生辉，光彩逼人。在他身上，的确会焕发出迷人的优雅和魅力，这种精神上的美甚至要胜过单纯的形体美。

我们都曾经看到，即便是容貌极其平平的女士，由于其迷人的个性魅力，照样给我们留下了非同凡响的美丽印象。通过外表展示的美好的心灵反过来又影响着我们对形体的看法，在我们的眼里，它仿佛也变得婀娜多姿了。

安托尼·贝利尔说得非常对："在这世界上没有丑陋的女人，只有不知道怎样使自己显得美丽的女人。"

正是那种热诚慷慨的随时准备帮助他人的心态，以及在任何地方撒播阳光和欢乐的美好心愿，构成了所有真正的个性美的基础，并使得我们永远神采焕发、美丽动人。渴望使自己变得更加美丽并付出相应的努力，生活就会变得多姿多彩。而且，既然外表只是内在的一种反映，是思维的习惯和通常的心态在身体上的展现，那么我们的面孔、我们待人接物的态度、我们的一举一动就必须和我们的精神世界相吻合，并变得更加温柔和富于魅力。如果你的脑海中时时拥有美好的思想和善良的愿望，那么无论你到任何一个角落，你都会给人留下优美和谐的印象，没有人会注意到你的长相是多么的普通或是你的身体有什么缺陷。

我们都仰慕绝代风华的面庞和绰约丰盈的身姿，但是，我们更热爱在崇高的心灵映衬之下的面容。我们之所爱它，是因为它预示着我们有可能成为完美的人，它代表着造物主所追求的最高理想。

激起我们的爱和仰慕的并不是最亲密的朋友的外表，而是他在我们的心灵深处唤起的对友情的追忆和向往。最崇高的美并不是一种实际的存在，它是一种理想，一种隐约可见的追求，一种体现在某个具体人物或具体事物上的美好品性，它给我们带来了欢乐和喜悦。

每个人都应该尽可能地使自己变得更加美丽，更加动人，更加成为完整意义上的人。这种对最高层次的美的追求绝非没有意义。

学会调适自己

◇一个处于永恒和谐之中的心灵平静的人是不可能有任何灾难的，他也不可能恐惧灾难。

◇这种人如果在早上上班之前舍得花一点儿时间好好地调整自己，那他们就会事半功倍，他们回家时就会依然精神焕发。

和谐是一切效率、美好和幸福的秘密所在，并且，和谐能使我们自己和上帝保持一致。和谐意味着一切心理功能的绝对健康。沉着、安定、和蔼与好的脾气，往往能使我们的整个神经系统、我们所有的身体器官与新陈代谢过程保持协调，这种和谐往往因摩擦冲突而受到破坏。

人类的身体像一部无线电报机。根据他思想和理念的性质，他不断地发出平和、力量、和谐或混乱的信息。这些信息以光速飞向四面八方，这些信息往往也能找到它们自己的知音。

一个处于永恒和谐之中的心灵平静的人是不可能有任何灾难的，他也不可能恐惧灾难。因为他是按照永恒的真理立身、行事、处世的。这样一个极其平静的心灵宛如深海之中岿然不动的一座巨大冰山。它嘲笑洋面上击打它身侧的汹涌波涛和狂风暴雨。这些汹涌的怒涛和狂风暴雨甚至连使它产生恐惧也不能，因为它处于深海之中的巨大冰块是平衡的，这种平衡能使它平静地、不受阻碍地稳稳漂流。

很奇怪，许多在其他一些事情上非常精明的人，在保持自身和谐这一重大精神事务上却往往非常短视、无知和愚蠢。许多白天历经疲倦和失调的上班族到了晚上发现自己简直完全累垮了。这种人如果在早上上班之前舍得花一点儿时间好好地调整自己，那他们就会事半功倍，他们回家时就会依然精神焕发。

如果一个早上去上班的人感到与每一个人都不一致、都不协调，如果他对生活，特别是对那些他必须应付的人和事存在一种抵触心态的话，他是不可能收到事半功倍的效果的。因为他的大部分精力都白白浪费掉了。

从没有试着去调整自己的人不可能意识到，早晨上班之前好好地调整自己会带来巨大的好处。一个纽约的生意人最近告诉我说，每天早晨在使自己的精神、思想和世界保持极好的协调之前，他是不会允许自己去上班的。如果他感到自己有点儿嫉妒他人或是内心不安，如果他感到自己有些自私和不公正，如果他不能正确对待他的合作伙伴或雇员，他就绝不去上班，直到他保持协调，直到他的思想清除了任何形式的混乱。他说，如果在早晨去上班时自己对待每一个人都有一种正确心态，那他的整个一天都会过得很轻松、很惬意。他还说，过去凡是心态混乱的情形时去上班，他都不可能有像心态和谐时那样好的效果，他容易使周围的人不快，更不要说使他自己疲惫不堪了。

许多人之所以过着一种忧郁、贫乏的生活，其原因之一便是他们不能从那些使自己精神失调、恼怒、痛苦和担忧的事情中超越出来，因而他们无法使自己的精神获得和谐。

善于比较

◇生活中的许多烦恼都源于我们盲目地与别人攀比，而忘了享受自己的生活。

◇全才是没有的，人各有所长，各有所短。我们既不能专门以己之长，比人之短；也不应以己之短，比人之长。

◇所谓"境由心造"。如果你善于发掘自己的长处，善于比较，你就会常常生活在一种愉快惬意之中。

我们总是觉得，别人比我们快活，这其实是一种错觉。即使那些处于权力巅峰者，也都有各自的苦恼。在一般人看来，国王、总统、首相似乎是权力和财富的化身，他们可以尽情享乐，为所欲为。像沙皇彼得一世那样，可任意到叶卡捷琳娜美女云集的宫院开怀取乐；像阿拔斯国王哈伦·拉希德那样，高兴时可用黄金制造碟子，用宝石饰缀帷帐。

事实上，炫目的权力，豪华与奢侈，不过是高居权力巅峰者生活的表面，首先爬上"宝座"，从默默无闻到众星拱月，本身就是一个充满坎坷的复杂过程。当人们谈到这些登峰造极的人物时，大概不会想到，恩克鲁玛担任加纳元首前曾经在一家公司轮船上洗瓶罐的情形；不会想到希特勒25岁时"忧愁和贫困是我的女友，无尽的饥馑是我的同伴"的哀怨。

另一方面，位高者有位高者的苦恼。悠悠万事，多是苦乐相济、幸福与烦恼并存的，站在权力的金字塔上也并非处处如意。

英国女王伊丽莎白一世受制于宫廷礼仪，连恋爱自由都没有，落得终身未嫁，哑巴吃黄连。

美国总统杜鲁门上任短短几个月光景，便发现："一个人当了总统就好像骑上了老虎背，他必须一直骑下去，不然就会被老虎吃掉。"

阿登纳70岁坐上联邦德国总理这把交椅时，深感局促不安，他在第一次公开发表讲话时，心情紧张得像揣着活兔。

印度尼西亚总统苏加诺的传记作者莱格道出了苏加诺的苦衷。他说：苏加诺所真正希望得到的、倘若他能如愿以偿的话，就是这样一个职位，既可发挥领导作用而又不陷于日常政府事务。可苏加诺始终未能如愿。

英迪拉·甘地在寓所里尽管每天可以接见官员和其他求见者，但她时常怅叹："搞政治这一行寂寞孤独。"

在君主制国家里，巴列维国王难得有点"平易近人"，他抱怨："伊朗古老悠久的帝制传统易使国王产生孤独感。虽然人们可以较多地与我接近，我也不像父王那样严厉，可是王位本身自然而然使我与人们间隔着一条鸿沟……我喜欢像别的元首那样独自做出决定，这样孤寂感就会更加强烈。"

美国总统林登·约翰逊政绩不算太差，但可恶的新闻界老跟他过不去，故意把他描绘成"一个乡巴佬"。这使他备感羞辱和委屈，对新闻界他又怕又恨，以至澳大利亚总理罗伯特·孟席斯不得不哄小孩似的安慰他："不必对新闻界耿耿于怀，人民没选他们干事，人民选的是你，他们说话代表他们自己，而你说话代表人民。"

俄皇伊丽莎白就位后一直担惊受怕，恐遭人暗算。她每天都要更换房间睡觉，最后干脆找来一个能彻夜不眠的人坐在自己身边，才能安心入睡。

列举了这么多例子，无非是想说明：每个人都有每个人的苦恼，平凡人拥有的那份宁静也许恰恰是帝王将相所求之不得的。所以只要你真心觉得自己比国王还快活，那么你就的确会如此。

生活中的许多烦恼都源于我们盲目和别人攀比，而忘了享受自己的生活。

有这样一则法国笑话：维克多兴冲冲地从文化宫走出来，一位朋友问他："为什么这么高兴？""因为我今天玩得很好，"维克多回答，"我打了网球，下了象棋。既赢了象棋冠军，又赢了网球冠军。""你打网球、下象棋都很在行吗？""我和网球冠军一起下象棋，赢了他，后来，我又和象棋冠军一起打网球，我也赢了。"

维克多的言行自然引人发笑，但在大笑之余，我们是否也能从中得到这样的启示：全才是没有的，人各有所长，各有所短。我们既不能专门以己之长，比人之短；也不应以己之短，比人之长。

所谓"境由心造"。如果你善于发掘自己的长处，善于比较，你就会常常生活在一种愉快惬意之中。

将逆境变成一种祝福

◇当你遇到挫折时，切勿浪费时间去算你遭受了多少损失；相反，你应该算算，看你从挫折当中，可以得到多少收获和资产。

◇时间对于保存这粒隐藏在挫折当中的等值利益的种子是非常冷酷无情的，找寻隐藏在新挫折中的那粒种子的最佳时机，就是现在。

约翰在威斯康星州经营一座农场，当他因为中风而瘫痪时，就是靠着这座农场维持生活的。

由于他的亲戚们都确信他已经是没有希望了，所以他们就把他搬到床上，并让他一直躺在那里。虽然约翰的身体不能动，但是他还是不时地动脑筋。忽然间，有一个念头闪过他的脑海，而这个念头注定了要补偿他的不幸的缺憾。

他把他的亲戚全都召集过来，并要他们在他的农场里种植谷物。这些谷物将用作一群猪的饲料，而这群猪将会被屠宰，并且用来制作香肠。

数年间，约翰的香肠就被陈列在全国各商店出售，结果约翰和他的亲戚们都成了拥有巨额财富的富翁。

出现这样美好结果的原因，就在于约翰的不幸迫使他运用从来没有真正运用过的一项资源：思想。他定下了一个明确目标，并且制定了达到此一目标的计划，他和他的亲戚们组成智囊团，并且以应有的信心，共同实现了这个计划。别忘了，这个计划是因为约翰中风之后才出现的。

当你遇到挫折时，切勿浪费时间去算你遭受了多少损失；相反，你应该算算看你从挫折当中，可以得到多少收获和资产。你将会发现你所得到的，会比你所失去的要多得多。

你也许认为约翰在发现思想力量之前，就必然会被病魔打倒，有些人更会说他所得到的补偿只是财富，而这和他所失去的行动能力并不等值。但约翰从他的思想力量和他亲戚的支持力量中，也得到了精神层面的补偿。虽然他的成功并不能使他恢复对身体的控制能力，但却使他得以掌控自己的命运，而这就是个人成就的最高象征。他可以躺在床上度过余生，每天只为自己和他的亲人难过，但是他没有这样做，反而带给他的亲人们想都没有想过的安全。

长期的疾病通常会使我们不再看，也不再听。我们应该学习去了解发自内心深处的轻声细语，并分析出导致我们遭到挫折甚至失败的原因。

爱默生对此事的看法是：

"发烧、肢体残障、冷酷无情的失望、失去财富、失去朋友都像是一种无法弥补的损失。但是平静的岁月，却展现出潜藏在所有事实之下的治疗力量。朋友、配偶、兄弟、爱人的死亡，所带来的似乎是痛苦，但这些痛苦将扮演着导引者的角色，因为它会操纵着你生活方式的重大改变，终结幼稚和不成熟，打破一成不变的工作、家族或生活形态，并允许建立对人格成长有所助益的新事物。

"它允许或强迫形成新的认识，并接受对未来几年非常重要的新影响因素；在墙崩塌之前，原本应该在阳光下种种花朵——种植那些缺乏伸展空间而头上又有太多阳光的花朵——的男男女女，却种植了一片孟加拉椿树林，它的树荫和果实，使四周的邻人们因而受惠。"

时间对于保存这粒隐藏在挫折当中的等值利益种子，是非常冷酷无情的，找寻隐藏在新挫折中的那粒种子的最佳时机，就是现在。你也可以再检查一下过去的挫折，并找寻其中的种子。有的时候，我们会因为挫折感太过强烈，而无法马上着手去找这颗种子。但是，现在你已有了更高的智慧和更多的经验，足以使你轻易地从任何挫折中，学习它能教给你的东西。

厄运的芳香

◇ "天意"与"命运"也许经常不是称心如意地完全符合我们的希望，但是，它背后所代表的真意与仁慈，我们只有在虔诚的心态下才能真正品味出它的芳香。

人生就是这样，计划是计划、理想是理想，事情的发展，远非我们所能预料；生活是生活、现实是现实，事情的结果，断非我们"一分耕耘，一分收获"地努力之后就必将赢得应有的回馈。

世间事，如果一切顺顺利利、悉如我意，按照我们当初的计划与预期发展的话，人生该有多好；世间事，如果一切平平稳稳、"一加一等于二"，能够要怎么栽就必定有怎么收的话，人生该有多么的惬意。然而，偏偏事与愿违，世间事就是多了这么一分冥冥中无可抗拒的神奇，使我们永远无法预知未来，世间事就是多了这么一分冥冥中无可避免的外界主导力量，使我们永远无法全然地掌握，而必须面对千变万化的"不可预知"。

这股冥冥的力量，有人叫它"天意"，有人叫它"命运"，无论怎么称呼，它就是无所不在、如影随形地随时随地出现在我们的左右。如果，它幸运地引领我们进入了成功、快乐，我们却总是一厢情愿地认定成功、快乐都是因为"自我"的卓越与努力，而全然忽视了"它"的存在；然而，如果一旦它不幸地将我们带入了悲伤、失意，我们却总是一意孤行地认定失意、悲伤都是因为"它"的作祟，而完全忽视了"自我"的虚心检讨与坦然面对。

"天意"与"命运"也许经常不是称心如意地完全符合我们的希望，但是，它背后所代表的真意与仁慈，只有我们在虔敬恭谨的谦卑下才能真正品味出它的芳香。

达伦从小就没有了父亲，她在母亲含辛茹苦、百般呵护之下，总算不愧慈恩，在工作事业上崭露头角而成为人人夸赞的人。她事母至孝，这些年来一切顺遂如意，唯一美中不足地竟是至爱的母亲因为年老力衰而得到了时下仍旧让人束手无策的"帕金森老人痴呆症"。

无法自己照顾生活还是小事，有的时候，仿佛恶魔附身似的，一向温顺善良的母亲也会变得焦躁不安、念念有词，惶然不知地做出许多令人惊吓的举动。有一回，居然还因为达伦公事忙碌才两天没来探望她，就歇斯底里地呼天抢地、寻死寻活，一个劲儿地将头撞向墙壁，以致浑身鲜血淋漓。

达伦从不抱怨，她以最大的关怀和无限的爱心安慰她、照料她，不曾片刻丧失对她的耐心和关心。她知道，如果这是天意，不过是让她约略以现在些许的折磨稍事感受母亲多年不为外人所知的辛劳；如果这是命运，不过是她为人子女者当尽的唯一可行之道。

达伦一心虔诚地祈祷，只要母亲能够恢复当年的丰采，再大的代价也愿付出；达伦诚挚地恳求，只要能够永远陪伴在她的身边，即使是他人认为疯癫无理的老人，也将永远是她心目中最为美丽的母亲。

仿佛宿命般地，母亲最后仍旧是在一天饭后的散步中了无意识地由六楼跌下，痛苦地结束了她坎坷的生命。达伦痛不欲生，在一场和神父的谈话中，她毫不保留地大声宣泄了她最为愤慨的抱怨——

"她是那么地仁慈，她是那么地善良，如果这是天意，那么天意根本就是不公。"神父却以极其平淡沉稳的口吻对她说："孩子，天意不是能从外表了解它内所蕴含的真正真意。若不是亲眼看到母亲经历过这么多生活的苦痛，我们怎能了解春晖慈爱之万一，若不是亲眼看到母亲经历过这么多的病痛的折磨，我们又怎么能再度感受永远需要母爱常相照拂的心底真情……"

"我是多么虔诚地祈求天主的眷怜，忠心地信守仁慈、孝敬和它所有的诫命，但求我的母亲能再享受些快乐的生活，但是偏偏它却狠心地连这么一点卑微的心愿都不能满足我们。如果这是命运，那么命运根本就是不义。"神父却以极其平淡沉稳的口吻对她说："孩子，命运绝不能从外表了解它所要传达的信息。它完全看到了你的义行，不过只是仁慈地完全结束了母亲病痛的折磨，欣欣地希望给你一个崭新快乐的新生活……"

不要重复老路

◇如果我们不是常常追求进步，保持如年轻人般敏锐的头脑，那么不仅我们自己的工作会受到阻碍，我们整个人都会变得平庸。

◇不断地超越自我，没有什么比这更能够催人进步。

在人类历史的早期，当时楠塔基特岛上的路很少，且道路状况很差。在那些布满沙子的平原上，到处贴着告示，警示过客们"不要重复老路"。最近，一个作家解释说："这句话的意思很明显，就是奉劝过路人不要每一次都去重复地走前人的老路。最好自己开辟一条新路。这样，自己会有一些收获，也为大家做了好事。"

我们都知道思想僵化的害处。有一个成语叫"熟视无睹"，一个意思就是说，如果一个人总在处在同样的环境中，对环境的熟悉就会使我们对于它的缺点视而不见。如果思想缺乏交流，那么思想就失去了灵活性和对新事物的敏感性。如果我们不是常常追求进步，保持如年轻人般敏锐的头脑，那么不仅我们自己的工作会受到阻碍，我们整个人都会变得平庸。大脑像肌肉一样，只有在使用中才能得到磨炼。如果一个人在工作中停止了思考，那么日渐一日，他的大脑变得迟钝，他工作毫无进步，直到最后他失去了进取心，不能公正地评价自己的工作。这个时候，他就不再进步了，而开始大步地倒退了。

不断地超越自我，没有什么比这更能够催人进步。不管一个人的职业是什么，如果他每年都能够彻底地反省一次，找出自己的缺点和阻碍自己进步的地方，那么他将会取得 10 倍于现在的成就。

涉世之初，我们或许会许诺，永远不会降低我们的理想，我们会永远追求进步，与时代最先进的思想潮流相同步。但言之易，行之难。很多人没有告诫自己，要始终保持自己的理想，这样的人很快就没有希望了。

保持快乐的唯一方式就是抓住生活中的每一次机会，享受生活。并非只有等到你有了金钱和地位时才可以享受生活。一次轻松的旅行，购买一件艺术品，建一座舒适住宅，或者其他的一些抱负，并不是只有你有钱有地位之后才可以实现的。一天天地，一年年地推迟自己的梦想，不仅使自己失去了现在的乐趣，还阻碍了我们追求未来幸福的脚步。

总是把快乐寄托在明天本身就是一个巨大的错误。许多年轻的夫妇，整年像奴隶般地工作，放弃了每一个放松和追求快乐的机会。他们不让自己有任何的奢侈行为，不会去看一场戏剧或听一场音乐会，也不会去做一次郊游，不会去买一本自己渴望已久的书，没有阅读兴趣和文化生活。他们想，等自己有了足够的金钱时，就会有更多的享受了。每一年他们都渴望着来年自己会过上幸福的生活，或许可以做一次奢侈的旅行，但是当第二年到来的时候，他们会发现自己必须再忍耐一些，节约一些。于是，一年年地这样推迟，直到自己变得麻木。

最终，当他们觉得他们可以去追求一点快乐的时候，他们可以去国外旅行，可以去听音乐会，可以去购买一件艺术品，可以通过阅读开阔自己的眼界时，已经太晚了。他们习惯了单调的生活。生活失去了色彩，热情消逝了，雄心磨灭了。长年的压抑破坏了自己享受生活的能力，他们牺牲了自己的健康和快乐得来的东西却变得一钱不值了。

难道生活就仅仅是吃喝拉撒睡吗？除了金钱、土地、房屋和银行账户外，生活难道不应该有其他的一些乐趣吗？既然上帝赋予了我们神奇的力量，为什么要让它磨灭呢？如果人只像野兽那样过得毫无生活乐趣，人就不成其为人了。